阪大の化学
20カ年［第6版］

中川 道広 編著

はしがき

本書は，2003 年度から 2022 年度の問題を「物質の構造」「物質の変化」「無機物質」「有機物質の性質」「高分子化合物」に分類し，年度順に並べ，難易度を付けたものである。

阪大の化学は思考力を必要とする問題が多く，特に最近，新傾向の思考問題が多くなり，難化傾向が続いている。本格的な計算問題が多く，計算問題に代わり描図問題が出題されることもある。いずれも表面的な知識だけではまったく歯が立たない。基礎学力をつけた上での，思考力・応用力が要求されている。受験生にとっては誠に厳しい問題である。

毎年，阪大の問題を見て思うのは，緊張した受験会場の中，限られた時間内で，今まで見たこともない難問に接して，正解を得るため全身全霊を傾け，鉛筆を走らせる受験生の姿である。このような厳しい問題に立ち向かい，みごと合格の栄冠を勝ち取ることができれば，それは大いに誇ってよいであろう。そしてその不屈の精神力を称えたい。

2011 年 3 月の原発の事故から，原子力発電に依存しないエネルギー利用のあり方が活発に論議されるようになった。環境に悪影響を与えない次世代エネルギーの開発と普及が急務となっている。発展してきた科学技術は，豊かさや福祉の向上に向けて貢献するはずであったが，同時に新たな課題を生み出しているのかもしれない。

エネルギーの問題だけではない。戦後の右肩上がりの景気が一転，バブル崩壊，金融破綻となった。さらに，2020 年の新型コロナウイルス感染症のパンデミックは，経済的・社会的影響を及ぼしている。このようにさまざまで困難な課題が山積みの状態にあるといえよう。

現代社会における予想もつかない難問を解決するためには，事態をブレイクスルーするためには，今までの常識や古い考え方を飛び越えるような問題解決能力がどうしても必要である。そして，まさにそのような能力をもつ人材の育成が大学にも求められている。阪大の厳しい入試問題は有能な人材を得るための試金石となっているのではないか。難しい入試に挑む君たちこそ，輝ける未来の担い手になるであろう。

「若者よ！荒野を目指せ！」

中川 道広

目次

（編集部注）本書に掲載されている入試問題の解答・解説は，出題校が公表したものではありません。

本書の活用法

次の基準で難易度を分類している。

・難易度A：出来て，あ『A』たり前の基本問題。

・難易度B：合否の『B』order にかかわる勝負の問題。

・難易度C：『C』hallenge の問題。相当な難問である。制限時間内での完答は難しいが，失点を極力抑えてほしいもの。

さて，本書の活用例を，少しあげてみると

・データブックとしての使用

化学の勉強の座右に備える。たとえば，各単元の勉強後の復習に本書で同じテーマの問題をさがし，出題傾向，解法のポイント，難易度を研究して，効果的な学習を行う。この作業を日常的に繰り返す。

・不得意分野の克服

模試などで，弱点が判明した分野について徹底的に学習することで自分のウィークポイントを克服し，効果的な実力アップが可能になる。

・実力養成として

本書を化学の受験勉強の中心に据える。まずは，基礎学力確認のため，難易度Aの問題だけを選択的に学習して，受験勉強の方針を立てる。次に，化学の基本をつかんだ段階で，難易度Bに取り組み，実力アップのための本格的な勉強を始動する。そして最終段階として難易度Cも研究し，最後の詰めを行う。

ところで，過去問に当たっていく中で，あまりに多い新傾向の思考問題に戸惑ってしまう受験生も多いと思われる。時には，次のような誘惑に駆られるかもしれない。

「新傾向の問題の再出では思考問題にならない。新傾向は１回きりであるので，過去問を見る必要はない」

確かに，単に解法を丸暗記しても，実力アップにつながらないであろう。しかし，新傾向とはいえ，その解法は化学の基本的な考え方や手法を組み合わせたものがほとんどである。新傾向の問題にこそ，出題者が受験生に対して求める化学力を垣間見ることができる。新傾向の問題の題意をつかむように努力してほしい。

阪大の入試問題の中心はなんといっても第１章と第２章の理論分野である。その理論分野の実力をつけるには物量攻撃しかないであろう。自分の実力にあった問題集に丁寧に，しかも数多く当たる必要があるが，まずは，本書で傾向をつかむところをスタートラインとして，化学の勉強には本書を常にそばに置き，データブックとして大いに活用してほしい。そして，最終の確認も本書で，という具合に

「阪大の化学は本書で始まり，本書で完結する」

とアピールしたい。

古い年度の問題に取り組む際の注意点

学習指導要領が改訂されたり，国際的な取り決めが変更されたりすることで，現在は使われていない単位や量が，古い年度の問題に見られることがある。よく出てくるものを列挙しておく。

- **エネルギーの単位　cal（カロリー）** 1 cal = 4.2 J（4.19 J），1 kcal = 10^3 cal
- **電気量の単位　F（ファラデー）** 1 F は電気素量 1 mol の電気量で 9.65 × 10^4 C に等しい。現在では，代わりにファラデー定数 9.65 × 10^4 C/mol が用いられる。
- **圧力の単位　atm（気圧）** 1 atm = 1.013 × 10^5 Pa
- **周期表** 現在の族番号は，1，2，3，4，5，6，7，8，9，10，11，12，13，14，15，16，17，18 であるが，古い周期表ではこれらが，1A，2A，3A，4A，5A，6A，7A，8（現在の 8，9，10 の 3 つの族すべてを含む），1B，2B，3B，4B，5B，6B，7B，0 となる。
- **グラム当量** 物質量一般に用いられる概念だが，酸と塩基に限定して説明すると，酸の 1 グラム当量とは，その酸 1 mol の質量をその価数で割った質量を指す。塩基も同様に考える。すなわち酸と塩基のそれぞれ 1 グラム当量を混ぜ合わせると，その種類によらず必ず中和する。

【お断り】本書では，国際単位系（SI）の表記に基づきリットルを L と表しています。また，編集の都合上，実際の問題冊子には掲載されていた構造式の記入例を省略している場合があります。

学習指導要領の変更により，問題に現在使われていない表現がみられることがありますが，出題当時のまま収載しています。解答・解説につきましても，出題当時の教科書の内容に沿ったものとなっています。

阪大の化学　傾向と対策

第1章　物質の構造

番号	難易度	内　　容	年　　度	頁
1	C	二成分系の気液平衡	2021年度　第2問	22
2	B	気体の発生，熱化学，結晶の構造と性質	2019年度　第1問	27
3	C	エタノール-水混合物の状態変化，分留	2019年度　第2問	32
4	B	中和反応，圧平衡定数，結晶の種類，単位格子	2018年度　第1問	39
5	B	銅(Ⅱ)錯体，熱化学とイオン化傾向	2017年度　第1問	43
6	C	錯イオン，同位体の存在比，結晶構造	2016年度　第1問	47
7	C	ヘンリーの法則，状態図	2015年度　第2問	51
8	A	水素化合物の沸点，金属の融点	2014年度　第1問	56
9	A	結合エネルギー，ヨウ素滴定	2012年度　第1問	59
10	B	コロイド粒子の物質量，沸点上昇	2012年度　第2問	63
11	C	結晶の構造	2011年度　第1問	67
12	B	分子の極性	2010年度　第2問	71
13	A	ダイヤモンド，結合エネルギー	2009年度　第1問	75
14	C	実在気体	2008年度　第2問	79
15	A	解離と電離の熱化学	2007年度　第1問	84
16	B	石油ガスの分子量	2004年度　第1問	87
17	A	ニトログリセリンの爆発	2003年度　第3問	91

傾向

本章は理論分野であり，内容は「物質の構成と化学結合・結晶」，「物質量と化学反応式」，「物質の状態変化」，「気体の性質」，「溶液の性質」である。これらの内容は，様々な角度から問題を発展させやすいので，自ずと新傾向のものが多くなる。その結果，難易度が高くなることが多い。難易度Bと難易度Cがともに約3.5割，難易度Aは残り約3割である。第2章と並び，難問が最も出現しやすい章といえる。ほとんどの問題に計算問題が含まれていることも難易度を上げている原因であろう。

頻出のものをあげると

①結晶構造

単位格子が頻出である。標準レベルだけでなく新傾向の難問が含まれている。（2）

塩化ナトリウム型結晶の密度計算は練習しているはず。（4）結晶の種類や密度は基本。（6）面心立方格子の体対角線と層の関係は頻出。（8）結晶中の自由電子の電気量は目新しいが標準レベル。(11) は面心立方格子をクラスターとして考える，新傾向の難問である。(13) のダイヤモンドについては問題集によく出てくる標準問題。

②結合エネルギーと熱化学

（2）はボルン・ハーバーサイクルである。やや難。（5）はイオン化傾向の違いを熱量から考察させるユニークな問題である。一方，（9）(13) 熱化学方程式と結合エネルギー，(15) 熱化学方程式と反応熱，(17) 生成熱と熱化学方程式はどれも基本問題。

③化学結合

第3章 (36) 電子対間の反発と結合角の大小の関係はやや難である。（5）は錯体の極性の違いに注目したい。（8）分子の形と沸点は頻出。水素化合物の沸点の高低は教科書にある。(12) は双極子モーメントを定義した誘導問題でやや難である。

④物質の状態変化

（1）二成分系定温気液平衡，（3）二成分系定圧気液平衡，（7）状態図はどれも新傾向で難易度も高い。第2章 (27) 水蒸気の圧力を求め，気液平衡か気体かを判断する。蒸気圧は頻出のものである。

⑤気体の状態方程式

第1章に限らず頻出の計算である。（7）ヘンリーの法則，（9）混合気体の物質量の和，(16) 石油ガスの分子量など出題。気体の状態方程式から求めた結果が，次の問題展開で必要になるので，計算ミスには注意したい。気体定数の単位にも気をつけたい。

対策

①結晶構造

配位数，単位格子に含まれる粒子数，充塡率，結晶の密度計算はぬかりのないように。さらに，図録や学校にある模型などを用いて立体感覚を身につけてほしい。単位格子の粒子の配置を見るだけでなく，粒子の接触位置も確認すること。イオン結晶の限界半径比も実際に作図して理解しておくこと。

②結合エネルギーと熱化学

(反応熱) = (生成物の結合エネルギーの総和) − (反応物の結合エネルギーの総和) の公式を用いると，解答時間が短縮できる場合がある。少し時間がかかるが，エネルギー図による解法も練習しておくこと。

③化学結合

（8）や第4章 (48) (50) にもある水素結合は頻出である。無機物質や有機物質が水素結合を形成することによる性質の異常性をまとめておくこと。

④物質の状態変化

蒸気圧の計算問題，一成分系状態図だけでなく二成分系のものまで十分対策しておくこと。

⑤気体の状態方程式

計算問題の道具のようなものである。これを自由に使いこなすには練習あるのみ。第2章（21）で研究してほしい。また，阪大では，気体定数 R が様々な単位で与えられているので注意したい。

$$R=8.3\times10^{3}\frac{\mathrm{Pa\cdot L}}{\mathrm{K\cdot mol}}=83\frac{\mathrm{hPa\cdot L}}{\mathrm{K\cdot mol}}=8.3\frac{\mathrm{Pa\cdot m^{3}}}{\mathrm{K\cdot mol}}=8.3\frac{\mathrm{J}}{\mathrm{K\cdot mol}}$$

⑥新傾向の問題

（1）（3）二成分系気液平衡，（11）結晶の構造，（14）実在気体は，新傾向の思考問題である。与えられた試験時間内では到底解答できないような問題もあるが，受験勉強に本番のような時間制限はない。じっくり研究したい。

さらに，問題文をきめ細かく丁寧に読み取る国語の読解力の必要性も是非実感してほしい。

一見難しく感じる新傾向の問題でも，題意をつかめれば容易にわかる場合もある。文章を図式化してまとめていくと，イメージがつかみやすくなる。何が与えられ，何を問うているのかがわかると，解答まであと一歩である。このような図式化はどの問題でも有効である。習慣化したい。

第2章　物質の変化

番号	難易度	内　　　容	年　　度	頁
18	B	モルヒネの電離平衡	2022年度　第2問	94
19	B	リチウムを材料とする電池とその反応	2021年度　第1問	99
20	C	ハロゲン化水素，電離平衡	2020年度　第1問	103
21	C	N_2O_4 の解離平衡	2020年度　第2問	107
22	B	硫酸銅(Ⅱ)水溶液の電気分解，ヘンリーの法則	2018年度　第2問	112
23	C	アンモニア分解反応の化学平衡	2017年度　第2問	116
24	C	凝固点降下，緩衝液	2016年度　第2問	122
25	B	酸化還元滴定，モール法	2015年度　第1問	127
26	B	反応速度式と化学平衡	2014年度　第2問	131
27	B	NaOH 水溶液の電気分解，混合気体の圧力	2013年度　第2問	135
28	C	融解塩電解（溶融塩電解）	2010年度　第1問	139
29	C	電気伝導率と電離平衡	2009年度　第2問	142
30	B	二段階中和，変色域の幅	2008年度　第1問	148
31	B	陰イオン交換樹脂，酸化還元滴定	2007年度　第2問	152
32	B	反応速度	2006年度　第1問	156
33	C	平衡定数	2005年度　第1問	160
34	B	塩の加水分解	2004年度　第2問	165
35	B	酢酸の電離平衡	2003年度　第2問	168

傾向

本章は第1章と同様に理論分野であり，内容は「化学反応と熱」，「酸と塩基」，「酸化還元反応」，「反応の速さと平衡」となっている。第1章同様，阪大の化学の問題の柱になっている。難易度は高いものが比較的多く，Bの問題が約6割，Cは約4割である。

ただし，難問といっても頻出のものの応用・発展系が多く，第1章のように見慣れない題材に驚いたり戸惑ったりすることは少ないであろう。

頻出のものを次にあげる。

①化学平衡

この章の中核であり，頻出の重要項目といえる。新傾向の難問が出題されることもある。第1章（3）気体の状態方程式と平衡の移動を組み合わせた応用問題。(18)

モルヒネは弱塩基であり，弱塩基の電離平衡の頻出問題である。(23) はモル流量や体積流量を理解するのに手間取る。難問である。(24) 解答するだけなら標準であるが，導出過程の中に $c>100K_a$ を使い，有効数字の桁数を説明するとなれば難問になる。(25) モール法である。頻出問題である。(29) は二酸化炭素と酢酸の電離平衡で，電離定数を用いた電気伝導率の計算は誘導型の思考問題で難問である。(30) の指示薬の変色域は問題集などで練習したであろう。(34) の塩の加水分解は頻出であるが，近似法では解けないので注意したい。(35) 酢酸の中和における電離度の変化の描図には注意したい。

②平衡定数

第1章（4）や (28) の圧平衡定数，(33) の平衡定数の計算はかなり煩雑で，難問である。

③反応速度，半減期

高校の学習範囲を超えるような難問がある。(26) は反応速度式が書けるかどうかで決まる。(32) は半減期の基本である。過去には微分や積分の知識を必要とする問題が出題されたこともある。

④電池と電気分解

頻出の標準問題が多いが，新傾向の第5章 (67) 電気透析法や (19) リチウム電池・リチウムイオン電池の電極反応を酸化還元の理論から誘導する応用問題に注目したい。

ほとんどの問題に計算問題が含まれ，結果だけでなく計算過程が要求されることが多い。これは，計算が煩雑で複雑なものが多いので，部分点を配慮したためであろう。

対策

計算量が多いので，計算力をつけることが不可欠である。電卓に頼らず，常に筆算で行うこと。

①化学平衡・②平衡定数

気液平衡，弱酸・弱塩基の電離，緩衝溶液の pH，塩の加水分解，多価の弱酸の電離，溶解度積，アミノ酸の電離平衡，アミノ酸の等電点と電気泳動などを徹底的に学習したい。

可逆反応の式から平衡定数を書き，物質量やモル濃度を正しく計算し，物質収支の条件や電気的中性の条件を立式し，解を得る。このように解法には一定のパターンがある。練習すればするほど，実力アップを実感できるだろう。数研出版の『実戦 化学重要問題集 化学基礎・化学』など，数多くの受験問題集に取り組みたい。

③反応速度，半減期

新傾向の思考問題というよりは，高校の学習範囲を超えた大学教養レベルの内容のものが出題されている。他の理論分野の難問と同様，その対策には，三省堂『理系大学受験 化学の新研究 改訂版』のような高度な参考書で学習しておく必要がある。これらの学習は他の分野で実力をつけた後に取り組みたい。

④電池と電気分解

電極反応を暗記するのではなく，酸化還元から理解しておきたい。

第3章 無機物質

番号	難易度	内　容	年　度	頁
36	A	地殻成分元素の単体・化合物，結合角，テルミット反応	2022年度　第1問	174
37	A	共有結晶の構造と性質，熱化学	2013年度　第1問	180
38	A	鉄とアルミニウム，アルミニウムのめっき	2011年度　第2問	184
39	A	アルミニウムの性質	2010年度　第1問	188
40	B	二酸化炭素を原料とする化合物	2008年度　第3問	190
41	A	製鉄	2006年度　第2問	194
42	B	塩化水素の発生，クロロアルカンの合成	2004年度　第3問	196
43	B	陽イオン分離，溶解度積	2003年度　第1問	200

傾向

本章の内容は，「非金属元素の性質」および「金属元素の性質」である。本章は物質を対象にした各論である。物質の製法や性質が問われることになる。イオンの分離なども出題されている。

他の章とは難易度の傾向が異なり，難易度Aがやや多く約6割を占め，難易度Bは約4割である。やや難のものもあるが，ほとんどは教科書レベルの基本問題である。

①非金属元素の性質

出題数が少なく，頻出といえるものは見当たらない。(36) 二酸化炭素，窒素酸化物の性質，第1章（2）塩化水素・塩素の発生装置，(37) の二酸化ケイ素の性質，(40) のアンモニアソーダ法，結晶炭酸ナトリウムの風解，(42) の塩化水素の発生は，いずれも教科書レベルの基本問題である。

②金属元素の性質

鉄，アルミニウムが比較的よく出題されている。(36) 鉄，アルミニウムの製造，(37) 酸化亜鉛の性質，(38) 鉄，アルミニウムの不動態と局部電池は標準問題である。(39) アルミニウムの性質と製法，(41) 製鉄，(43) Na^{+}，Ag^{+}，Zn^{2+}，Ba^{2+}，Fe^{3+} の陽イオン分離などは教科書レベル。

対策

理論と絡めて出される総合問題もある。どうしても難易度の高い理論分野に力を入れてしまうが，導入の無機でつまずき，理論で実力が発揮できないということにならないようにしたい。

難問も出されたことはあるが，ほとんどの問題は基礎～標準の延長上にある。しかし，(41) 製鉄のように１つのテーマにこだわった出題もあるので注意したい。

教科書のすみずみまで丁寧に勉強しておくこと。図録などを用いて視覚から暗記する方法も有効である。

気体の発生とその性質，工業的製法，金属の精錬・製錬，両性元素，鉄・アルミニウム・銅・銀の性質，陽イオンの分離などは自分なりにチャートをつくり整理するのもいいだろう。

まず教科書の基礎をしっかり押さえ，論理的に筋道を立てて性質や反応などを理解するように努めること。また，日常の化学現象や環境などとの関連にも留意しておきたい。

第4章　有機物質の性質

番号	難易度	内　　　容	年　　度	頁
44	B	芳香族化合物の構造決定	2022年度　第3問	204
45	B	芳香族化合物・脂肪族化合物の構造決定	2021年度　第3問	209
46	B	分子式 C_5H_8 の炭化水素の構造と安定性	2020年度　第3問	215
47	B	エステルの構造決定・合成実験	2019年度　第3問	221
48	B	2価カルボン酸の構造決定，立体異性体	2018年度　第3問	227
49	B	油脂，バイオディーゼル燃料，エステル交換反応	2018年度　第4問	233
50	B	フェノール類とその誘導体	2017年度　第3問	238
51	A	C_5H_8，$C_4H_{10}O$ の構造	2016年度　第3問	244
52	A	アセトアミノフェンの合成，付加生成物の立体構造	2015年度　第3問	249
53	B	脂肪族化合物の分子式と構造決定	2014年度　第3問	254
54	B	ナフタレン誘導体の構造と反応，アゾ染料の合成と染着	2013年度　第3問	257
55	B	不斉炭素原子と光学異性体	2012年度　第3問	262
56	B	芳香族化合物の構造決定	2012年度　第4問	266
57	B	4種類の芳香族化合物	2011年度　第3問	269
58	B	芳香族炭化水素 C_8H_{10} の構造決定	2010年度　第4問	272
59	C	アレニウスの式，配向性，芳香族化合物の反応	2009年度　第3問	276
60	B	エステル	2009年度　第4問	283
61	B	C_3H_8O と $C_5H_{12}O$ の反応，芳香族化合物の構造	2008年度　第4問	287
62	B	芳香族エステルの構造決定	2007年度　第3問	292
63	B	油脂の構造決定	2006年度　第3問	296
64	B	芳香族アミドの構造決定	2006年度　第4問	299
65	B	サリチル酸とその誘導体	2005年度　第3問	303
66	B	$C_5H_{10}O$ の構造	2004年度　第4問	308

傾向

本章の内容は，「有機化合物の特徴と分類」，「脂肪族化合物」，「芳香族化合物」である。

ほとんどが難易度Bの良問で，極端な難問や新傾向の問題はない。近年は必ず1題以上出題されている。したがって，まず有機のポイントゲッターになること。有機ができて勢いがつく。受験の第一関門といえる。

出題を物質で分類してみると，脂肪族化合物と芳香族化合物の出題数は同じくらいである。脂肪族が（45）（46）（48）（49）（51）（53）（55）（60）～（63）（66）の12問，芳香族が（44）（45）（47）（50）（52）（54）（56）～（62）（64）（65）の15問である。題材としては，エステルが特に重要で，（44）（45）（47）（49）（53）（57）（58）（60）（62）（63）（65）と11問も出題されている。酸とアルコールからなるエステルは，有機化合物の反応性や性質について幅広い観点から問うことができるからであろう。エステルの類題ともとれるアミド化合物は（52）（56）（57）（64）で取り上げられている。

立体構造を用いた構造決定も頻出である。不斉炭素原子を用いたものが（45）（48）（51）～（53）（55）（60）（61）（63）の9問，幾何異性体を用いたものが（45）（48）（52）（62）（66）の5問である。また，思考問題として脂環式化合物が（46）（55）（66）で出題されている。

その他，ヨードホルム反応が（44）（46）（61），元素分析の計算が（44）（45）（53）（62），有機化合物の分離が（45）（62），無水フタル酸などの酸無水物が（44）（47）（48）（56）～（58）と頻出である。計算が面倒な油脂の問題も（49）（60）（63）にある。

対策

やや難ではあるが，よく練られた良問が多い。徹底的に過去問研究をすることによって，効果的に実力アップできるであろう。同じ物質，同じ反応が繰り返し出題されているので注意したい。

まず，構造式を自由自在に書けること。これは有機の基本である。有機の構造を理解するには，構造式を見ているだけでは効果は上がらない。手間がかかるが，紙に実際に書く習慣をつけてほしい。有機をものにするには，書くことが有効である。

次に有機化合物の元素分析から構造決定までの各段階に習熟しておくこと。元素分析の計算を誤ると次に進めない。有効数字に注意し，整数比を求めること。問題文の中にヒントがある場合もある。たとえば油脂であれば，酸素原子数は6とおける。

分子式 $C_nH_xO_aX_bN_c$（Xはハロゲン）が確定できれば，飽和の式は $C_nH_{2n+2-b+c}O_aX_bN_c$ であるので，不飽和度（水素不足指数）は，$\dfrac{(2n+2-b+c)-x}{2}$ になる。

不飽和度1であれば，二重結合1個または環状構造1個。

不飽和度2であれば，三重結合1個，二重結合2個，二重結合1個と環状構造1個，環状構造2個のいずれかである。

また，ベンゼン環を1個もつと不飽和度は4である。

構造決定では，不飽和度を意識しながら構造を推定すると大きなミスは防げる。ついで，炭素原子数から炭素骨格の可能性を考え，官能基の種類，官能基の位置，立体構造などを与えられた情報から決めていく。これらをスピーディーにかつ確実にできるように徹底練習すること。

さらに，マルコフニコフ則，ザイツェフ則，配向性のように選択的に起こる有機反応をまとめておくこと。

(45)(54)(61)で出題されている化学的環境の異なる炭素原子は，阪大独特であるので注目したい。

立体構造の思考問題も頻出である。教科書の図や図録を活用したい。フィッシャー投影式やR，S表示法も理解しておきたい。

油脂の計算問題は面倒なものが多いが，飽和のステアリン酸 $C_{17}H_{35}COOH$ のみからなる油脂 $(C_{17}H_{35}COO)_3C_3H_5$ の分子量 890 を暗記しておくと，不飽和脂肪酸中の炭素-炭素二重結合の数の2倍の値を 890 から引くことによって不飽和脂肪酸を含む油脂の分子量をすばやく求めることができる。

第5章 高分子化合物

番号	難易度	内容	年度	頁
67	B	イオン交換樹脂，イオン交換膜法，電気透析法	2022年度　第4問	314
68	C	糖類・核酸の構造	2021年度　第4問	321
69	A	エステルの構造決定，デンプンとセルロース	2020年度　第4問	326
70	B	アミノ酸の電離平衡，分離，ポリペプチドの構造	2019年度　第4問	331
71	B	タンパク質の構造と性質，ジペプチドの構造決定	2017年度　第4問	337
72	B	アミノ酸の反応と構造	2016年度　第4問	342
73	B	トリペプチドの構造	2015年度　第4問	346
74	B	糖類の構造と化学平衡および還元性	2014年度　第4問	349
75	B	テトラペプチドと脂肪酸の構造決定	2013年度　第4問	354
76	C	タンパク質の高次構造，酵素反応	2011年度　第4問	358
77	B	アミノ酸の構造と電離平衡	2010年度　第3問	364
78	B	アミノ酸，塩基対	2007年度　第4問	369
79	B	アミノ酸の電離平衡	2005年度　第2問	373
80	B	ゴム，共重合体	2005年度　第4問	377
81	B	二糖類のエステル	2003年度　第4問	379

傾向

本章の内容は，「天然高分子化合物」および「合成高分子化合物」である。

難易度Cの問題は，糖類の立体構造を書かせる（68）と酵素反応の反応速度を絡ませた（76）で，それ以外はほとんど難易度Bといえる。

「天然高分子化合物」が多く，(68)～(76)（78）（81）の11問で，「合成高分子化合物」は（67）（80）の2問と少ない。

高分子とはいえ，それを構成するアミノ酸や単糖類の出題も多い。(71)（73）（75）（78）のアミノ酸やペプチドの構造決定，(70)（77）（79）のアミノ酸の電離平衡，（72）のアミノ酸の電気泳動と頻出である。糖類でも構造と性質を問う（68）（69）（74）（81）などが目立つ。また，(80）のゴムのような，題材としては珍しいものが出題されることがある。高分子の計算問題は少なく，(69)（80）だけである。

高分子についての細かな知識力を問うだけでなく，理論や有機分野の題材としても出題される。

出題数が最も多いアミノ酸は，電離平衡や有機の構造決定の中にも登場する。アミノ酸は液性の変化によって構造が変化する。pH を調整すれば，同じ溶液中にある酸性アミノ酸，中性アミノ酸，塩基性アミノ酸の構造が互いに異なることを利用して電気泳動やイオン交換樹脂でアミノ酸を分離できる。

また，糖類の構造も重要である。糖の閉環によってヘミアセタール結合が形成され，逆にヘミアセタール結合の切断によって開環する。この変化を確実に書けるようにしたい。その際，立体構造がどのようになるかも模型などで確認しておくこと。ペプチドのアミノ酸配列の決定も有機化合物の構造決定の変形である。他大学でも頻出であるので，要注意である。

タンパク質の構造，塩基対，ゴムなどは再出の可能性もある。教科書などでぬかりなく学習しておくこと。高分子の計算問題は，案外難問になる。繰り返しの単位の個数計算や，アセタール化などの部分反応の量的関係の計算などを問題集で練習したい。

☑ 論述対策について

論述を章ごとに見ると，第 3 章に多い。物質の変化の様子の記述問題が目立つ。「何が」「どうなるか」を明確に書くこと。日ごろから化学の実験に問題意識をもって取り組んでほしい。また，図録などを手元に置き常に見る習慣をつけてほしい。

実験操作については，京都大学の Web ページ「化学実験操作法 動画資料集」

http://www.chem.zenkyo.h.kyoto-u.ac.jp/operation/

が役に立つ。

解答用紙はマス目による字数制限つきのものが多いが，解答欄の枠内で答える場合もある。字数制限がある場合の平均は 50 字程度である。長文の要求はない。ポイントを確実に解答に盛り込むように書くこと。

無機，有機とも理論を織りまぜた出題が多いが，各論的知識が軽視されているわけではない。知識的な内容に理論的考察を加えるようにして，総合的理解力をテストするねらいが込められている。

原子構造と化学結合，化学平衡，反応速度，酸・塩基や酸化還元理論は物質の各論と深い関係がある。「なぜそのようなことがいえるのか」と常に問い続け，理論的に深く考える学習態度を心がけよう。論述はまさにこの態度の有無を確かめるのに最も向いた出題形式といえる。

第1章
物質の構造

・物質の構成と化学結合・結晶
・物質量と化学反応式
・物質の状態変化
・気体の性質
・溶液の性質

1 二成分系の気液平衡

（2021年度 第2問）

以下の文章を読み，問1～問5に答えよ。

揮発性の純物質AとBは，大気圧(1.01×10^5 Pa)のもと，いずれも298 Kで液体であり，この温度でのそれぞれの蒸気圧は，$P_A{}^* = 7.50 \times 10^4$ Paおよび$P_B{}^* = 2.50 \times 10^4$ Paである。AとBの液体混合物では，混合割合にかかわらず，各成分の蒸気圧(P_AおよびP_B)が，液体混合物中のモル分率(x_Aおよびx_B)と純物質の蒸気圧($P_A{}^*$および$P_B{}^*$)の積にそれぞれ等しくなる($P_A = x_A P_A{}^*$および$P_B = x_B P_B{}^*$)。また，温度一定における混合物の気液平衡では，液体混合物の蒸気圧が，共存する混合気体の体積と液体混合物の量によって変化する。混合気体は，ドルトンの分圧の法則に従う。

AとBの混合物の状態変化を調べるために，温度一定(298 K)のもと，以下の実験を行った。

【実験1】

298 Kにおいて，成分Aのモル分率がz_Aとなるように，AとBの液体混合物を調製した。このモル分率を「仕込みのモル分率」という。この液体混合物を，298 Kに保った透明な容器に入れ，気体が入らないようにピストンで密閉した(図1)。このとき，ピストンと壁面との摩擦およびピストンの重さは無視できる。

つぎに，温度を一定に保ったまま，ピストンにかかる圧力をゆっくりと下げていくと，圧力P_1で容器内にAとBの混合気体が現れはじめた。さらに，圧力をP_2まで下げると，混合気体の量が増加し，液体混合物の量が減少した。引き続き，圧力を下げていくと，圧力P_3で容器内の液体混合物がすべて消失した。

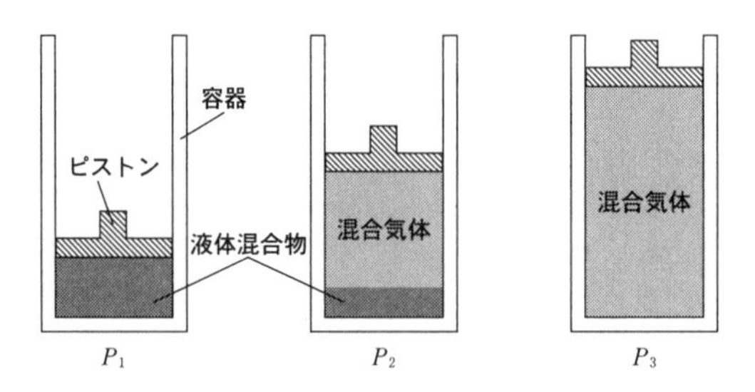

図1 密閉容器内のAとBの混合物の状態変化の模式図

図2は，容器内の圧力と，混合気体および液体混合物に含まれる成分Aのモル分率をまとめたもので，298 KにおけるAとBの混合物の状態図である。直線①は，液体混合物の蒸気圧とその液体混合物中のAのモル分率との関係を表している。一方，曲線②は，液体混合物と平衡にある混合気体の圧力とその混合気体中のAのモル分率との関係を表している。直線①の上側を領域Ⅰ，曲線②の下側を領域Ⅱとする。

図中の点a，b，cは，実験1の圧力 P_1，P_2，P_3 の状態にそれぞれ対応している。点a－c間では，混合気体と液体混合物が共存する。点aで混合気体が出現し，点a－b－cの変化に対して，混合気体の成分はa″－b″－cのように変化する。一方，液体混合物の成分は，a－b′－c′と変化し，点c′で液体混合物がすべて消失する。

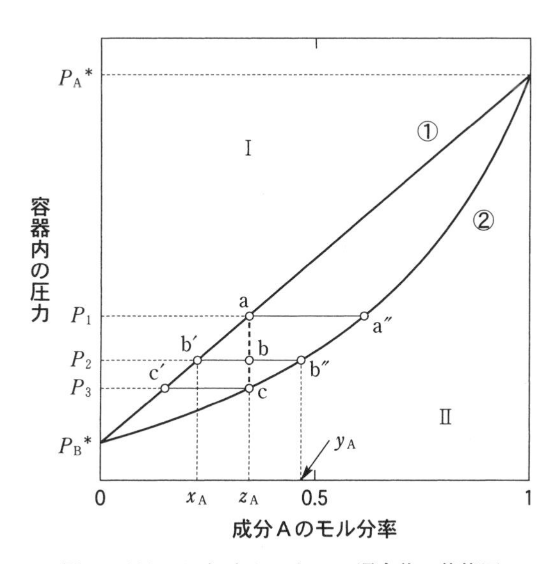

図2　298 KにおけるAとBの混合物の状態図

問1　領域ⅠとⅡのそれぞれにおいて，AとBの混合物が，物質の三態のうち，どの状態をとるか答えよ。

問2　点bで気液平衡に達したとき，P_2 は 3.70×10^4 Paであった。AとBの液体混合物(点b′)に含まれる成分Aのモル分率(x_A)を，有効数字2桁で求めよ。解答欄には，計算過程も示せ。

問 3　**問 2**において，気液平衡に達したAとBの混合気体(点b″)に含まれる成分Aのモル分率(y_A)を，有効数字2桁で求めよ。解答欄には，計算過程も示せ。

問 4　点bで気液平衡にある混合気体と液体混合物の物質量を，それぞれn_Gおよびn_Lとする。これらの物質量の比($\frac{n_G}{n_L}$)を，x_A，y_Aおよびz_Aを用いて表せ。解答欄には，導出過程も示せ。

問 5　図3は，図2の一部分を拡大したものである。仕込みのモル分率が0.75の試料において，n_Gとn_Lが等しくなる容器内の圧力を，図3を使って求めよ。

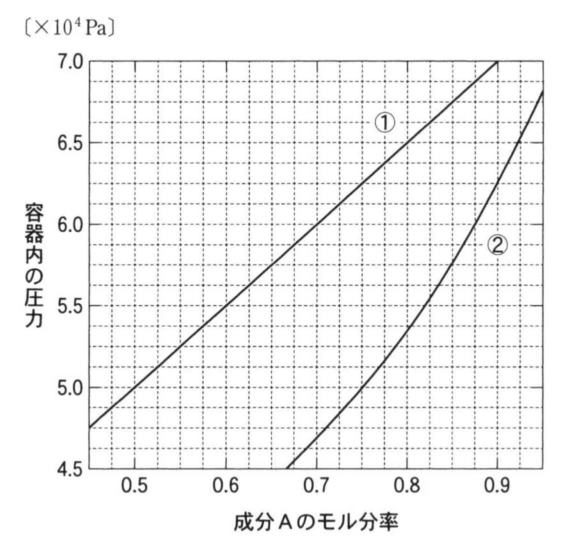

図3　図2の一部分を拡大した図

解　答

問1　Ⅰ．液体　Ⅱ．気体

問2　$P_2=x_AP_A^*+(1-x_A)P_B^*$ より，成分Aのモル分率 x_A は

$$3.70\times10^4=x_A\times7.50\times10^4+(1-x_A)\times2.50\times10^4$$

∴　$x_A=0.24=2.4\times10^{-1}$　……(答)

問3　$y_A=\dfrac{x_AP_A^*}{P_2}$ より，求める成分Aのモル分率は

$$y_A=\frac{0.24\times7.50\times10^4}{3.70\times10^4}=0.486\fallingdotseq4.9\times10^{-1}$$　……(答)

問4　成分Aについて，点bにおける物質量の関係は

$$(n_G+n_L)z_A=n_Gy_A+n_Lx_A$$

∴　$\dfrac{n_G}{n_L}=\dfrac{z_A-x_A}{y_A-z_A}$　……(答)

問5　5.75×10^4Pa

ポイント

成分Aの仕込みのモル分率 z_A から，Aの全物質量は $(n_G+n_L)z_A$〔mol〕である。

解　説

問1　図2の点aは液体，点bは気液平衡，点cは気体である。圧力を上げると，気体→液体→固体と状態変化する。領域Ⅰは，点aより圧力を上げた状態であるので，液体である。逆に，点cより圧力を下げた領域Ⅱは気体である。

問2　成分気体の蒸気圧は，液体のモル分率×純物質の蒸気圧である。二成分であるので，気体Bのモル分率は，$(1-x_A)$ である。ドルトンの分圧の法則に従うので，全圧 P_2 は蒸気圧の和であり，次式が成り立つ。

$$P_2=x_AP_A^*+(1-x_A)P_B^*$$

問3　混合物の気液平衡でも成分気体の蒸気圧すなわち分圧は物質量に比例する。モル分率$=\dfrac{分圧}{全圧}$ より

$$y_A=\frac{x_AP_A^*}{P_2}$$

問4　気液平衡の点bにおける気体の成分Aのモル分率は，点b″の y_A であるので，気体の物質量は，n_Gy_A〔mol〕となる。また，液体の成分Aのモル分率は，点b′の x_A であるので，液体の物質量は n_Lx_A〔mol〕である。したがって，成分Aの全物質量は，$n_Gy_A+n_Lx_A$〔mol〕で表される。

一方，点bで，気体と液体を合わせた成分Aのモル分率は z_A であるので，全物質

量は，$(n_G+n_L)z_A$〔mol〕と表すこともできる。

よって，成分**A**について，点**b**における全物質量の関係は

$$(n_G+n_L)z_A=n_Gy_A+n_Lx_A$$

問5　問4の式で，$n_G=n_L$であれば

$$y_A-z_A=z_A-x_A$$

下図において，矢印で示した①と②までの距離が等しいときの圧力を求める。

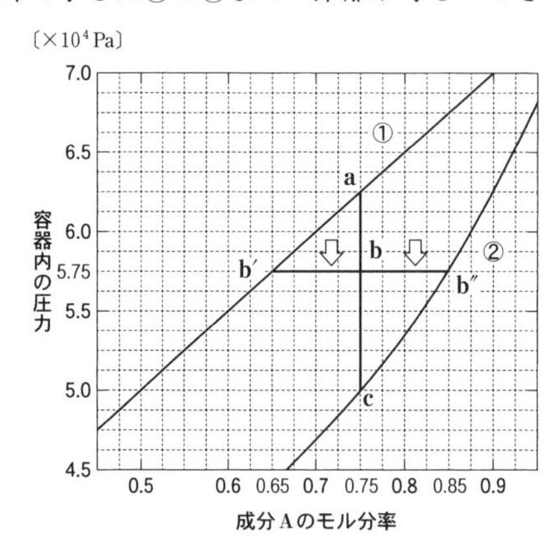

すなわち，$z_A=0.75$において，上図より

$$y_A=0.85,\ x_A=0.65$$

これらの数値を$y_A-z_A=z_A-x_A$に代入すると

$$0.85-0.75=0.75-0.65=0.10$$

と等しい。よって，このときの圧力は，5.75×10^4 Paとわかる。

2 気体の発生，熱化学，結晶の構造と性質
（2019年度　第1問）

以下の文章を読み，問1～問5に答えよ。必要があれば次の数値を用いよ。
原子量　H＝1.0，O＝16.0，Na＝23.0，Mg＝24.3，S＝32.1，Cl＝35.5，Mn＝54.9
アボガドロ数 N_A＝6.0×10^{23}/mol

①図1に示す実験装置1の**X**に塩化ナトリウム，**Y**に濃硫酸を入れた後，濃硫酸を**Y**から**X**へ滴下しながら穏やかに熱すると，刺激臭のある気体**A**が発生した。発生した気体**A**を水に通じると，気体**A**は水によく溶けてほぼ飽和状態になり，水溶液**B**が得られた。②図1に示す実験装置2の**X′**に酸化マンガン(IV)，**Y′**に水溶液**B**を入れた後，水溶液**B**を**Y′**から**X′**へ滴下しながら熱すると，気体**C**が発生した。

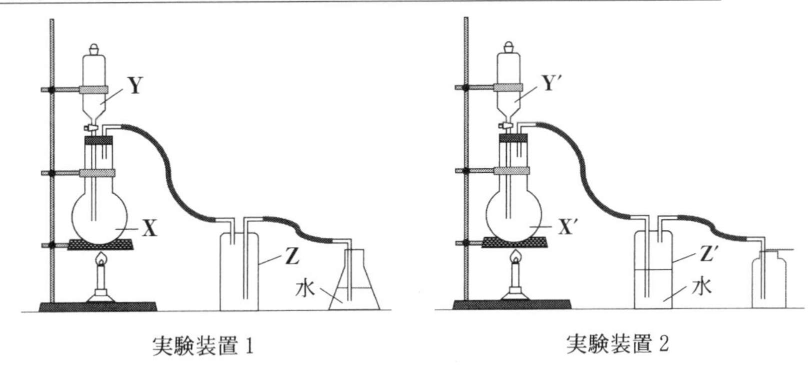

図1

問1　下線部①および下線部②の反応の化学反応式を記せ。

問2　ア）　実験装置1で，器具**Z**が必要な理由を説明せよ。
イ）　実験装置2で，器具**Z′**が必要な理由を説明せよ。

問3　表1に気体**A**，気体**C**，ナトリウムおよび塩化ナトリウムの融解熱，蒸発熱，昇華熱，格子エネルギーを，表2に結合エネルギーを示した。HとNaのイオン化エネルギーはそれぞれ1312.0kJ/mol，495.8kJ/molである。また，Clの電子親和力は349.0kJ/molである。必要があれば，これらの値を用いて，気体**A**，気体**C**，および塩化ナトリウムの生成熱を計算し，解答欄に記せ。

表1 融解熱，蒸発熱，昇華熱，格子エネルギー〔kJ/mol〕

	融解熱	蒸発熱	昇華熱	格子エネルギー
気体**A**	2.0	16.2	—	—
気体**C**	6.4	20.4	—	—
ナトリウム	2.6	89.1	—	—
塩化ナトリウム	28.2	—	215.0	772.0

表2 結合エネルギー〔kJ/mol〕

H—H	432.0
H—Cl	427.7
Cl—Cl	239.2
Cl—Na	410.2
Na—Na	72.9

問4 酸化マグネシウムの結晶は，塩化ナトリウムと同様に，図2のような立方体の構造をとることが知られている。これらの結晶を構成するイオンの半径は，Na^+ は 0.11 nm，Cl^- は 0.17 nm，Mg^{2+} は 0.080 nm，および O^{2-} は 0.13 nm であり，陽イオンと陰イオンは接しており，陽イオンどうしまたは陰イオンどうしは接していない。このとき，酸化マグネシウムの結晶の密度は塩化ナトリウムの密度の何倍になるか，有効数字2桁で答えよ。解答欄には計算過程も示せ。

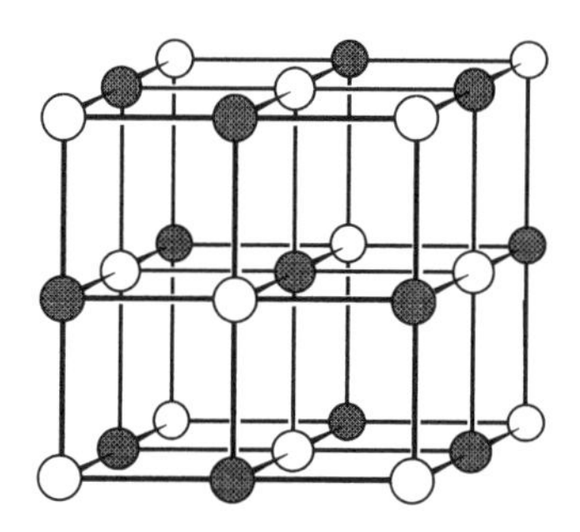

図2 酸化マグネシウムの結晶構造。●は陽イオン，○は陰イオンの位置を表す。

問5 塩化ナトリウムと酸化マグネシウムの格子エネルギーはどちらが大きいか答えよ。また，その理由を50文字以内で説明せよ。

解　答

問1　①$NaCl+H_2SO_4 \longrightarrow NaHSO_4+HCl$

②$MnO_2+4HCl \longrightarrow MnCl_2+2H_2O+Cl_2$

問2　ア）　フラスコXに水が逆流するのを防ぐため。

イ）　加熱によって発生した塩化水素を水に溶かして除去するため。

問3　気体A：**92.1kJ/mol**　気体C：**0kJ/mol**

塩化ナトリウム：**413.9kJ/mol**

問4　アボガドロ数をN_A〔mol〕とすると，求める密度の比は

$$\frac{40.3\times\frac{4}{N_A}\times\frac{1}{(2\times0.080\times10^{-7}+2\times0.13\times10^{-7})^3}}{58.5\times\frac{4}{N_A}\times\frac{1}{(2\times0.11\times10^{-7}+2\times0.17\times10^{-7})^3}}=\frac{40.3\times0.28^3}{58.5\times0.21^3}$$

$$=\frac{40.3\times4^3}{58.5\times3^3}$$

$=1.63\fallingdotseq1.6$　……(答)

問5　酸化マグネシウム

理由：酸化マグネシウムの方が，イオン間距離が短く，両イオンの価数の積が大きいので，静電気力が強く働くから。(50文字以内)

ポイント

格子エネルギーを直接求めるのではなく，いくつかの反応過程を組み合わせて間接的に求めるための循環過程をボルン・ハーバーサイクルという。

解　説

問1　①　穏やかに熱しているので，$2NaCl+H_2SO_4 \longrightarrow Na_2SO_4+2HCl$ の反応は起こらない。

②　MnO_2 は，酸性条件下では，酸化剤として働き，HCl を Cl_2 に酸化する。Cl_2 が発生するとともに，加熱によって H_2O が蒸発し，HCl も溶けにくくなり，水溶液から追い出される。温度が高くなると，HCl の溶解度が小さくなる。

問2　ア）　フラスコXに水が逆流すると，熱濃硫酸に水を加えることになり，容器が破裂する危険がある。

イ）　Cl_2 も水に溶けるが，HCl が溶けているため，次の平衡反応式は左に偏っており，Cl_2 は，ほとんど溶けないで通過する。

$$Cl_2+H_2O \rightleftarrows HCl+HClO$$

問3　気体**A**は HCl であり，その生成熱を x〔kJ/mol〕として，熱化学方程式で示すと

$$\frac{1}{2}H_2(気)+\frac{1}{2}Cl_2(気)=HCl(気)+x〔kJ〕$$

気体反応では反応熱＝(生成物の結合エネルギーの和)－(反応物の結合エネルギーの和) の関係が成り立つ。よって

$$x=427.7-\left(\frac{1}{2}\times432.0+\frac{1}{2}\times239.2\right)=92.1〔kJ/mol〕$$

気体**C**は，Cl_2であり，単体である。単体の生成熱は0である。

塩化ナトリウムの生成熱をy〔kJ/mol〕として，熱化学方程式で示すと

$$Na(固)+\frac{1}{2}Cl_2(気)=NaCl(固)+y〔kJ〕$$

格子エネルギーは，イオン結晶であるNaCl(固) を構成粒子であるNa^+(気) とCl^-(気) にばらばらにするのに必要なエネルギーである。

$NaCl(固)=Na^+(気)+Cl^-(気)-772.0\,kJ$ ……①

イオン化エネルギーは，Na(気) から電子1個を取り去るのに必要なエネルギーである。

$Na(気)=Na^+(気)+e^- -495.8\,kJ$ ……②

電子親和力は，Cl(気) が電子1個を取り込み，Cl^-(気) になるときに放出されるエネルギーである。

$Cl(気)+e^-=Cl^-(気)+349.0\,kJ$ ……③

結合エネルギーは，Cl−Clの結合を切るのに必要なエネルギーである。

$\frac{1}{2}Cl_2(気)=Cl(気)-\frac{1}{2}\times239.2\,kJ$ ……④

昇華熱は，Na(固) がNa(気) になるときに吸収されるエネルギーである。

昇華熱＝融解熱＋蒸発熱 の関係が成り立つ。

$Na(固)=Na(気)-(2.6+89.1)\,kJ$ ……⑤

－①＋②＋③＋④＋⑤ より

$$Na(固)+\frac{1}{2}Cl_2(気)=NaCl(固)+413.9\,kJ$$

よって　$y=413.9$〔kJ/mol〕

〔**別解**〕 エネルギー図で考えてもよい。エネルギー図ではエネルギーの大きい物質ほど上位に書く。発熱反応は下向き，吸熱反応は上向きである。

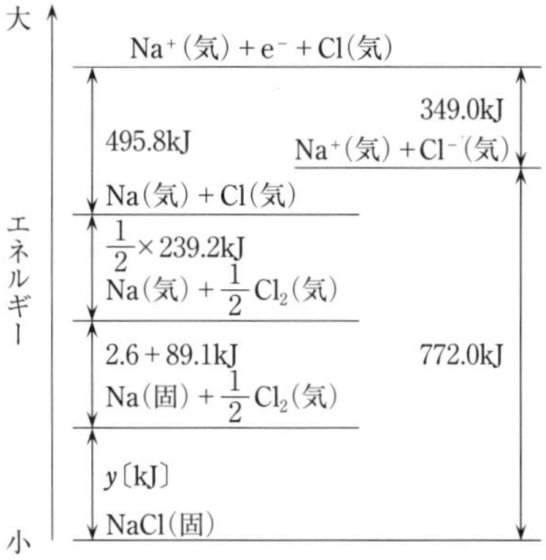

大

Na^+(気)$+e^-+Cl$(気)

349.0kJ

495.8kJ

Na^+(気)$+Cl^-$(気)

Na(気)+Cl(気)

$\frac{1}{2}\times 239.2$kJ

Na(気)$+\frac{1}{2}Cl_2$(気)

エネルギー

2.6+89.1kJ

772.0kJ

Na(固)$+\frac{1}{2}Cl_2$(気)

y〔kJ〕

NaCl(固)

小

エネルギーは保存されるので

$$349.0+772.0=495.8+\frac{1}{2}\times 239.2+2.6+89.1+y$$

∴　$y=413.9$〔kJ/mol〕

問4　単位格子に含まれる各イオンの数は

陽イオン：$\frac{1}{4}\times 12+1=4$〔個〕

陰イオン：$\frac{1}{8}\times 8+\frac{1}{2}\times 6=4$〔個〕

単位格子に4個のNaClが含まれる。

また，単位格子1辺の長さは　　2×(陽イオンの半径+陰イオンの半径)

よって，式量Mのイオン結晶の密度は，アボガドロ数をN_A〔mol〕とすると

$$結晶の密度=\frac{立方体の質量}{立方体の体積}$$

$$=M\times\frac{4}{N_A}\times\frac{1}{(2\times 陽イオンの半径+2\times 陰イオンの半径)^3}〔g/cm^3〕$$

問5　陽イオンと陰イオン間に働く静電気力（クーロン力）Fは，次式で表される。

$$F=k\frac{(イオンの価数の積)}{(イオン半径の和)^2}\quad(kは比例定数)$$

同じ結晶構造であれば，静電気力が強く働くほど，融点は高い。

3 エタノール-水混合物の状態変化，分留

（2019年度　第2問）

以下の文章を読み，問1～問5に答えよ。必要があれば次の数値を用いよ。
原子量　H＝1.0，C＝12.0，O＝16.0

物質の状態変化は，化学工業における分離操作に広く利用されている。例えば，蒸留（分留）の場合，2種類の揮発性物質の液体混合物を加熱し，目的物質を多く含む蒸気を再び液体に戻して回収する操作を繰り返すことにより，目的物質の濃度を高めることができる。

【Ⅰ】

図1には，大気圧において，各々207gのエタノール，水（液体），または，エタノール-水混合物に，単位時間当たり一定の熱量M〔J/分〕を加えていったときの温度上昇の様子を示している。エタノールの沸点は約78℃，水の沸点は100℃で一定値を示すが，エタノール-水混合物の場合，沸騰が始まってからも一定の温度を示さず，温度は上昇する。ここで，沸点に達するまでの温度における蒸気圧は考慮しないものとする。

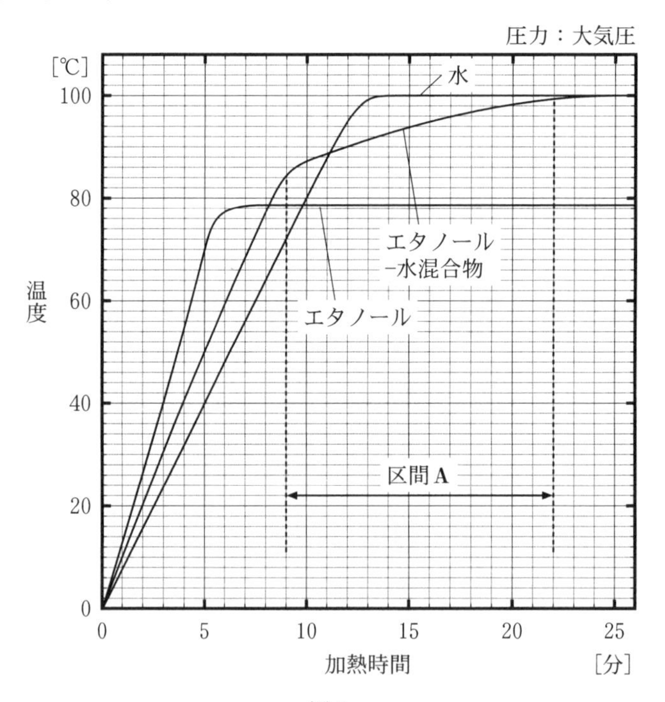

図1

問1　図1の区間**A**の加熱過程で，エタノール-水混合物の状態を説明する(あ)～(お)の文章のうち，間違っているものをすべて選び，記号で答えよ。

(あ)　液体混合物の沸点が変化している。

(い)　液体混合物に含まれるエタノールと水が蒸発している。

(う)　熱量は液体温度の上昇のみに使われている。

(え)　液体中の水のモル分率が増加している。

(お)　気体中のエタノールと水の分圧の比は一定値を示す。

問2　水（液体）1molの温度を1K上昇させるための熱量（モル比熱）を75.3 J/(mol·K)とする。図1に示す結果に基づいて，問題文中のM，および，エタノールのモル比熱〔J/(mol·K)〕を計算し，有効数字2桁で答えよ。

【Ⅱ】

物質の出入りのない容器内でエタノール-水混合物を沸騰させた。このとき，大気圧を保ったまま沸騰する温度を一定に保つと，液体と気体が共存する平衡状態になる。ここで，液体混合物が沸騰する温度と平衡状態にある液体中のエタノールのモル分率の関係は，図2の曲線**L**のように示される。また，液体混合物から蒸発する気体の温度と，平衡状態にある気体中のエタノールのモル分率の関係は曲線**G**のように示され，液体混合物とは異なる組成となる。例えば，モル分率が0.1のエタノール-水混合物（液体）を加熱すると87℃で沸騰するが（曲線**L**上の点(i)），図2の曲線**G**から，この温度において平衡状態にある気体中のエタノールのモル分率は0.43であることが読み取れる。この気体（エタノールと水の混合蒸気）を冷却してすべて凝縮させると，モル分率0.43のエタノール-水混合物（液体）が得られる。

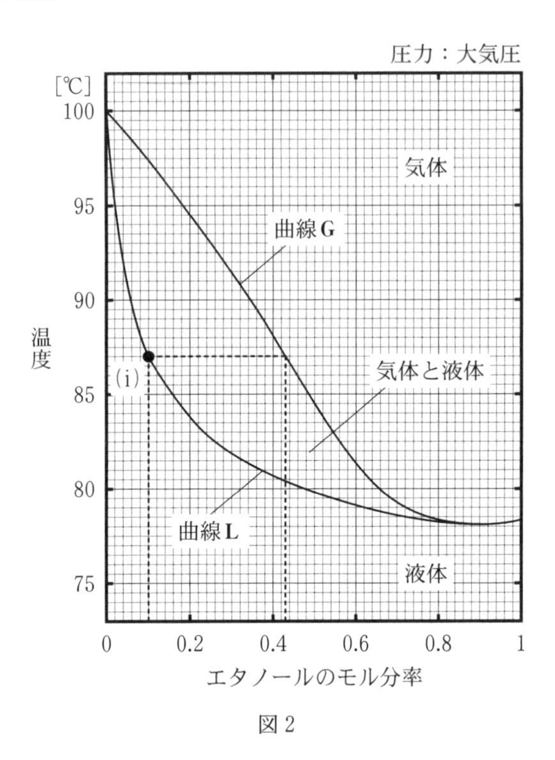

図2

問3　下線部について，87℃で平衡状態にある気体中に存在するエタノールの分圧は，水（蒸気）の分圧の何倍になるか，有効数字2桁で答えよ。

問4　モル分率0.05のエタノール-水混合物（液体）を原料として，下線部と同様に，組成一定で加熱し，沸騰した温度で平衡状態にある気体を凝縮させる操作を行う。凝縮して得られる液体混合物におけるエタノールのモル分率を，有効数字2桁で答えよ。

問5　モル分率0.05のエタノール-水混合物（液体）を原料として，下線部と同様に，組成一定で加熱し，沸騰した温度で平衡状態にある気体を凝縮させて液体混合物を得て，それを新しい原料として下線部と同様の操作を繰り返す。最終的にモル分率0.66以上のエタノール-水混合物（液体）を得るために必要な繰り返し操作の回数を答えよ。また，回数の根拠を，解答用紙の温度—組成図に，図2の点線にならって補助線を描くことにより示せ。

〔温度—組成図の解答欄〕

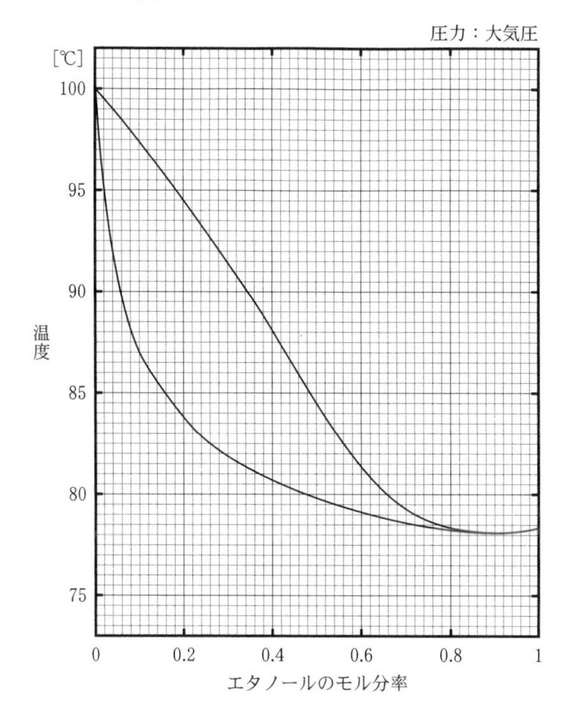

解 答

問1 (う), (お)

問2 加熱量 M：6.9×10^3 J/分

エタノールのモル比熱：1.1×10^2 J/(mol·K)

問3 0.75 倍

問4 0.32

問5 3 回

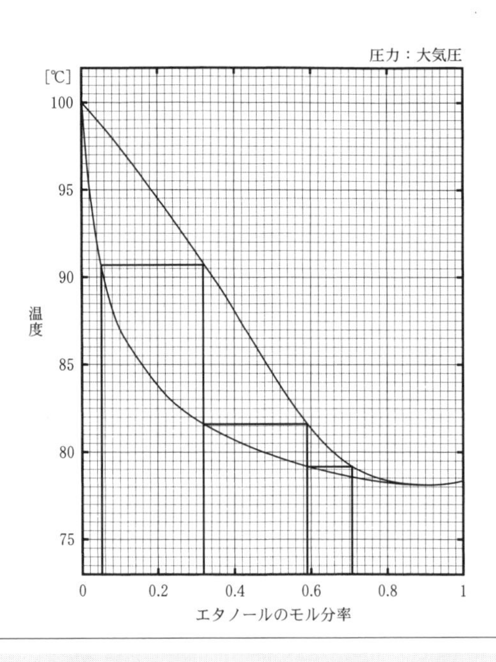

ポイント

エタノール-水混合物を加熱すると，エタノールを多く含む水溶液が留出する。これを再び加熱すれば，さらにエタノールが濃縮される。

解 説

問1 (あ) 正文。気液平衡において，全圧は，エタノールの蒸気圧と水蒸気圧の和である。この全圧が大気圧と等しくなったとき，沸騰がおこる。

区間Aでは，加熱とともに液体中のエタノールのモル分率は減少し，逆に水のモル分率は増加していく。その結果，沸点は上昇する。区間Aを過ぎると，エタノールはすべて蒸発して液体は水だけになり，100℃で沸騰する。

(い) 正文。ともに揮発性の液体であるので，蒸発している。

(う)　誤文。液体温度の上昇以外に，エタノールと水の蒸発熱に使われている。

(え)　正文。エタノールの蒸発する割合が多いので，液体中の水のモル分率は増加する。

(お)　誤文。エタノールの蒸発する割合が多いので，分圧の比は変化する。

問2　図1で，読み取りやすい目盛りの点を選ぶと，0℃の水を40℃に上昇させるのに必要な時間は5分であるから

$$5M = 40 \times 75.3 \times \frac{207}{18.0} \qquad \therefore \quad M = 6.92 \times 10^3 \fallingdotseq 6.9 \times 10^3 〔\mathrm{J/分}〕$$

エタノールのモル比熱を x〔J/(mol·K)〕とすると，0℃のエタノールを70℃に上昇させるのに必要な時間は5分であるから

$$5 \times 6.92 \times 10^3 = 70 \times x \times \frac{207}{46.0}$$

$\therefore \quad x = 109 \fallingdotseq 1.1 \times 10^2$〔J/(mol·K)〕

なお，読み取る点によっては，x の値は少し異なる。

問3　エタノールのモル分率が0.43であるので，水蒸気のモル分率は，$1 - 0.43 = 0.57$ である。同温・同体積の気体の物質量は圧力に比例する。

よって，モル分率は分圧比に等しいので

$$\frac{0.43}{0.57} = 0.754 \fallingdotseq 0.75$$

問4　モル分率0.05のエタノールの液体は，次図からわかるように，曲線**L**上の点(ii)である90.7℃で沸騰する。この温度での平衡状態にある気体のエタノールのモル分率は，曲線**G**上の点より0.32である。凝縮して得られる液体混合物中のエタノールのモル分率も0.32である。

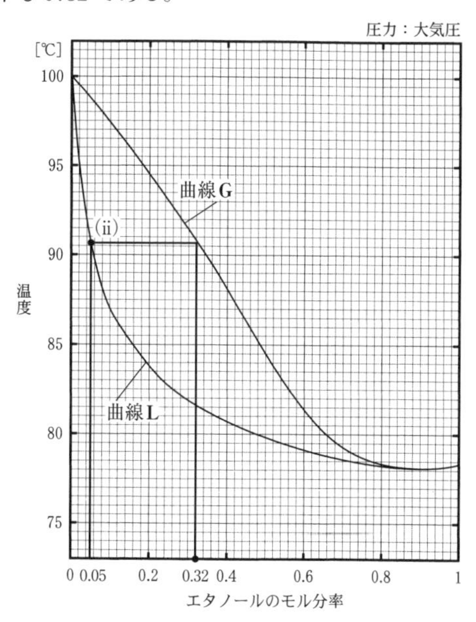

問5　留出液中のエタノールのモル分率を0.66以上に濃縮するには，蒸留・回収の操作を何回繰り返せばよいかという問題である。
次図より，モル分率0.05のエタノール水溶液を原料にすると，1回目の沸点は90.7℃で，沸騰した気体を凝縮した液体中のエタノールのモル分率は，0.32である。
2回目では，エタノールのモル分率0.32の水溶液の沸点は81.6℃で，沸騰した気体を凝縮した液体中のエタノールのモル分率は，0.59である。
3回目では，エタノールのモル分率0.59の水溶液の沸点は79.2℃で，沸騰した気体を凝縮した液体中のエタノールのモル分率は，0.71となり，目的の0.66以上を達成できる。
さらにこの操作を繰り返すことにより，液体の沸点は下がり，液体中のエタノールのモル分率は上昇していく。ただし，78.2℃になると，曲線Lと曲線Gが重なり，液体と沸騰した気体の組成が同じになり，これ以上エタノールを濃縮できなくなる。このような混合物を共沸混合物という。共沸混合物は沸騰を続けても沸点は一定である。

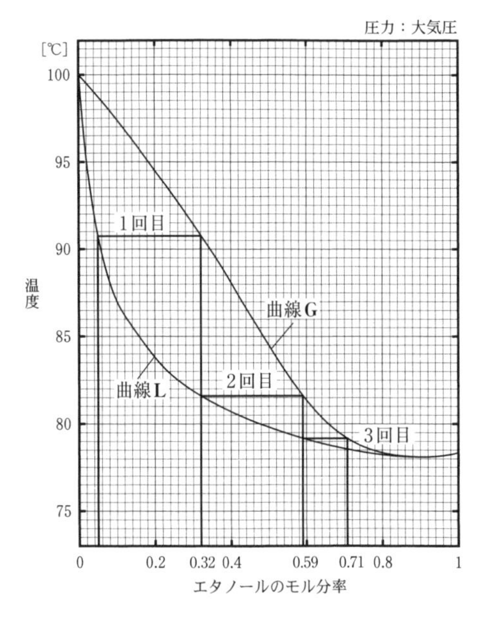

4 中和反応, 圧平衡定数, 結晶の種類, 単位格子

（2018年度　第1問）

問1～問8に答えよ。必要があれば次の数値を用いよ。
原子量 C = 12.0, O = 16.0, S = 32, アボガドロ定数 $N_A = 6.0\times10^{23}$/mol

問1　硫黄16gを出発物質として用い，硫酸水溶液1.0Lを調製した。調製した硫酸水溶液の中和を以下の水酸化ナトリウム水溶液を用いて試みた。調製した硫酸を中和できる量の水酸化ナトリウムを含む水溶液全てをaからdの記号で答えよ。

a．1.0mol/Lの水酸化ナトリウム水溶液　800mL
b．2.0mol/Lの水酸化ナトリウム水溶液　600mL
c．3.0mol/Lの水酸化ナトリウム水溶液　360mL
d．4.0mol/Lの水酸化ナトリウム水溶液　240mL

問2　強塩基である水酸化ナトリウムに代えて弱塩基である重曹（ベーキングパウダーの主成分）を用いて問1の硫酸水溶液を中和した。この反応を化学反応式で示せ。

問3　問2の中和反応で発生した気体を**A**とする。発生した**A**の物質量を答えよ。

問4　気体**A**の分子式より酸素原子（O）が1つ少ない気体を**B**とする。**A**と**B**との間には以下の平衡が成り立つとする。

$$\mathbf{A} \rightleftarrows \mathbf{B} + \frac{1}{2}O_2$$

問3で求めた物質量の気体**A**と0.50molの気体**B**を大気圧下（1.0×10^5Pa），温度Tまで昇温し，平衡状態にしたところ，微量の酸素が生成した。この状態（大気圧下，温度T）ではK_pを圧平衡定数とすると以下の式が成り立つとして，生成した酸素の分圧を有効数字2桁で答えよ。

$$K_p = \frac{P_B\sqrt{P_{O_2}}}{P_A} = 2.0\times10^{-6}\,\mathrm{Pa}^{\frac{1}{2}}$$

ただし，P_A，P_B，P_{O_2}はそれぞれ**A**，**B**，酸素の分圧とする。

気体**A**を固化させた。**A**は結晶状態において，面心立方格子の各頂点と各面の中心に［ア］原子が配置した構造をとっている。その単位格子の一辺は，0.56nmである。この結晶は，分子結晶，イオン結晶，［イ］結晶，［ウ］結晶のうち，分子結晶に分類される。イオン結晶では，多数の陽イオンと陰イオンが［エ］力によりイオン結合を形成している。

問5　［ア］の空欄にあてはまる元素名，［イ］～［エ］の空欄にあてはまる適切な語句を答えよ。

問6　結晶中の**A**同士に分子間力が生じる要因を20字程度で述べよ。

問7　**A**の結晶の単位格子に含まれる原子数を求めよ。

問8　**A**の結晶の密度は，何 g/cm^3 か。有効数字2桁で答えよ。

解　答

問1　b，c

問2　$H_2SO_4 + 2NaHCO_3 \longrightarrow Na_2SO_4 + 2H_2O + 2CO_2$

問3　**1.0mol**

問4　**1.6×10^{-11}Pa**

問5　ア．炭素　イ．金属　ウ．共有結合の（イ・ウは順不同）
　　　エ．クーロン（静電気）

問6　分子内で電荷がかたよった分布をしているため。(**20**字程度)

問7　**12**個

問8　**1.7g/cm^3**

ポイント

問4の計算はそのままでは難しい。生成した酸素は微量であるので，近似計算を用いればよい。

解　説

問1　$\underline{S} \longrightarrow H_2\underline{S}O_4$　硫黄の原子数は保存されるので，硫黄と硫酸の物質量は等しい。

したがって，硫酸の物質量は，$\frac{16}{32} = 0.50$〔mol〕である。

2価の硫酸を中和するのに，必要な水酸化ナトリウムの物質量をx〔mol〕とすると，中和の量的関係より

$2 \times 0.50 = 1 \times x \qquad \therefore \quad x = 1.0$〔mol〕

よって，水酸化ナトリウムは，1.0mol以上必要となる。a～dの水酸化ナトリウムの物質量は次のとおり。

a．$\frac{1.0 \times 800}{1000} = 0.80$〔mol〕

b．$\frac{2.0 \times 600}{1000} = 1.20$〔mol〕

c．$\frac{3.0 \times 360}{1000} = 1.08$〔mol〕

d．$\frac{4.0 \times 240}{1000} = 0.96$〔mol〕

硫酸を中和できるのはbとcの水溶液である。

問2　弱酸塩の炭酸水素ナトリウムに強酸の硫酸を反応させると，弱酸の炭酸を遊離し，さらに分解して二酸化炭素を発生する。

問3　問2の化学反応式の係数より，1molの硫酸から2molの二酸化炭素が発生す

るので，求める物質量は，$2 \times 0.50 = 1.0$〔mol〕である。

問4　気体**B**は，CO である。平衡前の CO_2，CO の分圧を P_{CO_2}〔Pa〕，P_{CO}〔Pa〕とし，平衡後の O_2 の分圧を P_{O_2}〔Pa〕とする。平衡前後の各成分気体の分圧の関係は，次のようになる。

	CO_2	$\rightleftarrows$	CO	$+\frac{1}{2}O_2$	
平衡前	P_{CO_2}		P_{CO}	0	〔Pa〕
変化量	$-2P_{O_2}$		$+2P_{O_2}$	$+P_{O_2}$	〔Pa〕
平衡状態	$P_{CO_2}-2P_{O_2}$		$P_{CO}+2P_{O_2}$	P_{O_2}	〔Pa〕

圧平衡定数より

$$K_p = \frac{P_B\sqrt{P_{O_2}}}{P_A} = \frac{(P_{CO}+2P_{O_2})\sqrt{P_{O_2}}}{P_{CO_2}-2P_{O_2}}$$

生成した酸素は微量であるので　$K_p = \dfrac{(P_{CO}+2P_{O_2})\sqrt{P_{O_2}}}{P_{CO_2}-2P_{O_2}} \fallingdotseq \dfrac{P_{CO}\sqrt{P_{O_2}}}{P_{CO_2}}$

圧力は，物質量に比例するので　$K_p = \dfrac{0.50\sqrt{P_{O_2}}}{1.0} = 2.0 \times 10^{-6}$

$\therefore\ P_{O_2} = 16 \times 10^{-12} = 1.6 \times 10^{-11}$〔Pa〕

問5　二酸化炭素の固体は，ドライアイスである。二酸化炭素分子の重心にある炭素原子が面心立方格子の各頂点と各面の中心に配置する。

問6　CO_2 は無極性分子であるが，C−O 結合間は極性をもっているので，分子内の電荷の分布にかたよりをもつ。

問7　単位格子に含まれる分子の数は

$$\frac{1}{8}(\text{頂点}) \times 8 + \frac{1}{2}(\text{面}) \times 6 = 4\ \text{個}$$

また，二酸化炭素 CO_2 分子は，3原子分子であるので，単位格子中の原子数は

$4 \times 3 = 12$ 個

問8　単位格子中に4個の分子が含まれているので

$$\text{結晶の密度} = \frac{\text{単位格子の質量}}{\text{単位格子の体積}} = \frac{\dfrac{44.0}{6.0 \times 10^{23}} \times 4}{(0.56 \times 10^{-9} \times 10^2)^3}$$

$$= 1.67 \fallingdotseq 1.7〔\mathrm{g/cm^3}〕$$

5 銅(Ⅱ)錯体，熱化学とイオン化傾向

(2017年度　第1問)

次の文章【Ⅰ】および【Ⅱ】を読み，問1～問6に答えよ。

【Ⅰ】

硫酸銅(Ⅱ)水溶液にアンモニア水を加えると，いったん青白色の沈殿が生じる。さらにアンモニア水を加えていくと，沈殿が溶け出して深青色の溶液となる。①この深青色溶液に水酸化ナトリウム水溶液を加えると，ふたたび青白色の沈殿が生じる。

青白色の沈殿は，水にはほとんど不溶であるが，グリシン水溶液中であたためながらかき混ぜると，沈殿が溶け出して青色の溶液となる。この青色溶液中では②銅(Ⅱ)錯体が形成されている。なお，錯体とは，分子や陰イオンが金属イオンに配位結合した化合物のことである。この②銅(Ⅱ)錯体においては，2分子のグリシンが水素イオンを放出して，NH_2基およびCOO^-基を用いてはさみ込むように銅(Ⅱ)イオンに結合している。

得られた青色水溶液を温かいうちにろ過して室温に放置すると，②銅(Ⅱ)錯体が淡青色の針状結晶として析出する。③この針状結晶に少量の水を加えて加熱すると，光沢のあるりん片状結晶に変化する。りん片状結晶を構成する錯体は，針状結晶を構成する錯体の幾何異性体であり，その極性は針状結晶を構成する錯体よりも小さい。

問1　下線部①の反応をイオン反応式で記せ。

問2　下線部②の錯体の分子式を記せ。

問3　下線部③の針状結晶とりん片状結晶を構成するそれぞれの錯体の構造を，下の例にならって記せ。

(例)

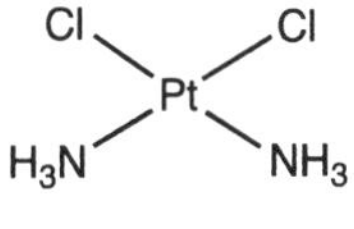

Cl　　Cl
　Pt
H_3N　　NH_3

【Ⅱ】

硫酸銅(Ⅱ)水溶液に亜鉛の金属板を浸すと，金属板の表面に析出物が生じてくる。これは，亜鉛のイオン化傾向が銅よりも［ア］ために生じる現象である。銅や亜鉛の金属Mが水中で2価の金属イオンM^{2+}になるときに必要なエネルギーQは，

次式のように表される。

$$M(固) + aq = M^{2+}aq + 2e^{-}aq - Q$$

このとき，④エネルギー Q は，ヘスの法則を用いて，次の各式(a)～(c)から間接的に求めることができる。

(a) $M(固) = M(気) - Q_1$

(b) $M(気) = M^{2+}(気) + 2e^{-} - Q_2$

(c) $M^{2+}(気) + 2e^{-} + aq = M^{2+}aq + 2e^{-}aq + Q_3$

ここで，Q_1 は［イ］熱，Q_2 は［ウ］エネルギー，Q_3 は水和によって安定化されるエネルギーである。これらの値は，

銅では $Q_1 = 338\,\mathrm{kJ/mol}$，$Q_2 = 2703\,\mathrm{kJ/mol}$，$Q_3 = 2172\,\mathrm{kJ/mol}$，

亜鉛では $Q_1 = 131\,\mathrm{kJ/mol}$，$Q_2 = 2640\,\mathrm{kJ/mol}$，$Q_3 = 2118\,\mathrm{kJ/mol}$ である。

問4 ［ア］～［ウ］に適切な語句を入れよ。

問5 下線部④について，Q，Q_1，Q_2，および Q_3 の関係式を記せ。また，銅と亜鉛における Q の値を答えよ。

問6 銅と亜鉛のイオン化傾向の違いを大きく支配する因子を，Q_1～Q_3 の値に基づいて説明せよ。

解　答

問1　$[Cu(NH_3)_4]^{2+} + 2OH^- \longrightarrow Cu(OH)_2 + 4NH_3$

問2　$CuC_4H_8N_2O_4$

問3　針状結晶：　　りん片状結晶：

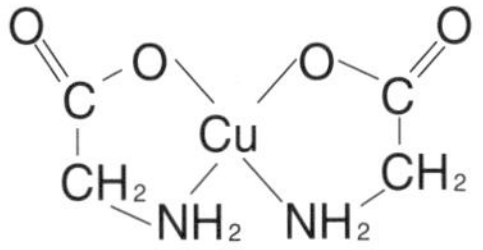

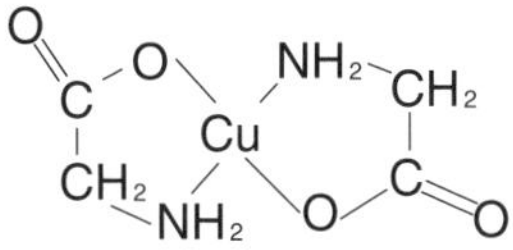

問4　ア．大きい　イ．昇華　ウ．イオン化

問5　関係式：$Q = Q_1 + Q_2 - Q_3$　銅：**869 kJ/mol**　亜鉛：**653 kJ/mol**

問6　銅と亜鉛では，Q_2 と Q_3 の値はほぼ同じであるが，昇華熱 Q_1 が大きく異なり，Q_1 が小さいほど Q も小さい。よって，銅と亜鉛のイオン化傾向の違いを大きく支配する因子は昇華熱である。

ポイント

問3はシス形とトランス形の構造から判断できるが，シス形とトランス形の違いについてはまとめておきたい。

解　説

問1　青白色沈殿は，水酸化銅(Ⅱ)である。

$CuSO_4 + 2NH_3 + 2H_2O \longrightarrow Cu(OH)_2 + (NH_4)_2SO_4$

深青色溶液は，テトラアンミン銅(Ⅱ)イオンの溶液である。

$Cu(OH)_2 + 4NH_3 \rightleftarrows [Cu(NH_3)_4]^{2+} + 2OH^-$

この反応は可逆反応である。水酸化ナトリウム水溶液を加え，OH^- の濃度を高くすると逆反応の方向に進み，$Cu(OH)_2$ が沈殿する。

問2　最も簡単な α-アミノ酸であるグリシンの示性式は，$CH_2(NH_2)COOH$ である。グリシンが水素イオンを放出すると

$CH_2(NH_2)COOH \longrightarrow CH_2(NH_2)COO^- + H^+$

配位子のグリシン2分子が，配位数4の Cu^{2+} に結合するので，分子式は

$Cu^{2+} + 2CH_2(NH_2)COO^- \longrightarrow CuC_4H_8N_2O_4$

問3　カルボニル基が次のような強い極性をもつ。

$>C=O$
$\delta+\ \ \delta-$

幾何異性体の中で，次図のように対称性の良いトランス形では極性が打ち消されるので，シス形の方が極性が大きい。

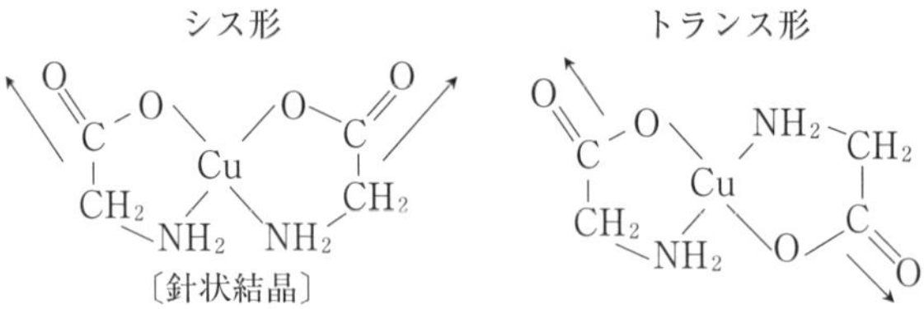

シス形　　　　　　トランス形

〔針状結晶〕　　　〔りん片状結晶〕

問4　ア．亜鉛の方が銅よりも水溶液中で金属イオンになりやすく，逆反応はおこらない。

$$Cu^{2+}aq + Zn\,(固) \longrightarrow Cu\,(固) + Zn^{2+}aq$$

イ．固体1molが気体になるときに吸収される熱量を昇華熱という。

ウ．イオン化エネルギーは，気体の原子から気体のイオンにするために電子を取り去るのに必要なエネルギーである。

問5　(a)+(b)+(c) より

$$M\,(固) + aq = M^{2+}aq + 2e^{-}aq + Q_3 - Q_1 - Q_2$$

$$-Q = Q_3 - Q_1 - Q_2 \qquad \therefore \quad Q = Q_1 + Q_2 - Q_3$$

よって

銅：$Q = 338 + 2703 - 2172 = 869$〔kJ/mol〕

亜鉛：$Q = 131 + 2640 - 2118 = 653$〔kJ/mol〕

問6　Q は水中で金属が金属イオンになるときに必要なエネルギーであるので，Q が小さいほどイオン化傾向は大である。銅と亜鉛の場合は，Q の差は昇華熱の差で決まり，イオン化傾向は昇華熱の小さい亜鉛の方が大きい。

6 錯イオン，同位体の存在比，結晶構造

（2016年度　第1問）

次の文章を読み，問1～問6に答えよ。必要があれば次の数値を用いよ。
アボガドロ定数 $N_A=6.02\times10^{23}$/mol　$\sqrt{2}=1.41$　$\sqrt{3}=1.73$

貴金属である金や白金は反応性に乏しく，硝酸や熱濃硫酸のような強い［ア］剤にも溶けないが，［イ］と［ウ］を1：3の体積比で混合した王水には溶解する。金は王水に溶けると，テトラアンミン銅(Ⅱ)イオンと同様の形をした錯イオン $[AuCl_4]^-$ を形成する。この溶液を炭酸ナトリウムで中和すると，錯塩 $Na[AuCl_4]$ が得られる。また，白金は王水に溶けると，ヘキサシアニド鉄(Ⅱ)酸イオンと同様の形をした錯イオン $[PtCl_6]^{2-}$ を形成する。これを還元すると $[AuCl_4]^-$ と同様の形をした錯イオン $[PtCl_4]^{2-}$ ができる。①この錯イオンはアンモニアと反応し，順に配位子の置換が起こる。

一方，金の結晶構造は，銅や銀と同様の［エ］格子で，単位格子の一辺の長さは 4.08×10^{-8}cm である。金はたたいて延ばすと薄く広がり，金箔となる。この箔状になる性質を［オ］という。

問1　［ア］～［オ］の空欄にあてはまる適切な語句を答えよ。

問2　下線部①について，順に配位子が置換することにより，どのような錯イオンができるか。例にならい，置換によりできる可能性のある錯イオンをすべて記せ。

（例）　$\left[\begin{matrix}Cl & & Cl \\ & Pt & \\ Cl & & Cl\end{matrix}\right]^{2-}$

問3　塩素には質量数35の ^{35}Cl と質量数37の ^{37}Cl の同位体があり，存在比は $^{35}Cl:{}^{37}Cl=3:1$ である。金の質量数を197，ナトリウムの質量数を23として，$Na[AuCl_4]$ に対して考えられるすべての相対質量を示し，その存在比を整数比で記せ。なお，存在比は例にならって解答せよ。

（例）　相対質量が100，101，102のものが7：5：3で存在するとき。

相対質量	100	101	102
存在比	7	5	3

問4　金の原子半径は何nmか。有効数字3桁で答えよ。解答欄には計算過程も記せ。

問5　金の結晶の密度は何 g/cm^3 か。金の原子量は197とし，有効数字3桁で答えよ。解答欄には計算過程も記せ。

問6　金3.86gを延ばして $1.73m^2$ の大きさの金箔を作った。金が結晶構造を保ち，同一平面内で1つの金原子が6つの金原子と接する層を底面として広がったとすると，この金箔は何層の金原子層からできているか。有効数字3桁で答えよ。解答欄には計算過程も記せ。

解 答

問1 ア．酸化 イ．濃硝酸 ウ．濃塩酸 エ．面心立方 オ．展性

問2 $\left[\begin{matrix}Cl & & Cl\\ & Pt & \\ Cl & & NH_3\end{matrix}\right]^-$ $\left[\begin{matrix}NH_3 & & NH_3\\ & Pt & \\ Cl & & NH_3\end{matrix}\right]^+$ $\left[\begin{matrix}NH_3 & & NH_3\\ & Pt & \\ NH_3 & & NH_3\end{matrix}\right]^{2+}$

問3

相対質量	360	362	364	366	368
存在比	81	108	54	12	1

問4 $0.408\times\dfrac{\sqrt{2}}{4}=0.1438\fallingdotseq0.144$〔nm〕 ……(答)

問5 $\dfrac{\dfrac{197}{6.02\times10^{23}}\times4}{(4.08\times10^{-8})^3}=19.27\fallingdotseq19.3$〔g/cm³〕 ……(答)

問6 層間の距離は $\dfrac{\sqrt{3}\times4.08\times10^{-8}}{3}$〔cm〕

金箔の厚さを a〔cm〕とすると，密度は

$\dfrac{3.86}{a\times1.73\times10^4}=19.3$〔g/cm³〕 ∴ $a=\dfrac{3.86}{19.3\times1.73\times10^4}$〔cm〕

よって，求める層の数は

$\dfrac{\dfrac{3.86}{19.3\times1.73\times10^4}}{\dfrac{\sqrt{3}\times4.08\times10^{-8}}{3}}=491.3\fallingdotseq491$ 層 ……(答)

ポイント

面心立方格子の体対角線は，3層の厚みに等しい。

解 説

問2 $[Cu(NH_3)_4]^{2+}$ は正方形である。錯イオンの電荷は，中心金属イオンと配位子の電荷の総和である。

Pt^{2+} と $4Cl^-$ で　$+2+4\times(-1)=-2$　$[PtCl_4]^{2-}$

Pt^{2+} と $3Cl^-$ と NH_3 で　$+2+3\times(-1)+0=-1$　$[PtCl_3(NH_3)]^-$

Pt^{2+} と $2Cl^-$ と $2NH_3$ で　$+2+2\times(-1)+2\times0=0$　$[PtCl_2(NH_3)_2]$

Pt^{2+} と Cl^- と $3NH_3$ で　$+2+(-1)+3\times0=+1$　$[PtCl(NH_3)_3]^+$

Pt^{2+} と $4NH_3$ で　$+2+4\times0=+2$　$[Pt(NH_3)_4]^{2+}$

$[PtCl_2(NH_3)_2]$ は無電荷の錯体であるが，イオンではないので，解答には加えない。これには，シス形とトランス形の幾何異性体もある。

問3 ^{35}Cl を○，^{37}Cl を●で表す。

$Na[Au^{35}Cl_4] = 23 + 197 + 4 \times 35 = 360$

下図のように1通りである。二項係数より　$_4C_0 = 1$

$Na[Au^{35}Cl_3{}^{37}Cl] = 23 + 197 + 3 \times 35 + 37 = 362$

下図のように4通りである。　$_4C_1 = 4$

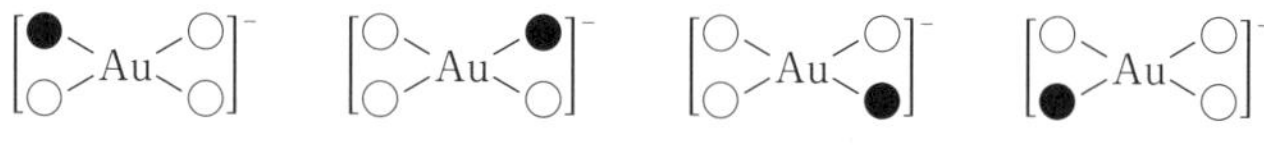

$Na[Au^{35}Cl_2{}^{37}Cl_2] = 23 + 197 + 2 \times 35 + 2 \times 37 = 364$

下図のように6通りである。　$_4C_2 = 6$

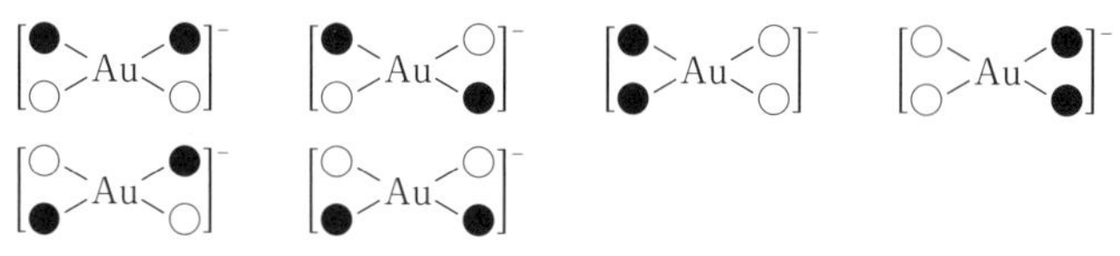

$Na[Au^{35}Cl^{37}Cl_3] = 23 + 197 + 35 + 3 \times 37 = 366$

下図のように4通りである。　$_4C_3 = 4$

$Na[Au^{37}Cl_4] = 23 + 197 + 4 \times 37 = 368$

下図のように1通りである。　$_4C_4 = 1$

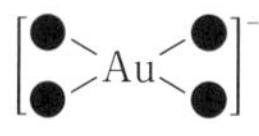

よって，存在比は

$Na[Au^{35}Cl_4] : Na[Au^{35}Cl_3{}^{37}Cl] : Na[Au^{35}Cl_2{}^{37}Cl_2] : Na[Au^{35}Cl^{37}Cl_3] : Na[Au^{37}Cl_4]$

$$= \left(\frac{3}{4}\right)^4 \times 1 : \left(\frac{3}{4}\right)^3 \times \left(\frac{1}{4}\right) \times 4 : \left(\frac{3}{4}\right)^2 \times \left(\frac{1}{4}\right)^2 \times 6 : \left(\frac{3}{4}\right) \times \left(\frac{1}{4}\right)^3 \times 4 : \left(\frac{1}{4}\right)^4 \times 1$$

$$= 81 : 108 : 54 : 12 : 1$$

問4　右図のように，面心立方格子では面の対角線上で原子が接しているので，一辺の長さを l〔cm〕，原子半径を r〔cm〕とすると，三平方の定理から次式が成り立つ。

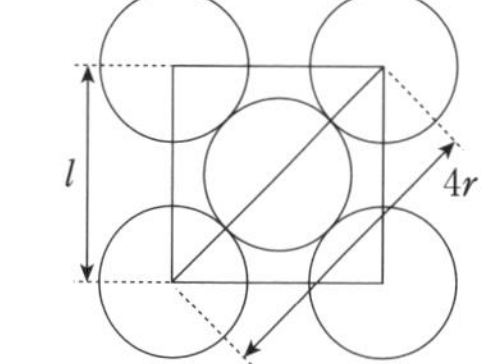

$$(4r)^2 = l^2 + l^2 \qquad \therefore \quad r = \frac{\sqrt{2}l}{4}$$

問5　$結晶の密度 = \dfrac{単位格子中の原子の質量}{単位格子の体積}$

面心立方格子に含まれる原子の数は

$$8 \times \frac{1}{8} + 6 \times \frac{1}{2} = 4 \text{ 個}$$

単位格子中の原子の質量は，4個の原子の質量に等しい。

問6　層は，面心立方格子の斜めの線で切った面になる。右図では，点2を結ぶ正三角形の層と点3を結ぶ正三角形の層がある。点1と点4を結ぶ体対角線は，3層の厚みに等しい。よって，体対角線の長さを3で割り，層間の距離を求めると

$$\frac{\sqrt{3}\times 4.08\times 10^{-8}}{3}\text{〔cm〕}$$

金箔の厚さを a〔cm〕とすると，金箔の体積は $a\times 1.73\times 10^4$〔cm^3〕である。密度 $=\dfrac{質量}{体積}$ の関係より

$$密度=\frac{3.86}{a\times 1.73\times 10^4}=19.3\text{〔g/cm}^3\text{〕}$$

$$\therefore\quad a=\frac{3.86}{19.3\times 1.73\times 10^4}\text{〔cm〕}$$

金箔の厚さを層間の距離で割れば，層の数がわかる。

$$\frac{\dfrac{3.86}{19.3\times 1.73\times 10^4}}{\dfrac{\sqrt{3}\times 4.08\times 10^{-8}}{3}}=491.3\fallingdotseq 491$$

近似値計算のやり方で数値にずれを生じる。

〔**別解**〕　右図のように1つの金原子が6つの金原子に接している。

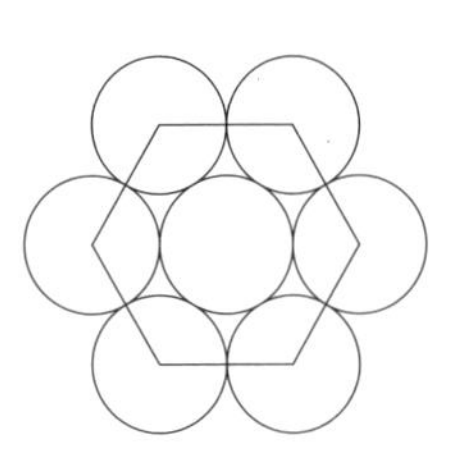

正六角形の中に3個の原子がある。原子の半径を r〔cm〕とすると，正六角形の面積は6個の正三角形からなるので

$$2r\times\left(\frac{\sqrt{3}}{2}\times 2r\right)\times\frac{1}{2}\times 6=6\sqrt{3}r^2\text{〔cm}^2\text{〕}$$

正六角形を3で割り，1個の原子の占める面積を求めると

$$6\sqrt{3}r^2\times\frac{1}{3}=2\sqrt{3}r^2\text{〔cm}^2\text{〕}$$

1.73 m^2 の大きさの金箔中の原子の数は

$$\frac{1.73\times 10^4}{2\sqrt{3}r^2}$$

$$求める層の数=\frac{金箔中の原子の数}{1.73\,\text{m}^2\,の原子の数}\ より$$

$$\frac{\dfrac{3.86}{197}\times 6.02\times 10^{23}}{\dfrac{1.73\times 10^4}{2\times 1.73\times(1.44\times 10^{-8})^2}}=489.1\fallingdotseq 489$$

7 ヘンリーの法則，状態図

（2015年度　第2問）

次の文章を読み，問1～問5に答えよ。なお，計算問題は有効数字2桁で答えよ。必要があれば次の数値を用いよ。

気体定数 $R=8.31\times10^{3}$ Pa・L/(K・mol)

原子量 H＝1.0，C＝12.0，O＝16.0

メタンハイドレートは水分子のつくる網目状構造の中にメタン分子が取り込まれた固体物質である。その化学式は，$CH_4\cdot5.75H_2O$ と表すことができ，密度は 0.910 g/cm^3 である。

メタンハイドレートを用いて，以下の操作1～5を順に行った。

（操作1）　内容積が1.14Lの丈夫な容器Aに，119.5gのメタンハイドレートを入れ，96gの酸素を封入した。こののち，メタンハイドレートに含まれるメタンをすべて完全燃焼させ，燃焼後，容器内の温度を300Kにした。

（操作2）　次に図1に示すような内容積94mLの丈夫な容器Bを用意した。この容器Bには正方形の窓がついている。容器の内部は立方体であり，その正面から内部が見渡せるようにこの窓は取り付けてある。この容器B内に密度の異なる白・青・赤の3色のビーズ（それぞれⓌⒷⓇで表す）を1つずつ入れ，容器B内を真空としたのち，容器Bの温度を173Kにした。ただし，白・青・赤のビーズの密度は，それぞれ0.28，0.40，0.60g/cm^3 であり，ビーズの体積は無視できるほど十分に小さい。

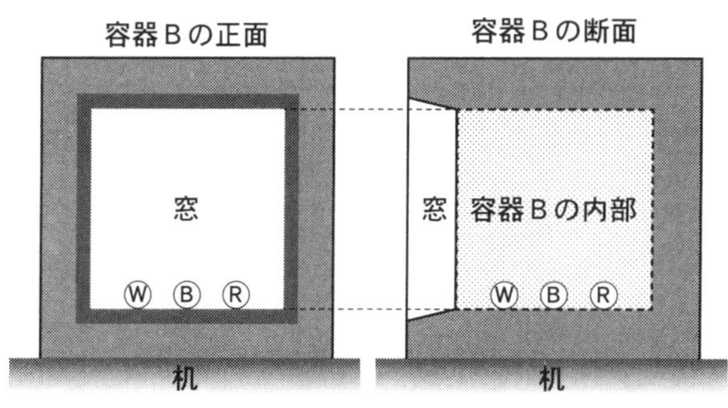

図1

（操作3）　操作1の完全燃焼によって生成した二酸化炭素のみを取り出し，その全量を図1の容器Bに移した。容器の温度を徐々に上げ，容器内の温度を217Kにした。

（操作4）　容器Bの温度を徐々に上げ，容器内の温度を 280K にした。
（操作5）　容器Bの温度をさらに上げ，容器内の温度を 310K にした。

問1　メタンの完全燃焼反応の化学反応式を記せ。

問2　操作1終了時の容器A内の二酸化炭素の分圧を求めよ。ただし，温度 300K，圧力 1.0×10^5 Pa において，二酸化炭素の水への溶解度は 0.040 mol/L，水の密度は $1.0\,g/cm^3$ とする。この溶解において，ヘンリーの法則が成立するとしてよい。また，水の蒸気圧は無視してよい。

問3　二酸化炭素の状態図は模式的に図2のように示される。操作3ののち，容器B内の二酸化炭素はどのような状態として観察されるか。図2をもとに50字以内で説明せよ。

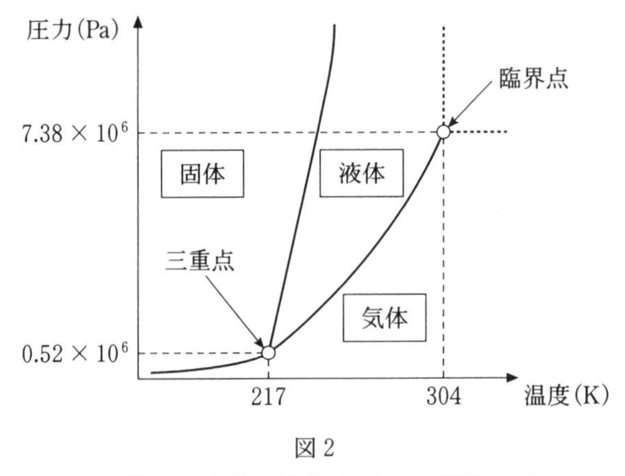

図2

問4　操作4ののち，容器Bの内部の圧力は，7.0×10^6 Pa を示した。このとき，窓を覗くと，ちょうど半分の高さまで液体で満たされ，白のビーズは，図3のように観察された。

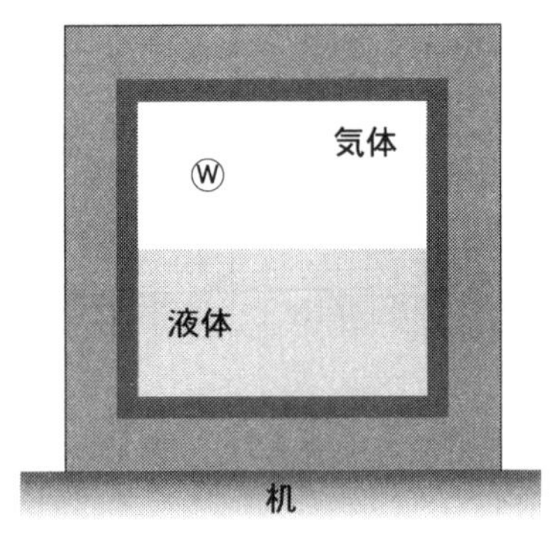

図3

このとき，青・赤のビーズはそれぞれどのような位置に観測されるか。図3のⓌにならって，ⒷⓇの位置を解答用紙の図に示せ。

(解答用紙の図は図3に同じ)

問5　操作5によって，容器Bの内部の様子は大きく変化し，また内部の圧力は 7.4×10^{6}Pa となった。このとき，3色のビーズはそれぞれどのような位置に観測されるか。解答用紙の図に示したうえで，それぞれのビーズの位置が図示した位置になる理由を説明せよ。

〔解答用紙の図〕

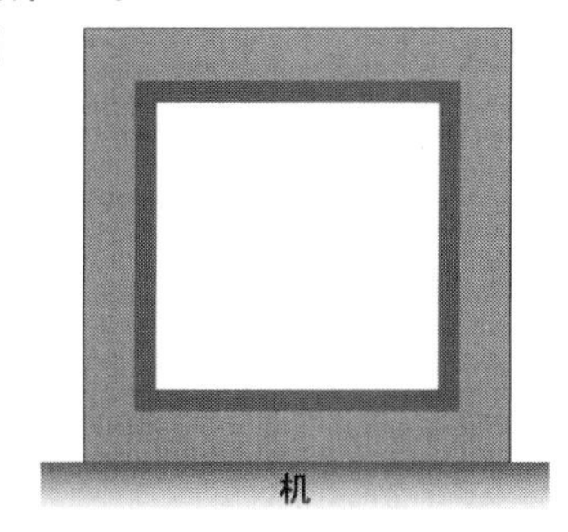

解 答

問1 $CH_4+2O_2 \longrightarrow CO_2+2H_2O$

問2 メタンハイドレート中のメタンの物質量は $\dfrac{119.5}{119.5}=1.000$〔mol〕

化学反応式の係数より，燃焼後の CO_2 の物質量は 1.000 mol である。

H_2O の体積は，燃焼で生じた分とメタンハイドレートからの分の合計から

$$\frac{(2.000+5.75)\times 18.0}{1.0}=139.5\text{〔mL〕}\fallingdotseq 0.14\text{〔L〕}$$

容器A中の気体の体積は　$1.14-0.14=1.00$〔L〕

容器A中の CO_2 の分圧を P〔Pa〕とすると，気体の状態方程式より

$$P\times 1.00=\left(1.000-0.040\times 0.14\times\frac{P}{1.0\times 10^5}\right)\times 8.31\times 10^3\times 300$$

∴ $P=2.18\times 10^6\fallingdotseq 2.2\times 10^6$〔Pa〕 ……(答)

問3 気体だけでは 1.9×10^7 Pa になるので，液体や固体に一部変化し三相が平衡状態を保って共存している。(50字以内)

問4

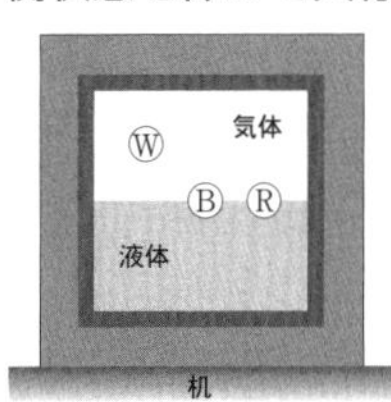

問5 図：

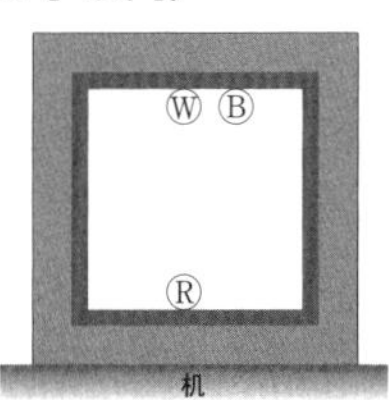

理由：超臨界流体の密度は $\dfrac{1.000\times 44.0}{94}=0.468\fallingdotseq 0.47$〔g/cm^3〕であるので，

これより密度の小さい白と青のビーズは浮き，密度の大きい赤のビーズは沈む。

ポイント

ビーズが気体中に浮いているということは，気体の密度とビーズの密度が等しいということである。このとき，気体は高圧になっているため，理想気体の状態方程式が使えないことに注意すること。

解 説

問3 二酸化炭素がすべて気体として存在すると仮定し，その圧力を P〔Pa〕とすると，気体の状態方程式より

$$P\times\frac{94}{1000}=1.000\times 8.31\times 10^3\times 217$$

∴ $P=1.91\times 10^7\fallingdotseq 1.9\times 10^7$〔Pa〕

となる。この圧力は，三重点の圧力 0.52×10^6 Pa を超えるので，気体の一部が固

体や液体になり，圧力は 0.52×10^6 Pa となる。こうして，二酸化炭素は，気体，液体，固体の三つの状態で存在する。このとき，圧力は 0.52×10^6 Pa，温度は 217 K と一定で，この点を三重点という。

問4　図3より，気体の密度は白のビーズと同じであるので，気体の質量は

$$0.28\times\frac{94}{2}=13.1\,[\mathrm{g}]$$

液体の質量は　　$1.000\times44.0-13.1=30.9\,[\mathrm{g}]$

よって，液体の密度は

$$\frac{30.9}{\frac{94}{2}}=0.657\fallingdotseq0.66\,[\mathrm{g/cm^3}]$$

これは青，赤のビーズの密度より大きいので，青，赤のビーズは液体に浮かぶ。

問5　臨界点より高温・高圧の状態を超臨界流体という。この状態では，気体と液体の区別がなくなり，少しの圧力変化で，密度は大きく変化する。

8 水素化合物の沸点，金属の融点

（2014年度　第1問）

次の文章を読み，問1～問4に答えよ。

14族元素に属する炭素の枝分かれのない水素化合物は，分子量が大きくなるほど沸点が高くなる。また，①分子量が同じ炭素の水素化合物の場合でも，その構造の違いにより沸点は異なる。これは，分子の集合のしかたの違いによるものである。

第2～5周期の15，16，17族元素の水素化合物は，同程度の分子量をもつ14族元素の水素化合物よりも沸点が高い。中でも，第2周期の15，16，17族元素のうち，最も分子量の小さな水素化合物はいずれも強い極性をもつため，それらの沸点は，分子量から予想される値よりも異常に高い。②沸点は，高い方から[ア]＞[イ]＞[ウ]となっている。また，これらの水素化合物における水素結合1つの強さは[エ]＞[オ]＞[カ]となっている。

金属単体の融点にも，一般的な順序が存在している。例えば，③アルカリ金属であるカリウムの融点は，ナトリウムよりも[キ]，ルビジウムよりも[ク]。これは，金属結合に使用される単位体積当たりの[ケ]の数に影響されるためである。

問1　[ア]～[ケ]の空欄にあてはまる適切な語句または分子式を答えよ。

問2　下線部①について，C_5H_{12} の分子式をもつ化合物の全異性体の構造式を沸点の高い順に左から記せ。また，その順序となる理由を50字以内で記せ。

問3　下線部②について，[ア]＞[イ]となる理由を30字以内で記せ。

問4　下線部③について，単位格子の1辺の長さが0.52nmであるカリウム結晶 $4.5\times10^{-2}\mathrm{cm}^3$ に含まれる[ケ]のもつ電気量を，有効数字2桁で求めよ。また，その計算過程を解答欄に示せ。ただし，結晶構造は，体心立方格子であり，アボガドロ定数を 6.0×10^{23}/mol，ファラデー定数を 9.7×10^4C/mol とする。

解　答

問1　ア．H_2O　イ．HF　ウ．NH_3　エ．HF　オ．H_2O　カ．NH_3　キ．低く　ク．高い　ケ．自由電子

問2　構造式：

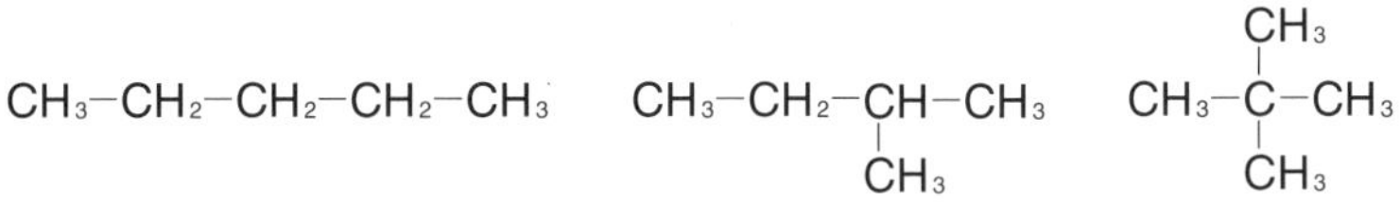

$CH_3-CH_2-CH_2-CH_2-CH_3$　　$CH_3-CH_2-CH(CH_3)-CH_3$　　$CH_3-C(CH_3)_2-CH_3$

理由：枝分かれが多いほど球形に近づき，表面積が小さく，分子間の接触面積が小さくなり，分子間力は弱くなる。(50字以内)

問3　H_2OはHFより1分子あたりの水素結合の数が多いから。(30字以内)

問4　体心立方格子中の原子数は，$1+8\times\frac{1}{8}=2$個 である。単位格子中にカリウム原子は2個含まれるので，自由電子も2個ある。よって，カリウム結晶$4.5\times10^{-2}\,\mathrm{cm^3}$中の自由電子の電気量は

$$\frac{4.5\times10^{-2}}{(0.52\times10^{-7})^3}\times2\times\frac{9.7\times10^4}{6.0\times10^{23}}=103\fallingdotseq1.0\times10^2\,[\mathrm{C}]$$ ……(答)

ポイント

接触する表面積が大きいほど，分子間力は大きい。

解　説

問1　エ～カ．水素結合の強さは，原子間の電気陰性度の差で決まる。電気陰性度はF＞O＞Nであるので，水素結合の強さは，HF＞H_2O＞NH_3である。

キ～ケ．同族元素では，原子番号が大きいほど原子も大きく，単位格子の体積も大きくなる。したがって，単位体積当たりの自由電子数は逆に少なくなるので，融点は低くなる。よって，融点の高さはNa＞K＞Rbである。

問2　有機化合物は，枝分かれが多いほど，分子の形状が球形に近づき，球形になるほど分子の表面積が小さくなる。ファンデルワールス力は，隣り合う分子どうしで分子の表面に生じる瞬間的な電荷のかたよりによって引力がはたらく。したがって，表面積が小さいと，ファンデルワールス力は小さくなる。よって，枝分かれの多い分子ほど，沸点は低くなる。

問3　次図のように，HF分子は2個の水素結合を形成し，H_2O分子は4個の水素結合を形成する。1個あたりの水素結合の強さはHFの方が大きいが，数が多いH_2Oの方が，沸点は高い。

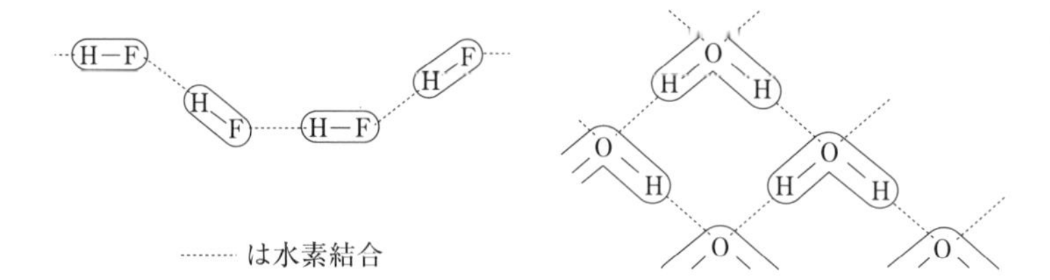
H－F
H
F
H－F
H
F
……… は水素結合
O
H
H
O
H
O
H
H
O
O

9 結合エネルギー，ヨウ素滴定

（2012年度　第1問）

ハロゲン元素に関する次の【Ⅰ】と【Ⅱ】の2つの文章を読み，問1～問6に答えよ。なお，気体は理想気体としてふるまい，混合気体に対してはドルトンの分圧の法則が成り立つものとする。また，必要があれば次の値を用いよ。

気体定数 $R=8.3\,\mathrm{J/(mol\cdot K)}$

【Ⅰ】

原子が1個の電子を放出して，1価の陽イオンになるのに必要なエネルギーを，原子の［ア］という。また，原子が1個の電子を受け取って，1価の陰イオンになるときに放出されるエネルギーを，原子の［イ］という。

問1　空欄［ア］，［イ］に当てはまる適切な語句を記せ。

問2　空欄［イ］の値は，塩素の場合は349kJ/mol，ヨウ素の場合は295kJ/molである。また，Cl_2 の結合エネルギーは239kJ/mol，I_2 の結合エネルギーは149kJ/molである。これらを用いて，Cl_2（気）$+2I^-$（気）$=I_2$（気）$+2Cl^-$（気）$+Q$ の熱化学方程式の Q の値を求めよ。

【Ⅱ】

右図のようなピストンのついた容器に，気体が入らないように濃度0.100mol/Lのヨウ化カリウム水溶液を100mL入れた。次に，①Cl_2 と N_2 の混合気体を，圧力 1.00×10^5 Pa，温度27℃で49.8mLをはかりとり，下の管から水溶液に通じた。通じた Cl_2 はすべて反応したが，N_2 は反応せずに水溶液の上部に達して②ピストンを押し上げた。この水溶液にデンプン水溶液を加えた。つづいて，濃度0.100mol/Lのチオ硫酸ナトリウム $Na_2S_2O_3$ 水溶液を酸性条件下で少しずつ滴下したところ，8.0mL加えたところで③水溶液の色が変化した。

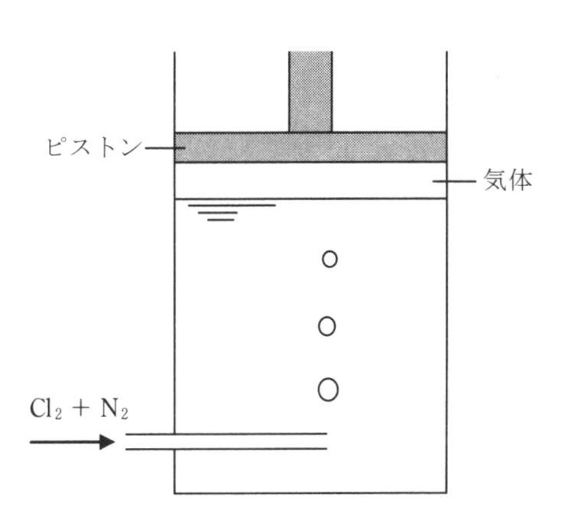

問3　酸性条件下で，I_2 を含む水溶液にチオ硫酸イオンを加えると，I_2 が還元され，

チオ硫酸イオンは $S_4O_6{}^{2-}$ になる。この反応をイオン反応式で示せ。

問4 下線部①で，はかりとった Cl_2 と N_2 の物質量の和を有効数字2桁で求めよ。

問5 下線部③では，どのような色の変化が見られたか。また，その色の変化の理由を50字以内で答えよ。

問6 下線部②で，水溶液の上部に存在する気体は，水蒸気で飽和した N_2 であり，圧力 1.00×10^5 Pa，温度27℃に保たれていた。この気体の体積を有効数字2桁で求めよ。また，計算過程も記せ。なお，27℃における水の蒸気圧は 0.04×10^5 Pa であり，N_2 の水への溶解度は無視してよい。

解　答

問1　ア．（第一）イオン化エネルギー　イ．電子親和力

問2　**18kJ**

問3　$I_2+2S_2O_3^{2-} \longrightarrow 2I^-+S_4O_6^{2-}$

問4　**2.0×10^{-3}mol**

問5　色の変化：青紫色が無色になる

理由：ヨウ素デンプン反応により青紫色に呈色していたが，ヨウ素がヨウ化物イオンに還元されたため無色になる。（50字以内）

問6　$Cl_2+2I^- \longrightarrow 2Cl^-+I_2$ より，反応した Cl_2 の物質量は生成した I_2 の物質量と等しい。

また，$I_2+2S_2O_3^{2-} \longrightarrow 2I^-+S_4O_6^{2-}$ より，I_2 の物質量は $Na_2S_2O_3$ の $\frac{1}{2}$ であるから，Cl_2 の物質量は

$$\frac{1}{2}\times\frac{0.100\times8.0}{1000}=4.0\times10^{-4}〔\mathrm{mol}〕$$

したがって，N_2 の物質量は　$2.0\times10^{-3}-4.0\times10^{-4}=1.6\times10^{-3}$〔mol〕

N_2 の体積を v〔mL〕とすると，気体の状態方程式より

$$(1.00\times10^5-0.04\times10^5)\times\frac{v}{1000}=1.6\times10^{-3}\times8.3\times10^3\times300$$

∴　$v=41.5\fallingdotseq4.2\times10$〔mL〕　……（答）

ポイント

イオン化エネルギーと電子親和力は気体状態の原子またはイオンについての値である。

解　説

問1　イオン化エネルギーが小さいほど陽イオンになりやすく，電子親和力が大きいほど陰イオンになりやすい。

問2　与えられた熱量を熱化学方程式で表すと

Cl（気）$+e^-=Cl^-$（気）$+349$kJ　……①

I（気）$+e^-=I^-$（気）$+295$kJ　……②

Cl_2（気）$=2Cl$（気）-239kJ　……③

I_2（気）$=2I$（気）-149kJ　……④

③$-2\times$②$-$④$+2\times$①より

Cl_2（気）$+2I^-$（気）$=I_2$（気）$+2Cl^-$（気）$+18$kJ

問3　I_2 が酸化剤，$Na_2S_2O_3$ は還元剤として作用する。

$$I_2 + 2e^- \longrightarrow 2I^- \quad \cdots\cdots ①$$

$$2S_2O_3^{2-} \longrightarrow S_4O_6^{2-} + 2e^- \quad \cdots\cdots ②$$

①＋②より　$I_2 + 2S_2O_3^{2-} \longrightarrow 2I^- + S_4O_6^{2-}$

問4　気体の状態方程式を用いて，混合気体の物質量の和 n〔mol〕を求める。ここで，圧力の単位はPa，体積の単位はLを用いるので，気体定数は

$$R = 8.3\,〔\mathrm{J/(mol \cdot K)}〕= 8.3 \times 10^3\,〔\mathrm{Pa \cdot L/(mol \cdot K)}〕$$

になる。よって

$$1.00 \times 10^5 \times \frac{49.8}{1000} = n \times 8.3 \times 10^3 \times 300 \qquad \therefore \quad n = 2.0 \times 10^{-3}\,〔\mathrm{mol}〕$$

問5　ヨウ素デンプン反応は，デンプンのらせん構造の中にヨウ素分子が入り込み，青紫色に呈色する反応である。ヨウ化物イオンでは呈色しない。

問6　この実験はヨウ素滴定といい，ヨウ素デンプン反応の青紫色が消えた点が滴定の終点になる。塩素の物質量は，滴下したチオ硫酸ナトリウムの物質量の $\frac{1}{2}$ に等しい。水蒸気で飽和した窒素の分圧は，全圧 1.00×10^5 Pa から水の蒸気圧 0.04×10^5 Pa を引いた値に等しい。

10 コロイド粒子の物質量，沸点上昇

（2012年度　第2問）

次の文章を読み，問1～問4に答えよ。ただし，原子量とアボガドロ定数には次の値を用いよ。

原子量 H＝1.0，O＝16，Cl＝35.5，Fe＝56

アボガドロ定数 $N_A = 6.0 \times 10^{23}$/mol

①モル濃度が1.0mol/Lの塩化鉄(Ⅲ) $FeCl_3$ の水溶液0.10gを99.9gの沸騰水に加えると，以下の反応(1)が起こり，水酸化鉄(Ⅲ) $Fe(OH)_3$ の赤褐色のコロイド溶液が得られた。

$$FeCl_3 + 3H_2O \longrightarrow Fe(OH)_3 + 3HCl \qquad (1)$$

②得られたコロイド溶液に分散しているコロイド粒子のモル質量（6.0×10^{23} 個のコロイド粒子の質量）を求めるために，コロイド溶液の沸点を0.001℃の精度まで読み取れる温度計を用いて測定したが，溶媒である水の沸点との差は認められず，得られたコロイド粒子のモル質量を沸点上昇法によって求めることはできなかった。

そこで，このコロイド粒子のモル質量を求める目的で，次の実験を行った。まず上記のコロイド溶液を水で希釈して，③水酸化鉄(Ⅲ)のモル濃度が 1.0×10^{-8}mol/Lの希薄なコロイド溶液を調製し，その一部を下図に示すガラス容器に入れ，高さが1.0 mmの水平層を作った。溶液中の各コロイド粒子はブラウン運動をして，底のガラス面に到達したときに吸着した。しばらく待つと，全ての粒子はガラス面に吸着した。この吸着したコロイド粒子を，上から限外顕微鏡（チンダル現象を利用して，普通の光学顕微鏡では見えない微粒子の存在を見えるようにした顕微鏡）で観察し，1.0mm^2 当りの粒子数を数えると，100個であった。

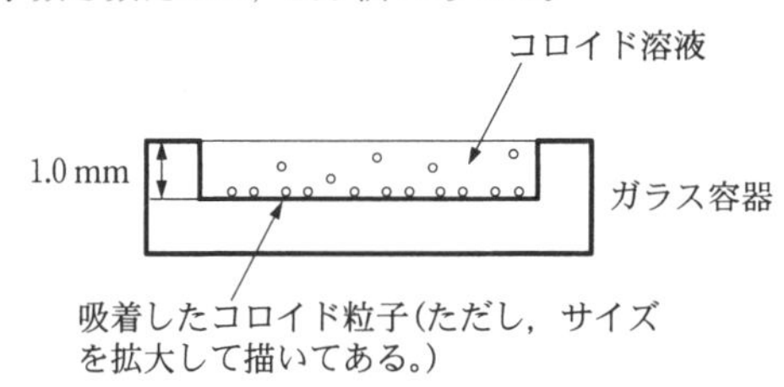

以上の実験において，室温での塩化鉄(Ⅲ)水溶液，水酸化鉄(Ⅲ)コロイド溶液，および水の密度はいずれも 1.0g/cm^3 とし，また水酸化鉄(Ⅲ)は水には全く溶解しないとする。さらに，水溶液中の全ての塩化鉄(Ⅲ)は反応(1)を起こしてサイズの均一なコロイド粒子を形成し，限外顕微鏡観察においては，コロイド粒子は均一に底のガラス面に吸着し，2個以上の粒子が重なって吸着することはないものとする。

問1 下線部①の濃度の塩化鉄(Ⅲ)水溶液を，塩化鉄(Ⅲ)無水物，水，電子天秤，および100mLのメスフラスコを用いて調製する手順を60字以内で述べよ。

問2 室温まで冷却した下線部③のコロイド溶液中に存在するコロイド粒子1個の質量を求めよ。また，このコロイド粒子のモル質量，およびコロイド粒子1個に含まれる鉄原子の数を求めよ。ただし，それぞれの計算過程も示せ。

問3 下線部③のコロイド溶液中に生じたコロイド粒子を球状として，コロイド粒子1個の体積を求めよ。ただし，水酸化鉄(Ⅲ)の密度を$4.1\,g/cm^3$とし，計算過程も示せ。また，コロイド粒子1個の半径は次のうちどの範囲にあるかを記号で答えよ($1\,nm = 1 \times 10^{-9}\,m$)。

(A) 1nm以上5nm未満　(B) 5nm以上10nm未満
(C) 10nm以上50nm未満　(D) 50nm以上100nm未満
(E) 100nm以上500nm未満　(F) 500nm以上1000nm未満

問4 下線部②のコロイド溶液が下線部③のコロイド溶液と同じモル質量のコロイド粒子を含んでいるとし，水の$1.01 \times 10^5\,Pa$でのモル沸点上昇を$0.52\,K \cdot kg/mol$として，下線部②のコロイド溶液の沸点上昇度を計算せよ。ただし，このコロイド溶液のモル濃度と質量モル濃度の数値は等しいとし，計算過程も示せ。

解 答

問1 塩化鉄(Ⅲ)無水物を電子天秤で16.25g量りとり，少量の水に溶かしてメスフラスコに移し，洗液も加えて標線まで水を加える。(60字以内)

問2 質 量：$Fe(OH)_3=107$，$1〔mm^3〕=1\times10^{-6}〔L〕$より，コロイド粒子 $[Fe(OH)_3]_n$ 1個の質量は

$$1.0\times10^{-8}\times10^{-6}\times107\times\frac{1}{100}=1.07\times10^{-14}\fallingdotseq1.1\times10^{-14}〔g〕 \quad ……(答)$$

モル質量：$1.07\times10^{-14}〔g〕\times6.0\times10^{23}〔/mol〕=6.42\times10^{9}$

$$\fallingdotseq6.4\times10^{9}〔g/mol〕 \quad ……(答)$$

鉄原子数：$6.42\times10^{9}\times\frac{1}{107}=6.0\times10^{7}〔個〕$ ……(答)

問3 体積：$\frac{1.07\times10^{-14}〔g〕}{4.1〔g/cm^3〕}=2.60\times10^{-15}\fallingdotseq2.6\times10^{-15}〔cm^3〕$ ……(答)

半径：(D)

問4 $0.52\times\frac{1.0\times\frac{0.10}{1.0}}{1000}\times\frac{1}{6.0\times10^{7}}\times\frac{1000}{0.10+99.9}=8.66\times10^{-12}$

$$\fallingdotseq8.7\times10^{-12}〔K〕 \quad ……(答)$$

ポイント

1個のコロイド粒子 $[Fe(OH)_3]_n$ に含まれる鉄原子の数は n 個である。

解 説

問1 溶かす塩化鉄(Ⅲ)無水物（式量162.5）は

$$162.5\times\frac{1.0\times100}{1000}=16.25〔g〕$$

問2 1個のコロイド粒子は n 個の水酸化鉄(Ⅲ)が集まったものとすると，水酸化鉄(Ⅲ)のモル濃度が 1.0×10^{-8}mol/L のコロイド溶液1L中に $Fe(OH)_3$ が 1.0×10^{-8}mol 含まれるので，$nFe(OH)_3 \longrightarrow [Fe(OH)_3]_n$ から，コロイド粒子は $\frac{1.0\times10^{-8}}{n}$〔mol〕溶けている。

粒子1個の質量：1.0×10^{-8}mol/L 水酸化鉄(Ⅲ)コロイド溶液の体積が $1〔mm^3〕=1\times10^{-6}〔L〕$ のとき，溶液中に含まれる水酸化鉄(Ⅲ)（式量107）の物質量は，$1.0\times10^{-8}\times10^{-6}$〔mol〕である。その質量は $1.0\times10^{-8}\times10^{-6}\times107$〔g〕で，これは100個のコロイド粒子 $[Fe(OH)_3]_n$ の質量に相当する。

よって，コロイド粒子1個の質量は

$$1.0\times10^{-8}\times10^{-6}\times107\times\frac{1}{100}=1.07\times10^{-14}\fallingdotseq1.1\times10^{-14}\,〔\mathrm{g}〕$$

コロイド粒子のモル質量：1 mol すなわち 6.0×10^{23} 個の質量がモル質量である。

コロイド粒子1個に含まれる鉄原子の数：1個のコロイド粒子 $[Fe(OH)_3]_n$ 中に鉄原子は n 個含まれる。この n をコロイド粒子のモル質量の関係から求めると

$$107n=6.42\times10^{9}\qquad\therefore\quad n=\frac{6.42\times10^{9}}{107}=6.0\times10^{7}\,〔個〕$$

問3　コロイド粒子1個の体積は

$$\frac{1.07\times10^{-14}}{4.1}=2.6\times10^{-15}\,〔\mathrm{cm^3}〕=2.6\times10^{6}\,〔\mathrm{nm^3}〕$$

球状のコロイド粒子の半径を r〔nm〕とすると

$$\frac{4}{3}\pi r^3=2.6\times10^{6}\qquad\therefore\quad r^3=0.62\times10^{6}$$

$r=50$〔nm〕のとき $r^3=1.25\times10^{5}$ で，$r=100$〔nm〕のとき $r^3=1\times10^{6}$ となるので，$50\,\mathrm{nm}<r<100\,\mathrm{nm}$ であることがわかる。

問4　密度 $1.0\,\mathrm{g/cm^3}$ の塩化鉄(Ⅲ)水溶液 0.10 g の体積は

$$\frac{0.10\,〔\mathrm{g}〕}{1.0\,〔\mathrm{g/cm^3}〕}=0.10\,〔\mathrm{cm^3}〕$$

よって，モル濃度が 1.0 mol/L の塩化鉄(Ⅲ)水溶液の体積 $0.10\,\mathrm{cm^3}$ 中の物質量は

$$\frac{1.0\times0.10}{1000}\,〔\mathrm{mol}〕$$

$n\mathrm{FeCl_3}\longrightarrow n\mathrm{Fe(OH)_3}\longrightarrow[\mathrm{Fe(OH)_3}]_n$ より，1 mol の塩化鉄(Ⅲ)から $\frac{1}{n}$〔mol〕の水酸化鉄(Ⅲ)コロイド粒子が得られる。

得られた溶液中のコロイド粒子の物質量は

$$\frac{1.0\times0.10}{1000}\times\frac{1}{n}=\frac{1.0\times0.10}{1000}\times\frac{1}{6.0\times10^{7}}\,〔\mathrm{mol}〕$$

したがって，コロイド溶液のモル濃度は

$$\frac{1.0\times0.10}{1000}\times\frac{1}{6.0\times10^{7}}\times\frac{1000}{0.10+99.9}\,〔\mathrm{mol/L}〕$$

質量モル濃度とモル濃度の数値は等しいとしてよいので，質量モル濃度を m〔mol/kg〕とすると

$$m=\frac{1.0\times0.10}{1000}\times\frac{1}{6.0\times10^{7}}\times\frac{1000}{0.10+99.9}\,〔\mathrm{mol/kg}〕$$

沸点上昇度は質量モル濃度に比例する。求めるコロイド溶液の沸点上昇度を Δt〔K〕，モル沸点上昇を k〔K・kg/mol〕とし，$\Delta t=km$ に値を代入して，Δt〔K〕の値を求める。

11 結晶の構造

（2011年度　第1問）

結晶の構造に関する次の文章を読み，問1～問6に答えよ。必要があれば次の数値を用いよ。

アボガドロ数＝6.02×10^{23}

金属結晶中の原子は，図1に示すような［　①　］格子，それに比べて充塡率が高い［　②　］構造や面心立方格子という規則的に配列した構造をとる。また，図1には単位格子の右側に同様の単位格子が繰り返し並んでいることを示す立方体が描かれている。1つの原子に最も近接している原子の数を配位数と定義すると，［　①　］格子を構成する原子の配位数は8である。それに対して［　②　］構造と面心立方格子を構成する原子の配位数は［　③　］である。図1の球で示された原子9個を金属結晶中から取り出すと，図2のような原子9個からなる集合体ができる。このようないくつかの原子から構成される原子の集合体をクラスターと呼ぶ。この図2に示したクラスターには，金属結晶中と同じ配位数を持つ原子と，金属結晶中よりも少ない配位数を持つ原子がある。それぞれを内殻原子，露出表面原子と呼ぶ。この露出表面原子の中心を頂点とする多面体を考えると，このクラスターは六面体になっている。

金属原子1.40×10^{-3}molから，クラスターをある条件で合成したところ，すべて同じ原子数を持つ6.48×10^{19}個のクラスター(A)が得られた。このクラスター(A)に含まれる原子の配列は，面心立方格子の金属結晶中の原子の配列と同一であった。また，クラスター(A)の露出表面原子1原子に対して，ある分子(B)が1分子結合する。合成された6.48×10^{19}個のクラスター(A)に，7.78×10^{20}個の分子(B)が結合した。

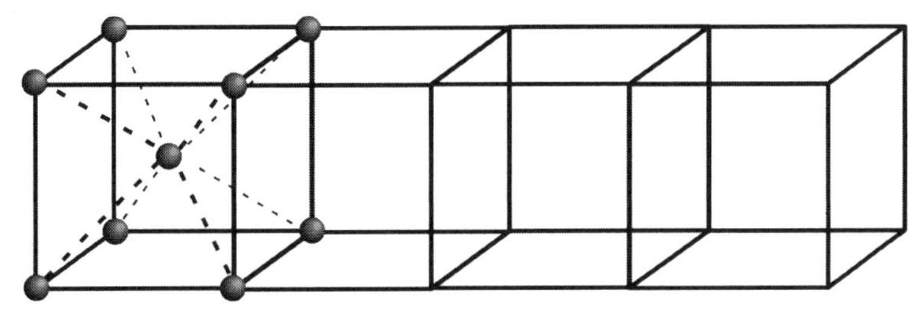

図1

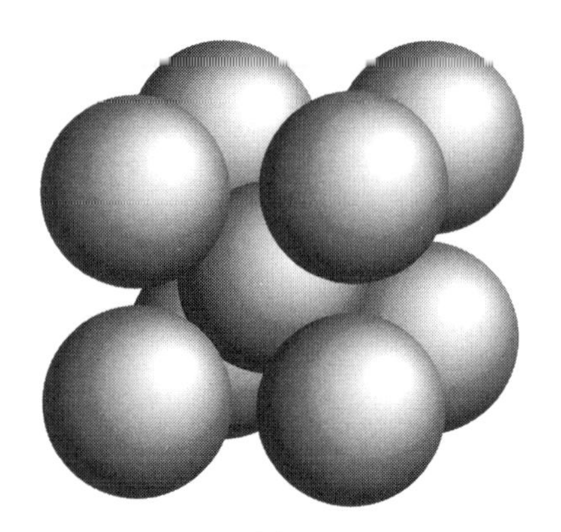

図2

問1　文中の空欄［　①　］～［　③　］に当てはまる語句を答えよ。

問2　クラスター(A)1個に含まれる原子の個数を答えよ。

問3　クラスター(A)1個に含まれる露出表面原子の個数を答えよ。

問4　金属原子の半径をrとしたとき，クラスター(A)のある露出表面原子の中心から別の露出表面原子の中心を結んだ線分で最も短いものと最も長いものの長さを答えよ。

問5　クラスター(A)の露出表面原子の配位数を答えよ。

問6　クラスター(A)の露出表面原子の中心を頂点とする多面体を考えると，クラスター(A)は何面体であるかを答えよ。

解　答

問1　①体心立方　②六方最密　③ **12**
問2　**13**
問3　**12**
問4　最も短い線分の長さ：$\boldsymbol{2r}$　最も長い線分の長さ：$\boldsymbol{4r}$
問5　**5**
問6　**14** 面体

ポイント
塩化ナトリウムの単位格子中の Na^+ と Cl^- はそれぞれ面心立方格子の配置をとる。

解　説

問1　最密充填構造である六方最密構造と面心立方格子を構成する原子の配位数は12である。

問2　金属原子 1.40×10^{-3} mol 中に金属原子は $1.40\times10^{-3}\times6.02\times10^{23}$ 個含まれるので，クラスター(A) 1個に含まれる原子の個数は

$$\frac{1.40\times10^{-3}\times6.02\times10^{23}}{6.48\times10^{19}}=1.30\times10\fallingdotseq13〔個〕$$

問3　分子(B)の個数 7.78×10^{20} 個は露出表面原子の個数に等しいので，クラスター(A) 1個に含まれる露出表面原子の個数は

$$\frac{7.78\times10^{20}}{6.48\times10^{19}}=1.20\times10\fallingdotseq12〔個〕$$

問4　塩化ナトリウムの単位格子について考える。塩化ナトリウムの単位格子で，Cl^- だけに注目すると，面心立方格子である。Cl^- と Na^+ とは同等の位置関係にあるので，Na^+ も面心立方格子である（下図左）。
下図右の2つの図のように塩化ナトリウムの単位格子を Cl^- と Na^+ の配列に分解する。

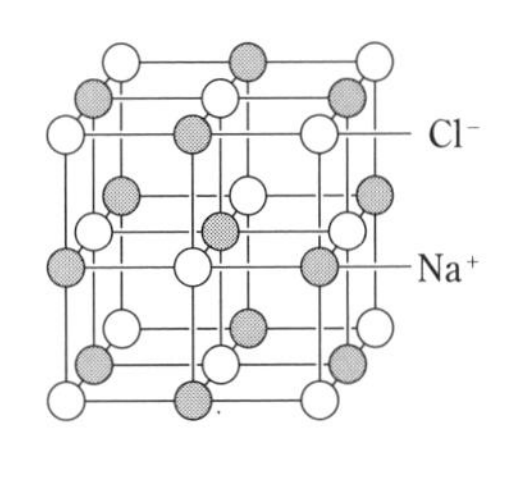

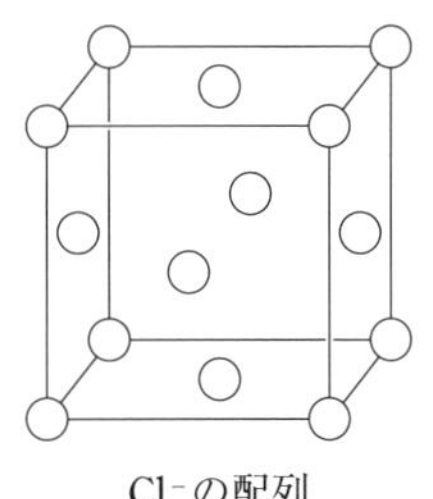
Cl^- の配列

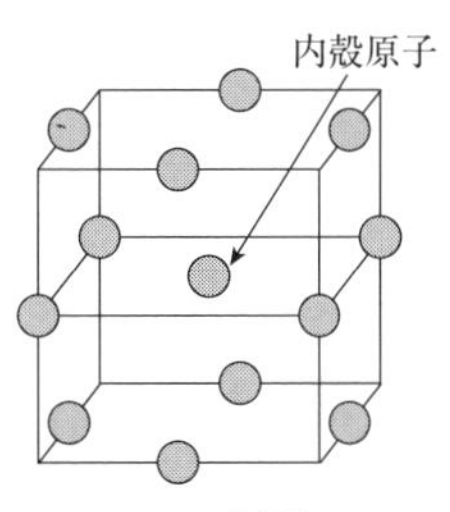

Na^+ の配列

Na^+ の配列は，内殻原子が1個，露出表面原子が12個となり，クラスター(A)の構

造とわかる。

クラスター(A)では，下図左のように各層が重なっている。第1層は，下図中央のように原子が接しているので，露出表面原子の中心から別の露出表面原子の中心を結んだ線分の最も短いものは $2r$ とわかる。第2層は，下図右のように原子が接しているので，露出表面原子の中心から別の露出表面原子の中心を結んだ線分の最も長いものは $4r$ とわかる。

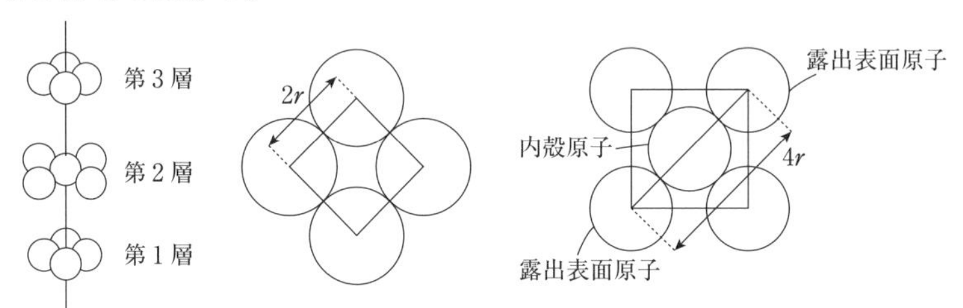

また，第1層と第3層の露出表面原子の中心を結んだ線分の最も長いものも $4r$ である。

問5　下図左の第1層にある黒く塗りつぶした原子に注目すると，最も近接している原子は5個である。

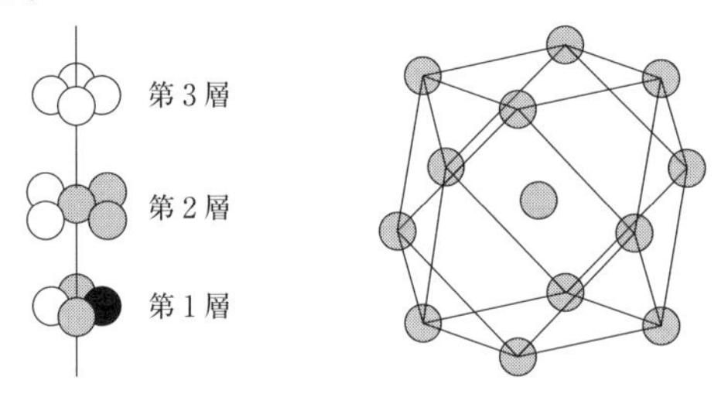

問6　露出表面原子の中心を線で結ぶと，上図右のように正三角形8個と正方形6個からなる14面体とわかる。

12 分子の極性

(2010年度　第2問)

次の文章を読み，問1～問7に答えよ。

H_2やN_2では2個の原子の不対電子が原子間で電子対を作ることによって［ア］結合が形成される。同じ原子からなる二原子分子の結合には極性がないが，HClのように異なる原子間で化学結合が生成するときには，電子対の一部がどちらかの原子に引き寄せられて極性を生じる。2原子間の結合の極性の程度を表すために，下図に示すように電荷$\delta+$と$\delta-$が距離L離れて存在すると考えて，$\mu=L\cdot\delta\cdot e$という量を定義し，$\delta+$から$\delta-$に向いた矢印で示すことにする。ここでeは電子の電荷の大きさ$(1.61\times10^{-19}\mathrm{C})$である。実測された$\mu$が$L\cdot e$と一致する場合は$\delta=1$，また$\mu$が0であれば$\delta=0$である。一般には$\delta$が大きくなるにつれて［イ］結合の性質が大きくなる。

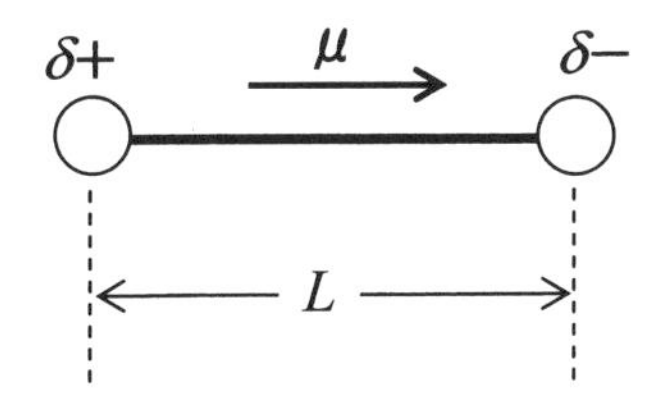

下の表には，いくつかの分子の化学結合の長さLとμの値を示す。これらは二原子分子として存在する希薄な気体の状態で測定されたものである。ここに示すように，μの値は物質に依存し化学結合におけるδの値が異なる。

化合物	$L\,(10^{-10}\mathrm{m})$	$\mu\,(10^{-30}\mathrm{Cm})$	δ
LiF	1.56	21.1	0.85
NaCl	2.36	30.0	0.79
HF	0.917	6.09	δ_1
HCl	1.27	3.70	δ_2
HBr	1.41	2.76	δ_3
HI	1.61	1.50	δ_4

3原子以上からなる分子全体の極性は，個々の化学結合の極性と分子の形から決定される。二酸化炭素では2つの酸素原子と炭素原子がO=C=Oのように一直線上に並ぶので，炭素原子と酸素原子の結合には極性はあるが分子全体としては極性を生じない。このような分子は［ウ］とよばれる。一方，水分子は酸素原子を頂点とする折れ曲がった構造をとるので，分子全体として極性を有する。

問1　文章の［ア］～［ウ］に入る語句を記せ。

問2　δ の値の大小を決める原子の重要な性質を記せ。

問3　表に示したハロゲン化水素化合物は，それぞれ異なる δ の値を持つ。この中で，最大の δ と最小の δ を持つ化合物名を，それぞれの δ の値とともに答えよ。δ は有効数字2桁で求めよ。

問4　水の分子全体としての極性の方向を個々のO−H結合の極性の方向とともに解答用紙に矢印を用いて示せ。ただし，個々の結合の極性の方向は細い矢印（⟶）で，分子全体の極性の方向は白抜きの矢印（⇨）で示せ。

〔解答欄〕

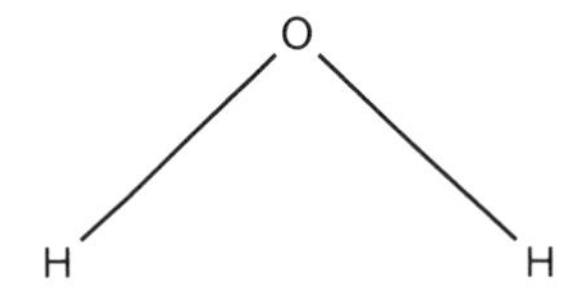

問5　以下の分子またはイオンの中で，全体として極性を持つものを化学式ですべて記せ。

エチレン，アンモニア，アンモニウムイオン，メタノール，クロロメタン

問6　(1)　オルト-ジクロロベンゼンの分子全体としての μ の大きさを M とする。この分子の中の一つのC−Cl結合の μ の値を求めよ。ただしベンゼンは平面正六角形とし，塩素原子間の反発とC−Cl結合以外の極性は無視する。答えに平方根が含まれる場合には，それを小数で近似しなくて良い。

(2)　上で求めた値に基づき，メタ-ジクロロベンゼンの分子全体の μ を M を用いて示せ。

問7　分子の極性は，分子間力にも大きな影響を与える。表に示したハロゲン化水素化合物のなかで，最も高い沸点を持つ化合物名とその理由を20字以内で記せ。

解　答

問1　ア．共有　イ．イオン　ウ．無極性分子

問2　電気陰性度

問3　最大の δ をもつ化合物名：フッ化水素　最大の δ の値：**0.41**

最小の δ をもつ化合物名：ヨウ化水素　最小の δ の値：**0.058**

問4

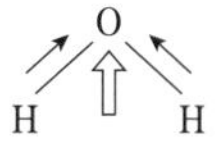

問5　NH_3，CH_3OH，CH_3Cl

問6　(1)　$\mu=\frac{\sqrt{3}}{3}M$　(2)　$\mu=\frac{\sqrt{3}}{3}M$

問7　化合物名：フッ化水素

理由：分子間に水素結合が形成されるから。(20字以内)

ポイント

μ は双極子モーメントと呼ばれるものである。初見であると戸惑うかもしれないが，そのまま代入して計算すればよい。

解　説

問1　イ．イオン結合している LiF や NaCl の δ は大きい。

問2　δ の値は，2個の原子間の相対的な電気陰性度を示すものである。

問3　電気陰性度は F>Cl>Br>I であるので，δ の最大は HF，最小は HI である。

$\mu=L\cdot\delta\cdot e$ より

$$\text{HF}：\delta=\frac{6.09\times10^{-30}}{0.917\times10^{-10}\times1.61\times10^{-19}}=0.412\fallingdotseq0.41$$

$$\text{HI}：\delta=\frac{1.50\times10^{-30}}{1.61\times10^{-10}\times1.61\times10^{-19}}=0.0578\fallingdotseq0.058$$

確認のため，HCl，HBr の δ を求めると

$$\text{HCl}：\delta=\frac{3.70\times10^{-30}}{1.27\times10^{-10}\times1.61\times10^{-19}}=0.180\fallingdotseq0.18$$

$$\text{HBr}：\delta=\frac{2.76\times10^{-30}}{1.41\times10^{-10}\times1.61\times10^{-19}}=0.121\fallingdotseq0.12$$

よって，HF が最大，HI が最小である。

問4　電気陰性度は O>H であるので，極性の方向は H→O である。

それぞれの極性をベクトルと考え，その合成ベクトルの向きが分子全体の極性の方向となる。

問5　エチレンは4個の原子が同一平面上にあり，対称構造をもつので，無極性分子である。アンモニウムイオンは正四面体形であるので，N−H 結合間の極性は打ち消される。

問6　(1)　下図のとおり，分子全体としての μ の大きさである M は，μ のベクトルの和である。

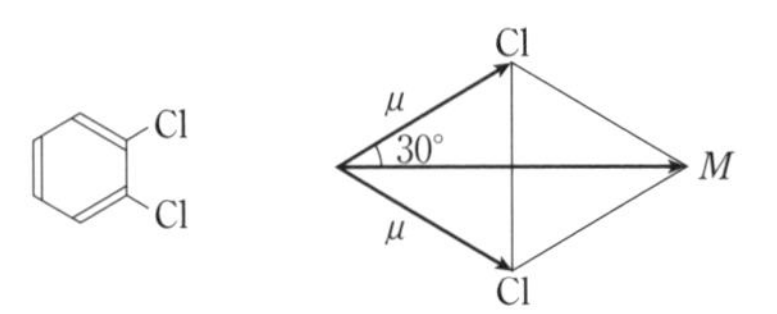

よって　$M=\mu\times 2\cos 30^\circ=\mu\times 2\times\dfrac{\sqrt{3}}{2}=\sqrt{3}\mu$　　∴　$\mu=\dfrac{M}{\sqrt{3}}=\dfrac{\sqrt{3}M}{3}$

(2)　下図のとおり，分子全体としての μ の大きさは

$$\mu\times 2\cos 60^\circ=\mu\times 2\times\frac{1}{2}=\mu=\frac{\sqrt{3}M}{3}$$

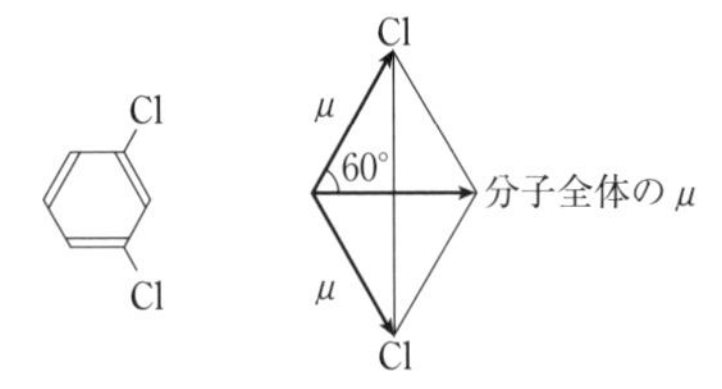

13 ダイヤモンド，結合エネルギー

(2009年度　第1問)

ダイヤモンドに関する次の文章を読んで，問1～問5に答えよ。必要があれば次の値を用いよ。

原子量　C＝12　　アボガドロ定数　$N_A = 6.0 \times 10^{23}$/mol

ダイヤモンドは炭素原子どうしが共有結合により三次元的につながった，極めて硬く，また融点が高い物質である。全ての炭素原子はそれぞれ等距離にある隣の4つの炭素原子と結合している。密度を測定することにより，炭素-炭素結合の長さを求めることができる。一つの炭素原子の近傍の構造として，図1〔A〕のように立方体の中心（O）と，4つの頂点（P，Q，R，S）のみに炭素原子が位置した構造を考え，この立方体の一辺の長さを a〔m〕，炭素-炭素結合の長さを d〔m〕とする。ダイヤモンドの結晶の単位格子は，〔B〕に示すように一辺が $2a$ の立方体であり，その中に〔A〕の立方体が互いに辺を共有しながら4個含まれている。すなわち，単位格子〔B〕は，面心立方格子の構造〔C〕と，それと同じ大きさの立方体を8等分した一辺が a の小さな立方体のうち，実線で示した4個の立方体の中心に炭素原子が存在する構造〔D〕を重ね合わせたものに一致する。

問1　ダイヤモンドの密度は $3.5\,g/cm^3$ である。この値を用いて，単位格子〔B〕の体積を m^3 の単位で求め，有効数字2桁で答えよ。解答欄には計算過程も示せ。

問2　炭素-炭素結合の長さ d を a を用いて表せ。

問3　$\sqrt{3} = 1.7$ として d^3 の値を求め，有効数字2桁で答えよ。解答欄には計算過程も示せ。

問4　黒鉛（グラファイト），ダイヤモンド，フラーレンなどのように，同じ元素の単体でありながら互いに性質の異なるものを何と呼ぶか。

問5　ダイヤモンドの全ての結合を切断して炭素原子を生成するのに必要なエネルギーを結合の数で割ると，ダイヤモンドの炭素-炭素結合の平均結合エネルギー（D）が求まる。次の値を用いて D の値を計算し，有効数字3桁で答えよ。解答欄には計算過程も示せ。なお，生成熱は，炭素の単体として黒鉛を用いて求められた値である。

ダイヤモンドの燃焼熱	395.4 kJ/mol
炭素原子の生成熱	−716.7 kJ/mol
二酸化炭素の生成熱	393.5 kJ/mol

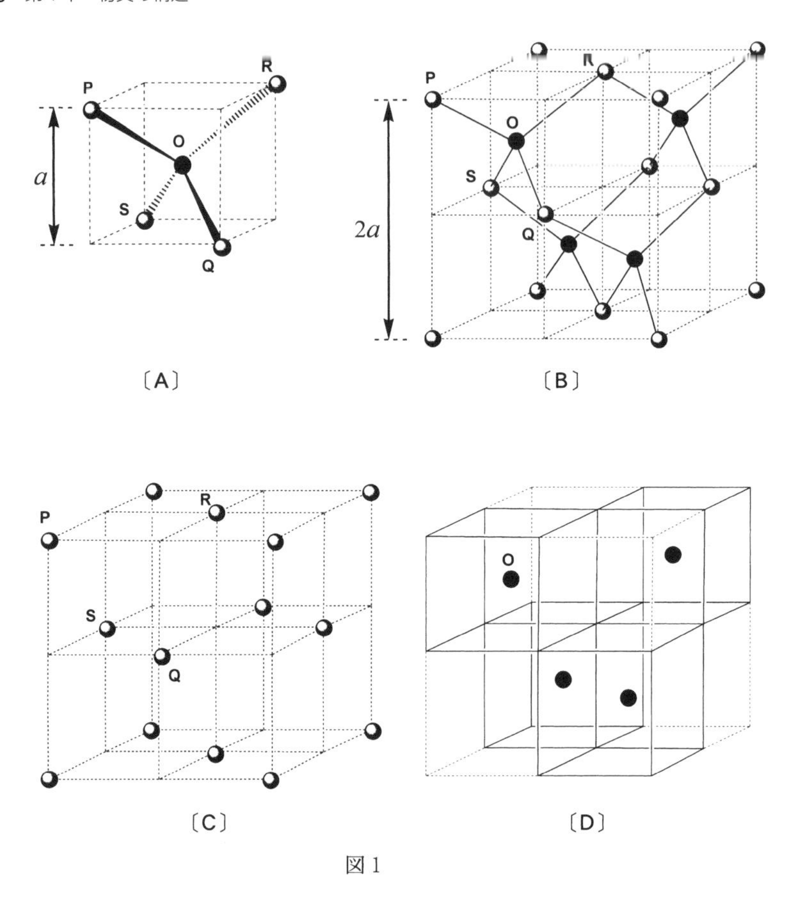

図１

解　答

問1　単位格子〔B〕中の原子の数は，$8\times\frac{1}{8}+6\times\frac{1}{2}+4=8$〔個〕である。単位格子の体積を x〔m^3〕とすると

$$\frac{\frac{12}{6.0\times10^{23}}\times8}{x\times10^6}=3.5\,[\mathrm{g/cm^3}]$$

$\therefore\ x=4.57\times10^{-29}\fallingdotseq4.6\times10^{-29}$〔$m^3$〕　……(答)

問2　$d=\frac{\sqrt{3}}{2}a$

問3　単位格子〔B〕は，8個の立方体からなる。よって，立方体の体積 a^3〔m^3〕は

$$a^3=\frac{4.57\times10^{-29}}{8}\,[\mathrm{m^3}]$$

したがって

$$d^3=\left(\frac{\sqrt{3}}{2}a\right)^3=\frac{3\sqrt{3}}{8}\times\frac{4.57\times10^{-29}}{8}$$

$=3.64\times10^{-30}\fallingdotseq3.6\times10^{-30}$〔$m^3$〕　……(答)

問4　同素体

問5　与えられた反応熱を表す熱化学方程式は

C(ダ)$+O_2=CO_2+395.4$kJ　……①

C(黒)$=$C(気)-716.7kJ　……②

C(黒)$+O_2=CO_2+393.5$kJ　……③

①+②−③より　C(ダ)=C(気)-714.8kJ

ダイヤモンド中の炭素原子1個につき，2個の炭素-炭素結合をもつので，求める平均結合エネルギー(D)は

$\frac{714.8}{2}=357.4\fallingdotseq357$〔kJ/mol〕　……(答)

ポイント

ダイヤモンドの炭素-炭素結合の平均結合エネルギーを求める際，ダイヤモンド中の炭素原子1個につき，2個の炭素-炭素結合をもつことに注意すること。

解　説

問1　$\dfrac{\text{単位格子の質量}}{\text{体積}}$＝結晶の密度

なお，x〔$\mathrm{m^3}$〕＝$x\times10^6$〔$\mathrm{cm^3}$〕である。

問2　炭素-炭素結合の長さを d とすると，$2d$ の長さは右図の立方体の体対角線 $\sqrt{3}a$ に等しいから

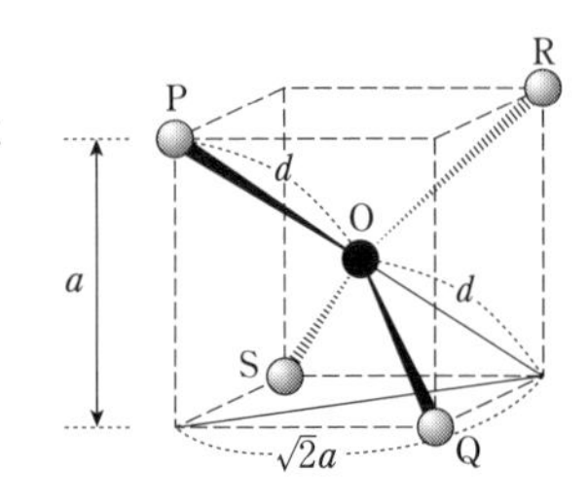

$$2d=\sqrt{3}a \qquad \therefore \quad d=\frac{\sqrt{3}}{2}a$$

問5　右図のように，ダイヤモンド中の炭素原子1個は4個の結合をもつが，1個の結合は，2個の炭素原子に共有されているので，結合は1個の炭素原子につき，$\dfrac{1}{2}\times4=2$〔個〕となる。

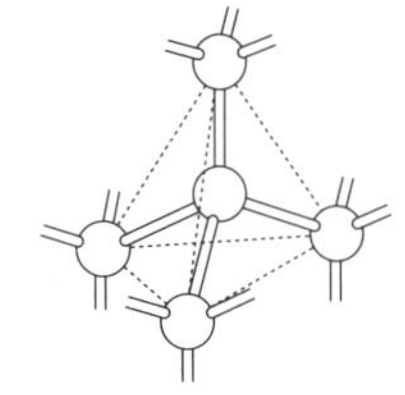

14 実在気体

(2008年度　第2問)

実在気体の性質に関する文章を読み，以下の問に答えよ。

図1は容器内の実在気体を模式的に示したものである。実在の分子には体積があり，また，分子間にはさまざまな相互作用が働く。そのため，実在気体では，圧力 (P)，体積 (V)，物質量 (n)，気体定数 (R)，絶対温度 (T) の間に理想気体の状態方程式が成立しない。

図2はある温度 T における P と $\frac{PV}{nRT}$ の関係を示したものである。実線はある実在気体の場合，破線は理想気体の場合を表している。この実在気体の特徴は，次の二つにまとめられる。

【特徴A】　P が0に近い領域では $\frac{PV}{nRT}$ は1に近いが，P の増大とともに $\frac{PV}{nRT}$ は減少し，P がある値のところで最小となる。

【特徴B】　P がさらに大きくなると $\frac{PV}{nRT}$ は増加し始め，直線的に増加するようになる。

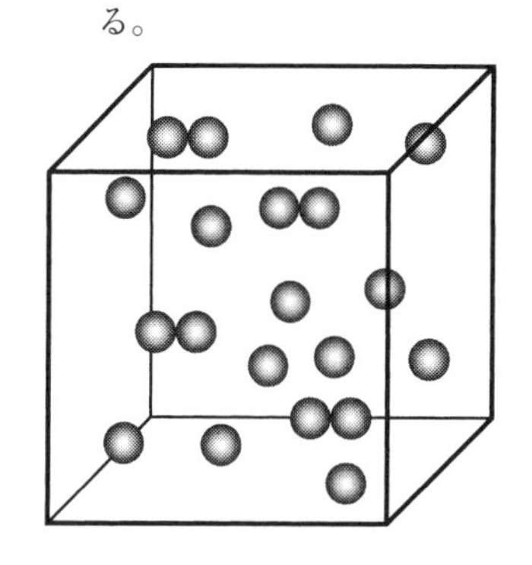

図 1　実在気体の模式図
（●は孤立した1分子を，●●は2分子が一時的に"くっついた"状態を表している）

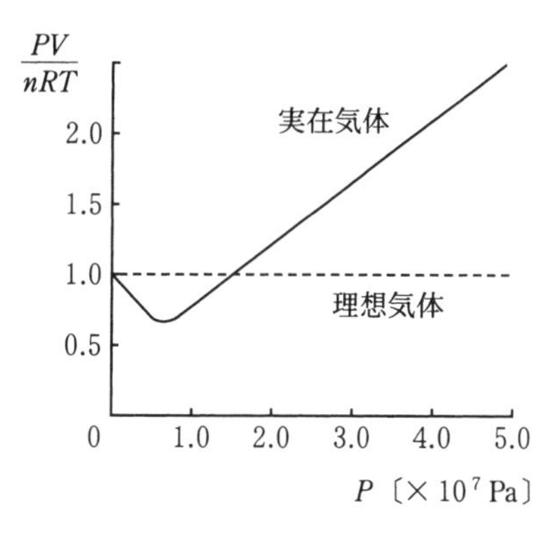

図 2　ある温度での実在気体と理想気体の P と $\frac{PV}{nRT}$ の関係

問1　以下の文章は特徴Aに関して記したものである。空欄[ア]～[ウ]に適切な言葉を補って文章を完成させよ。ただし，アについては文章下の語句群の中から適当な語句を一つ選べ。

Pが0付近のとき，実在気体は理想気体に近い性質を示すが，Pが大きくなると[ア]の影響が強くなって$\dfrac{PV}{nRT}$の値は1より小さくなる。この影響の受けやすさは，分子の種類によって異なり，アンモニアとメタンを比べると[イ]の方が強い影響を受け，エタンとブタンを比べると[ウ]の方が強い影響を受ける。

語句群：分子の体積　分子の運動　分子間の引力　分子間の斥力

問2　以下の文章は，**特徴A**が現れる理由を，気体状態において単独で存在する分子M（図1の●）と，二つの分子Mが一時的に“くっついて”できた状態M_2（図1の●●）の間の平衡（$2M \rightleftarrows M_2$）に基づいて説明したものである。空欄[エ]～[ク]に適切な言葉を補い，文章を完成させよ。

Pが増大すると[エ]の原理によって，Mの数は[オ]し，M_2の数は[カ]する。そのため，T一定の条件では，Pが増大するにつれてMとM_2の総数は[キ]し，MとM_2の物質量の和はnと比べてより[ク]なる。その結果，$\dfrac{PV}{nRT}$は減少する。

問3　実在気体の$\dfrac{PV}{nRT}$の値が1より小さいときに，Pを一定に保ったままTを大きくすると，$\dfrac{PV}{nRT}$はどのように変化するか。次の四つの中から，正しいものを一つ選べ。ただし，**特徴B**の影響は無視できるものとせよ。

①　小さくなり0に近づく　　②　小さくなり0から1の間のある値に近づく
③　大きくなり1に近づく　　④　大きくなり1を超える

問4　図2にみられるような高圧領域の実在気体におけるPと$\dfrac{PV}{nRT}$の間の直線的な関係（**特徴B**）は，Tが大きくなるとどのようになるか。次の三つの中から，正しいものを一つ選べ。

①　傾きが小さくなる　　②　傾きは変化しない
③　傾きが大きくなる

問5　ある実在気体のPと$\dfrac{PV}{nRT}$の関係は，高圧領域において直線となり，その傾きは$T = 290$ Kのときに4.6×10^{-8}/Paであった。以下の文章は，この傾きの値を用いて，分子M（図1の●）が占める体積m〔L〕を求める過程を記したものである[注)]。空欄[ケ]に数式を，空欄[コ]に数字（有効数字2桁）を記入せよ。

ただし，**特徴A**の影響は無視できるものとせよ。また，m は圧力の影響を受けないものとし，気体定数 R には $8.3\times10^3\,\mathrm{Pa\cdot L/(mol\cdot K)}$ を用いよ。

実在気体の体積 V は，分子が占める体積 $V_1(=n\times N_A\times m)$ と，それ以外の体積 V_2 に分けることができる。つまり，$V=V_1+V_2$ であり，$PV_2=nRT$ の関係が成立する。ただし，N_A はアボガドロ定数 $6.0\times10^{23}/\mathrm{mol}$ である。$\dfrac{PV}{nRT}$ は m を用いて［ケ］と与えられる（式中に V_1 および V_2 は含まれないものとする）。この関係式に数値を代入することにより，m は［コ］と決定される。

注）この体積は，分子そのものの体積よりやや大きくなる（分子そのものの体積に加えて，分子どうしが近づくことができない領域の体積なども含まれる）。

解　答

問1　ア．分子間の引力　イ．アンモニア　ウ．ブタン

問2　エ．ルシャトリエ　オ．減少　カ．増加　キ．減少　ク．小さく

問3　③

問4　①

問5　ケ．$\dfrac{PV}{nRT}=\dfrac{mN_A}{RT}P+1$　コ．1.8×10^{-25}

ポイント
問2は化学平衡の応用問題と考えればよい。

解　説

問1　ア．気体の圧力は，気体分子が壁に衝突する衝撃力によるが，分子間に引力が働くと，衝撃力が弱くなる。

イ．極性をもつアンモニア分子のほうが無極性のメタン分子より分子間の引力は大きい。

ウ．分子量の大きいブタンのほうが分子間の引力は大きい。

問2　Pが増大すると，ルシャトリエの原理によって，気体分子数の減少する右方向に平衡が移動する。ここで，n〔mol〕あった分子Mの物質量がx〔mol〕減少したとすると，M_2分子の物質量は$\dfrac{x}{2}$〔mol〕となる。

$$2M \rightleftarrows M_2$$

平衡時　$n-x$〔mol〕　$\dfrac{x}{2}$〔mol〕

MとM_2の総物質量は$n-x+\dfrac{x}{2}=n-\dfrac{x}{2}$〔mol〕になる。

この平衡状態にある混合気体を理想気体として，気体の状態方程式を適用すると

$$\frac{PV}{\left(n-\frac{x}{2}\right)RT}=1 \qquad \therefore \quad \frac{PV}{nRT}=1-\frac{x}{2n}$$

よって，$\dfrac{x}{2n}$だけ，$\dfrac{PV}{nRT}$は減少する。

問3　温度が高いほど，分子の運動エネルギーが大きくなり，分子間の引力の影響を受けにくくなる。したがって，$\dfrac{PV}{nRT}$は1に近づく。

問4　この傾きは気体分子自身の体積の影響によるものであるが，Tが大きくなると気体全体の体積が増加するため，分子自身の体積の影響が小さくなる。したがっ

て，$\dfrac{PV}{nRT}$ は1に近づき，傾きが小さくなる。

問5　ケ．分子が占める体積 V_1 を除く気体の体積 V_2 は自由空間となり，理想気体の体積と考えると，気体の状態方程式 $PV_2 = nRT$ が成り立つ。

よって

$$P(V - V_1) = nRT \qquad P(V - n \times N_A \times m) = nRT$$

$$\frac{PV}{nRT} - \frac{N_A \times m}{RT} P = 1 \qquad \therefore \quad \frac{PV}{nRT} = \frac{mN_A}{RT} P + 1$$

コ．$T = 290$〔K〕のときに傾きは 4.6×10^{-8}/Pa であるので

$$4.6 \times 10^{-8} = \frac{mN_A}{RT} = \frac{m \times 6.0 \times 10^{23}}{8.3 \times 10^3 \times 290}$$

$\therefore \quad m = 1.84 \times 10^{-25} \fallingdotseq 1.8 \times 10^{-25}$〔L〕

15 解離と電離の熱化学

（2007年度　第1問）

気体状態の HCl(g)が H^+(g)と Cl^-(g)に解離する反応1と，水に溶解した HCl(aq)が H^+(aq)と Cl^-(aq)に電離する反応2の違いに関する以下の問に答えよ。ただし，反応熱は発熱のときはプラスに，吸熱のときはマイナスに表記するものとする。

HCl(g) ⟶ H^+(g) + Cl^-(g)　　反応熱 Q_1　　（反応1）

HCl(aq) ⟶ H^+(aq) + Cl^-(aq)　　反応熱 57kJ/mol　　（反応2）

問1　H−Cl 結合の結合エネルギーを 428kJ/mol，H のイオン化エネルギーを 1312kJ/mol，Cl の電子親和力を 349kJ/mol として，反応1の反応熱 Q_1 を求めよ。ここで，イオン化エネルギーとは，気体状態の原子から電子1個をとり去り，1価の陽イオンにするのに必要なエネルギーである。また，電子親和力とは，気体状態の原子が電子1個を受け取り，1価の陰イオンになるときに放出するエネルギーである。

問2　0.10mol の気体の HCl(g)を水 1.0kg に溶解したところ，水の温度が 1.8℃上昇した。ここで発生した熱には，HCl(g)を溶解する反応と HCl(aq)が電離する反応の両方の反応熱が含まれる。0.10mol の H^+(g)と 0.10mol の Cl^-(g)を仮想的に水に溶解するときに発生する熱を求めよ。ただし，水の比熱は 4.2J/(g·℃)で一定とする。解答には計算の過程も示せ。

問3　H^+ と Cl^- は，水に溶解することで何らかの安定化を受けるために，問2で計算した熱が発生する。この安定化の理由を 40 字以内で述べよ。

解　答

問1　$-1391\,\mathrm{kJ/mol}$

問2　実験結果より，HCl(g) の溶解熱は

$$\frac{4.2\times1000\times1.8}{0.10}\times\frac{1}{1000}=75.6\,[\mathrm{kJ/mol}]$$

この反応熱を表す熱化学方程式は

$HCl(g)+aq=H^{+}(aq)+Cl^{-}(aq)+75.6\,kJ$　……①

問1の結果より，反応1の熱化学方程式は

$HCl(g)=H^{+}(g)+Cl^{-}(g)-1391\,kJ$　……②

①−②より

$H^{+}(g)+Cl^{-}(g)+aq=H^{+}(aq)+Cl^{-}(aq)+1466.6\,kJ$

よって　$1466.6\times0.10=146.66\fallingdotseq1.5\times10^{2}\,[\mathrm{kJ}]$　……(答)

問3　H^{+} は H_3O^{+} になり，H_3O^{+} と Cl^{-} は水分子と静電気力によって水和して安定化するから。(40字以内)

ポイント
熱化学方程式を書く際，原子，イオン，気体，水和イオンなどの状態に注意する。

解　説

問1　H−Cl 結合の結合エネルギーを熱化学方程式で表すと

$HCl(g)=H(g)+Cl(g)-428\,kJ$　……(i)

H のイオン化エネルギーを熱化学方程式で表すと

$H(g)=H^{+}(g)+e^{-}-1312\,kJ$　……(ii)

Cl の電子親和力を熱化学方程式で表すと

$Cl(g)+e^{-}=Cl^{-}(g)+349\,kJ$　……(iii)

(i)+(ii)+(iii) によって H(g) と Cl(g) を消去すると

$HCl(g)=H^{+}(g)+Cl^{-}(g)-1391\,kJ$

この式が，反応1に当たるので，反応熱 Q_1 は

$Q_1=-1391\,[\mathrm{kJ/mol}]$

CHECK　エネルギー図で表すと次のようになる。

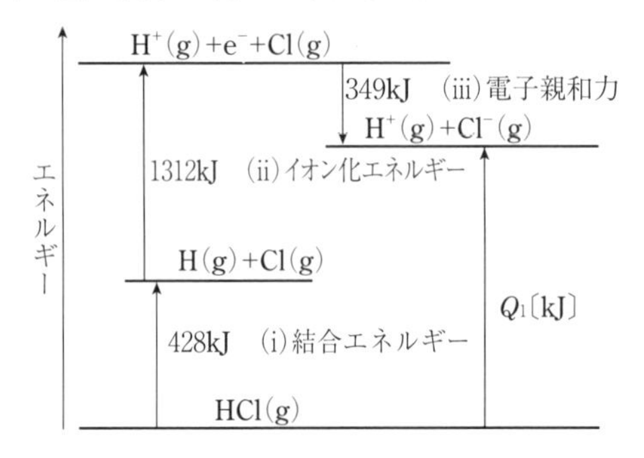

したがって　　$Q_1=(-1312-428)+349=-1391$〔kJ/mol〕

問2　発生した熱量は，(比熱)×(水溶液の質量)×(温度変化）で求める。

CHECK　反応熱をエネルギー図で表すと次のようになる。

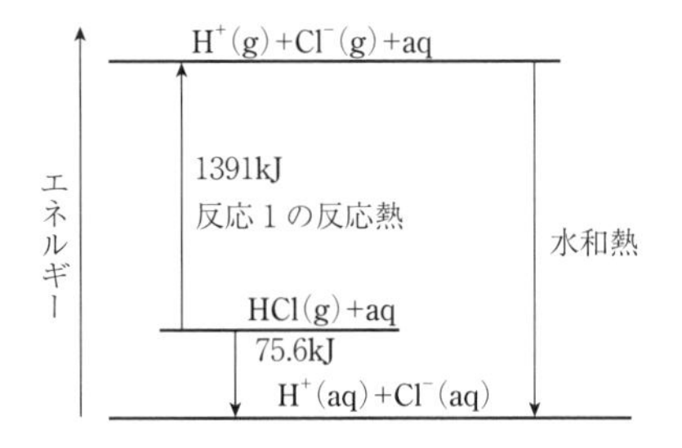

したがって，水和熱は

$1391+75.6=1466.6$〔kJ/mol〕

問3　問２の気体状態のイオンが水に溶けて発生する熱量を水和熱という。水和熱が大きいのは，水溶液中では，イオンが水分子と静電気力によって結合し安定化するからで，これを水和という。H^+ は水分子と配位結合してオキソニウムイオン H_3O^+ となり，これにさらに水が水和して安定化する。同様に，塩化物イオン Cl^- も，水分子の正電荷を帯びた水素原子と結合し，安定化している。

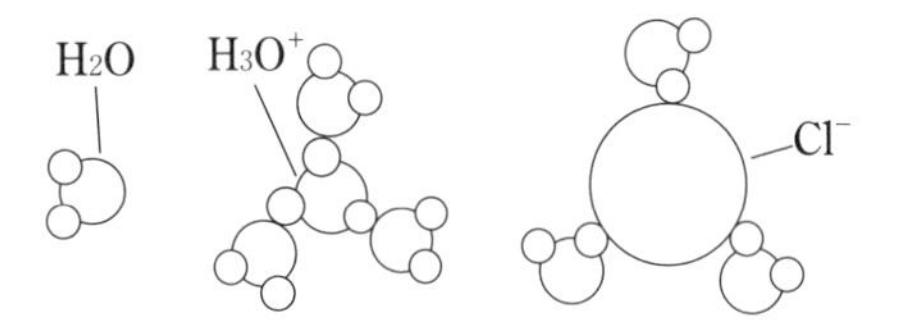

16 石油ガスの分子量

（2004年度　第1問）

次の文章を読み，問1～問5に答えよ。ただし，気体は理想気体と仮定し，気体定数は $R=0.082\,\text{atm}\cdot\text{L}/(\text{mol}\cdot\text{K})$，原子量は H 1.0，He 4.0，C 12.0 とせよ。

ある石油ガス（直鎖状飽和炭化水素の混合ガス）の見かけの分子量を求めるために，次の手順(1)～(3)で実験を行なった。

(1)　重量 1.50 g のゴム風船を二つ用意し，一方に石油ガスを，他方にヘリウムをつめた。これらの風船を糸で結び，ヘリウムの量を調節して，図1のように上昇も下降もしない状態とした。

(2)　上述の風船を別々に，図2のように，水銀の入ったU字管につないだ。風船を接続する前は，水銀柱の高さは左右で同じであったが，風船をつなぐと，水銀柱の高さに差 h〔cm〕が生じ，石油ガス風船では $h=1.5$ cm，ヘリウム風船では $h=2.3$ cm となった。

(3)　手順(2)で用いた風船中の気体を，図3のような装置を用いて，メスシリンダーにすべて移し，メスシリンダー内の水面が水槽の水面と一致するように注意して，メスシリンダー中の気体の体積を測定した。その結果，石油ガス風船の場合では 1.07 L，ヘリウム風船の場合では 4.29 L となった。

以上の実験において，気圧は 1.00 atm（水銀柱の高さで 76.0 cm），温度は 27℃，空気の密度は 1.17 g/L，飽和水蒸気圧は 0.040 atm であった。また，風船をつなぐ糸の重さ，風船のゴム部分の体積，U字管中とゴム導管中の気体の体積，および石油ガスとヘリウムの水への溶解は無視できるものとする。

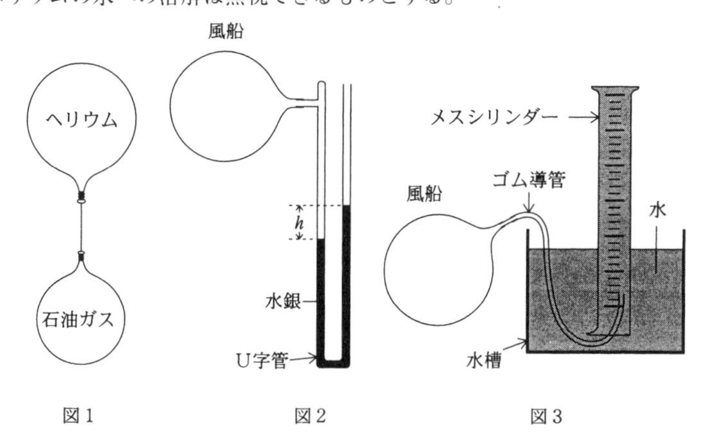

図1　　図2　　図3

問1　図1の状態における石油ガスおよびヘリウム風船中の圧力を有効数字3桁で記せ。

問2　図1の状態における石油ガスおよびヘリウム風船中の気体の体積を有効数字3桁で記せ。

問3　ヘリウムの密度 d〔g/L〕を，気体定数およびヘリウムの圧力 P〔atm〕，温度 T〔K〕，モル質量 M〔g/mol〕で表わす式を記し，図1の状態におけるヘリウム風船中のヘリウムの密度を有効数字2桁で記せ。

問4　図1の状態における石油ガス風船中の石油ガスの密度を求める計算過程を示し，その密度を有効数字2桁で記せ。

問5　問4で求めた有効数字2桁の密度を用いて石油ガスの見かけの分子量（平均分子量）を計算し，有効数字2桁で記せ。また，この石油ガスは炭素数が一つだけ異なる二成分からなると仮定して，主成分の物質名を記せ。

解　答

問1　石油ガス風船中の圧力：**1.02 atm**
　　ヘリウム風船中の圧力：**1.03 atm**

問2　石油ガス風船中の気体の体積：**1.01 L**
　　ヘリウム風船中の気体の体積：**4.00 L**

問3　ヘリウムの密度の式：$d=\dfrac{PM}{RT}$　ヘリウムの密度：1.7×10^{-1} g/L

問4　石油ガスの密度を x〔g/L〕とすると，（風船全体の質量）=（浮力）より
　　$2\times1.50+0.167\times4.00+x\times1.01=1.17\times(1.01+4.00)$
　∴　$x=2.17\fallingdotseq2.2$〔g/L〕　……（答）

問5　見かけの分子量：**53**　主成分の物質名：ブタン

ポイント
風船中の圧力は，水銀柱の高さの差と大気圧から求めることができる。

解　説

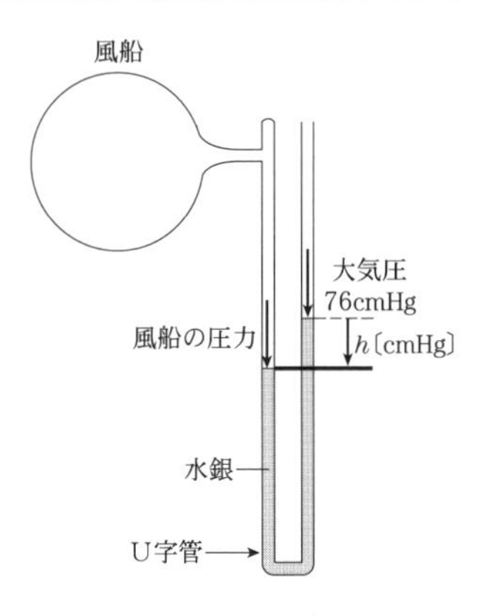

問1　風船中の圧力は，右図より，大気圧と水銀柱の高さの差 h〔cm〕に相当する圧力の和に等しい。1 atm は水銀柱の高さで 76 cm に相当する圧力である。これを 76 cmHg と表すので，石油ガス風船中の圧力は

$$76.0+1.5=77.5〔\text{cmHg}〕$$

$$\therefore\quad \frac{77.5}{76.0}=1.019\fallingdotseq1.02〔\text{atm}〕$$

ヘリウム風船中の圧力は

$$76.0+2.3=78.3〔\text{cmHg}〕$$

$$\therefore\quad \frac{78.3}{76.0}=1.030\fallingdotseq1.03〔\text{atm}〕$$

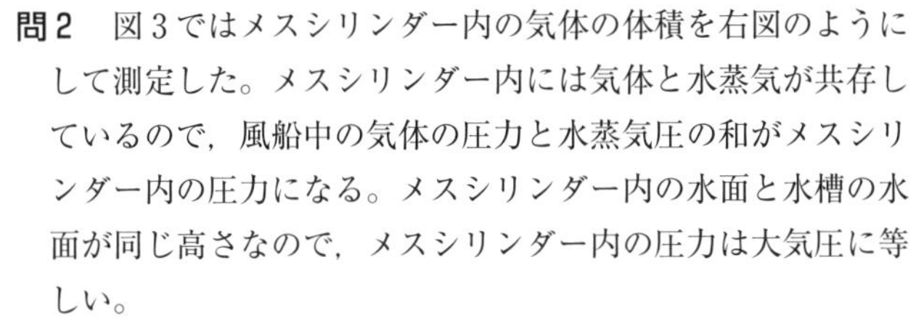

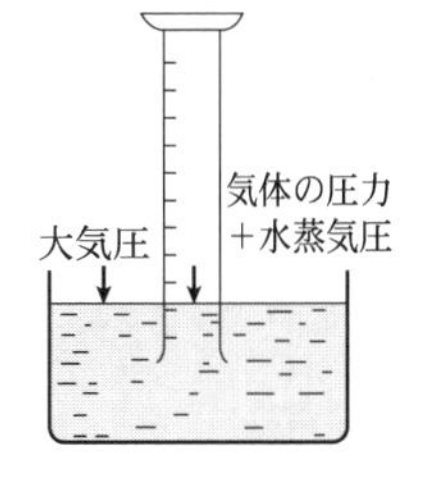

問2　図3ではメスシリンダー内の気体の体積を右図のようにして測定した。メスシリンダー内には気体と水蒸気が共存しているので，風船中の気体の圧力と水蒸気圧の和がメスシリンダー内の圧力になる。メスシリンダー内の水面と水槽の水面が同じ高さなので，メスシリンダー内の圧力は大気圧に等しい。

風船中の気体をメスシリンダーに移しても，気体の物質量と温度は一定であるので，ボイルの法則が成り立つ。

図1の石油ガスの体積を x〔L〕とすると

$$(1-0.040)\times 1.07=1.019\times x$$

∴　$x=1.008 \fallingdotseq 1.01$〔L〕

図1のヘリウムの体積を y〔L〕とすると

$$(1-0.040)\times 4.29=1.030\times y$$

∴　$y=3.998 \fallingdotseq 4.00$〔L〕

問3　ヘリウム風船中のヘリウムの質量を w〔g〕とすると，モル質量が M〔g/mol〕であるので，その物質量 n は $\dfrac{w}{M}$〔mol〕である。これを気体の状態方程式 $PV=nRT$ に代入すると

$$PV=\frac{w}{M}RT$$

$$\therefore\quad d=\frac{w}{V}=\frac{PM}{RT}=\frac{1.03\times 4.0}{0.082\times(27+273)}=0.167 \fallingdotseq 0.17=1.7\times 10^{-1}\text{〔g/L〕}$$

問4　風船に働く浮力は，風船が押しのけた空気の質量と等しい。

問5　石油ガスの見かけの分子量を M' とすると，$d=\dfrac{PM}{RT}$ より

$$2.2=\frac{1.02\times M'}{0.082\times(27+273)}\qquad \therefore\quad M'=53.0 \fallingdotseq 53$$

石油ガスは直鎖状飽和炭化水素であるので，分子式を C_nH_{2n+2} とすると

$$12.0\times n+1.0\times(2n+2)=53\qquad \therefore\quad n=3.6 \fallingdotseq 4$$

よって，主成分は $n=4$ のブタン C_4H_{10} である。また，もう一方の成分は $n=3$ のプロパン（$C_3H_8=44.0$）である。

17 ニトログリセリンの爆発

(2003年度　第3問)

火薬の爆発は非常に速い不可逆反応であり，反応は最後まで進行し，炭素原子は CO_2 へ，窒素原子は N_2 へ，水素原子は H_2O（気体）へ変化する。酸素（O_2）の発生を伴う場合もある。ダイナマイトの原料であるニトログリセリン（$C_3H_5N_3O_9$）の爆発による破壊力の原因を，化学反応の観点からできるだけ単純化して考える。問1～問6に答えよ。問3～問5では計算式を示し，有効数字2桁で解答せよ。また，気体定数として 0.082 atm·L/(mol·K) を用いよ。

問1　ニトログリセリンはグリセリンの硝酸エステルである。その示性式を示せ。

問2　ニトログリセリン 1.0 mol の爆発によって，酸素を含む 7.25 mol の気体が発生する。この分解反応の反応式を示せ。各項の係数は整数にせよ。

問3　25℃，1 atm のもとで，ニトログリセリン，二酸化炭素，水（気体）の生成熱をそれぞれ 371 kJ/mol，394 kJ/mol，242 kJ/mol とし，窒素や酸素の生成熱をゼロとするとき，ニトログリセリン 1.0 mol の爆発によって発生する熱量を求めよ。

問4　0.14 L の容積をもつ密閉容器をニトログリセリンの液体 1.0 mol（25℃）で満たし，容器内で爆発させた。瞬時に爆発が完了し，爆発によって発生したすべての熱エネルギーが，発生した気体の温度の上昇に使用されると考える。発生した混合気体の定積モル比熱（体積一定のもとで 1 mol の物質を 1 K 上昇させるのに要する熱量）が 43 J/(mol·K) で一定と仮定するとき，気体の温度を求めよ。

問5　爆発により発生した混合気体が理想気体と見なせると仮定すると，問4で求めた温度に達したとき，この密閉容器内の気体の圧力はいくらになるか。

問6　次の文章の［ア］，［イ］に適当な語句を入れよ。解答の順番は問わない。

以上のことから，火薬の爆発の破壊力は，非常に速い化学反応によって［ア］，［イ］の状態になることが原因と考えられる。

解 答

問1 $C_3H_5(ONO_2)_3$

問2 $4C_3H_5N_3O_9 \longrightarrow 12CO_2 + 10H_2O + O_2 + 6N_2$

問3 ニトログリセリンの燃焼の熱化学方程式を次のように表す。

$$4C_3H_5N_3O_9 = 12CO_2 + 10H_2O + O_2 + 6N_2 + Q\,\mathrm{kJ}$$

(反応熱)=(生成物の生成熱の総和)−(反応物の生成熱の総和) より

$$Q = 12 \times 394 + 10 \times 242 - 4 \times 371 = 5664\,〔\mathrm{kJ}〕$$

よって,ニトログリセリン 1.0 mol 当たりでは

$$\frac{5664}{4} = 1416 \fallingdotseq 1.4 \times 10^3\,〔\mathrm{kJ/mol}〕$$ ……(答)

問4 ニトログリセリン 1.0 mol から混合気体が 7.25 mol 生成する。そのときの気体の温度を x〔℃〕とすると

$$1416 \times 10^3 = 43 \times 7.25 \times (x - 25) \quad \therefore \quad x = 4567 \fallingdotseq 4.6 \times 10^3\,〔℃〕$$ ……(答)

問5 求める気体の圧力を y〔atm〕とすると,理想気体の状態方程式より

$$y \times 0.14 = 7.25 \times 0.082 \times (4567 + 273)$$

$$\therefore \quad y = 20552 \fallingdotseq 2.1 \times 10^4\,〔\mathrm{atm}〕$$ ……(答)

問6 ア.高温 イ.高圧 (順不同)

ポイント

(反応熱)=(生成物の生成熱の総和)−(反応物の生成熱の総和) を用いる。

解 説

問1 グリセリンに濃硫酸と濃硝酸の混合物を加えると,ニトログリセリンが生じる。

$$\begin{array}{l} CH_2-OH \\ | \\ CH-OH \\ | \\ CH_2-OH \end{array} + 3HNO_3 \longrightarrow \begin{array}{l} CH_2-ONO_2 \\ | \\ CH-ONO_2 \\ | \\ CH_2-ONO_2 \end{array} + 3H_2O$$

問2 まず,ニトログリセリンの係数を1にして,C,H,Nの原子数を合わせた後,O_2 の係数を求める。

$$C_3H_5N_3O_9 \longrightarrow 3CO_2 + \frac{5}{2}H_2O + xO_2 + \frac{3}{2}N_2$$

よって $9 = 6 + \frac{5}{2} + 2x \quad \therefore \quad x = \frac{1}{4}$

左辺,右辺の係数を4倍して,解を得る。

問3 それぞれの生成熱の熱化学方程式をたてて求めてもよい。

問4 発熱量〔J〕=定積モル比熱〔J/(mol·K)〕×気体の物質量〔mol〕×温度差〔K〕

問6 一瞬のうちに高温・高圧の気体が発生する急激な膨張力が爆発の破壊力になる。

第 2 章
物質の変化

・化学反応と熱
・酸と塩基
・酸化還元反応
・反応の速さと平衡

18 モルヒネの電離平衡

(2022年度 第2問)

モルヒネおよびモルヒネ塩酸塩は室温で固体であり，モルヒネ塩酸塩の水溶液は医療において麻酔・鎮痛薬として用いられている。以下の文章を読み，問1～問6に答えよ。

モルヒネを水に溶かすと式①に示す電離平衡に達し，その水溶液は弱塩基性を示す。

$$\mathrm{Mor} + \mathrm{H_2O} \rightleftarrows \mathrm{Mor{-}H^+} + \mathrm{OH^-} \quad \cdots\cdots ①$$

(式中では，水素イオンH^+が結合していないモルヒネはMor，H^+が結合したモルヒネは$\mathrm{Mor{-}H^+}$と略記する)

モルヒネは，分子中の窒素原子がもつ非共有電子対をH^+に与えて共有結合を形成し，陽イオンになる。

式①の電離平衡の平衡定数をKとすると，化学平衡の法則から，Kは式②のように表される。

K = ［ ア ］ ……②

この電離平衡の中で，水のモル濃度$[\mathrm{H_2O}]$は他の物質の濃度よりも十分大きく一定とみなせるので，モルヒネの電離定数K_bは式③のように表される。

$K_b = K[\mathrm{H_2O}]$ = ［ イ ］ ……③

問1 モルヒネの構造式として正しいものは，つぎの**A**～**D**のうちどれか，記号で答えよ。また，選んだ理由を示せ。

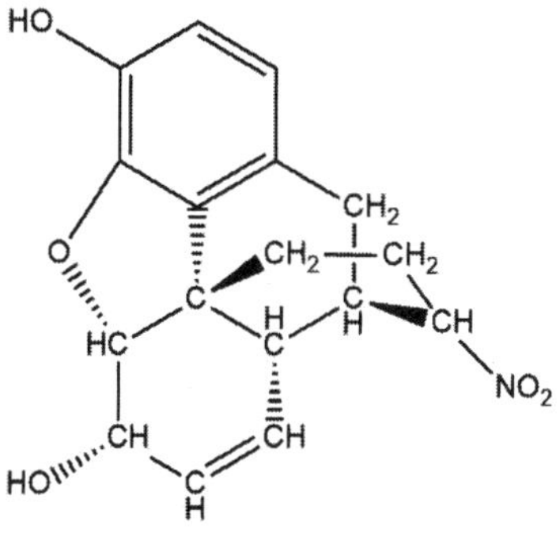

A

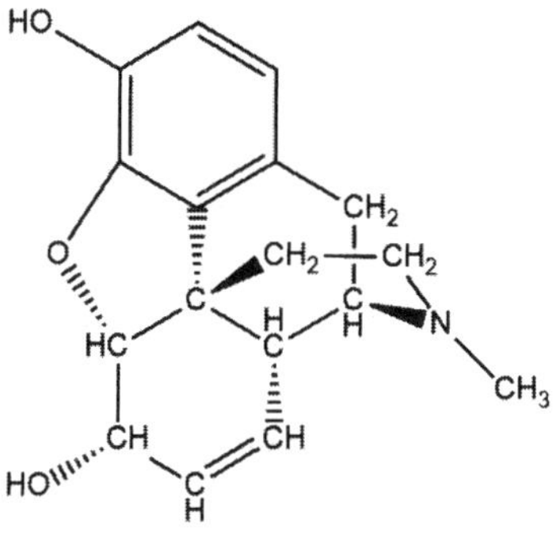

B

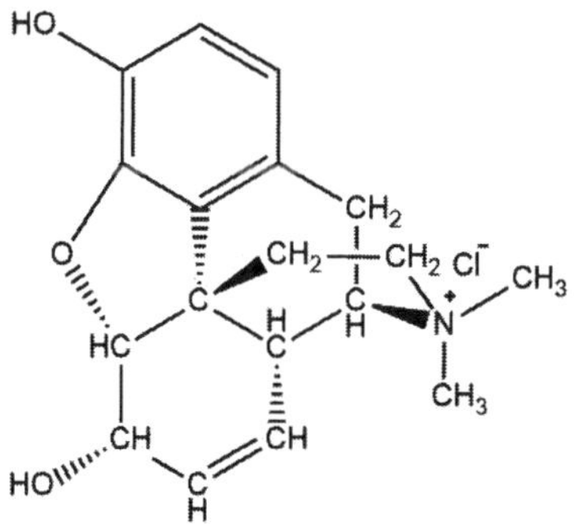

C

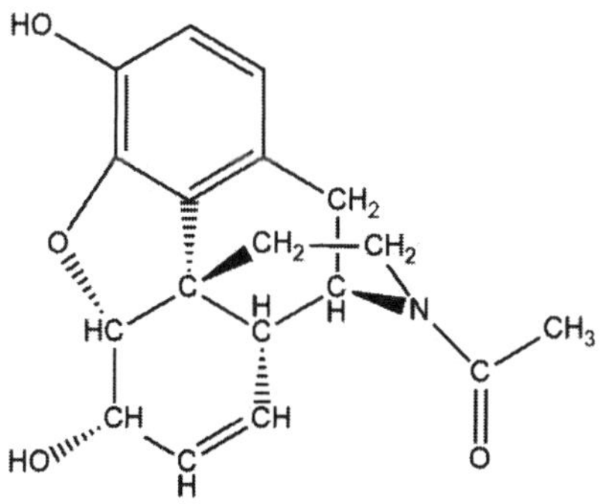

D

問 2 [ア], [イ] を，[Mor]，[H_2O]，[Mor−H^+]，[OH^-]のすべて，あるいはいずれかを用いて示せ。ただし，[Mor]，[H_2O]，[Mor−H^+]，[OH^-]は，それぞれ水溶液中の Mor，H_2O，Mor−H^+，OH^- のモル濃度(mol/L)である。

問 3 式①の電離平衡状態にあるモルヒネ水溶液に対する(i)～(v)の操作と結果の関係について，常に正しいものをすべて選び記号で答えよ。

(i) 塩化水素を通じると，Mor−H^+ の濃度は上昇する。

(ii) 水酸化ナトリウムを加えると，Mor−H^+ の濃度は低下する。

(iii) 水で 10 倍に希釈すると，Mor−H^+ の濃度は 10 分の 1 になる。

(iv) モルヒネを加えると，pH は大きくなる。

(v) モルヒネ塩酸塩を加えると，pH は大きくなる。

問 4 モルヒネ塩酸塩を水に溶かすと，酸性，中性，塩基性のうち，いずれの液性を示すか答えよ。また選んだ理由をイオン反応式を用いて答えよ。

以下の実験を 25 ℃ で行った。ただし，25 ℃ における水溶液中のモルヒネの電離定数 K_b は 1.6×10^{-6} mol/L，水のイオン積 K_w は 1.0×10^{-14} mol^2/L^2 とする。また，モルヒネの窒素原子以外の部分および粉末 X 中のモルヒネ以外の物質は，水溶液の pH を変化させないものとする。なお，必要があれば，$\log_{10} 2 = 0.30$ を使ってもよい。

問 5 モルヒネを含む粉末 X (0.300 g) を純水に溶かして 3.00 L の水溶液 Y を調製したところ，その pH は 8.00 であった。

(1) 水溶液 Y 中のモルヒネの濃度[Mor]を有効数字 2 桁で求めよ。また，解答欄には計算過程も示せ。

(2) 粉末 X 中のモルヒネの物質量を有効数字 2 桁で求めよ。また，解答欄には計算過程も示せ。

問 6 ヒトの血液の pH は約 7.4 である。ヒトの血液の pH に合わせた注射液をつくるために，ある緩衝液にモルヒネを溶解させ，pH = 7.40 のモルヒネ水溶液を調製した。この水溶液中における$[\mathrm{Mor{-}H^+}]/[\mathrm{Mor}]$の値を有効数字 2 桁で求めよ。また，解答欄には計算過程も示せ。

解　答

問1　記号：B

理由：H^+ と結合できるアミンであるから。

問2　ア．$\dfrac{[\mathrm{Mor\text{-}H^+}][\mathrm{OH^-}]}{[\mathrm{Mor}][\mathrm{H_2O}]}$　イ．$\dfrac{[\mathrm{Mor\text{-}H^+}][\mathrm{OH^-}]}{[\mathrm{Mor}]}$

問3　(i)，(ii)，(iv)

問4　液性：酸性

理由：水溶液中で電離した陽イオンが次式の加水分解反応によって，オキソニウムイオンを生じるため。

$\mathrm{Mor\text{-}H^+ + H_2O \rightleftarrows Mor + H_3O^+}$

問5　(1)　水溶液中では電気的に中性であるので，$[\mathrm{H^+}]+[\mathrm{Mor\text{-}H^+}]=[\mathrm{OH^-}]$ より

$$K_b=\frac{[\mathrm{Mor\text{-}H^+}][\mathrm{OH^-}]}{[\mathrm{Mor}]}=\frac{([\mathrm{OH^-}]-[\mathrm{H^+}])\times[\mathrm{OH^-}]}{[\mathrm{Mor}]}$$

$$=\frac{(1.0\times10^{-6}-1.0\times10^{-8})\times1.0\times10^{-6}}{[\mathrm{Mor}]}=1.6\times10^{-6}$$

∴　$[\mathrm{Mor}]=6.18\times10^{-7}\fallingdotseq6.2\times10^{-7}$〔mol/L〕　……(答)

(2)　3.00L 中のモルヒネの物質量は，$([\mathrm{Mor}]+[\mathrm{Mor\text{-}H^+}])\times3.00$ であるから

$$(6.18\times10^{-7}+1.0\times10^{-6}-1.0\times10^{-8})\times3.00$$

$=4.82\times10^{-6}\fallingdotseq4.8\times10^{-6}$〔mol〕　……(答)

問6　pH=7.40 であるので

$[\mathrm{H^+}]=10^{-7.40}=10^{-8.00+2\times0.30}=2.0^2\times10^{-8}$〔mol/L〕

$[\mathrm{OH^-}]=\dfrac{1.0\times10^{-14}}{2.0^2\times10^{-8}}=\dfrac{10^{-6}}{4.0}$〔mol/L〕

よって

$$K_b=\frac{[\mathrm{Mor\text{-}H^+}]}{[\mathrm{Mor}]}\times\frac{10^{-6}}{4.0}=1.6\times10^{-6}$$

∴　$\dfrac{[\mathrm{Mor\text{-}H^+}]}{[\mathrm{Mor}]}=6.4$　……(答)

ポイント

弱塩基の電離平衡の問題である。

解　説

問1　A～Dは，どれも弱酸性のフェノール性ヒドロキシ基をもつ。

A．ニトロ基は，中性である。

B．塩基性の第三級アミンの構造をもつ。H^+ と結合して陽イオンになる。モルヒネである。

C．第四級アンモニウム塩の構造をもつ。中性である。

D．酸アミドの構造をもつ。中性である。

問2　イ．$K_b = K[H_2O] = \dfrac{[Mor\text{-}H^+][OH^-]}{[Mor][H_2O]} \times [H_2O] = \dfrac{[Mor\text{-}H^+][OH^-]}{[Mor]}$

問3　(i)正文。塩化水素は水溶液中で $HCl \longrightarrow H^+ + Cl^-$ と電離し，OH^- と中和反応するので，OH^- の濃度が減少する。よって，平衡は右に移動し，$Mor\text{-}H^+$ の濃度は上昇する。

(ii)正文。水酸化ナトリウムは水溶液中で $NaOH \longrightarrow Na^+ + OH^-$ と電離し，OH^- の濃度が増加する。よって，平衡は左に移動し，$Mor\text{-}H^+$ の濃度は低下する。

(iii)誤文。希釈によって，平衡は右に移動するので，$Mor\text{-}H^+$ の濃度は10分の1より大きくなる。

(iv)正文。モルヒネの濃度が大きくなるので，平衡は右へ移動する。OH^- の濃度が増加すれば，H^+ の濃度は小さくなるので，pHは大きくなる。

(v)誤文。モルヒネ塩酸塩は水溶液中で $Mor\text{-}HCl \longrightarrow Mor\text{-}H^+ + Cl^-$ と電離し，$Mor\text{-}H^+$ の濃度が増加する。よって，平衡は左へ移動する。OH^- の濃度が減少するため，pHは小さくなる。

問4　強酸と弱塩基から得られた塩の加水分解では，水溶液は弱酸性を示す。

問5　(2)　粉末中のモルヒネは，水溶液中でモルヒネ分子か陽イオンとなって溶けている。

問6　$\log_{10}2 = 0.30$ より

$10^{0.30} = 10^{\log_{10}2} = 2$

19 リチウムを材料とする電池とその反応

（2021年度　第1問）

以下の文章を読み，問1～問6に答えよ。必要があれば次の数値を用いよ。

原子量　Li＝6.9，O＝16.0，Co＝58.9

ファラデー定数　$F=9.65\times10^{4}$C/mol

近年，Liは電池材料として需要が増大している。Liは塩湖の塩水中に多く含まれ，塩水を濃縮精製してLi_2CO_3やLiClが製造される。①単体のLiは，LiClを原料として，陽極に黒鉛を，陰極に軟鋼(炭素を含む鉄)を用いた溶融塩電解によって得られ，②LiCl水溶液の電気分解で得ることはできない。

化学電池は，正極と負極のそれぞれで進行する［ア］反応と［イ］反応により，化学エネルギーを［ウ］エネルギーに変換する装置である。リチウム電池は，正極活物質にはMnO_2，負極活物質には金属Li，電解液には有機溶媒にLi塩を溶解させた溶液が用いられ，充電することができない［エ］電池である。③放電により，正極活物質中のMnは4価から3価に変わる。一方，リチウムイオン電池は，繰り返し充放電が可能な［オ］電池であり，代表的な正極活物質には$Li_{1-x}CoO_2$($0<x<1$)，負極活物質には黒鉛，電解液には有機溶媒にLi塩を溶解させた溶液が用いられる。充電時には，外部からの電流により正極からリチウムイオンが脱離して負極の黒鉛層間に取り込まれ，④放電時には，負極の黒鉛層間からリチウムイオンが移動し，正極に取り込まれることで電流を取り出している。

充電池を満充電の状態からさらに充電し続けることを過充電とよび，充電池の性能が劣化する原因の1つである。リチウムイオン電池では，⑤過充電により，$Li_{1-x}CoO_2$がO_2の発生をともない$LiCoO_2$とCo_3O_4へと分解し，放電容量が減少する。

問1　［ア］～［オ］にあてはまる最も適切な語句を次の語群の中から選んで書け。

［位置，一次，運動，還元，酸化，太陽，電気，二次，熱，燃料，平衡］

問2　下線部①において，陽極と陰極で進行する化学変化をそれぞれ電子e^-を含むイオン反応式で示せ。

問 3 下線部②において，単体のLiが得られない理由を60字以内で説明せよ。

問 4 下線部③において，正極と負極で進行する化学変化をそれぞれ電子e^-を含むイオン反応式で示せ。

問 5 下線部④において，リチウムイオン電池を8.00×10^{-1} Aの一定電流で2時間放電した。この時，負極から移動したリチウムイオンの物質量を有効数字2桁で求めよ。また，解答欄には計算過程も示せ。

問 6 下線部⑤において，$Li_{1-x}CoO_2$が$Li_{0.4}CoO_2$のとき，この分解反応の反応式を示せ。また，10.0 gの$Li_{0.4}CoO_2$の30％が分解するとき，発生するO_2の物質量を有効数字2桁で求めよ。また，解答欄には計算過程も示せ。

解　答

問1　ア．還元　イ．酸化　ウ．電気　エ．一次　オ．二次

問2　陽極：$2Cl^- \longrightarrow Cl_2 + 2e^-$

陰極：$Li^+ + e^- \longrightarrow Li$

問3　Li はイオン化傾向が大きく，陰極では Li^+ より溶媒の H_2O が還元されやすいので，Li が析出しないで，H_2 が発生する。(60 字以内)

問4　正極：$MnO_2 + Li^+ + e^- \longrightarrow LiMnO_2$

負極：$Li \longrightarrow Li^+ + e^-$

問5　電子 1 mol が流れると，1 mol のリチウムイオンが移動する。

よって，求めるリチウムイオンの物質量は

$$\frac{8.00\times10^{-1}\times2\times60\times60}{9.65\times10^4}=5.96\times10^{-2}\fallingdotseq6.0\times10^{-2}\,〔\mathrm{mol}〕\quad\cdots\cdots(答)$$

問6　反応式：$5Li_{0.4}CoO_2 \longrightarrow 2LiCoO_2 + Co_3O_4 + O_2$

反応式の係数より，5 mol の $Li_{0.4}CoO_2$ が 30 %分解すれば，O_2 が $\frac{30}{100}\times1$ mol 発生する。$Li_{0.4}CoO_2=93.66$ より，求める物質量は

$$\frac{10.0}{93.66}\times\frac{30}{100}\times\frac{1}{5}=6.40\times10^{-3}\fallingdotseq6.4\times10^{-3}\,〔\mathrm{mol}〕\quad\cdots\cdots(答)$$

ポイント

3 価のマンガンの化学式に注意したい。

解　説

問2　電気分解は，電気エネルギーを受け取ることで酸化還元反応が進み，高い化学エネルギーをもつ物質を生成できる。陽極では，Cl^- が電子を失って酸化され Cl_2 が発生する。陰極では，Li^+ が電子を受け取って Li が析出する。

問3　Li のようにイオン化傾向の大きい金属は，電子を失って酸化されやすいが，酸化された Li^+ は電子を受け取りにくいので，還元されにくい。代わって溶媒の H_2O が還元されて，$2H_2O + 2e^- \longrightarrow H_2 + 2OH^-$ となる。

問4　正極では還元反応が，負極では酸化反応が起こる。

マンガンは 4 価から 3 価に還元されるが，3 価のマンガンの化学式には，Mn_2O_3 や MnO_2^- などが考えられる。

Mn_2O_3 では

$2MnO_2 + H_2O + 2e^- \longrightarrow Mn_2O_3 + 2OH^-$

$2MnO_2 + 2H^+ + 2e^- \longrightarrow Mn_2O_3 + H_2O$

の反応が考えられるが，有機溶媒に H_2O や H^+ は存在しないため，不適である。

問6　反応式は，まず左辺の係数を1とおき，Li→Co→O の順に原子数を合わせていく。次に，係数が整数となるよう整理する。

20 ハロゲン化水素，電離平衡

（2020年度　第1問）

以下の文章を読み，問1～問6に答えよ。

【Ⅰ】

ハロゲン化水素（HF，HCl，HBr，HI）の沸点は，①アくイくウくエの順に高い。ハロゲン化水素の水溶液のうちフッ化水素酸のみが弱酸であるが，皮膚に付着すると体内に侵入しやすく，重大な害を引き起こす。②その害は，カルボン酸のカルシウム塩を用いて処置することで抑制することができる。

問1　下線部①の**ア**～**エ**にあてはまるハロゲン化水素を記せ。

問2　下線部①のようになる理由を50字以内で記せ。

問3　下線部②に関して，カルボン酸のカルシウム塩が有効である理由を40字以内で記せ。

【Ⅱ】

アンモニア水溶液中における，Ag^+，$[Ag(NH_3)]^+$，$[Ag(NH_3)_2]^+$ の3種類のイオンの平衡状態を考える。なお，$[Ag(NH_3)]^+$ を $\mathbf{A_1}$，$[Ag(NH_3)_2]^+$ を $\mathbf{A_2}$ と表記することとする。

$$Ag^+ + NH_3 \overset{K_1}{\rightleftarrows} \underset{\mathbf{A_1}}{[Ag(NH_3)]^+} \qquad K_1 = \frac{[\mathbf{A_1}]}{[Ag^+][NH_3]}$$

$$\underset{\mathbf{A_1}}{[Ag(NH_3)]^+} + NH_3 \overset{K_2}{\rightleftarrows} \underset{\mathbf{A_2}}{[Ag(NH_3)_2]^+} \qquad K_2 = \frac{[\mathbf{A_2}]}{[\mathbf{A_1}][NH_3]}$$

ここで K_1，K_2 はそれぞれの反応の平衡定数であり，［X］は物質Xの濃度を表す。なお，水溶液中の NH_4^+ および NH_3 の濃度の和は，銀イオンおよびアンモニアを含む銀の錯イオンの濃度の総和 A_T（$=[Ag^+]+[\mathbf{A_1}]+[\mathbf{A_2}]$）に比べはるかに大きく，アンモニウムイオンおよびアンモニアの濃度の総和 N_T に関して以下の近似が成り立つものとする。

$$N_T = [NH_4^+] + [NH_3] + [\mathbf{A_1}] + 2[\mathbf{A_2}] \fallingdotseq [NH_4^+] + [NH_3]$$

問4　溶液の pH を大きくすると［Ag^+］は小さくなる。その理由を50字以内で記せ。

問5　平衡状態における［Ag^+］を，K_1，K_2，A_T，および［NH_3］を用いて表せ。

問6　平衡状態において［A_1］と［A_0］が等しくなるときの水素イオン濃度［H^+］を，K_1，K_2，N_T，水のイオン積 K_W，およびアンモニアの電離定数 K_b のうち必要なものを用いて表せ。

解　答

問1　ア．HCl　イ．HBr　ウ．HI　エ．HF

問2　分子量が大きいほどファンデルワールス力は強く沸点は高くなり，HF は水素結合により沸点が最も高い。（50 字以内）

問3　水に不溶であるフッ化カルシウムに変化させて，フッ化水素酸を除去する。（40 字以内）

問4　［OH⁻］が大きくなると［NH₃］が大きくなり，錯イオン形成の方向に平衡が移動するから。（50 字以内）

問5　$[Ag^+]=\dfrac{A_T}{1+K_1[NH_3]+K_1K_2[NH_3]^2}$

問6　$[H^+]=\dfrac{K_W(K_2N_T-1)}{K_b}$

ポイント

A_T，N_T に式をまとめていく。

解　説

問1　沸点は

$HCl\,(-85℃) < HBr\,(-67℃) < HI\,(-35℃) < HF\,(20℃)$

問2　分子間に働く静電気的な引力を分子間力という。分子間力にはファンデルワールス力や水素結合が含まれる。

問3　フッ化水素酸とカルボン酸のカルシウム塩との反応は次の通りである。

$2HF + (RCOO)_2Ca \longrightarrow 2RCOOH + CaF_2$

生じたフッ化カルシウムは安全性が高い。天然では蛍石として産出する。

問4　pH を大きくするとは，［OH^-］を大きくすることである。次のアンモニアの電離平衡において，［OH^-］が大になれば，平衡は左に移動するので，アンモニアの電離が抑えられる。よって，［NH_3］が大きくなる。

$NH_3 + H_2O \rightleftarrows NH_4^+ + OH^-$

［NH_3］が大きくなると，次の平衡は右に移動するので，Ag^+ は小さくなる。

$Ag^+ + NH_3 \rightleftarrows [Ag(NH_3)]^+$

問5　まず，K_1，K_2 の関係式より［$\mathbf{A_1}$］，［$\mathbf{A_2}$］を求める。

$K_1=\dfrac{[\mathbf{A_1}]}{[Ag^+][NH_3]}$　　$[\mathbf{A_1}]=K_1[Ag^+][NH_3]$

$K_2=\dfrac{[\mathbf{A_2}]}{[\mathbf{A_1}][NH_3]}$　　$[\mathbf{A_2}]=K_2[\mathbf{A_1}][NH_3]=K_1K_2[Ag^+][NH_3]^2$

A_Tの式に［$\mathbf{A_1}$］，［$\mathbf{A_2}$］の関係式を代入する。

$$A_T = [Ag^+] + [\mathbf{A_1}] + [\mathbf{A_2}]$$
$$= [Ag^+] + K_1[Ag^+][NH_3] + K_1K_2[Ag^+][NH_3]^2$$

$$\therefore\quad [Ag^+] = \frac{A_T}{1 + K_1[NH_3] + K_1K_2[NH_3]^2}$$

問6　［$\mathbf{A_1}$］=［$\mathbf{A_2}$］であるので，K_2の式より

$$K_2 = \frac{[\mathbf{A_2}]}{[\mathbf{A_1}][NH_3]} = \frac{1}{[NH_3]} \qquad [NH_3] = \frac{1}{K_2}$$

アンモニアの電離定数K_bより

$$K_b = \frac{[NH_4^+][OH^-]}{[NH_3]} \qquad [NH_4^+] = \frac{K_b[NH_3]}{[OH^-]} = \frac{K_b}{K_2[OH^-]}$$

水のイオン積$K_W = [H^+][OH^-]$より

$$[NH_4^+] = \frac{K_b}{K_2[OH^-]} = \frac{K_b[H^+]}{K_2K_W}$$

N_Tの近似式に［NH_3］，［NH_4^+］の関係式を代入すると

$$N_T \fallingdotseq [NH_4^+] + [NH_3] = \frac{K_b[H^+]}{K_2K_W} + \frac{1}{K_2}$$

$$\therefore\quad [H^+] = \frac{K_W(K_2N_T - 1)}{K_b}$$

21　N_2O_4 の解離平衡

（2020年度　第2問）

以下の文章を読み，問1～問5に答えよ。必要があれば次の数値を用いよ。
原子量　N＝14.0，O＝16.0

窒素酸化物である NO_2 と N_2O_4 は，気体状態において両者の平衡混合物（以下 NO_2-N_2O_4 と表す）として存在する。その熱化学方程式は次のように表される。

$N_2O_4 = 2NO_2 - 57.2\,kJ$

この化学平衡を調べるために，質量 w〔g〕の NO_2-N_2O_4 を容器に封入し，温度 T〔K〕と圧力 P〔Pa〕の関係のグラフを作成した。容器内の気体の温度は任意の値に設定可能である。また，可動ピストンにより容器の容積を変更することができ，ピストンは反応が平衡状態に達するのに要する時間よりも速く操作できる。ここで NO_2 と N_2O_4 は，それぞれ理想気体として扱えるものとする。気体定数を $R=8.31\times10^3$ Pa·L/(mol·K)，N_2O_4 のモル質量を $M=92.0$ g/mol とする。

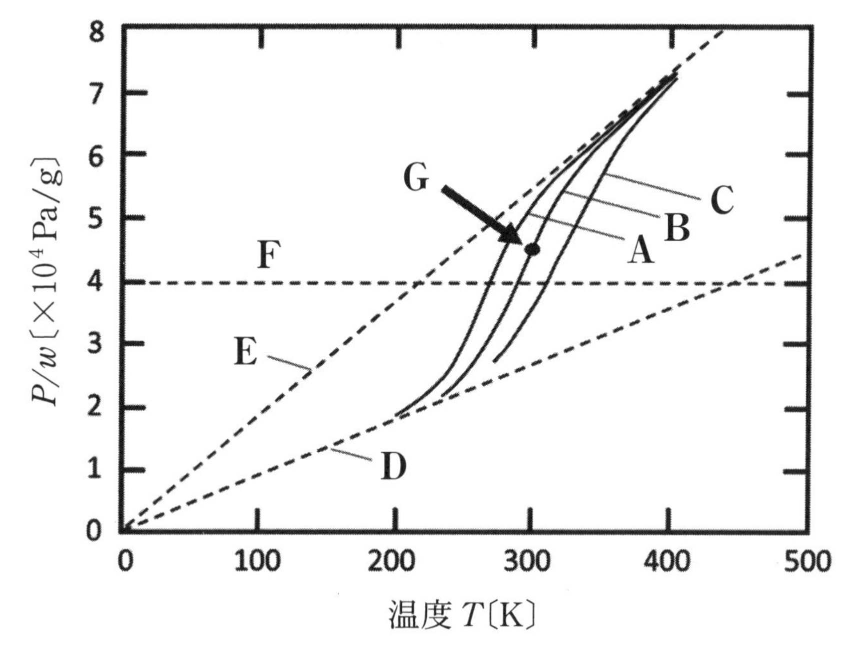

図1　P/w と温度 T の関係

【実験1】

容積 1.0L に設定した容器に NO_2-N_2O_4 を w〔g〕封入し，圧力を質量で割った値 P/w〔Pa/g〕を縦軸，温度 T〔K〕を横軸にプロットした。ここで，用いる NO_2-N_2O_4 の封入量を w_A，w_B，w_C と変えて，異なる3つの実験**A**，**B**，**C**を行い，図1に示した曲線**A**，**B**，**C**をそれぞれ得た。これらの曲線が $P/w=4.0\times10^4$ Pa/g を示す破線**F**を横切る温度は，曲線**A**＜**B**＜**C**の順に高くなり，各交点における N_2O_4 の分圧に対する NO_2 の分圧の比の大小関係は［ **a** ］であった。また，これらの曲線は低温側では原点を通る直線**D**に，高温側では原点を通る直線**E**にそれぞれ漸近した。ここで，直線**E**の傾きは［ **b** ］Pa/(g·K) である。

問1　NO_2-N_2O_4 の封入量 w_A，w_B，w_C および［ **a** ］における分圧比の大小関係の正しい組み合わせを，下の表の①～④から選び番号で答えよ。

番号	封入量 w〔mg〕			各交点における分圧比の大小関係
	w_A	w_B	w_C	
①	9.2	92	920	曲線**A**＜**B**＜**C**
②	9.2	92	920	曲線**C**＜**B**＜**A**
③	920	92	9.2	曲線**A**＜**B**＜**C**
④	920	92	9.2	曲線**C**＜**B**＜**A**

問2　下線部のようになる理由を100字以内で答えよ。

問3　［ **b** ］に入る適切な値を有効数字2桁で求めよ。

問4　NO_2 と N_2O_4 の平衡において，N_2O_4 の解離度を α と定義する。仮に，N_2O_4 が解離していない場合は $\alpha=0$，全ての N_2O_4 が解離して NO_2 となったときは $\alpha=1$ である。点**G**（$T=300$ K，$P/w=4.53\times10^4$ Pa/g）における解離度 α を有効数字2桁で求めよ。解答欄には，計算過程も示せ。

【実験2】

図1に示した曲線**B**上の点**G**において，容器内の気体温度を 300K に維持した状態で時刻 t_1 に素早くピストンを操作して容積を 1.0L から 2.0L に変化させた。

問5　時刻 t_1 の前後において，全圧，NO_2 の分圧，N_2O_4 の分圧の時間変化をそれぞれ実線（——），点線（……），破線（------）でプロットした。3つの圧力の変化の様子を正しく示したものを(ア)～(ケ)から選べ。

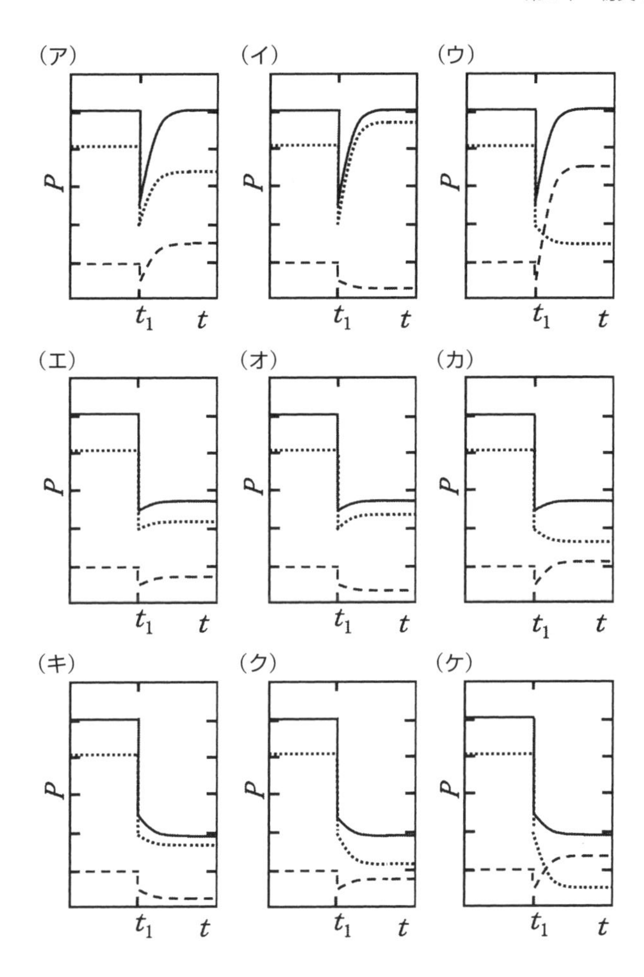
(ア)
(イ)
(ウ)
(エ)
(オ)
(カ)
(キ)
(ク)
(ケ)
P
t1
t

解 答

問1 ②

問2 破線F上で，平均分子量は温度に比例する。封入量を増やすと気体分子数の減少する左に平衡が移動し，N_2O_4 の割合が増し NO_2 が減少するので平均分子量が大きくなる。よって，温度も曲線 A<B<C の順となる。（100字以内）

問3 $1.8\times10^2\,Pa/(g\cdot K)$

問4 解離前の N_2O_4 の物質量を c〔mol〕とすると，解離前後の物質量の関係は次のようになる。

	N_2O_4	$\rightleftarrows$ $2NO_2$	
解離前	c	0	〔mol〕
変化量	$-\alpha c$	$+2\alpha c$	〔mol〕
解離後	$(1-\alpha)c$	$2\alpha c$	〔mol〕

解離後の全気体の総物質量は

$$(1-\alpha)c+2\alpha c=(1+\alpha)c\text{〔mol〕}$$

気体の平均分子量は，各成分気体のモル分率×分子量の総和である。

$$\frac{(1-\alpha)c}{(1+\alpha)c}\times92.0+\frac{2\alpha c}{(1+\alpha)c}\times46.0=\frac{92.0}{1+\alpha}$$

点Gで，気体の状態方程式を適用すると

$$4.53\times10^4\times1.0=\frac{1}{\frac{92.0}{1+\alpha}}\times8.31\times10^3\times300$$

∴ $\alpha=0.671\fallingdotseq0.67$ ……(答)

問5 (オ)

ポイント

$\frac{P}{w}$，Vが一定であれば，平均分子量と Tの関係を考える。

解 説

問1・問2 平衡混合物の平均分子量 Mを考える。気体の状態方程式より

$$PV=\frac{w}{M}RT$$

破線F上では $\frac{P}{w}=4.0\times10^4$〔Pa/g〕，$V=1.0$〔L〕であるので

$$\frac{P}{w}V=\frac{RT}{M}=\text{一定}$$

平均分子量は絶対温度に比例する。封入量を増加させると，気体分子数が増加するので，次の平衡は気体分子数が減少する左方向に移動する。

$N_2O_4 \rightleftarrows 2NO_2$

分子量の大きいN_2O_4の割合が増え，平均分子量は増加する。温度は，曲線**A**<**B**<**C**の順に高くなるので，平均分子量も曲線**A**<**B**<**C**の順となる。よって，封入量も$w_A < w_B < w_C$である。また，平衡が左に移動すれば，平衡混合物中のN_2O_4の割合が増え，NO_2の割合は減る。N_2O_4の分圧に対するNO_2の分圧の比の大小関係は逆に曲線**C**<**B**<**A**である。

問3　高温では，吸熱反応の右方向に平衡が移動する。十分に高温にすると，気体はほとんどNO_2だけになるので，直線**E**のグラフに近づく。気体の状態方程式$PV=\frac{w}{M}RT$より，求める直線**E**の傾きは

$$\frac{\frac{P}{w}}{T}=\frac{R}{MV}=\frac{8.31\times10^3}{46.0\times1.0}=1.80\times10^2 \fallingdotseq 1.8\times10^2〔\mathrm{Pa/(g\cdot K)}〕$$

問5　t_1直後，容積が2倍になるので，全圧，NO_2の分圧，N_2O_4の分圧はどれも半分の値になる。その後，$N_2O_4 \rightleftarrows 2NO_2$において，ルシャトリエの原理に従い，気体分子数が増加する右方向に平衡が移動する。その結果，全圧は上昇，NO_2の分圧も上昇，N_2O_4の分圧は下降する。やがて，全圧，分圧も一定となり平衡状態に到達する。これらの変化に一致するのは(オ)である。

22 硫酸銅(Ⅱ)水溶液の電気分解，ヘンリーの法則

(2018年度 第2問)

電気分解に関する次の文章を読み，問1～問5に答えよ。

図に示すように，2本の白金電極がついた容器が，温度は20℃で一定に，さらに内部の気体の圧力はピストンによって1.00気圧（1.01×10^5Pa）に保たれている。この容器内に，気体が溶解していない5.00×10^{-2}mol/L の硫酸銅（Ⅱ）$CuSO_4$水溶液 0.500L と，20℃，1.00気圧で 0.200L のアルゴン（物質量8.29×10^{-3}mol）を入れ，ピストンによって封じた。その後，2本の白金電極をそれぞれ陽極，陰極とし，直流電源につないで水溶液の電気分解を行った。気体はすべて理想気体とみなせる。水の蒸気圧は無視してよい。また，水溶液へのアルゴンの溶解は無視してよい。

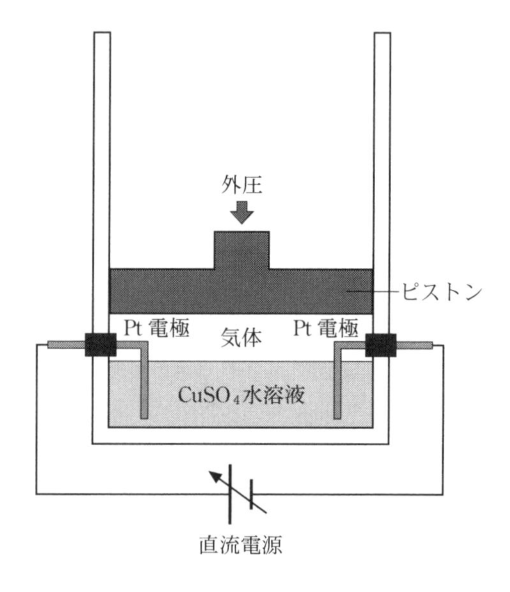

必要であれば，次の値を用いよ。

ファラデー定数：9.65×10^4C/mol，気体定数：8.31 Pa・m^3/(K・mol)

Cu の原子量＝63.5

問1 水溶液の電気分解を行うと，陽極からは気体が発生し，陰極は質量が増加した。それぞれの電極で起こる反応をイオン反応式で示せ。

問2 0.800A の一定電流で 60.0 分間電気分解した。このとき陰極で増加する質量を求めよ。（解答欄の単位：g）

問3 問2の過程で陽極から発生した気体（気体**A**とする）は，一部水溶液に溶解し，気体として存在する物質量は7.13×10^{-3}mol であった。このときの分圧と水溶液中に溶解している物質量を計算することで，気体**A**の20℃での水溶液への溶解度（気体の分圧が1.00気圧のとき水溶液1.00L あたりに溶ける物質量）を求めよ。また，計算過程も示せ。

問4　さらに長い時間電気分解を行うと，ある時間経過後からは陰極からも気体（気体**B**とする）が発生するようになる。0.800 A の一定電流で計 200 分間電気分解したときの，陽極および陰極から発生した気体**A**と気体**B**の物質量の総和を求めよ。また，計算過程も示せ。

問5　0.800 A の一定電流で計 500 分間電気分解を行ったときの，水溶液に溶解する気体**A**の物質量の変化を示す図は次の(ア)～(エ)のいずれかである。気体**A**の分圧について，問 3 より計算される 60.0 分間の電気分解を行ったときの値と，充分長い時間電気分解を行ったときの値を比較することで正しい図を選び，(ア)～(エ)の記号で答えよ。なお，20℃での水溶液への気体**B**の溶解度は，気体**A**の溶解度と同程度である。

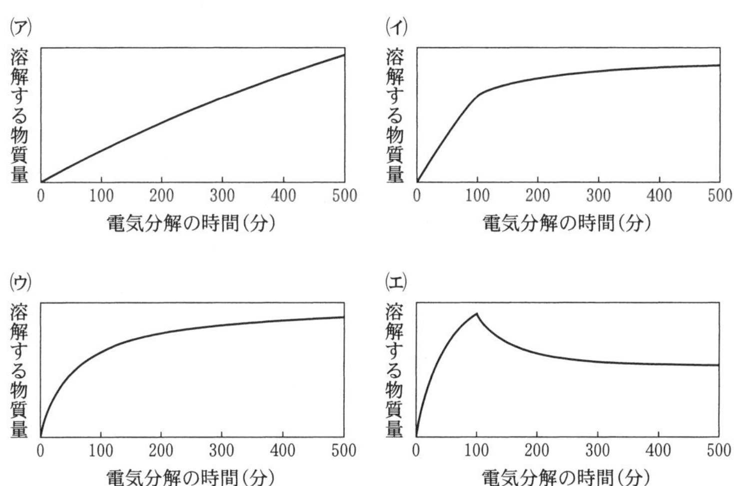

解　答

問1　陽極：$2H_2O \longrightarrow O_2+4H^++4e^-$

　　陰極：$Cu^{2+}+2e^- \longrightarrow Cu$

問2　0.948 g

問3　電子 4 mol が流れると酸素が 1 mol 発生するので，この電気分解で発生した酸素の物質量は

$$\frac{0.800\times60.0\times60}{9.65\times10^4}\times\frac{1}{4}=7.461\times10^{-3}\,\text{〔mol〕}$$

水溶液中に溶解した酸素の物質量は

$$(7.461-7.13)\times10^{-3}=0.33\times10^{-3}\,\text{〔mol〕}$$

分圧は，モル分率×全圧である。溶解度を x〔mol/L〕とすると，ヘンリーの法則より

$$\frac{7.13\times10^{-3}}{8.29\times10^{-3}+7.13\times10^{-3}}\times1.00\times x=0.33\times10^{-3}\times\frac{1.00}{0.500}$$

$$\therefore\quad x=1.42\times10^{-3}\fallingdotseq1.4\times10^{-3}\,\text{〔mol/L〕}$$　……(答)

問4　陰極では，Cu^{2+} がすべて還元されると H^+ が還元され，水素が発生する。

気体Bは水素である。　$2H^++2e^- \longrightarrow H_2$

電子 2 mol が流れると，水素が 1 mol 発生する。200 分間電気分解したとき流れた電子の物質量から，Cu^{2+} の還元で流れた電子の物質量を引いて，水素の物質量を求めると

$$\left(\frac{0.800\times200\times60}{9.65\times10^4}-2\times5.00\times10^{-2}\times0.500\right)\times\frac{1}{2}=2.474\times10^{-2}\,\text{〔mol〕}$$

陽極で生じる酸素の物質量は

$$\frac{0.800\times200\times60}{9.65\times10^4}\times\frac{1}{4}=2.487\times10^{-2}\,\text{〔mol〕}$$

よって，気体A（O_2）と気体B（H_2）の物質量の総和は

$$2.487\times10^{-2}+2.474\times10^{-2}=4.961\times10^{-2}$$

$$\fallingdotseq4.96\times10^{-2}\,\text{〔mol〕}$$　……(答)

問5　(エ)

ポイント

問5は全圧が一定であるので，水素が発生すると酸素の分圧が減少することからグラフを選べばよい。

解　説

問1　陽極では，SO_4^{2-} は酸化されないので，水が酸化され，O_2 が発生する。陰極では，イオン化傾向が $H_2>Cu$ であるので，Cu^{2+} が還元され，Cu が析出する。

問2　電子 2mol が流れると，銅 1mol が析出するので，陰極で増加する銅の質量は

$$\frac{0.800\times60.0\times60}{9.65\times10^4}\times\frac{1}{2}\times63.5=0.9475\fallingdotseq0.948〔g〕$$

問3　ヘンリーの法則「温度一定で，一定量の溶媒に溶ける気体の溶解度は，その気体の分圧に比例する」を用いて溶解度を求める。

問5　問3で 60.0 分間の電気分解を行ったときの気体**A**の分圧〔気圧〕は

$$\frac{7.13\times10^{-3}}{(8.29+7.13)\times10^{-3}}\times1.00=0.462\ 気圧$$

である。十分長い時間電気分解を行ったときは，気体**A**や気体**B**の溶けている分やアルゴンの存在は無視できるようになり，気体中の気体**A**と気体**B**の物質量比は，ほぼ1：2になる。よって，気体**A**の分圧は

$$\frac{1}{1+2}\times1.00=0.333\ 気圧$$

となり，60.0 分のときより分圧は低くなる。つまり，気体**A**は 60.0 分のときより，十分長い時間経過後は溶解量が小さくなる。これを表すグラフは(エ)しかない。

なお，気体**B**が発生する時間 t 分は，Cu の析出が完了したところであるから

$$2\times5.00\times10^{-2}\times0.500=\frac{0.800\times t\times60}{9.65\times10^4}\qquad\therefore\quad t=100.5\ 分$$

であり，その付近が気体**A**の溶解量のグラフの変曲点になる。

23 アンモニア分解反応の化学平衡

（2017年度 第2問）

次の文章を読み，問1～問7に答えよ。

窒素と水素からアンモニアを合成する反応は $N_2+3H_2=2NH_3+92\,kJ$ で表され，ある触媒存在下での活性化エネルギーは96kJであった。

アンモニアから窒素と水素を生成する逆向きの反応も起こる。この反応は［ア］熱反応である。1molのアンモニアの反応では，反応熱は［イ］kJであり，活性化エネルギーは上記と同じ触媒を用いた場合［ウ］kJである。

水素をアンモニアから製造するため，図1(a)に示すように，触媒を均一に充てんした長さ Z の円筒状の反応器にアンモニアとアルゴンの混合気体を連続的に供給した。

反応器内の圧力は，反応器出口の圧力調整器により調整することが可能であり，入口から出口まで一定に保った。また，反応器内の温度は，ヒーターを用いて，入口から出口まで一定に保った。これらの気体はすべて理想気体とみなせ，アルゴンは化学反応しない。

混合気体は反応しながら左から右に円筒の軸方向に進む。各成分のモル流量（単位時間に反応器断面を流れる気体の物質量）は反応器入口からの距離 z の値に応じて変化する。また，反応器内では圧力が一定に保たれているため，体積流量（単位時間に反応器断面を流れる気体の体積）も z の値に応じて変化する。その結果，各成分の濃度（反応器断面を流れる気体の単位体積あたりの物質量）は z の値に応じて変化する。

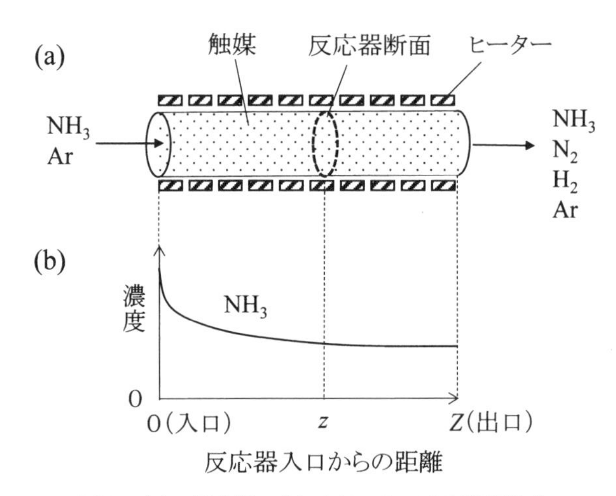

図1 (a) 反応器，(b) アンモニアの濃度分布

ただし，円筒軸に垂直な反応器断面における気体の流速および各成分の濃度は断面のどの位置でも等しく，zのみに依存する。

この反応器を用いて，以下の実験を行った。なお，いずれの実験においても，反応器出口では反応は平衡に達していた。

【実験1】

反応器入口における混合気体の体積流量を1.25L/min，アンモニアおよびアルゴンのモル流量をそれぞれ4.00mol/min，6.00mol/minとしたところ，反応器出口での水素のモル流量は①3.00mol/minとなった。このときのアンモニアの濃度分布（反応器入口からの距離とアンモニア濃度の関係）を図1(b)に示した。

つぎに，実験1の条件から，温度と供給するアンモニアのモル流量は変えずに，アルゴンのモル流量を増加させ，以下の条件で実験を行った。

【実験2】

圧力を増加させ，供給する混合気体の体積流量を実験1と同じ流量に保った。

【実験3】

実験1と同じ圧力に保ち，供給する混合気体の体積流量を増加させた。

問1　[ア]～[ウ]に適切な語句あるいは数値を入れよ。

問2　実験1における反応器出口でのアンモニアと窒素のモル流量をそれぞれ求めよ。

問3　実験1での反応器出口における水素の濃度を求めよ。また，計算過程も示せ。

問4　実験1の条件における反応 $2NH_3 \rightleftarrows N_2 + 3H_2$ の濃度平衡定数を，単位とともに記せ。また，計算過程も記せ。

問5　実験1における反応器内の水素と窒素の濃度分布を，それぞれ実線（水素）と点線（窒素）で解答欄のグラフに記せ。ただし，解答欄のグラフに示したアンモニアの濃度分布に基づき答えよ。

〔解答欄〕

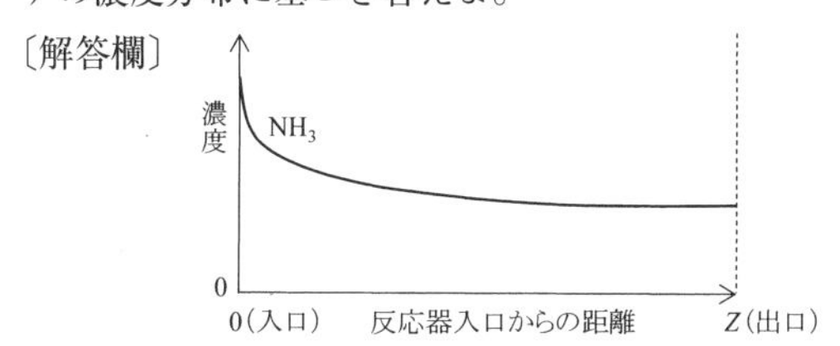

問6　実験2における反応器出口での水素のモル流量は，下線部①の値に比べてどのようになるか，以下の(A)～(C)から正しいものを選び，記号で答えよ。また，その理由も記せ。

(A)　大きくなる，　　(B)　小さくなる，　　(C)　変化しない

問7　実験3における反応器出口での水素のモル流量は，下線部①の値に比べてどの

ようになるか，以下の(A)～(C)から正しいものを選び，記号で答えよ。また，その理由も記せ。

(A)　大きくなる，　　(B)　小さくなる，　　(C)　変化しない

解　答

問1　ア．吸　イ．-46　ウ．94

問2　アンモニア：$2.00\,\mathrm{mol/min}$　窒素：$1.00\,\mathrm{mol/min}$

問3　入口での混合気体のモル流量は

$$4.00+6.00=10.00\,[\mathrm{mol/min}]$$

その体積流量は，$1.25\,\mathrm{L/min}$ である。

出口での混合気体のモル流量は

$$2.00+1.00+3.00+6.00=12.00\,[\mathrm{mol/min}]$$

その体積流量は　$1.25\times\dfrac{12.00}{10.00}=1.50\,[\mathrm{L/min}]$

よって，出口における水素の濃度は

$$\frac{3.00}{1.50}=2.00\,[\mathrm{mol/L}]\quad\cdots\cdots(答)$$

問4　濃度平衡定数$=\dfrac{[N_2][H_2]^3}{[NH_3]^2}=\dfrac{\dfrac{1.00}{1.50}\times\left(\dfrac{3.00}{1.50}\right)^3}{\left(\dfrac{2.00}{1.50}\right)^2}$

$$=3.00\,(\mathrm{mol/L})^2\quad\cdots\cdots(答)$$

問5

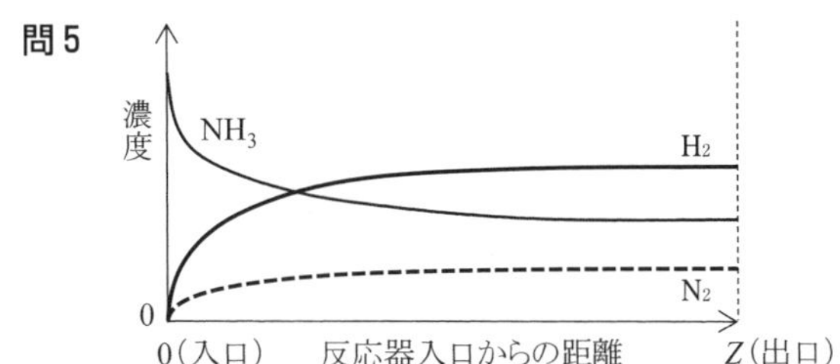

問6　(C)　理由：圧力を増加させるのは増加させたアルゴンの分だけである。体積流量は同じなので，反応に関与する成分気体の濃度は変化しない。よって，平衡は移動せず，水素のモル流量は変化しない。

問7　(A)　理由：圧力一定で混合気体の体積流量を増加させたので，反応に関与する成分気体の濃度は減少する。したがって，気体の分子数が増加する方向に平衡が移動するため，水素のモル流量が増加する。

ポイント

問2．出口で平衡状態に到達している。平衡前後の成分気体の物質量の関係を考える。
問3．モル流量を体積流量で割ったものが濃度である。

解　説

問1　ア．逆反応の熱化学方程式は

$2NH_3 = N_2 + 3H_2 - 92\,kJ$

イ．アンモニア 1 mol では　　$NH_3 = \frac{1}{2}N_2 + \frac{3}{2}H_2 - 46\,kJ$

ウ．反応物を活性化状態にするのに必要な最小のエネルギーが活性化エネルギーである。$\frac{1}{2}N_2 + \frac{3}{2}H_2 \longrightarrow NH_3$ の活性化エネルギーが 48 kJ なので，この逆反応の活性化エネルギーは，次図に示すように，46＋48＝94〔kJ〕である。

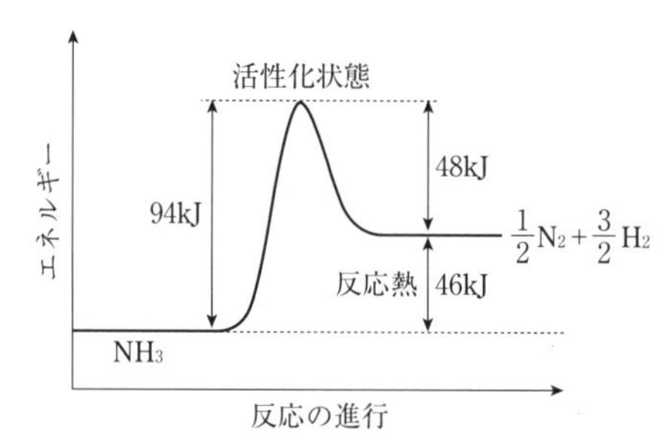

問2・問3　出口と入口でのモル流量の関係は

	NH_3 ⟶	$\frac{1}{2}N_2$	$+\frac{3}{2}H_2$	
入口	4.00	0	0	〔mol/min〕
変化量	−2.00	+1.00	+3.00	〔mol/min〕
出口	2.00	1.00	3.00	〔mol/min〕

出口での混合気体のモル流量の合計は，アルゴンを加えると

2.00＋1.00＋3.00＋6.00＝12.00〔mol/min〕

反応器内の気体の圧力は一定であるので，混合気体のモル流量は，体積流量に比例する。よって，出口の体積流量は

$1.25 \times \frac{12.00}{10.00} = 1.50$〔L/min〕

問4　平衡状態にある出口で成り立つ関係式である。

問5　反応器出口で平衡状態にある。入口からの距離 Z は，反応経過時間に相当するので，反応時間と各成分気体の濃度変化のグラフを描けばよい。出口での水素の濃度は，問3より 2.00 mol/L，アンモニアは $\frac{2.00}{1.50} = 1.333$〔mol/L〕，窒素は $\frac{1.00}{1.50}$ ＝0.6666〔mol/L〕である。よって，出口での濃度比は，水素：アンモニア：窒素＝3：2：1となる。

問6　入口で全圧を増加させても，反応に関与するアンモニア，窒素，水素の分圧は変化しないので，平衡は移動しない。

問7　実験1と同じ圧力に保ち，入口で体積流量を増加させると，成分気体の分圧は下がるので，気体の分子数が増加する方向に平衡が移動する。

$$2NH_3 \longrightarrow N_2 + 3H_2$$

供給するアンモニアのモル流量は変えないため，平衡の移動によって水素のモル流量は増加する。

24 凝固点降下，緩衝液

（2016年度 第2問）

次の文章【Ⅰ】および【Ⅱ】を読み，問1～問6に答えよ。必要があれば次の数値を用いよ。

原子量 H＝1.0，C＝12.0，O＝16.0

【Ⅰ】

一般に，水に溶質を溶かすと凝固点が下がる。水のモル凝固点降下は 1.85 K·kg/mol であり，水中で電解質は完全に電離するものとする。

問1 $C_nH_{2n}O_n$ の分子式で表される糖 30g を水 1.0kg に溶かしたときの凝固点降下度が 0.37K であった。n の値を答えよ。

問2 下記の(ア)(イ)のうち，凝固点の低い方の記号を答えよ。また，その凝固点降下度を有効数字2桁で求めよ。

(ア) 硝酸ナトリウム 8.5g を水 1.0kg に溶かした水溶液

(イ) グルコース 27g を水 1.0kg に溶かした水溶液

【Ⅱ】

酢酸と酢酸ナトリウムは，25℃の水溶液中で，それぞれ，次のように電離する。

$$CH_3COOH \rightleftarrows CH_3COO^- + H^+$$

$$CH_3COONa \longrightarrow CH_3COO^- + Na^+$$

酢酸の電離定数 K_a は 2.7×10^{-5} mol/L であり，酢酸ナトリウムは完全に電離する。加水分解の寄与や水の電離の寄与，さらに，水溶液の混合に伴う体積変化は無視してよい。計算過程で必要があれば，$\log_{10}2.7=0.43$ の近似値を用いよ。

問3 ともにモル濃度 $2c$ の酢酸水溶液と酢酸ナトリウム水溶液を同体積で混合した。平衡に達したときの $[H^+]/K_a$ を導出過程とともに有効数字1桁で記せ。ただし，$[H^+]$ は水素イオンのモル濃度を意味し，$c>100K_a$ であるものとする。

次に，問3の水溶液に，同体積の HCl 水溶液を混合した場合を考える。ここで，HCl のモル濃度は c より十分に小さく，混合後の酢酸のモル濃度 $[CH_3COOH]$ や酢酸イオンのモル濃度 $[CH_3COO^-]$ は，それぞれ，同体積の純水と混合した場合の $[CH_3COOH]$ および $[CH_3COO^-]$ に等しいと近似できるものとする。

問4　$c = 2.7 \times 10^{-2}$ mol/L のとき，混合後平衡に達したときの pH を有効数字2桁で求めよ。解答欄には計算過程も記せ。

問5　$c > 100K_a$ の条件で，混合後平衡に達したときの $[H^+]/K_a$ を，導出過程とともに有効数字1桁で記せ。

問6　弱酸とその共役塩基からなる水溶液が緩衝作用を示す理由を80字以内で述べよ。

解 答

問1 **5**

問2 記号：(ア) 凝固点降下度：**0.37 K**

問3 酢酸の電離度を α とすると

$$\frac{K_a}{c}=\frac{1+\alpha}{1-\alpha}\times\alpha<\frac{1}{100}$$

$\alpha<\dfrac{1}{100}$ と電離度は小さいので

$[CH_3COOH]\fallingdotseq c$，$[CH_3COO^-]\fallingdotseq c$

$$K_a\fallingdotseq\frac{c[H^+]}{c}=[H^+] \qquad \therefore \quad \frac{[H^+]}{K_a}=1$$ ……(答)

問4 酢酸と酢酸イオン濃度は同体積の純水と混合した場合と見なせるので

$[CH_3COOH]\fallingdotseq\dfrac{c}{2}$，$[CH_3COO^-]\fallingdotseq\dfrac{c}{2}$

$$K_a=\frac{\frac{c}{2}[H^+]}{\frac{c}{2}} \qquad [H^+]=K_a=2.7\times10^{-5}$$

$\therefore$ $pH=5-\log_{10}2.7=4.57\fallingdotseq4.6$ ……(答)

問5 $\dfrac{K_a}{\frac{c}{2}}=\dfrac{1+\alpha}{1-\alpha}\times\alpha<\dfrac{1}{50}$ より，$\alpha<\dfrac{1}{50}$ であるから，問3と同様に

$[CH_3COOH]\fallingdotseq\dfrac{c}{2}$，$[CH_3COO^-]\fallingdotseq\dfrac{c}{2}$

$$K_a=\frac{\frac{c}{2}[H^+]}{\frac{c}{2}} \qquad \therefore \quad \frac{[H^+]}{K_a}=1$$ ……(答)

問6 少量の酸を加えても，その水素イオンが共役塩基と反応し，少量の塩基を加えても，その水酸化物イオンが弱酸と反応するので，水溶液の pH はほとんど変化しない。(80字以内)

ポイント

酢酸の電離を無視すると，$[CH_3COOH]=[CH_3COO^-]=c$ であるので

$$K_a=\frac{[CH_3COO^-][H^+]}{[CH_3COOH]}=[H^+] \qquad \therefore \quad \frac{[H^+]}{K_a}=1$$

酢酸の濃度をうすくすると電離しやすくなり，この関係は成り立たない。逆に，濃度が濃いと成り立つ。$c>100K_a$ はその条件である。

解　説

問1　凝固点降下度は，溶液の質量モル濃度に比例するので

$$0.37 = 1.85 \times \frac{30}{12.0n + 2 \times 1.0n + 16.0n} \times \frac{1}{1.0} \qquad \therefore \quad n = 5$$

問2　溶媒の量は一定であるので，溶質粒子の物質量が大きいほど，凝固点降下度が大きく，凝固点は低くなる。

(ア)　$NaNO_3 \longrightarrow Na^+ + NO_3^-$ より，イオンの総量は

$$2 \times \frac{8.5}{85.0} = 0.20\,[\text{mol}]$$

(イ)　$\frac{27}{180.0} = 0.15\,[\text{mol}]$

したがって，凝固点は(ア)のほうが低く，(ア)の凝固点降下度は

$$1.85 \times 0.20 \times \frac{1}{1.0} = 0.37\,[\text{K}]$$

問3　電離度を α とすると，電離定数より

$$K_a = \frac{[CH_3COO^-][H^+]}{[CH_3COOH]} = \frac{c(1+\alpha) \times c\alpha}{c(1-\alpha)} = \frac{1+\alpha}{1-\alpha} \times c\alpha$$

$$\frac{K_a}{c} = \frac{1+\alpha}{1-\alpha} \times \alpha$$

$c > 100K_a$ を変形すると　$\frac{K_a}{c} < \frac{1}{100}$

よって　$\frac{1+\alpha}{1-\alpha} \times \alpha < \frac{1}{100}$

$0 < \alpha < 1$ であるので　$\alpha < \frac{1+\alpha}{1-\alpha} \times \alpha < \frac{1}{100}$　　$\therefore \quad \alpha < \frac{1}{100}$

つまり，$c > 100K_a$ は，電離度 α が $\frac{1}{100}$ 未満ということである。

一方　$K_a = \frac{[CH_3COO^-][H^+]}{[CH_3COOH]}$　　$\frac{[H^+]}{K_a} = \frac{[CH_3COOH]}{[CH_3COO^-]} = \frac{1-\alpha}{1+\alpha}$

$\alpha < \frac{1}{100}$ より　$\frac{1 - \frac{1}{100}}{1 + \frac{1}{100}} = 0.98 < \frac{[H^+]}{K_a} < 1$

有効数字1桁であるので　$\frac{[H^+]}{K_a} \fallingdotseq 1$

問4　同体積の HCl 水溶液を加えたので，酢酸水溶液と酢酸ナトリウムの濃度は $\frac{2.7 \times 10^{-2}}{2}$ mol/L になる。

$$\frac{K_a}{\frac{c}{2}}=\frac{2.7\times10^{-5}}{\frac{2.7\times10^{-2}}{2}}=\frac{1}{500}=\frac{1+\alpha}{1-\alpha}\times\alpha$$

よって，α の範囲は　　$\alpha<\frac{1}{500}$

一方，電離定数の関係から　　$\frac{[H^+]}{K_a}=\frac{1-\alpha}{1+\alpha}$

$\alpha<\frac{1}{500}$ より　　$\frac{1-\frac{1}{500}}{1+\frac{1}{500}}=0.996<\frac{[H^+]}{K_a}<1$

有効数字2桁であるので　　$[H^+]\fallingdotseq K_a$

$$pH=-\log_{10}[H^+]=-\log_{10}(2.7\times10^{-5})=4.57\fallingdotseq4.6$$

問5　問3と同様に，電離度 α を求める。

電離定数より

$$K_a=\frac{1+\alpha}{1-\alpha}\times\frac{c\alpha}{2}\qquad\frac{K_a}{\frac{c}{2}}=\frac{1+\alpha}{1-\alpha}\times\alpha$$

$\frac{K_a}{c}<\frac{1}{100}$ より，$\frac{K_a}{\frac{c}{2}}<\frac{1}{50}$ であるので

$$\alpha<\frac{1+\alpha}{1-\alpha}\times\alpha<\frac{1}{50}\qquad\therefore\quad\alpha<\frac{1}{50}$$

一方　　$K_a=\frac{[CH_3COO^-][H^+]}{[CH_3COOH]}$　　$\frac{[H^+]}{K_a}=\frac{[CH_3COOH]}{[CH_3COO^-]}=\frac{1-\alpha}{1+\alpha}$

$\alpha<\frac{1}{50}$ より　　$\frac{1-\frac{1}{50}}{1+\frac{1}{50}}=0.96<\frac{[H^+]}{K_a}<1$

有効数字1桁であるので　　$\frac{[H^+]}{K_a}\fallingdotseq1$

問6　共役塩基は，酸 HX から H^+ を除いた X^- である。弱酸とその共役塩基の水溶液に，少量の酸や塩基を加えても

$$X^-+H^+\longrightarrow HX$$

$$HX+OH^-\longrightarrow X^-+H_2O$$

がおこり，加えた H^+ や OH^- は消費される。HX や X^- が十分にある場合，[HX] と $[X^-]$ はあまり変化せず，$[H^+]=K_a\cdot\frac{[HX]}{[X^-]}$ が成り立つので，$[H^+]$ はほとんど変わらない。

25 酸化還元滴定，モール法

(2015年度　第1問)

次の文章【Ⅰ】および【Ⅱ】を読み，問1～問5に答えよ。

【Ⅰ】

多くの典型元素や遷移元素は複数の酸化数を示す。たとえば，鉄には+2，+3などの酸化数の化合物が知られている。また，クロムには+6という高い酸化数の化合物①K_2CrO_4や$K_2Cr_2O_7$などが知られている。②酸性水溶液中で二クロム酸イオン$Cr_2O_7^{2-}$がFe^{2+}と反応すると，クロムは電子を受け取ってCr^{3+}になり，鉄は電子を失ってFe^{3+}になる。

問1　下線部①のK_2CrO_4と$K_2Cr_2O_7$は水溶液中で平衡の関係にあり，水溶液のpHによって両者の割合が変わる。この平衡の化学反応式を記せ。

問2　下線部②の反応例として，硫酸で酸性にした濃度6.0×10^{-2}mol/Lの$FeSO_4$水溶液50.0mLに，硫酸で酸性にした濃度3.0×10^{-2}mol/Lの$K_2Cr_2O_7$水溶液を50.0mL加えた場合を考える。この反応が終了したとき，水溶液中に存在するCr^{3+}およびFe^{3+}の濃度を有効数字2桁で求めよ。ただし，K_2CrO_4の生成は無視してよい。

【Ⅱ】

クロム酸イオンCrO_4^{2-}は水溶液中で銀イオンAg^+と反応し，クロム酸銀Ag_2CrO_4の赤褐色沈殿を生じる。Ag_2CrO_4の溶解度積（25℃）は3.6×10^{-12} mol^3/L^3である。また，塩化物イオンCl^-も水溶液中で銀イオンAg^+と反応して塩化銀AgClの白色沈殿を生じる。AgClの溶解度積（25℃）は1.8×10^{-10} mol^2/L^2である。

問3　25℃において，濃度1.0×10^{-2}mol/LのK_2CrO_4水溶液49.8mLに，濃度1.0×10^{-2}mol/Lの$AgNO_3$水溶液0.2mLを加えたとき，Ag_2CrO_4の沈殿が生じるかどうかを解答欄の中から選び，丸で囲め。また，そのように考えた理由を説明せよ。ただし，$K_2Cr_2O_7$の生成は無視してよい。

〔解答欄〕沈殿が生じる　・　沈殿が生じない

問4　25℃において，K_2CrO_4とNaClを両方溶解させた水溶液（それぞれの濃度は1.0×10^{-2} mol/Lである）50.0mLに$AgNO_3$水溶液（濃度1.0×10^{-2}mol/L）

を少しずつ滴下した。このときの水溶液中に存在する Ag^+, $CrO_4{}^{2-}$, および Cl^- の濃度変化として，最も適するものを図中の(ア)〜(エ)から選べ。ただし，$K_2Cr_2O_7$ の生成は無視してよい。

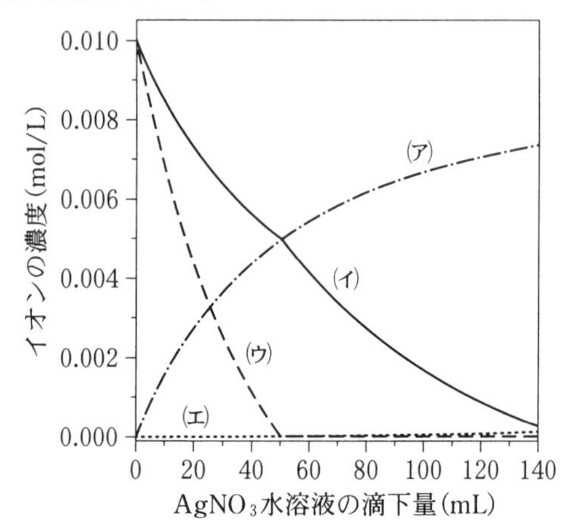

問5　問4の実験において，$AgNO_3$ 水溶液の滴下量が0〜70mLの範囲で観察される結果として最も適切なものを次の(あ)〜(く)から1つ選べ。

(あ)　沈殿は全く生じない

(い)　白色沈殿が生じる

(う)　赤褐色沈殿が生じる

(え)　はじめに白色沈殿が生じ，次に赤褐色沈殿が生じる

(お)　はじめに赤褐色沈殿が生じ，次に白色沈殿が生じる

(か)　白色沈殿と赤褐色沈殿が同時に生じる

(き)　はじめは白色沈殿と赤褐色沈殿が同時に生じるが，途中から赤褐色沈殿のみが生じる

(く)　はじめは白色沈殿と赤褐色沈殿が同時に生じるが，途中から白色沈殿のみが生じる

解　答

問1　$2K_2CrO_4 + H_2O \rightleftarrows K_2Cr_2O_7 + 2KOH$

（$2CrO_4^{2-} + 2H^+ \rightleftarrows Cr_2O_7^{2-} + H_2O$，$2CrO_4^{2-} + H_2O \rightleftarrows Cr_2O_7^{2-} + 2OH^-$，

$2CrO_4^{2-} + H^+ \rightleftarrows Cr_2O_7^{2-} + OH^-$ なども可）

問2　Cr^{3+}：1.0×10^{-2} mol/L　Fe^{3+}：3.0×10^{-2} mol/L

問3　沈殿が生じる

理由：$[CrO_4^{2-}] = \dfrac{1.0 \times 10^{-2} \times 49.8}{1000} \times \dfrac{1000}{50.0} = 9.96 \times 10^{-3}$〔mol/L〕

$[Ag^+] = \dfrac{1.0 \times 10^{-2} \times 0.2}{1000} \times \dfrac{1000}{50.0} = 4.00 \times 10^{-5}$〔mol/L〕

$[Ag^+]^2[CrO_4^{2-}] = (4.00 \times 10^{-5})^2 \times 9.96 \times 10^{-3}$

$= 1.59 \times 10^{-11}$〔mol^3/L^3〕

このイオン積の値は，Ag_2CrO_4 の溶解度積より大きいので，沈殿が生じる。

問4　Ag^+：(エ)　CrO_4^{2-}：(イ)　Cl^-：(ウ)

問5　(え)

ポイント

白色の AgCl が沈殿し，続いて赤褐色の Ag_2CrO_4 が沈殿するとき，Cl^- は沈殿を終えている。

解　説

問1　pH を小さくすると，KOH が中和され，平衡は右に移動し，$K_2Cr_2O_7$ の割合が増える。pH を大きくすると，平衡は左に移動し，K_2CrO_4 の割合が増える。

問2　$Fe^{2+} \longrightarrow Fe^{3+} + e^-$　……①

$Cr_2O_7^{2-} + 14H^+ + 6e^- \longrightarrow 2Cr^{3+} + 7H_2O$　……②

6×①+② より，e^- を消去し，$13SO_4^{2-}$ と $2K^+$ を組み合わせると

$$6FeSO_4 + K_2Cr_2O_7 + 7H_2SO_4 \longrightarrow 3Fe_2(SO_4)_3 + Cr_2(SO_4)_3 + 7H_2O + K_2SO_4$$

化学反応式の係数より，反応する $FeSO_4$ と $K_2Cr_2O_7$ の物質量比は 6：1 である。加えた $FeSO_4$ と $K_2Cr_2O_7$ の物質量比は 6.0：3.0＝2：1 であるので，$FeSO_4$ が不足，$K_2Cr_2O_7$ が過剰とわかる。生成した Cr^{3+} と Fe^{3+} の濃度は，$FeSO_4$ から決まる。

化学反応式の係数より，1mol の $FeSO_4$ から $\dfrac{1}{3}$mol の Cr^{3+} が生成するので，Cr^{3+} の濃度は

$$\frac{1}{3} \times \frac{6.0 \times 10^{-2} \times 50.0}{1000} \times \frac{1000}{50.0 + 50.0} = 1.0 \times 10^{-2}〔mol/L〕$$

化学反応式の係数より，Fe^{3+} の濃度は，Cr^{3+} の濃度の3倍であるので

$3\times1.0\times10^{-2}=3.0\times10^{-2}$〔mol/L〕

問3 溶解度積を K_{sp} とすると

$[Ag^+]^2[CrO_4^{2-}]>K_{sp}$ 沈殿を生成。

$[Ag^+]^2[CrO_4^{2-}]\leqq K_{sp}$ 沈殿を生成しない。

問4 $AgNO_3$ 水溶液を加えると，AgCl，Ag_2CrO_4 が沈殿する。

(ウ)は，$AgNO_3$ 水溶液を加えるとともに減少し，50mL でイオンの濃度がほとんど0になっている。AgCl がすべて沈殿するのに必要な $AgNO_3$ 水溶液の体積を x〔mL〕とすると，$Ag^++Cl^-\longrightarrow AgCl$ より

$$\frac{1.0\times10^{-2}\times50.0}{1000}=\frac{1.0\times10^{-2}\times x}{1000} \qquad \therefore \quad x=50.0〔mL〕$$

であるので，Cl^- の濃度変化とわかる。

一方，Ag_2CrO_4 では，すべて沈殿するのに必要な $AgNO_3$ 水溶液の体積を y〔mL〕とすると，$2Ag^++CrO_4^{2-}\longrightarrow Ag_2CrO_4$ より

$$\frac{1.0\times10^{-2}\times50.0}{1000}=\frac{1}{2}\times\frac{1.0\times10^{-2}\times y}{1000} \qquad \therefore \quad y=100〔mL〕$$

になる。

(イ)は，AgCl がほとんど沈殿後，さらに $AgNO_3$ 水溶液 100mL を加えると，イオンの濃度がほとんど0になるので，CrO_4^{2-} の濃度変化である。

(エ)は，AgCl と Ag_2CrO_4 がすべて沈殿するまで，イオンの濃度は増加しないので，Ag^+ の濃度変化である。

また，(ア)は，$AgNO_3$ 水溶液を加えるとともに，濃度が増加しているので，NO_3^- の濃度変化である。

問5 AgCl，Ag_2CrO_4 が沈殿し始めるとき，それぞれの $[Ag^+]$ を，x〔mol/L〕，y〔mol/L〕とすると，溶解度積の値より

$$x\times1.0\times10^{-2}=1.8\times10^{-10} \qquad \therefore \quad x=1.8\times10^{-8}〔mol/L〕$$

$$y^2\times1.0\times10^{-2}=3.6\times10^{-12} \qquad \therefore \quad y=\sqrt{3.6}\times10^{-5}\fallingdotseq1.9\times10^{-5}〔mol/L〕$$

$x<y$ であるので，AgCl が先に沈殿する。

$AgNO_3$ 水溶液を 50mL 加えて，Ag_2CrO_4 が沈殿し始めるとき，$[Ag^+]$ を z〔mol/L〕とすると，溶解度積の値より

$$z^2\times\frac{1.0\times10^{-2}}{2}=3.6\times10^{-12} \qquad \therefore \quad z=\sqrt{7.2}\times10^{-5}\fallingdotseq2.7\times10^{-5}〔mol/L〕$$

このときの $[Cl^-]$ は

$$2.7\times10^{-5}\times[Cl^-]=1.8\times10^{-10} \qquad \therefore \quad [Cl^-]\fallingdotseq6.7\times10^{-6}〔mol/L〕$$

となり，ほとんど沈殿しているといえる。

26 反応速度式と化学平衡

（2014年度　第2問）

次の文章を読み，問1～問4に答えよ。

図1は，化合物A，B，Cが関係する2種類の可逆反応(1)，(2)について，反応の進行に伴うエネルギー変化を表したものである。

A（気）$\rightleftarrows$ B（気）　　(1)

A（気）$\rightleftarrows$ C（気）　　(2)

300Kにおいて，式(1)の逆反応の速度定数は正反応の速度定数の3倍，式(2)の逆反応の速度定数は正反応の速度定数の0.5倍であることがわかっている。なお，以下の問では，式(1)，(2)の反応のみが起こるものとする。

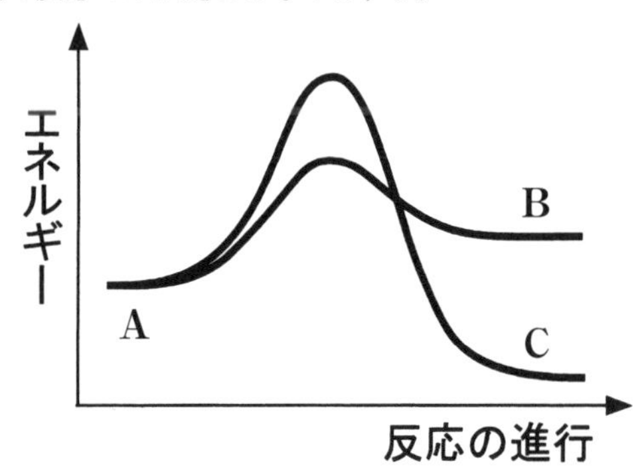

図1

【実験1】

体積可変の空の反応容器に20molのAを加え，反応容器の温度を300Kに，圧力を1.0×10^5Paに保ち，平衡に達するまで放置した。その後，反応容器内の物質量を測定した。

問1　実験1で測定されたA，B，Cの物質量を求めよ。また，その計算過程を解答欄に示せ。

問2　反応容器に触媒を加え，実験1と同じ実験を行った。この触媒の存在下では式(2)の正反応の反応速度が11倍になることがわかっている。平衡に達した後の反応容器内のA，B，Cの物質量を求めよ。ただし，加えた触媒の体積は無視できるものとする。

問3　実験1終了後の反応容器にBを加え，その物質量を2倍にした。その後，温度を 300K に，圧力を 1.0×10^5 Pa に保ち，平衡に達するまで放置した。この時の反応容器内の**B**の物質量を求めよ。また，その計算過程を解答欄に示せ。

問4 実験1終了後に，反応容器の温度を 350K に上げた。この温度を保ち，平衡に達するまで放置した。この時の**B**に対する**C**の物質量の比は，温度を上げる直前に比べどのように変化すると予想されるか記せ。また，その理由を図1をもとに考え，解答欄に記せ。

解答

問1　式(1)，(2)の正反応の反応速度を v_1，v_2，逆反応の反応速度を v_1'，v_2' とし，(1)，(2)の正反応の速度定数を k_1，k_2 とすると

$$v_1=k_1[\mathrm{A}],\ v_1'=3k_1[\mathrm{B}],\ v_2=k_2[\mathrm{A}],\ v_2'=\frac{1}{2}k_2[\mathrm{C}]$$

平衡状態では，$v_1=v_1'$，$v_2=v_2'$ が成り立つ。

よって　　$[\mathrm{A}]=3[\mathrm{B}]$，$[\mathrm{A}]=\frac{1}{2}[\mathrm{C}]$

同体積では，(濃度の比)＝(物質量の比) が成り立つので，A，B，Cの物質量比は

$$\mathrm{A}:\mathrm{B}:\mathrm{C}=[\mathrm{A}]:\frac{1}{3}[\mathrm{A}]:2[\mathrm{A}]=1:\frac{1}{3}:2=3:1:6$$

総物質量は 20 mol であるので，その比例配分をとると

$$\left.\begin{aligned}\mathrm{A}&:\frac{3}{3+1+6}\times 20=6\,(\mathrm{mol})\\ \mathrm{B}&:\frac{1}{3+1+6}\times 20=2\,(\mathrm{mol})\\ \mathrm{C}&:\frac{6}{3+1+6}\times 20=12\,(\mathrm{mol})\end{aligned}\right\}\ \cdots\cdots(答)$$

問2　A．6 mol　B．2 mol　C．12 mol

問3　Bの物質量を 2 倍にすると，$2\times2=4$〔mol〕になり，総物質量は 22 mol である。Bの比例配分は

$$\mathrm{B}:\frac{1}{3+1+6}\times 22=2.2\,(\mathrm{mol})\quad\cdots\cdots(答)$$

問4　減少する。

理由：温度を上げると，吸熱反応の方向に平衡が移動する。図 1 より式(1)の正反応は吸熱反応，(2)の正反応は発熱反応であるとわかるので，ルシャトリエの原理より，(1)の平衡は右に移動してBが増加し，(2)の平衡は左に移動してCが減少する。

ポイント

素反応では，化学反応式の係数は反応速度式の次数と一致する。

解　説

問1　式(1)，(2)の逆反応の速度定数を k_1'，k_2' とする。平衡定数と速度定数には，次の関係がある。

$$K_1=\frac{[\mathbf{B}]}{[\mathbf{A}]}=\frac{k_1}{k_1'}=\frac{k_1}{3k_1}=\frac{1}{3},\quad K_2=\frac{[\mathbf{C}]}{[\mathbf{A}]}=\frac{k_2}{k_2'}=\frac{2k_2}{k_2}=2$$

$$\therefore\quad [\mathbf{A}]=3[\mathbf{B}],\ [\mathbf{A}]=\frac{1}{2}[\mathbf{C}]$$

問2　触媒は(2)の反応の活性化エネルギーを小さくするので，(2)の逆反応の反応速度も 11 倍になる。こうして平衡状態に到達する時間を短縮するが，平衡は移動しないので，物質量も変化しない。

問3　**B**を加えれば，**B**を減少させる方向に平衡が移動するが，温度は一定であるので，濃度の比も物質量の比も変わらない。

〔別解〕　平衡移動によって，**B**が x〔mol〕減少し，**C**が y〔mol〕増加したとすると

$\mathbf{A}$：$6+x-y$〔mol〕，$\mathbf{B}$：$4-x$〔mol〕，$\mathbf{C}$：$12+y$〔mol〕

になる。

$$6+x-y=3\times(4-x)=\frac{1}{2}\times(12+y)$$

より，y を消去すると　　$x=1.8$〔mol〕

よって，**B**は　　$4-x=4-1.8=2.2$〔mol〕

問4　図1の反応経路図より，**A**(気) のもつエネルギーは，**B**(気) のもつエネルギーより小さいので，吸熱反応である。

$\mathbf{A}(気)=\mathbf{B}(気)-Q_1$〔kJ〕

同様に，**A**(気) のもつエネルギーは，**C**(気) のもつエネルギーより大きいので，発熱反応である。

$\mathbf{A}(気)=\mathbf{C}(気)+Q_2$〔kJ〕

温度を上げると，吸熱反応の方向に平衡が移動するので，**B**は増加し**C**は減少する。

27 NaOH 水溶液の電気分解，混合気体の圧力

（2013 年度　第 2 問）

次の実験に関する文章を読み，問 1 ～問 5 に答えよ。ただし，注射器内の気体は理想気体として扱い，気体の水への溶解は無視できるものとする。必要があれば，以下の数値を用いよ。

60℃における水の蒸気圧 $= 2.0 \times 10^4$ Pa,

ファラデー定数 $F = 9.65 \times 10^4$ C/mol，気体定数 $R = 8.31$ (Pa·m^3)/(mol·K)

【実験 1】

図 1 に示すように，NaOH 水溶液を満たした電解槽，2 つの白金電極，これらの両電極から生成した気体を集める注射器で構成された装置を用いた。このときの室温は 27℃であり，注射器の中には，あらかじめ O_2 と N_2（体積比 1：4）の混合気体が 1.0×10^5 Pa において 72 mL 入っており，先端にはコックが付いている。一定電流を通電することにより水を電気分解した。このとき，水蒸気は通過せず，電気分解により生成した気体のみを通過させる膜を通して気体を捕集した。その際，ピストンは自由に動き，注射器内の圧力は，標準大気圧 1.0×10^5 Pa と常に等しく保った。

0.10 A の電流を通電して水の電気分解を開始したところ，①陽極，陰極の両電極から泡が出て，②注射器内の気体の体積は，電気分解を行う時間に比例して増加した。電気分解を 14 分後に終了したところ，気体の体積は［　ア　］mL になった。

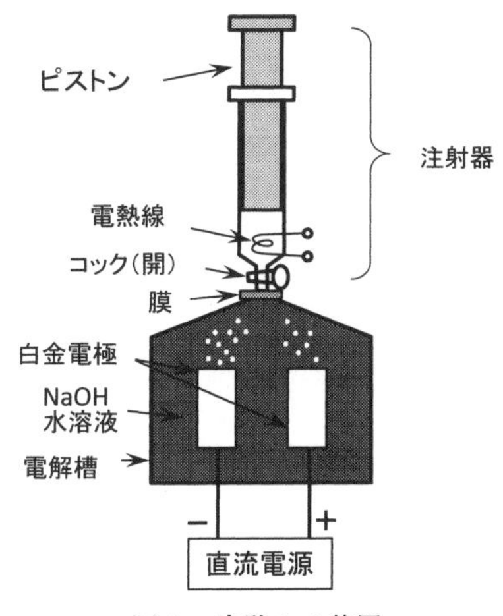

図 1　実験 1 の装置

【実験2】

コックを閉じて注射器を電解槽から取り外し，60℃の恒温槽（図2）へ移した。注射器内の気圧を 1.0×10^5 Pa に保ったところ，注射器内の気体の体積は［イ］mL になった。次に電熱線に電流を流して加熱すると，水素が燃焼した（参考：この条件では爆発しない）。注射器内部の気体が 60℃に戻ったとき，1.0×10^5 Pa における気体の体積は［ウ］mL であった。次に，注射器のピストンに力を加えて体積を減少させた。まず，③体積を 1.0×10^5 Pa のときの4分の3にした。さらに，④体積を 1.0×10^5 Pa のときの4分の1にした。

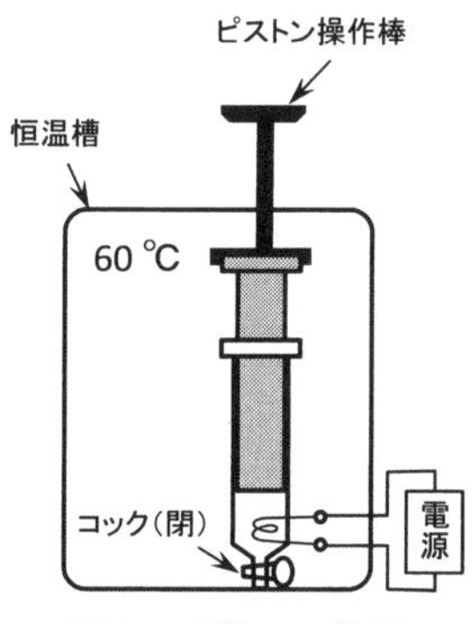

図2　実験2の装置

問1　下線部①の化学反応を反応式で表せ。
（解答欄）陽極：＿＿＿　陰極：＿＿＿

問2　下線部②について，電気分解の開始時点から t 秒後の気体の体積（V mL）を示す式を有効数字2桁の数値と t で示せ。

問3　空欄［ア］～［ウ］にあてはまる数値を有効数字2桁で記せ。

問4　下線部③の操作後の注射器内の圧力（Pa）を有効数字2桁で答えよ。解答欄には計算過程も示せ。

問5　下線部④の操作後の注射器内の圧力（Pa）を有効数字2桁で答えよ。解答欄には計算過程も示せ。

解　答

問1　陽極：$4OH^- \longrightarrow O_2 + 2H_2O + 4e^-$　陰極：$2H_2O + 2e^- \longrightarrow H_2 + 2OH^-$

問2　V〔mL〕$= 72 + 1.9 \times 10^{-2}t$

問3　ア．88　イ．98　ウ．92

問4　60℃，1.0×10^5 Pa での水蒸気の分圧は

$$1.0 \times 10^5 \times \frac{10.8}{72 + 10.8} = 1.30 \times 10^4 \text{〔Pa〕}$$

体積を4分の3にしても，水はすべて気体であると仮定する。その分圧は

$$1.30 \times 10^4 \times \frac{4}{3} = 1.73 \times 10^4 \text{〔Pa〕} < 2.0 \times 10^4 \text{〔Pa〕}$$

仮定通り，水はすべて気体であるので，求める圧力は，ボイルの法則より

$$1.0 \times 10^5 \times \frac{4}{3} = 1.33 \times 10^5 \fallingdotseq 1.3 \times 10^5 \text{〔Pa〕} \quad \cdots\cdots\text{(答)}$$

問5　体積を4分の1にしても，水はすべて気体であると仮定する。その分圧は

$$1.30 \times 10^4 \times \frac{4}{1} = 5.20 \times 10^4 \text{〔Pa〕} > 2.0 \times 10^4 \text{〔Pa〕}$$

したがって，水は気液平衡にある。水の蒸気圧は　2.0×10^4〔Pa〕

一方，窒素と酸素の混合気体の圧力は

$$(1.0 \times 10^5 - 1.30 \times 10^4) \times \frac{4}{1} = 3.48 \times 10^5 \text{〔Pa〕}$$

よって，求める圧力は

$$3.48 \times 10^5 + 2.0 \times 10^4 = 3.68 \times 10^5 \fallingdotseq 3.7 \times 10^5 \text{〔Pa〕} \quad \cdots\cdots\text{(答)}$$

ポイント

水蒸気の圧力を求め，気液平衡の状態か，すべて気体となっているかを判断する。

解　説

問1　陰極では，イオン化傾向の大きい金属のイオンである Na^+ は，還元されず，溶媒の水が還元される。

$$2H_2O + 2e^- \longrightarrow H_2 + 2OH^- \quad \cdots\cdots①$$

陽極では，OH^- が酸化され，酸素が発生する。

$$4OH^- \longrightarrow O_2 + 2H_2O + 4e^- \quad \cdots\cdots②$$

問2　①×2＋② より　$2H_2O + 4e^- \longrightarrow 2H_2 + O_2 + 4e^-$

4mol の電子が流れると，水素と酸素の混合気体が 3mol 発生するので，t 秒後の気体の体積を V〔mL〕とすると

$$4:3=\frac{0.1\times t}{96500}:\frac{1.0\times10^5\times V\times10^{-3}}{8.31\times10^3\times300}\qquad \therefore\quad V=1.93\times10^{-2}t$$

よって，求める気体の体積は　　$72+1.9\times10^{-2}t$〔mL〕

問3　ア．問2より，電気分解で発生する気体の体積は

$$72+1.9\times10^{-2}\times14\times60=87.9\fallingdotseq88\text{〔mL〕}$$

イ．圧力一定であるので，シャルルの法則が成り立つ。60℃での気体の体積を x〔mL〕とすると

$$\frac{88}{300}=\frac{x}{333}\qquad \therefore\quad x=97.6\fallingdotseq98\text{〔mL〕}$$

ウ．27℃，1.0×10^5Pa の下で，水蒸気がすべて気体であるとすると，$2H_2+O_2\longrightarrow 2H_2O$ より，水蒸気の体積は水素と酸素の混合気体の体積の $\frac{2}{3}$ になる。

$$\frac{2}{3}\times1.93\times10^{-2}\times14\times60=10.8\text{〔mL〕}$$

さらに，60℃，1.0×10^5Pa の下で，水蒸気がすべて気体であると仮定すると，その水蒸気の分圧は

$$1.0\times10^5\times\frac{10.8\times\frac{333}{300}}{(72+10.8)\times\frac{333}{300}}=1.0\times10^5\times\frac{10.8}{72+10.8}$$

$$=1.30\times10^4\text{〔Pa〕}$$

この値は，飽和蒸気圧 2.0×10^4Pa より小さいので，仮定通り水はすべて気体で存在する。また，最初入っていた混合気体の体積は 27℃で 72mL であったので，混合気体の 60℃における体積は，シャルルの法則より

$$(72+10.8)\times\frac{333}{300}=91.9\fallingdotseq92\text{〔mL〕}$$

問4　容器内の気体の体積を4分の3に圧縮すると，水が気体のままか一部凝縮するか，判定する必要がある。水が気体であると仮定して求めた圧力が，60℃における水の蒸気圧より小さいと計算できたので，仮定通り水はすべて気体とわかる。

問5　気体の体積を4分の1に圧縮した場合では，水が気体であると仮定して計算した圧力が，60℃における水の蒸気圧より大きいので，その過剰分が凝縮して気液平衡になる。この場合，水蒸気の圧力は水の蒸気圧と等しくなり，最初入れてあった窒素と酸素の混合気体の圧力は，ボイルの法則に従い，4倍となる。これらの圧力の和が全圧になる。

28 融解塩電解（溶融塩電解）

（2010年度　第1問Ⅱ）

アルミニウムに関する次の文章を読み，問1〜問4に答えよ。

融解槽の中で融解した氷晶石と酸化アルミニウムを，炭素を電極として電気分解することにより，アルミニウムが得られる。この電気分解において，陽極では**A**および**B**の2種類のガスが生成した。なお，**A**が完全に酸化されると**B**になる。

問1　陽極および陰極で起こる反応を，電子 e^- を用いた化学反応式でそれぞれ表せ。

問2　通電により，1.158×10^6 C の電気量に相当する電気分解を行った。ファラデー定数は 9.65×10^4 C/mol，アルミニウムの原子量は27とする。

(1)　得られるアルミニウムの質量は何gか。

(2)　陽極で生成した**A**と**B**のモル比が1：1であったとき，**A**が生成する反応により得られたアルミニウムの質量は何gか。

問3　問2の条件における，**A**および**B**が生成する全化学反応式を書き，生成した**A**および**B**の標準状態（0℃，1.013×10^5 Pa）での体積は何Lか求めよ。ただし，標準状態においては**A**および**B**は生成した状態のままで存在するとせよ。

問4　問2で生成した**A**と**B**の混合ガスをすべて取り出した。標準状態において，この取り出したガス中の0.50molの**A**を**B**に酸化したのち，混合ガス全体を 1.013×10^5 Pa のもとで796℃まで加熱した。この状態において，K_p を圧平衡定数とする下記の関係が成り立つものとして，生成する酸素の分圧を有効数字2桁で求めよ。

$$K_p=\frac{P_B}{P_A(P_{O_2})^{0.5}}=2.0\times10^9\,\mathrm{Pa}^{-0.5}$$

ただし，P_A，P_B，P_{O_2} はそれぞれ**A**，**B**，酸素の分圧とする。

解　答

問1　陽極（**A**が生成する反応）：$C+O^{2-} \longrightarrow CO+2e^-$

陽極（**B**が生成する反応）：$C+2O^{2-} \longrightarrow CO_2+4e^-$

陰極：$Al^{3+}+3e^- \longrightarrow Al$

問2　(1)　**108 g**　(2)　**36 g**

問3　全化学反応式：$Al_2O_3+2C \longrightarrow 2Al+CO+CO_2$

A：44.8L　B：44.8L

問4　**6.9×10^{-19} Pa**

ポイント

得られた式の計算が難しい場合には，近似計算を試みる。K_p は大きいので，P_{O_2} は小さい。

解　説

問1　陽極では，電極の炭素が酸化され，**A**の CO とそれが完全に酸化された**B**の CO_2 を生じる。一方，陰極では，アルミニウムイオンの還元反応が起こる。

問2　(1)　$Al^{3+}+3e^- \longrightarrow Al$ より，3 mol の電子が移動すると，1 mol のアルミニウムが得られる。1.158×10^6 C の電気量で得られるアルミニウムは

$$\frac{1.158\times10^6}{9.65\times10^4}\times\frac{1}{3}\times27=108\,[\mathrm{g}]$$

(2)　1 mol の CO が生成するのに 2 mol の電子が，また 1 mol の CO_2 が生成するのに 4 mol の電子が移動する。よって，CO が生成する反応により得られるアルミニウムは

$$108\times\frac{2}{2+4}=36\,[\mathrm{g}]$$

問3　$C+O^{2-} \longrightarrow CO+2e^-$　……①

$C+2O^{2-} \longrightarrow CO_2+4e^-$　……②

$Al^{3+}+3e^- \longrightarrow Al$　……③

問2の条件は，CO と CO_2 が同じ物質量なので，陽極の全化学反応式は，①＋②より

$$2C+3O^{2-} \longrightarrow CO+CO_2+6e^-$$

これに 2×③を加えると，全化学反応式は

$$Al_2O_3+2C \longrightarrow 2Al+CO+CO_2$$

問2の条件で，生成した Al の物質量は　$\dfrac{1.158\times10^6}{9.65\times10^4}\times\dfrac{1}{3}=4.00\,[\mathrm{mol}]$

したがって，反応式より，CO，CO_2 はともに 2mol 得られるとわかる。

よって，生成した CO と CO_2 の体積はいずれも

$$2.00\times 22.4=44.8\,〔\mathrm{L}〕$$

問4　問2で生成した CO と CO_2 の物質量は，ともに $\dfrac{44.8}{22.4}=2.00\,〔\mathrm{mol}〕$ である。

0.50mol の CO を CO_2 に酸化すると，反応後の CO と CO_2 の物質量は

$$CO + \frac{1}{2}O_2 \rightleftarrows CO_2$$

	CO		CO_2	
酸化前	2.00		2.00	〔mol〕
変化量	−0.50		+0.50	〔mol〕
酸化後	1.50		2.50	〔mol〕

この混合ガスを 1.013×10^5 Pa で 796℃まで加熱したとき，生成する酸素を x〔mol〕とすると，平衡時の物質量は

$$CO + \frac{1}{2}O_2 \rightleftarrows CO_2$$

	CO	O_2	CO_2	
平衡時	$1.50+2x$	x	$2.50-2x$	〔mol〕

(分圧)＝(モル分率)×(全圧) より

CO の分圧は　　$P_A=\dfrac{1.50+2x}{4.00+x}\times 1.013\times 10^5\,〔\mathrm{Pa}〕$

CO_2 の分圧は　　$P_B=\dfrac{2.50-2x}{4.00+x}\times 1.013\times 10^5\,〔\mathrm{Pa}〕$

K_p は大きいので，P_{O_2} は非常に小さく，$x\ll 1.50$ とみなせるから

$$K_p=\frac{P_B}{P_A(P_{O_2})^{0.5}}=\frac{\dfrac{2.50-2x}{4.00+x}\times 1.013\times 10^5}{\dfrac{1.50+2x}{4.00+x}\times 1.013\times 10^5\times (P_{O_2})^{0.5}}$$

$$\fallingdotseq \frac{2.50}{1.50\times (P_{O_2})^{0.5}}=2.0\times 10^9\,〔\mathrm{Pa}^{-0.5}〕$$

$$P_{O_2}=6.94\times 10^{-19}\fallingdotseq 6.9\times 10^{-19}\,〔\mathrm{Pa}〕$$

29 電気伝導率と電離平衡

（2009年度　第2問）

水溶液の電気伝導に関する次の文章を読んで，問1～問5に答えよ。

純粋な水（純水）に比べて海水は容易に電気を通す。すなわち，イオンを含んだ水は，純水に比べて電気抵抗が小さい。単位面積，単位長さあたりの電気抵抗を電気抵抗率というが，その逆数である電気伝導率は，電気の通しやすさの指標となる。水に少量のイオンが溶け込んでいる場合は，電気伝導率はイオンの濃度に比例して大きくなるが，同じ濃度においてもイオンの種類によってその値が異なる。複数の種類のイオンが溶けている希薄な水溶液の電気伝導率 C は，中に溶けている各イオン（A^+，B^+，…，X^-，Y^-，…）の 1mol/L あたりの電気伝導率（C_{A^+}，C_{B^+}，…，C_{X^-}，C_{Y^-}，…）と各イオンの濃度の積で表される各イオンの電気伝導率の和をとって

$$C = C_{A^+}[A^+] + C_{B^+}[B^+] + \cdots + C_{X^-}[X^-] + C_{Y^-}[Y^-] + \cdots$$

で近似できる。

なお，酢酸の25℃における電離定数として 1.78×10^{-5} mol/L の値を用いよ。

問1　次の文章は純水の電気伝導について述べられている。［ア］～［オ］に適切な語句または数値を補い文章を完成させよ。

純水もわずかに電離しており，［ア］イオンと［イ］イオンを生じて水の電気伝導を担っている。25℃ではこれらのイオンの濃度はともに 1.0×［ウ］mol/L である。水溶液中で［ア］イオンと［イ］イオンから水ができる反応は熱を［エ］する反応であり，この化学平衡を考えると，純水を25℃から40℃に加熱するとこれらのイオンの量はともに［オ］する。

問2　純水を空気にさらすと，電気伝導率の値が増加する。その理由を50字以内で記せ。なお，乾燥空気の組成は右の通りである。

乾燥空気の組成

成分	割合
窒　　素	78.08％
酸　　素	20.95％
アルゴン	0.93％
二酸化炭素	0.037％
そ の 他	0.003％

問3　難溶性の塩 AgCl の水への溶解度を，電気伝導率を測定することによって求めることができる。この場合，溶け込むイオンの量が少ないため，純水が担う電気伝導率の寄与を考慮する必要がある。25℃において，AgCl を純水に飽和させた水溶液の電気伝導率を C，純水の電気伝導率を C_W，Ag^+ イオン，Cl^- イオン 1mol/L あたりの電気伝導率をそれぞれ C_{Ag^+}，C_{Cl^-} とするとき，25℃における AgCl 飽和水溶液の濃度を mol/L の単位で表す式を示せ。なお，水溶

液に溶けた AgCl はすべて Ag^+ イオン，Cl^- イオンに電離しているものとする。

問4　ある濃度の酢酸水溶液(A)と，その水溶液を純水で10倍に希釈した水溶液(B)がある。25℃においてこれらの水溶液の電気伝導率を測定して比較したところ，水溶液(B)の電気伝導率は水溶液(A)の電気伝導率の0.30倍であった。なお，水溶液(A)，(B)の電気伝導率は，酢酸が電離して生成したイオンのみで決まり，水の電離は無視できるものとする。

(1)　酢酸の電離平衡を考慮して水溶液(A)の酢酸の電離度を計算し，有効数字2桁で答えよ。導く過程も解答欄に記せ。

(2)　水溶液(A)の濃度を計算し，有効数字2桁で答えよ。導く過程も解答欄に記せ。

問5　25℃において NaOH 水溶液に HCl 水溶液または酢酸水溶液を加えていくときの電気伝導率の変化を考える。イオン1mol/L あたりの電気伝導率の相対比として $C_{H^+}:C_{OH^-}:C_{Cl^-}:C_{Na^+}:C_{CH_3COO^-}=70:40:15:10:8$ の値を用いよ。

(1)　0.010mol/L の NaOH 水溶液100mL に0.010mol/L の HCl 水溶液を

(i)　100mL 加えたとき，

(ii)　200mL 加えたとき

の電気伝導率は，HCl 水溶液を加える前の電気伝導率のそれぞれ何倍になるか。有効数字2桁で答えよ。

(2)　0.010mol/L の NaOH 水溶液100mL に0.010mol/L の酢酸水溶液を加えていくときの電気伝導率の変化として適当なグラフは以下のうちのどれか，記号で答えよ。

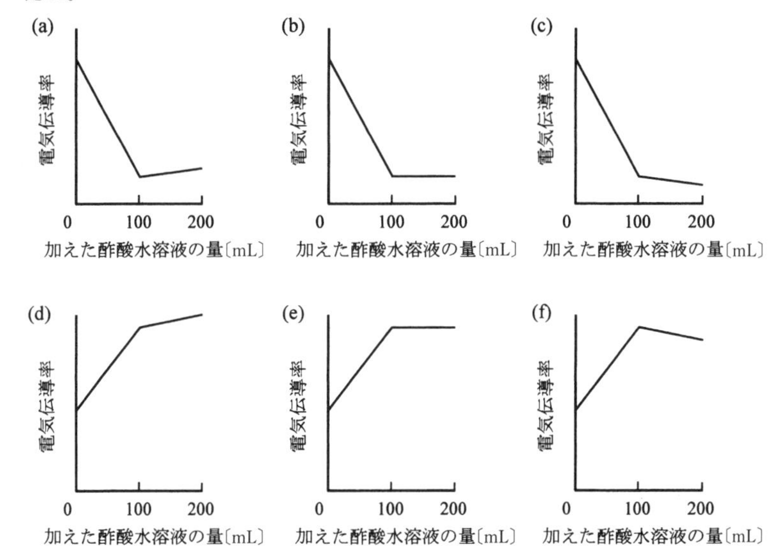

解 答

問1 ア・イ．水素・水酸化物（ア，イは順不同） ウ．10^{-7} エ．発生
オ．増加

問2 二酸化炭素が水に溶け，一部が電離して水素イオンと炭酸水素イオンを生じ，イオンの濃度が大きくなるから。(50字以内)

問3 $\dfrac{C-C_W}{C_{Ag^+}+C_{Cl^-}}$〔mol/L〕

問4 (1) 水溶液(A)，(B)の電離度をそれぞれ α_A，α_B とする。水溶液(A)の濃度を c〔mol/L〕とすると，水溶液(B)の濃度は，$\dfrac{c}{10}$〔mol/L〕である。

電気伝導率は，酢酸が電離して生成したイオンのみで決まるので

$$\frac{\frac{c}{10}\alpha_B}{c\alpha_A}=0.3 \qquad \therefore \quad \alpha_B=3\alpha_A$$

水溶液(A)の電離平衡における各成分の濃度は，次のようになる。

$$\underset{c(1-\alpha_A)}{CH_3COOH} \rightleftarrows \underset{c\alpha_A}{CH_3COO^-}+\underset{c\alpha_A}{H^+} \quad \text{〔mol/L〕}$$

したがって，電離定数 K は

$$K=\frac{[CH_3COO^-][H^+]}{[CH_3COOH]}=\frac{c\alpha_A\times c\alpha_A}{c(1-\alpha_A)}=\frac{c\alpha_A{}^2}{1-\alpha_A}$$

同様に，水溶液(B)の電離定数は

$$K=\frac{\frac{c}{10}\alpha_B{}^2}{1-\alpha_B}$$

濃度が変わっても，電離定数は一定であるので

$$\frac{c\alpha_A{}^2}{1-\alpha_A}=\frac{\frac{c}{10}\alpha_B{}^2}{1-\alpha_B}$$

これに $\alpha_B=3\alpha_A$ を代入して

$$\frac{c\alpha_A{}^2}{1-\alpha_A}=\frac{\frac{c}{10}\times(3\alpha_A)^2}{1-3\alpha_A}$$

$\therefore \quad \alpha_A=\dfrac{1}{21}=0.0476 \fallingdotseq 4.8\times10^{-2}$ ……(答)

(2) $K=\dfrac{c\alpha_A{}^2}{1-\alpha_A}$ にそれぞれの値を代入すると

$$1.78\times10^{-5}=\frac{c\times\left(\frac{1}{21}\right)^2}{1-\frac{1}{21}}$$

$\therefore\ c=7.47\times10^{-3}≒7.5\times10^{-3}$〔mol/L〕 ……(答)

問5　(1)　(i)2.5×10^{-1}倍　(ii)7.3×10^{-1}倍　(2)　(c)

ポイント
電離定数は，温度が一定であれば，濃度が変化しても変わらない。

解　説

問1　ウ．水の電離平衡 $H_2O \rightleftarrows H^+ + OH^-$ において，25℃では，水のイオン積 $K_W=[H^+][OH^-]=1.0\times10^{-14}$〔$mol^2/L^2$〕は常に一定である。よって，中性である純水では，$[H^+]=[OH^-]=1.0\times10^{-7}$〔mol/L〕である。

エ・オ．中和熱は56kJ/molである。

$H^+ + OH^- = H_2O + 56\,kJ$

電離はこの逆反応であるから　　$H_2O \rightleftarrows H^+ + OH^- - 56\,kJ$

よって，温度が上昇すると吸熱の方向に平衡が移動し，イオンの量は増加する。

問2　二酸化炭素は，水に少し溶けて電離し，弱酸性を示す。

$CO_2 + H_2O \rightleftarrows H^+ + HCO_3^-$

一方，窒素，酸素，アルゴンは，水溶液中でイオンを生じない。

問3　Ag^+ と Cl^- の電気伝導率は，その飽和水溶液の電気伝導率 C から純水の分 C_W を差し引いた $C-C_W$ である。

AgCl飽和水溶液の濃度を x〔mol/L〕とすると，飽和水溶液中での各物質の濃度の変化量は

$$AgCl \rightleftarrows Ag^+ + Cl^-$$
$$-x \qquad +x \qquad +x \quad \text{〔mol/L〕}$$

よって，Ag^+ イオンと Cl^- イオンの伝導率の和は

$$C-C_W=xC_{Ag^+}+xC_{Cl^-} \qquad \therefore\ x=\frac{C-C_W}{C_{Ag^+}+C_{Cl^-}}\text{〔mol/L〕}$$

問5　(1)(i)　NaOHは強塩基で，水中では完全に電離しているとみなせる。したがって，HCl水溶液を加える前の0.010mol/LのNaOH水溶液の各物質の濃度は，次の通りである。

$$NaOH \longrightarrow Na^+ + OH^-$$
$$0 \qquad +0.010 \qquad +0.010 \quad \text{〔mol/L〕}$$

0.010mol/LのHCl水溶液を100mL加えたときの，各成分の反応前後の物質量は

	HCl	$+\ NaOH$	$\longrightarrow\ NaCl$	$+\ H_2O$	
反応前	$\frac{0.010\times100}{1000}$	$\frac{0.010\times100}{1000}$			〔mol〕
変化量	$-\frac{0.010\times100}{1000}$	$-\frac{0.010\times100}{1000}$	$+\frac{0.010\times100}{1000}$		〔mol〕
反応後	0	0	$\frac{0.010\times100}{1000}$		〔mol〕

反応後の溶液は，NaCl 水溶液である。NaCl の電離度を 1 とみなせるので，各物質の濃度は次の通りである。

$$NaCl \longrightarrow Na^+ + Cl^-$$

$$0 \qquad \frac{0.010\times100}{1000}\times\frac{1000}{200}=0.0050 \qquad 0.0050 \ \text{〔mol/L〕}$$

イオン 1mol/L あたりの電気伝導率の比は，$C_{OH^-}:C_{Cl^-}:C_{Na^+}=40:15:10$ であるので，HCl 水溶液を加える前の 0.010mol/L の NaOH 水溶液と比べると

$$\frac{0.0050\times(10+15)}{0.010\times(10+40)}=0.25\text{〔倍〕}$$

(ii) 0.010mol/L の HCl 水溶液を 200mL 加えたとき，各成分の物質量は

	HCl	$+\ NaOH$	$\longrightarrow\ NaCl$	$+\ H_2O$	
反応前	$\frac{0.010\times200}{1000}$	$\frac{0.010\times100}{1000}$			〔mol〕
変化量	$-\frac{0.010\times100}{1000}$	$-\frac{0.010\times100}{1000}$	$+\frac{0.010\times100}{1000}$		〔mol〕
反応後	$\frac{0.010\times100}{1000}$	0	$\frac{0.010\times100}{1000}$		〔mol〕

よって，HCl，NaCl ともに濃度は，$\frac{0.010\times100}{1000}\times\frac{1000}{100+200}$〔mol/L〕になる。イオン 1mol/L あたりの電気伝導率の比は

$C_{H^+}:C_{OH^-}:C_{Cl^-}:C_{Na^+}=70:40:15:10$

であるので，HCl 水溶液を加える前の 0.010mol/L の NaOH 水溶液と比べると

$$\frac{\frac{0.010\times100}{1000}\times\frac{1000}{300}\times(70+15)+\frac{0.010\times100}{1000}\times\frac{1000}{300}\times(10+15)}{0.010\times(10+40)}$$

$$=0.732\fallingdotseq0.73\text{〔倍〕}$$

(2) (1)の(i)同様に 0.010mol/L の酢酸水溶液を 100mL 加えたときの，各成分の反応前後の物質量は

	CH_3COOH	$+\ NaOH$	$\longrightarrow\ CH_3COONa$	$+\ H_2O$	
反応前	$\frac{0.010\times100}{1000}$	$\frac{0.010\times100}{1000}$			〔mol〕
変化量	$-\frac{0.010\times100}{1000}$	$-\frac{0.010\times100}{1000}$	$+\frac{0.010\times100}{1000}$		〔mol〕
反応後	0	0	$\frac{0.010\times100}{1000}$		〔mol〕

反応後の溶液は，CH_3COONa 水溶液である。電離度は 1 とみなせるので，各物質の濃度は

$$\begin{array}{cccc} CH_3COONa \longrightarrow & CH_3COO^- & + & Na^+ \\ 0 & \dfrac{0.010\times100}{1000}\times\dfrac{1000}{200}=0.0050 & & 0.0050 \quad \text{〔mol/L〕} \end{array}$$

イオン 1 mol/L あたりの電気伝導率の比は

$$C_{OH^-} : C_{Cl^-} : C_{Na^+} : C_{CH_3COO^-} = 40 : 15 : 10 : 8$$

であるので，酢酸水溶液を加える前の 0.010 mol/L の NaOH 水溶液と比べると

$$\frac{0.0050\times(8+10)}{0.010\times(10+40)}=0.18$$

グラフで，酢酸水溶液を 100 mL 加え電気伝導率が 0.18 倍になっているのは，(a)，(b)，(c)である。

次に，0.010 mol/L の酢酸水溶液を 200 mL 加えたときの各成分の物質量は

$$\begin{array}{lcccccc} & CH_3COOH & + & NaOH & \longrightarrow & CH_3COONa + H_2O & \\ \text{反応前} & \dfrac{0.010\times200}{1000} & & \dfrac{0.010\times100}{1000} & & & \text{〔mol〕} \\ \text{変化量} & -\dfrac{0.010\times100}{1000} & & -\dfrac{0.010\times100}{1000} & & +\dfrac{0.010\times100}{1000} & \text{〔mol〕} \\ \text{反応後} & \dfrac{0.010\times100}{1000} & & 0 & & \dfrac{0.010\times100}{1000} & \text{〔mol〕} \end{array}$$

反応後の溶液は CH_3COOH と CH_3COONa の緩衝溶液である。

反応後の CH_3COOH と CH_3COONa 溶液の濃度は

$$\frac{0.010\times100}{1000}\times\frac{1000}{300}=0.00333\text{〔mol/L〕}$$

ここで，CH_3COONa は完全電離しており，各物質の濃度は

$$\begin{array}{cccc} CH_3COONa \longrightarrow & CH_3COO^- & + & Na^+ \\ 0 & 0.00333 & & 0.00333 \quad \text{〔mol/L〕} \end{array}$$

また，緩衝溶液でも酢酸の電離平衡は成り立つので

$$K_a=\frac{[CH_3COO^-][H^+]}{[CH_3COOH]} \qquad \therefore \quad [H^+]=\frac{[CH_3COOH]}{[CH_3COO^-]}\times K_a$$

CH_3COOH の電離は無視できるので，$[CH_3COOH] \fallingdotseq [CH_3COO^-] \fallingdotseq 0.00333$〔mol/L〕となり

$$[H^+] \fallingdotseq K_a = 1.78\times10^{-5}\text{〔mol/L〕}$$

酢酸水溶液を 200 mL 加えたときの電気伝導率を 100 mL の場合と比べると

$$\frac{0.00333\times(8+10)+1.78\times10^{-5}\times70}{0.0050\times(8+10)}=0.679$$

よって，100 mL のときに比べ，電気伝導率が少し小さくなるグラフ(c)が適当である。

30 二段階中和，変色域の幅

（2008年度 第1問）

中和滴定に関する文章〔A〕，〔B〕を読み，図1の滴定曲線の例を参考にして，以下の問に答えよ。

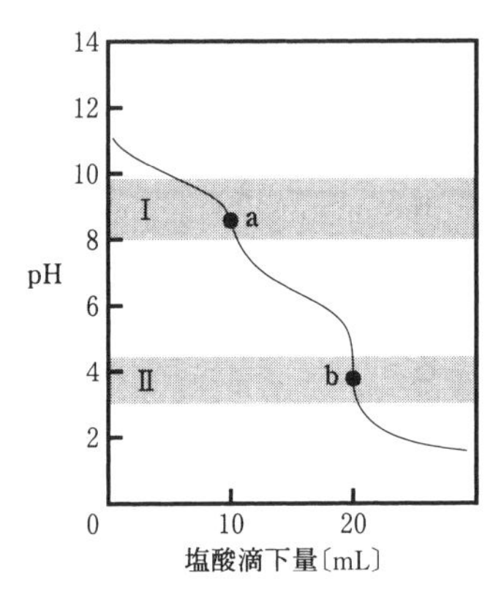

図1 Na_2CO_3の塩酸による中和滴定曲線の例

（I，IIは指示薬の変色域，a，bは中和点を示す）

〔A〕 Na_2CO_3とNaOHの混合水溶液（これを溶液Sとする）中のそれぞれの濃度を求めるため，中和滴定実験を行った。2.00mLの溶液Sをホールピペットで三角フラスコに正確にとり，これに水を約8mLと［ア］指示薬溶液を2滴加えた。この溶液を，ビュレットに入れた0.10mol/Lの塩酸で滴定して終点を求めた。この時，滴下した塩酸の量は，6.00mLであった。この溶液に，さらに［イ］指示薬溶液を2滴加えてから，塩酸で滴定を続けて終点を求めた。その滴下量は，2.00mLであった。これらのデータから，溶液S中のNa_2CO_3とNaOHの濃度を求めることができる。ただし，この実験の指示薬として，メチルオレンジとフェノールフタレインを用いた。また，終点とは，指示薬の変色により滴定操作を終了する点である。

なお，塩酸とNa_2CO_3との中和反応は式(1)，(2)で，塩酸とNaOHとの反応は式(3)で表される。

$$Na_2CO_3 + HCl \longrightarrow NaCl + \boxed{\text{ウ}} \quad (1)$$

$$\boxed{\text{ウ}} + HCl \longrightarrow CO_2 + H_2O + NaCl \quad (2)$$

$$NaOH + HCl \longrightarrow NaCl + H_2O \quad (3)$$

問1 ［ア］，［イ］に入る指示薬の名称を書け。

問2 化合物［ウ］の名称を日本語で書け。

問3　溶液S中のNa_2CO_3とNaOHの濃度〔mol/L〕を有効数字2桁で求めよ。

〔B〕　中和滴定に用いるある指示薬は，弱酸性を示す水溶性の有機化合物である。この指示薬は，水溶液の性質によって酸（HX）としても塩基（X^-）としても存在でき，両者で色が異なる。この指示薬は，濃度比$\frac{[X^-]}{[HX]}$が十分小さいときは黄色であるが，濃度比が$\frac{20}{80}$になると青色を帯び始め，濃度比の増大とともにその色は濃くなり，濃度比$\frac{90}{10}$以上で色は変わらなくなる。

問4　この指示薬の水溶液中での電離平衡式を書き，電離定数Kを表す式を示せ。

問5　pKをpHと濃度比$\frac{[X^-]}{[HX]}$を用いて示せ。ただし，$pK = -\log_{10}K$である。

問6　この指示薬の変色域の幅をpH（有効数字2桁）で求めよ。例えば，図1の変色域Ⅰでは，その幅はpHで1.8である。また計算過程も書くこと。ただし，$\log_{10}2 = 0.30$，$\log_{10}3 = 0.48$とする。

解 答

問1 ア．フェノールフタレイン イ．メチルオレンジ

問2 炭酸水素ナトリウム

問3 Na_2CO_3：**0.10 mol/L** NaOH：**0.20 mol/L**

問4 $HX \rightleftarrows H^+ + X^-$ $K=\dfrac{[H^+][X^-]}{[HX]}$

問5 $pK = pH - \log_{10}\dfrac{[X^-]}{[HX]}$

問6 $pH = pK + \log_{10}\dfrac{[X^-]}{[HX]}$ より，変色域の幅は

$$\log_{10}\frac{90}{10}-\log_{10}\frac{20}{80}=2\log_{10}3+2\log_{10}2$$

$$=2\times(0.48+0.30)=1.56 \fallingdotseq 1.6 \quad \cdots\cdots(答)$$

ポイント

第2段階の中和で反応する $NaHCO_3$ の物質量は，初めの Na_2CO_3 の物質量に等しい。pH によって濃度比 $\dfrac{[X^-]}{[HX]}$ が決まり，色も決まる。

解 説

問1 ア．変色域 I pH8.0〜9.8の指示薬はフェノールフタレインである。
イ．変色域 II pH3.1〜4.4の指示薬はメチルオレンジである。

問3 Na_2CO_3，NaOH の濃度をそれぞれ，x〔mol/L〕，y〔mol/L〕とする。フェノールフタレインが赤色から無色に変化する第1段階の中和では，$NaHCO_3$ が生じる反応(1)とともに反応(3)の NaOH の中和も起こる。したがって，中和の量的関係より

$$\frac{x\times2.00}{1000}+\frac{y\times2.00}{1000}=\frac{0.10\times6.00}{1000} \quad \cdots\cdots①$$

メチルオレンジが黄色から赤色に変化する第2段階の中和では，生じた $NaHCO_3$ が HCl と反応する反応(2)が起こる。ここでの $NaHCO_3$ の物質量は，初めの Na_2CO_3 の物質量と同じであるから

$$\frac{x\times2.00}{1000}=\frac{0.10\times2.00}{1000} \quad \cdots\cdots②$$

①，②より $x=0.10$〔mol/L〕，$y=0.20$〔mol/L〕

問5 問4の電離定数 K より

$$pK=-\log_{10}K=-\log_{10}\frac{[H^+][X^-]}{[HX]}$$

$$= -\log_{10}[\mathrm{H^+}] - \log_{10}\frac{[\mathrm{X^-}]}{[\mathrm{HX}]}$$

$$= \mathrm{pH} - \log_{10}\frac{[\mathrm{X^-}]}{[\mathrm{HX}]}$$

問6　濃度が大きいほうの色を見ることができる。

濃度比 $\dfrac{[\mathrm{X^-}]}{[\mathrm{HX}]} < \dfrac{20}{80}$ であれば［HX］の黄色が，

濃度比 $\dfrac{[\mathrm{X^-}]}{[\mathrm{HX}]} > \dfrac{90}{10}$ であれば［$\mathrm{X^-}$］の青色が見える。

問5より　　$\mathrm{pH} = \mathrm{p}K + \log_{10}\dfrac{[\mathrm{X^-}]}{[\mathrm{HX}]}$

pK は濃度に無関係に一定であるので，どちらの色が見えるかは，pH で決まるといえる。すなわち

$\mathrm{pH} < \mathrm{p}K + \log_{10}\dfrac{20}{80}$ のときは［HX］の黄色が，

$\mathrm{pH} > \mathrm{p}K + \log_{10}\dfrac{90}{10}$ のときは［$\mathrm{X^-}$］の青色が見える。

よって，その幅は　　$\log_{10}\dfrac{90}{10} - \log_{10}\dfrac{20}{80}$

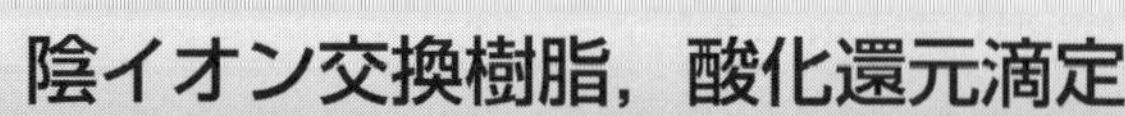

31 陰イオン交換樹脂，酸化還元滴定

（2007年度 第2問）

次の陰イオン交換樹脂に関する文章を読み，以下の問に答えよ。

陰イオン交換樹脂

（上部の太線はポリスチレンの重合部を表す）

イオン交換カラム

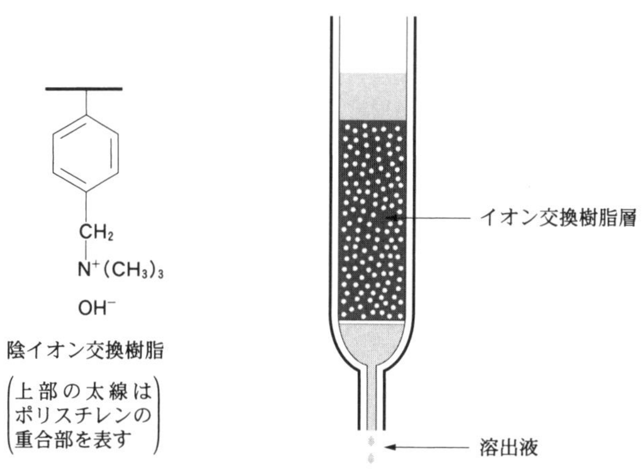

イオン交換樹脂は，水溶液中にあるイオンを，樹脂にイオン結合したイオンと取り替えるはたらきをもつ。図に示した陰イオン交換樹脂は，陰イオンとイオン結合できる置換基をもつ，高度に重合したポリスチレン誘導体である。水酸化物イオンがイオン結合しているこの陰イオン交換樹脂をつめて陰イオン交換カラムを作り，以下の実験をおこなった。

実験1

［操作1］ まず，カラムに①フェノール水溶液を通し，次に蒸留水を通して水洗し，最後に②酢酸水溶液を通した。

［操作2］ まず，カラムに③酢酸水溶液を通し，次に蒸留水を通して水洗し，最後に④フェノール水溶液を通した。

実験2

微量のエタノールが混在した⑤濃度不明のシュウ酸ナトリウム $(COONa)_2$ 水溶液のシュウ酸イオン濃度を調べた。以下の陰イオン交換樹脂を用いた操作は，混在するエタノールを除去するために必要である。この場合，陰イオン交換樹脂を十分量つめたカラムを用いた。

まず，シュウ酸ナトリウム水溶液5.0mLをカラムに通した。次に蒸留水を通してビーカー**A**に集めた。その後，十分量の硫酸ナトリウム水溶液を通し，続いて蒸

留水を十分量通し，両方の操作で出てくるシュウ酸イオンを含む溶出液をビーカーBに集めた。ビーカーBの溶液を硫酸で酸性にした後，⑥0.010 mol/L の過マンガン酸カリウム水溶液を用いて滴定したところ，過マンガン酸カリウム水溶液 20 mL が必要であった。

問1　下線部①と③によって陰イオン交換カラム内部で生じるそれぞれの変化を反応式で表せ。ただし，イオン交換前の樹脂は $R{-}N^{+}(CH_3)_3OH^{-}$ として記せ。

問2　下線部②と④のうちイオン交換反応が起こりにくいのはどちらか，番号で答えよ。また，その理由を 40 字以内で述べよ。

問3　下線部⑤のシュウ酸イオン濃度を，有効数字 2 桁で求めよ。答だけでなく，求める過程および反応式も示せ。

問4　下線部⑥では，何をもって滴定終了点とするかを 30 字以内で述べよ。

解 答

問1 ① $R-N^+(CH_3)_3OH^- + C_6H_5OH$ （ベンゼン環–OH）

$\longrightarrow R-N^+(CH_3)_3\,{}^-O-C_6H_4$ ……すなわち $R-N^+(CH_3)_3$（ベンゼン環）$-O^- + H_2O$

③ $R-N^+(CH_3)_3OH^- + CH_3COOH \longrightarrow R-N^+(CH_3)_3CH_3COO^- + H_2O$

問2 番号：④ 理由：フェノールは酢酸より弱い酸であるので，フェノキシドイオンになりにくいから。(40字以内)

問3 $2KMnO_4 + 5(COONa)_2 + 8H_2SO_4$

$\longrightarrow 2MnSO_4 + K_2SO_4 + 5Na_2SO_4 + 8H_2O + 10CO_2$

シュウ酸イオン濃度を x〔mol/L〕とすると，物質量の比の関係から

$KMnO_4 : (COONa)_2 = 2 : 5 = \dfrac{0.010\times20}{1000} : \dfrac{x\times5.0}{1000}$

∴ $x = 0.10$〔mol/L〕 ……(答)

問4 滴下した過マンガン酸イオンの赤紫色が消えなくなったとき。(30字以内)

ポイント

陰イオン交換樹脂は塩基としてはたらく。

解 説

問1 弱電解質のフェノールや酢酸は陰イオン濃度が小さいので，通常の吸着によるイオン交換は起こりにくい。本問では，酸であるフェノールや酢酸と塩基である陰イオン交換樹脂との中和反応が起こっていると考える。吸着に比べ，反応は速い。

問2 酸の強さは，酢酸＞フェノールである。弱酸の塩と酢酸が反応し，フェノールを遊離させ，イオン交換反応が起こる。

$R-N^+(CH_3)_3$（ベンゼン環）$-O^- + CH_3COOH$
弱酸の塩　酢酸

$\longrightarrow R-N^+(CH_3)_3CH_3COO^- +$（ベンゼン環）$-OH$
酢酸の塩　弱酸

一方，強酸の塩に弱酸のフェノールでは，強酸を遊離できないので，イオン交換反応は起こりにくい。

$$R-N^+(CH_3)_3CH_3COO^- + C_6H_5OH \longrightarrow \times$$

強酸の塩　　　　弱酸

問3　強電解質のシュウ酸ナトリウムは，水溶液中で完全電離している。

$$\begin{matrix} COONa \\ | \\ COONa \end{matrix} \longrightarrow \begin{matrix} COO^- \\ | \\ COO^- \end{matrix} + 2Na^+$$

シュウ酸ナトリウム水溶液をカラムに通すと，非電解質のエタノールは吸着されずにビーカー**A**に移る。続いて蒸留水を通すのは，カラム中に残ったエタノールを洗い出すためである。一方，シュウ酸イオンは次式のように陰イオン交換樹脂に吸着されている。

イオン交換反応

$$R\begin{cases} N^+(CH_3)_3OH^- \\ N^+(CH_3)_3OH^- \end{cases} + \begin{matrix} COO^- \\ | \\ COO^- \end{matrix} \rightleftarrows R\begin{cases} N^+(CH_3)_3COO^- \\ \qquad\qquad\quad | \\ N^+(CH_3)_3COO^- \end{cases} + 2OH^-$$

陰イオン交換樹脂　　　　　2価の陰イオンのほうが吸着力は大きい

十分量の硫酸ナトリウム水溶液を通すと，イオン交換反応が起こり，シュウ酸イオンが溶出しビーカー**B**に移る。続いて蒸留水を通すのは，カラム中に残ったシュウ酸イオンを洗い出すためである。この操作でカラムを通過した硫酸イオンがビーカー**B**に入るが，酸化還元滴定に影響はない。

イオン交換反応

$$R\begin{cases} N^+(CH_3)_3COO^- \\ \qquad\qquad\quad | \\ N^+(CH_3)_3COO^- \end{cases} + SO_4^{2-} \rightleftarrows R\begin{cases} N^+(CH_3)_3 \\ N^+(CH_3)_3 \end{cases} SO_4^{2-} + \begin{matrix} COO^- \\ | \\ COO^- \end{matrix}$$

ビーカー**B**へ

この操作で得られたシュウ酸イオンを過マンガン酸カリウム水溶液で滴定する。このときの半反応式は

$$MnO_4^- + 8H^+ + 5e^- \longrightarrow Mn^{2+} + 4H_2O \quad \cdots\cdots(\mathrm{i})$$

$$C_2O_4^{2-} \longrightarrow 2CO_2 + 2e^- \quad \cdots\cdots(\mathrm{ii})$$

2×(i)+5×(ii) より

$$2MnO_4^- + 16H^+ + 5C_2O_4^{2-} \longrightarrow 2Mn^{2+} + 10CO_2 + 8H_2O$$

両辺に $2K^+$，$10Na^+$，$8SO_4^{2-}$ を加えて化学反応式を導く。

問4　酸化剤の過マンガン酸カリウムは，反応の終了を示す指示薬としても働いている。過マンガン酸カリウム水溶液が赤紫色であるのは，溶液中の過マンガン酸イオン MnO_4^- による。ビュレットを用いて MnO_4^- を滴下していくと，還元剤の無色のシュウ酸イオン $C_2O_4^{2-}$ と反応して，ほぼ無色の Mn^{2+} に変化する。しかし，$C_2O_4^{2-}$ がすべて反応してなくなると，MnO_4^- の赤紫色が消えなくなる。このときが滴定終了点になる。

32 反応速度

（2006年度　第1問）

過酸化水素の分解反応（式1）とその反応速度に関する以下の問に答えよ。

$$H_2O_2\,(液) \longrightarrow H_2O\,(液) + \frac{1}{2}O_2\,(気) \qquad （式1）$$

問1　式1の反応の反応熱を求めよ。また，この反応は発熱反応か，それとも吸熱反応かを書け。ただし，H_2O（気）およびH_2O_2（液）の生成熱は，それぞれ242 kJ/mol，188 kJ/molとする。また，H_2Oの蒸発熱は44 kJ/molとする。

問2　H_2O_2は常温の水溶液中ではゆっくりとしか分解しない。しかし，酸化マンガン(Ⅳ)やカタラーゼ（酵素）などの触媒が存在すると，式1に従って速やかに分解する。一般に，触媒の存在下で反応が促進される理由を20字以内で書け。

問3　式1の反応速度vは次の式で表わされる。

$$v = -\frac{\Delta[H_2O_2]}{\Delta t} \qquad （式2）$$

ここで，$\Delta[H_2O_2]$はH_2O_2の濃度の変化量〔mol/L〕，Δtは反応時間である。

いま，生成物O_2の発生量に着目して反応速度を考える。2Lの反応溶液からΔtの間に発生したO_2の物質量をΔn〔mol〕とする。反応速度vをΔnを用いた式で表わせ。ただし，反応溶液中へのO_2の溶解は無視できるものとする。

問4　酸化マンガン(Ⅳ)を触媒とする場合，反応速度vは，反応速度定数kとH_2O_2濃度の積で表わされる。このとき，反応中の時刻tにおけるH_2O_2の濃度$[H_2O_2]$は次の式で与えられる。

$$[H_2O_2] = [H_2O_2]_0 e^{-kt} \qquad （式3）$$

ここで，$[H_2O_2]_0$は反応開始時刻におけるH_2O_2の濃度（初濃度）である。

この反応で，種々の初濃度のH_2O_2水溶液について，H_2O_2濃度が初濃度の半分となる時間$t_{1/2}$を求める。$[H_2O_2]_0$と$t_{1/2}$の関係を図示した場合，下図A～Fのいずれの結果が得られるか。適切なものを選べ。

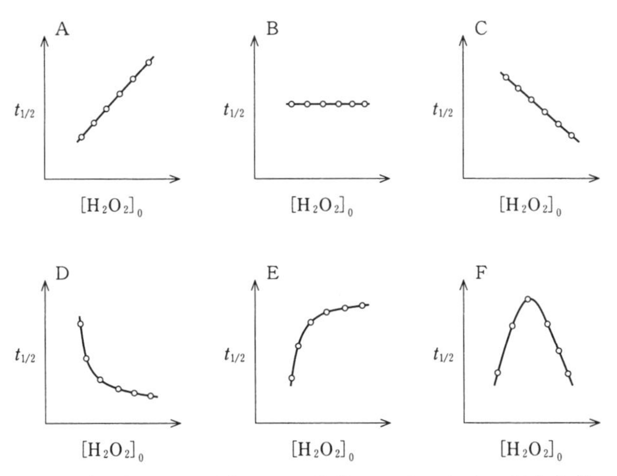

問5　カタラーゼを触媒とした反応では，酸化マンガン(Ⅳ)の場合と違って，反応速度が最大になる温度（最適温度）が存在する。この温度以上で反応速度が低下する理由を40字以内で書け。

解 答

問1 反応熱：**98 kJ** 発熱反応

問2 活性化エネルギーを小さくする働きがある。(**20** 字以内)

問3 $v=\dfrac{\Delta n}{\Delta t}$

問4 B

問5 カタラーゼの主成分であるタンパク質の立体構造が変化し，触媒活性を失うから。(**40** 字以内)

ポイント

$v=k[H_2O_2]$ の1次反応である。1次反応では半減期は初濃度 $[H_2O_2]_0$ に無関係に一定である。

解 説

問1 与えられた反応熱を熱化学方程式で示すと次のようになる。

$$H_2\,(気)+\frac{1}{2}O_2\,(気)=H_2O\,(気)+242\,\text{kJ} \quad \cdots\cdots①$$

$$H_2\,(気)+O_2\,(気)=H_2O_2\,(液)+188\,\text{kJ} \quad \cdots\cdots②$$

$$H_2O\,(液)=H_2O\,(気)-44\,\text{kJ} \quad \cdots\cdots③$$

①－②－③ より

$$H_2O_2\,(液)=H_2O\,(液)+\frac{1}{2}O_2\,(気)+98\,\text{kJ}$$

問2 触媒は反応の前後で変化しないが，反応の途中では反応物に作用して，触媒がない場合とは異なる活性化状態をつくる。こうして，反応は活性化エネルギーの小さい別の経路をとるので，反応速度が大きくなる。

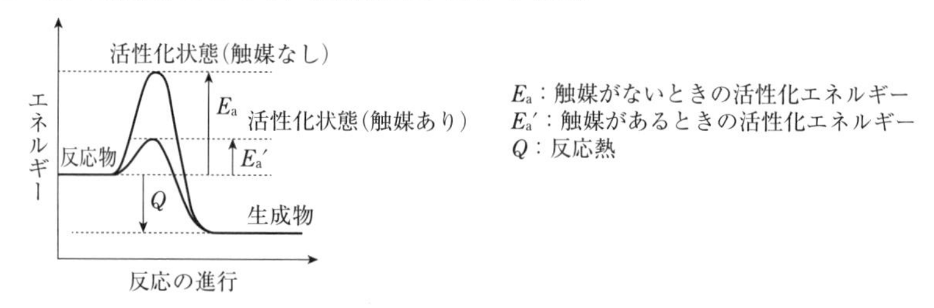

問3 反応の進行によって，H_2O_2 の濃度は減少するので，H_2O_2 の濃度の変化量 $\Delta[H_2O_2]$ は負の値になる。変化量を正の値にするため，－の符号をつける。反応時間 Δt における O_2 の濃度の変化量を $\Delta[O_2]$ とする。この場合，反応の進行によって O_2 の濃度は増加するので，正の値をとる。また，反応溶液の体積は 2L であ

るので，O_2 の濃度の変化量は

$$\Delta[O_2]=\frac{\Delta n}{2}\,[\mathrm{mol/L}]$$

$2H_2O_2 \longrightarrow 2H_2O+O_2$ の係数比から，H_2O_2 が 2mol 減少すると，O_2 が 1mol 増加する。H_2O_2 の変化量は，O_2 の変化量の 2 倍である。よって

$$-\Delta[H_2O_2]=2\Delta[O_2]$$

$$\therefore\quad v=-\frac{\Delta[H_2O_2]}{\Delta t}=\frac{2\Delta[O_2]}{\Delta t}=\frac{2\times\frac{\Delta n}{2}}{\Delta t}=\frac{\Delta n}{\Delta t}$$

問4　式3より　$\dfrac{[H_2O_2]}{[H_2O_2]_0}=e^{-kt}$

H_2O_2 の濃度［H_2O_2］が初濃度［H_2O_2］$_0$ の半分になる時間 $t_{\frac{1}{2}}$ を半減期という。これらを代入すると

$$\frac{[H_2O_2]}{[H_2O_2]_0}=\frac{1}{2}=e^{-kt_{\frac{1}{2}}}$$

両辺の自然対数をとると

$$\log_e\frac{1}{2}=-kt_{\frac{1}{2}}\qquad \log_e 2=kt_{\frac{1}{2}}\qquad \therefore\quad t_{\frac{1}{2}}=\frac{\log_e 2}{k}$$

反応速度定数 k は反応の種類と温度によって決まる定数で，一定温度では濃度によらず一定なので，$t_{\frac{1}{2}}$ は初濃度［H_2O_2］$_0$ に無関係に一定である。この関係を図示したのはBである。

問5　酸化マンガン(Ⅳ)のような無機物質の触媒反応では，温度が高くなるほど反応速度は大きくなるが，カタラーゼのような酵素の場合は，30～40℃付近に最適温度が存在する。最適温度以上では，タンパク質が変性を受け，酵素の働きが失われる（失活という)。この変化は不可逆であるので，冷却してもその働きは回復しない。

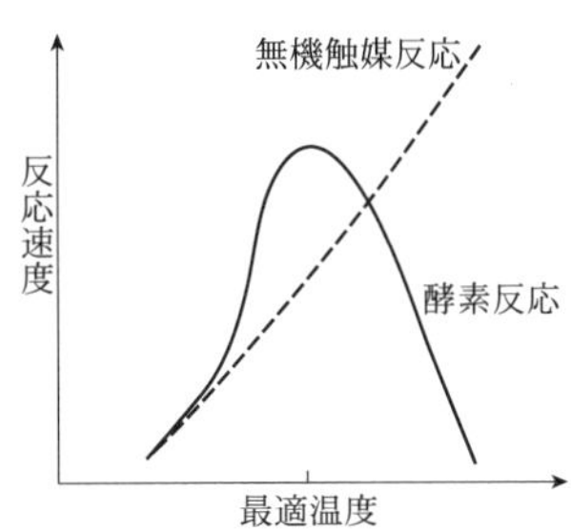

33 平衡定数

（2005年度　第1問）

次の文章を読み，問1～問4に答えよ。ただし，気体はすべて理想気体とし，気体定数は $R=0.082\,\mathrm{atm\cdot L/(mol\cdot K)}$ とする。

次の反応の800℃における平衡定数は $K=8.50\times10^{-2}\,\mathrm{mol/L}$ である。

$$CO_2\,(気体)+C\,(黒鉛) \rightleftarrows 2CO\,(気体) \qquad (1)$$

また，標準状態における CO_2（気体）と CO（気体）の生成熱は，それぞれ 394 kJ/mol と 111 kJ/mol である。

問1　標準状態において，成分元素の単体から 1 mol の CO_2（気体）を生成する反応と 1 mol の CO（気体）を生成する反応について，それぞれの熱化学方程式を記せ。

問2　反応(1)の標準状態における熱化学方程式を示せ。また，この反応の正反応は発熱反応と吸熱反応のどちらであるかを記せ。

問3　温度800℃において，0.5 mol の CO_2 と 1 mol の CO の混合気体を少量の C（黒鉛）が入った容積 100 L の容器に入れて，同じ温度に保った。この混合物が平衡状態に到達するまでに濃度が増加するのは，CO_2 と CO のいずれであるかを，平衡定数を表す式を用いて判定せよ。また，その判定理由も記せ。ただし，C（黒鉛）は平衡状態に達したあとも残るが，その体積は無視できるものとする。

問4　C（黒鉛）と n_0〔mol〕の CO_2 との混合物が温度800℃で平衡状態に達した。この状態における混合気体の圧力は 1.87 atm，その中に含まれる CO_2 の物質量は n_{CO_2}〔mol〕であった。

(1)　平衡状態における CO の物質量 n_{CO}〔mol〕を，n_0 と n_{CO_2} を用いて表せ。

(2)　平衡定数 K を n_0，n_{CO_2}，温度 T〔K〕，全圧 p〔atm〕および気体定数 R を用いて表せ。また，その導出過程も示せ。

(3)　平衡状態における CO と CO_2 の物質量の比 n_{CO}/n_{CO_2} を有効数字2桁で記せ。また，その計算過程も示せ。ただし，必要ならば $\sqrt{2.0}=1.41$，$\sqrt{0.50}=0.707$ として計算せよ。

解　答

問1　CO_2 生成反応の熱化学方程式：

$$C\,(黒鉛) + O_2\,(気体) = CO_2\,(気体) + 394\,kJ$$

CO 生成反応の熱化学方程式：

$$C\,(黒鉛) + \frac{1}{2}O_2\,(気体) = CO\,(気体) + 111\,kJ$$

問2　反応(1)の熱化学方程式：

$$CO_2\,(気体) + C\,(黒鉛) = 2CO\,(気体) - 172\,kJ$$

熱の出入り：吸熱反応

問3　濃度が増加するもの：CO

理由：混合時の $\frac{[CO]^2}{[CO_2]}$ の値は

$$\frac{[CO]^2}{[CO_2]} = \frac{\left(\frac{1}{100}\right)^2}{\frac{0.5}{100}} = 0.02\,〔mol/L〕$$

である。この値は，平衡定数 K の値である 8.50×10^{-2}〔mol/L〕より小さいので，反応は正反応の方向に進んで，CO の濃度は増加し，CO_2 の濃度は減少する。

問4　(1)　$n_{CO} = 2\,(n_0 - n_{CO_2})$〔mol〕

(2)　平衡後の混合気体の全物質量は

$$n_{CO_2} + n_{CO} = n_{CO_2} + 2\,(n_0 - n_{CO_2}) = 2n_0 - n_{CO_2}\,〔mol〕$$

気体の状態方程式を適用すると

$$pV = (2n_0 - n_{CO_2})\,RT \qquad \therefore \quad V = \frac{(2n_0 - n_{CO_2})\,RT}{p}$$

平衡定数は

$$K = \frac{[CO]^2}{[CO_2]} = \frac{\left(\frac{n_{CO}}{V}\right)^2}{\frac{n_{CO_2}}{V}} = \frac{n_{CO}{}^2}{n_{CO_2}V} = \frac{2^2(n_0 - n_{CO_2})^2}{n_{CO_2}} \times \frac{1}{\frac{(2n_0 - n_{CO_2})\,RT}{p}}$$

$$= \frac{4\,(n_0 - n_{CO_2})^2 p}{n_{CO_2}(2n_0 - n_{CO_2})\,RT}\,〔mol/L〕 \quad \cdots\cdots (答)$$

(3)　平衡後の混合気体の全物質量は $n_{CO_2} + n_{CO}$〔mol〕であるから，気体の状態方程式より

$$pV = (n_{CO_2} + n_{CO})\,RT \qquad \therefore \quad V = \frac{(n_{CO_2} + n_{CO})\,RT}{p}$$

$$K=\frac{[CO]^2}{[CO_2]}=\frac{\left(\frac{n_{CO}}{V}\right)^2}{\frac{n_{CO_2}}{V}}=\frac{n_{CO}{}^2}{n_{CO_2}V}=\frac{n_{CO}{}^2}{n_{CO_2}}\times\frac{1}{\frac{(n_{CO_2}+n_{CO})RT}{p}}$$

$$=\frac{n_{CO}{}^2p}{(n_{CO_2}{}^2+n_{CO_2}n_{CO})RT}=\frac{\left(\frac{n_{CO}}{n_{CO_2}}\right)^2}{\left(1+\frac{n_{CO}}{n_{CO_2}}\right)}\times\frac{p}{RT}$$

求める物質量の比 $\frac{n_{CO}}{n_{CO_2}}$ を x とすると

$$K=\frac{x^2}{1+x}\times\frac{p}{RT}$$

数値を代入すると

$$8.50\times10^{-2}=\frac{x^2}{1+x}\times\frac{1.87}{0.082\times(800+273)}$$

$$\frac{x^2}{1+x}=4 \qquad x^2-4x-4=0$$

$x>0$ より　　$x=2+2\sqrt{2}=2+2\times1.41=4.82\fallingdotseq4.8$　……(答)

解　説

問2　C (黒鉛) + O_2 (気体) = CO_2 (気体) + 394 kJ　……①

C (黒鉛) + $\frac{1}{2}O_2$ (気体) = CO (気体) + 111 kJ　……②

2×② − ① より

CO_2 (気体) + C (黒鉛) = 2CO (気体) − 172 kJ

反応熱の符号が − であるので，吸熱反応である。

問3　CO_2 (気体) + C (黒鉛) $\rightleftarrows$ 2CO (気体) に質量作用の法則を適用する。反応(1)の平衡定数を K_0 とすると

$$K_0=\frac{[CO\ (気体)]^2}{[CO_2\ (気体)][C\ (黒鉛)]}$$

固体と気体の関係する不均一系の平衡では，固体の濃度は一定とみることができる。よって，K_0[C (黒鉛)] = K とおいて

$$K_0[C\ (黒鉛)]=K=\frac{[CO\ (気体)]^2}{[CO_2\ (気体)]}$$

反応開始時，$\frac{[CO]^2}{[CO_2]}$ の値が，平衡定数 K と等しい場合，すでに平衡状態になっている。この値が小さければ，正反応の方向に進んで，[CO_2] が小さくなり，[CO]

が大きくなる。やがて平衡定数 K と等しい値となり，平衡状態になる。逆に，この値が大きければ，逆反応の方向に進んで，［CO_2］が大きくなり，［CO］が小さくなる。やがて平衡定数 K と等しい値となり，平衡状態になる。

問4　平衡時の成分気体の分圧を計算し，圧平衡定数から濃度平衡定数を計算してもよい。

気体の状態方程式より　　$pV=nRT$

これより　　$p=\dfrac{n}{V}RT=(\text{モル濃度})\times RT$

濃度平衡定数 K と圧平衡定数 K_p の関係は

$$K_p=\frac{p_{CO}{}^2}{p_{CO_2}}=\frac{([CO]RT)^2}{[CO_2]RT}=KRT \qquad \therefore \quad K=\frac{K_p}{RT}$$

(1)　平衡前後における各気体の物質量の関係は以下の通りである。

	CO_2（気体）＋C（黒鉛）	$\rightleftarrows$ 2CO（気体）	
平衡前	n_0	0	〔mol〕
変化量	$-(n_0-n_{CO_2})$	$+2(n_0-n_{CO_2})$	〔mol〕
平衡後	n_{CO_2}	n_{CO}	〔mol〕

よって　　$n_{CO}=2(n_0-n_{CO_2})$〔mol〕

(2)　(分圧)＝(モル分率)×(全圧)　であるから

$$p_{CO_2}=\frac{n_{CO_2}}{n_{CO_2}+n_{CO}}p=\frac{n_{CO_2}}{n_{CO_2}+2(n_0-n_{CO_2})}p=\frac{n_{CO_2}}{2n_0-n_{CO_2}}p$$

$$p_{CO}=\frac{n_{CO}}{2n_0-n_{CO_2}}p=\frac{2(n_0-n_{CO_2})}{2n_0-n_{CO_2}}p$$

$$K=\frac{[CO]^2}{[CO_2]}=\frac{p_{CO}{}^2}{p_{CO_2}}\times\frac{1}{RT}$$

$$=\frac{\left\{\dfrac{2(n_0-n_{CO_2})}{2n_0-n_{CO_2}}p\right\}^2}{\dfrac{n_{CO_2}}{2n_0-n_{CO_2}}p}\times\frac{1}{RT}=\frac{4(n_0-n_{CO_2})^2p}{n_{CO_2}(2n_0-n_{CO_2})RT}\text{〔mol/L〕}$$

(3)　分圧を用いて求めてもよい。

求める物質量の比 $\dfrac{n_{CO}}{n_{CO_2}}$ を x とすると

$$p_{CO_2}=\frac{n_{CO_2}}{n_{CO_2}+n_{CO}}p=\frac{1}{1+x}p$$

$$p_{CO}=\frac{n_{CO}}{n_{CO_2}+n_{CO}}p=\frac{x}{1+x}p$$

$$K=\frac{[CO]^2}{[CO_2]}=\frac{P_{CO}{}^2}{P_{CO_2}}\times\frac{1}{RT}$$

$$=\frac{\left(\frac{x}{1+x}p\right)^2}{\frac{1}{1+x}p}\times\frac{1}{RT}=\frac{x^2}{1+x}\times\frac{p}{RT}\text{〔mol/L〕}$$

上式に〔解答〕と同様に，値を代入して解を得る。

34 塩の加水分解

(2004年度　第2問)

次の文章を読み，問1～問6に答えよ。計算の結果は有効数字2桁で記せ。

0.10mol/Lの塩化アンモニウム水溶液の25℃におけるpHの値は以下のような考察によって求めることができる。①アンモニウムイオンと水の反応の25℃における平衡定数Kの値は近似的に式(1)で与えられる。[**A**]は化学種**A**のモル濃度である。ただし，[H^+]はH_3O^+のモル濃度を表す。

$$K = K'[H_2O] = \frac{[NH_3][H^+]}{[NH_4{}^+]} = 5.0\times10^{-10}\,mol/L \qquad (1)$$

溶液中では式(2)の電気的中性条件が成り立つ。

$$[H^+] + [NH_4{}^+] = [OH^-] + [Cl^-] \qquad (2)$$

さらに，②式(3)が成り立つ。

$$[NH_3] + [NH_4{}^+] = [Cl^-] = 1.0\times10^{-1}\,mol/L \qquad (3)$$

[H^+]の値を求めるために，式(1)，(2)および(3)から，[NH_3]，[$NH_4{}^+$]および[Cl^-]を消去すると式(4)が得られる。

$$[H^+]^2 + 5.0\times10^{-10}\times[H^+] - 5.0\times10^{-11} - 5.0\times10^{-10}\times[OH^-] - [H^+][OH^-] = 0 \qquad (4)$$

式(4)の各項の単位は$(mol/L)^2$である。③式(4)の左辺の第5項は第3項に比べて無視できる。さらに，この水溶液は［ア］なので，式(4)の左辺の第4項も第3項に比べて無視できる。したがって，次のような近似式が得られる。

$$[H^+]^2 + 5.0\times10^{-10}\times[H^+] - 5.0\times10^{-11} = 0 \qquad (5)$$

式(5)より④pHの値を計算することができる。

問1　アンモニウムイオンと水の反応（下線部①）の反応式を記せ。

問2　下線部②の理由を解答欄の枠内に記せ。

問3　下線部③の理由を解答欄の枠内に記せ。

問4　空欄［ア］に入る語句を下記の中から選び，その記号を記せ。

a　酸性　　　b　中性　　　c　塩基性

問5　下線部④の計算を行い，pHの値を記せ。必要があれば，$\log_{10}2$の値を0.30として計算せよ。

問6　この塩化アンモニウムの水溶液にアンモニアを吸収させてpH＝7.0とした。得られた水溶液の体積を1.0Lとして，新たに吸収させたアンモニアの物質量を記せ。

解 答

問1 $NH_4^+ + H_2O \rightleftarrows NH_3 + H_3O^+$

問2 NH_4Cl は完全電離するので，$[Cl^-] = $ **0.10〔mol/L〕** であり，NH_4^+ の加水分解による NH_4^+ の減少量は NH_3 の増加量に等しいので，式(3)が成り立つ。

問3 第5項は水のイオン積であり，25℃での値は，**1.0×10^{-14} mol²/L²** と，第3項より3桁も小さいため。

問4 **a**

問5 **5.2**

問6 **5.0×10^{-4} mol**

ポイント

式(1)に式(3)の $[NH_3]$ と式(2)の $[NH_4^+]$ を代入すると

$$(1.0\times10^{-1} - [NH_4^+])[H^+] = 5.0\times10^{-10}\times([OH^-] + 1.0\times10^{-1} - [H^+])$$

となり，この式にさらに式(2)の $[NH_4^+]$ を代入し整理すると式(4)になる。

解 説

問1 塩化アンモニウムを水に溶かすと，次式のように完全に電離する。

$$NH_4Cl \longrightarrow NH_4^+ + Cl^-$$

アンモニウムイオンは，水と次のような平衡状態となり，水溶液は弱酸性を示す。

$$NH_4^+ + H_2O \rightleftarrows NH_3 + H_3O^+$$

この平衡状態の平衡定数を K' とすると

$$K' = \frac{[NH_3][H^+]}{[NH_4^+][H_2O]}$$

薄いアンモニア水では，水の濃度 $[H_2O]$ はほぼ一定とみなせるので $K = K'[H_2O]$ とおける。

問2 アンモニウム塩の電離状態における物質量の収支関係を考える。

問3 水のイオン積 K_W は，水溶液の液性に無関係に，温度が一定であれば一定である。25℃では，常に $K_W = 1.0\times10^{-14}$〔mol²/L²〕 である。

問4 強酸の塩酸と弱塩基のアンモニアからできた正塩の塩化アンモニウムは，加水分解によってオキソニウムイオンを生じるので，酸性である。

$$NH_4^+ + H_2O \rightleftarrows NH_3 + H_3O^+$$

問5 解の公式を用いる。

$$[H^+]^2 + 5.0\times10^{-10}\times[H^+] - 5.0\times10^{-11} = 0$$

$$\therefore\quad [H^+]=\frac{-5.0\times10^{-10}\pm\sqrt{5.0^2\times10^{-20}+4\times5.0\times10^{-11}}}{2}$$

$$\fallingdotseq\frac{-5.0\times10^{-10}\pm\sqrt{2}\times10^{-5}}{2}$$

ここで，$[H^+]>0$ であり，$\sqrt{2}\times10^{-5}\gg5.0\times10^{-10}$ であるので，$[H^+]\fallingdotseq\frac{\sqrt{2}\times10^{-5}}{2}$ と近似できる。したがって

$$pH=-\log[H^+]=-\log\frac{\sqrt{2}\times10^{-5}}{2}=-\frac{1}{2}\log2+5+\log2$$

$$=-\frac{1}{2}\times0.30+5+0.30=5.15\fallingdotseq5.2$$

問6　$NH_4^+ + H_2O \rightleftarrows NH_3 + H_3O^+$ の平衡状態において，水溶液中では電気的中性が成り立つ。

pH＝7.0のとき

$$[H^+][OH^-]=1.0\times10^{-14}\qquad\therefore\quad[H^+]=[OH^-]=1.0\times10^{-7}\,[\mathrm{mol/L}]$$

したがって，式(2)は

$$[NH_4^+]=[Cl^-]$$

$[Cl^-]=0.10\,[\mathrm{mol/L}]$ なので

$$[NH_4^+]=0.10\,[\mathrm{mol/L}]$$

1.0Lの水溶液に吸収されたアンモニアの物質量を x〔mol〕とすると

$$\frac{[NH_3][H^+]}{[NH_4^+]}=\frac{x\times1.0\times10^{-7}}{0.10}=5.0\times10^{-10}\,[\mathrm{mol/L}]$$

$\therefore\quad x=5.0\times10^{-4}$〔mol〕

35 酢酸の電離平衡

(2003年度 第2問)

酢酸に関する問1～問5に答えよ。

A 酢酸分子 CH_3COOH を構成する原子の同位体，相対質量，存在率，原子量を次の表に示す。

問1 酢酸の分子量を小数点以下2位までの数字で示せ。

問2 構成原子の質量数の和が62の酢酸分子に含まれる陽子，中性子，電子の個数を示せ。

問3 質量数の和が63である酢酸分子の内で，もっとも存在率が高い分子に含まれる ^{1}H，^{2}H，^{12}C，^{13}C，^{16}O，^{17}O，^{18}O のそれぞれの個数を示せ。

同位体	相対質量	存在率(%)	原子量
^{1}H	1.01	99.985	1.01
^{2}H	2.01	0.015	
^{12}C	12.00	98.90	*
^{13}C	13.00	1.10	
^{16}O	15.99	99.762	16.00
^{17}O	17.00	0.038	
^{18}O	18.00	0.200	

(* 炭素の原子量は示していない)

B 濃度 c〔mol/L〕の酢酸の水溶液を作った。酢酸の電離度を α とし，電離平衡定数 K_a を

$$K_a = \frac{[CH_3COO^-][H^+]}{[CH_3COOH]} \qquad 〔1〕$$

とする。

問4 〔1〕式より，酢酸水溶液のpHを表す〔2〕式を導くことができる。

$$pH = \boxed{\text{ア}} + \log\frac{\alpha}{1-\alpha} \qquad 〔2〕$$

空欄 ア にあてはまる式を示せ。

問5 濃度0.10mol/Lの酢酸水溶液100mLに，0.050mol/Lの水酸化カリウム

(KOH) 水溶液を加える。

(1) 加える KOH 水溶液の量を 40 mL から 160 mL に変化させるとき，α の変化をグラフで示せ。

〔解答欄〕

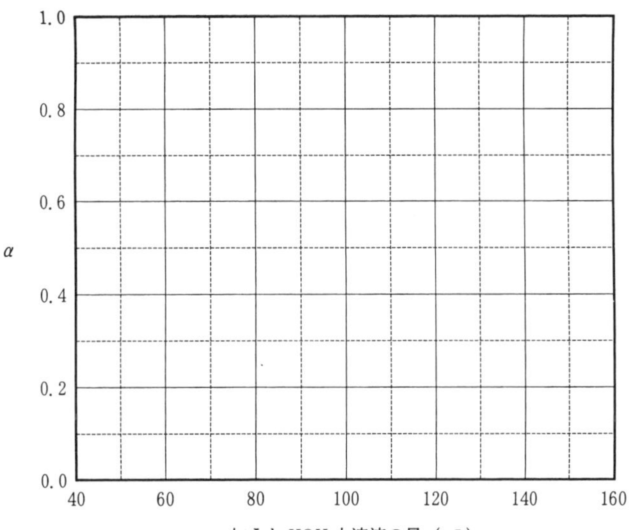

(2) 加えた KOH 水溶液の量が 150 mL のときの pH を小数点以下 1 位までの数字で示せ。ただし，$\alpha = 0.50$ のときの pH は 4.72 とし，また，必要であれば $\log_{10}2 = 0.30$，$\log_{10}3 = 0.48$ を使うこと。

解 答

問1 **60.06**

問2 陽子：**32** 中性子：**30** 電子：**32**

問3 ^{1}H：**4** ^{2}H：**0** ^{12}C：**1** ^{13}C：**1** ^{16}O：**1** ^{17}O：**0** ^{18}O：**1**

問4 $-\log K_a$

問5 (1) 下図 (2) **5.2**

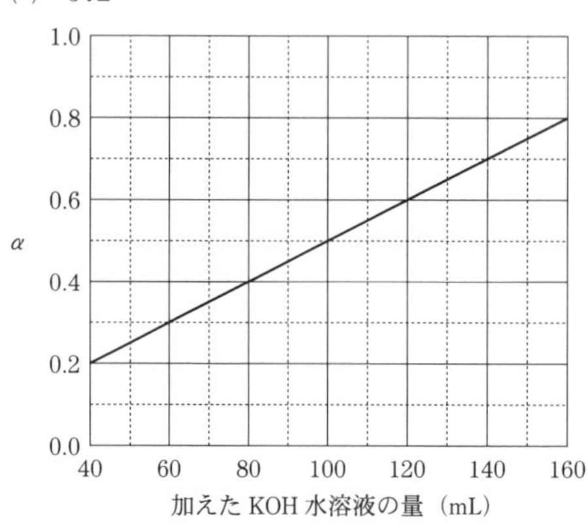

ポイント

0.10mol/L の CH_3COOH 100mL は，0.050mol/L の KOH 200mL を加えると中和点に達する。それまでは緩衝溶液となっている。

解 説

問1 同位体の存在する元素の原子量は，各同位体の存在率から求めた相対質量の平均値であるから，炭素の原子量は

$$12.00\times\frac{98.90}{100}+13.00\times\frac{1.10}{100}=12.011\fallingdotseq 12.01$$

一方，分子量は分子を構成している原子の原子量の総和であるので，酢酸の分子量は

$$2\times12.01+4\times1.01+2\times16.00=60.06$$

〔参考〕 水素と酸素の場合も炭素と同様に，与えられた相対質量と存在率から原子量を求めると

Hの原子量 $1.01\times\frac{99.985}{100}+2.01\times\frac{0.015}{100}=1.010\fallingdotseq 1.01$

Oの原子量 $15.99\times\frac{99.762}{100}+17.00\times\frac{0.038}{100}+18.00\times\frac{0.200}{100}=15.993\fallingdotseq 15.99$

よって，酢酸の分子量は

$2\times12.01+4\times1.01+2\times15.99=60.04$

問2　(原子番号)＝(陽子数)＝(電子数) であるので，酢酸分子 $C_2H_4O_2$ 中の陽子数ならびに電子数の和は

$2\times6+4\times1+2\times8=32$

一方，(中性子数)＝(質量数)－(陽子数) より，酢酸の中性子の個数は

$62-32=30$

問3　分子における存在率は，各同位体に存在率を掛け合わせたものに等しい。2種の各同位体の組み合わせを存在率の多いものから順に並べると

①　$(^{12}C)(^{13}C)\cdots\dfrac{98.90}{100}\times\dfrac{1.10}{100}$

②　$(^{16}O)(^{18}O)\cdots\dfrac{99.762}{100}\times\dfrac{0.200}{100}$

③　$(^{1}H)(^{2}H)\cdots\dfrac{99.985}{100}\times\dfrac{0.015}{100}$

よって，質量数の和が63の酢酸分子 $C_2H_4O_2$ の内で，もっとも存在率が高いのは，$(^{12}C)(^{13}C)(^{1}H)_4(^{16}O)(^{18}O)$ である。

問4　酢酸の電離平衡における各物質のモル濃度は次のとおり。

$$\begin{array}{cccc} CH_3COOH & \rightleftharpoons & CH_3COO^- & + H^+ \\ c(1-\alpha) & & c\alpha & c\alpha \ \text{〔mol/L〕} \end{array}$$

〔1〕式より

$$K_a=\frac{c\alpha\times[H^+]}{c(1-\alpha)}=\frac{\alpha\times[H^+]}{1-\alpha}$$

両辺 $-\log$ をとると　　$-\log K_a=-\log[H^+]-\log\dfrac{\alpha}{1-\alpha}$

$\therefore$　$pH=-\log K_a+\log\dfrac{\alpha}{1-\alpha}$

問5　(1)　加える KOH 水溶液の量が 40mL から 160mL の範囲では，CH_3COOH と CH_3COOK の混合溶液で，緩衝溶液である。CH_3COOK は，混合溶液中で，次のように完全に電離している。

$CH_3COOK \longrightarrow CH_3COO^- + K^+$

このため，未反応の酢酸の $CH_3COOH \rightleftharpoons CH_3COO^- + H^+$ の電離平衡は，酢酸水溶液に比べて左に偏っているので，未反応の酢酸からの電離は無視できる。よって，酢酸イオンの物質量は中和された酢酸の物質量と等しいといえる。

電離度は，酢酸が中和反応によって，どれだけ酢酸イオンに変化したかその変化の割合を示したものと考えることができる。よって，KOH 水溶液の量が 40mL から 160mL の範囲で，KOH 水溶液を a〔mL〕加えたときの電離度 α は

$$\alpha=\frac{0.050\times\frac{a}{1000}}{0.10\times\frac{100}{1000}}=0.0050a$$

KOH を 40 mL 加えたとき

$$\alpha=0.2$$

160 mL 加えたとき

$$\alpha=0.8$$

この2点を結ぶ直線のグラフを描けばよい。

(2) 〔2〕式に，$\alpha=0.50$ を代入すると

$$\mathrm{pH}=-\log K_a+\log 1=-\log K_a=4.72$$

KOH 水溶液の量が 150 mL のとき

$$\alpha=0.0050\times150=0.75$$

よって，〔2〕式に，$\alpha=0.75$ を代入すると

$$\mathrm{pH}=4.72+\log\frac{0.75}{1-0.75}=4.72+\log 3=4.72+0.48=5.20\fallingdotseq5.2$$

第 3 章
無機物質

・非金属元素の性質
・金属元素の性質

36 地殻成分元素の単体・化合物，結合角，テルミット反応

（2022年度　第1問）

以下の文章を読み，問1～問4に答えよ。必要があれば次の数値を用いよ。

原子量　Al＝27.0

ファラデー定数　$F=9.65\times10^4$C/mol

地殻に最も多く含まれている元素は酸素Oである。酸素は，鉱物中の酸化物や，海水や大気の主たる成分元素の1つである。O_2は酸化剤としてはたらき，化石燃料と反応してエネルギーを放出するとともに，二酸化炭素①を生成する。また，大気を用いる内燃機関では窒素酸化物②も生成する。これらは多量に放出されれば，地球温暖化や大気汚染の原因となり得る。

地殻の成分元素として二番目に多く含まれているのはケイ素Siであり，三番目に多く含まれているのはアルミニウムAlである。いずれも酸化物のSiO_2やAl_2O_3としてセメントの原料となるほか，SiO_2はガラスの原料としても用いられ，単体のSiは半導体③の材料となっている。単体のAlは，ボーキサイトから得られるAl_2O_3から電気化学的な還元④によって製造される。その製造には膨大な電力消費を伴うため，飲料用缶などのリサイクルによる再利用が進んでいる。

地殻の成分元素として四番目に多く含まれているのは鉄Feである。主成分がFe_2O_3である赤鉄鉱と主成分がFe_3O_4である磁鉄鉱などを多く含む鉄鉱石を，コークスから生成した一酸化炭素で還元⑤することによって，銑鉄（せんてつ）が得られる。

問1　下線部①の二酸化炭素について，以下の⑴，⑵の設問に答えよ。

⑴　二酸化炭素の電子式を書け。

⑵　二酸化炭素に関連して，以下の文章の［ア］に適切な元素名を入れ，［イ］と［ウ］には適切な化学式を入れよ。

二酸化炭素は生物系の炭素循環において，光合成によって還元され，糖などの炭水化物に変換される。また石灰石や大理石などの主成分として［ア］イオンの炭酸塩が天然に存在する。日本の河川水は一般にほとんどが軟水であるのに対して，地下水や温泉水は［ア］イオンやマグネシウムイオンなどを多く含む硬水が多い。二酸化炭素を多く含む地下水が石灰岩を徐々に侵食すると塩である［イ］が溶解した水溶液とな

り，それが滴り落ちたときに二酸化炭素が空気中に放出され，[ウ]が析出して鍾乳石や石筍(せきじゅん)が形成し，鍾乳洞ができる。

問 2　下線部②の窒素酸化物において，大気汚染物質が生成する原因となるのは，おもに一酸化窒素 NO や，刺激臭のある二酸化窒素 NO_2 である。これらに関連する以下の(1)〜(4)の設問に答えよ。

(1)　NO は空気中で酸化される。この反応式を示せ。

(2)　NO_2 は単体の銅と濃硝酸から生成する。この反応式を示せ。

(3)　NO_2 は O—N—O の結合を有し，窒素原子上に不対電子をもつ。常温において赤褐色の NO_2 ガスを十分に加圧するとほぼ無色となる。この無色の気体は，すべての原子において希ガス原子と似た電子配置をもつ分子から成る。このときに生成する分子の電子式を書け。

(4)　NO_2 を含めたいくつかの分子の立体構造に関する以下の文章の空欄[エ]〜[ク]に適切な語句や化学式を入れよ。

電子対間の反発は分子の立体構造に影響する。例えばメタン CH_4 とアンモニア NH_3 と水 H_2O の H—X—H(X = C，N，O)の角度が CH_4 > NH_3 > H_2O となるのは，[エ]電子対と[オ]電子対の反発が[エ]電子対同士の反発より大きいためである。この影響に加えて，不対電子と電子対の反発は電子対間の反発より小さいことを考慮すると，亜硝酸イオン NO_2^-，二酸化窒素 NO_2，および NO_2 が電子を1つ失った NO_2^+ における O—N—O の角度の順は，[カ] > [キ] > [ク]となる。

問 3　下線部③に関連した以下の文章の空欄[ケ]〜[ソ]にあてはまる適切な語句や数字を入れよ。

金属原子の[ケ]エネルギーは一般に小さいため，金属元素は陽性が強い。そのため，金属原子が規則正しく配列した結晶では，その価電子は特定の原子内にはとどまらず，結晶内のすべての原子に共有される形で結晶中を動き回ることができる。このような価電子を[コ]電子といい，[サ]結合や電気伝導性に関与している。つぎに，周期表の第[シ]族の元素である Si の結晶中では，[ス]個の価電子をもつ

Si原子の周りに，隣接する4つのSi原子が共有結合している。そこに微量のP原子を混入すると，［セ］個の価電子をもつP原子の周りにも隣接する4つのSi原子が共有結合し，そこで余った［ソ］個の価電子が［コ］電子と同じように電気を運ぶはたらきをして，n型半導体としての性質を示す。

問4　下線部④，⑤のAlとFeの製造法や性質に関連した以下の(1)~(3)の設問に答えよ。

(1)　AlとFe_2O_3との混合物(テルミット)に点火すると，激しく反応して融解した鉄Feが生じるため，鉄道のレールなどの溶接に利用される。このときのAlとFe_2O_3の熱化学方程式を記せ。ただし，Al_2O_3とFe_2O_3の生成熱はそれぞれ1676 kJ/molと824 kJ/molである。

(2)　1000 ℃の高温で融解した氷晶石Na_3AlF_6にAl_2O_3を溶かして，炭素電極を用いて融解塩(溶融塩)電解することにより，Al_2O_3から単体のAlが製造されている。2.00 Aの電流で，陰極で108 gのAlを得るために要する時間(秒)を有効数字3桁で答えよ。また陽極で発生する主な気体の1つを答えよ。

(3)　Feは，AlとFe_2O_3の混合物の反応により容易に得られるが，Alは，Al_2O_3とFeの混合物の反応では得られない。この理由を，AlとFeの性質を比べて30字以内で述べよ。

解　答

問1　(1)　$\ddot{\underset{..}{\mathrm{O}}}::\mathrm{C}::\ddot{\underset{..}{\mathrm{O}}}$

(2)　ア．カルシウム　イ．$Ca(HCO_3)_2$　ウ．$CaCO_3$

問2　(1)　$2NO + O_2 \longrightarrow 2NO_2$

(2)　$Cu + 4HNO_3 \longrightarrow Cu(NO_3)_2 + 2NO_2 + 2H_2O$

(3)
$$\begin{array}{c}\ddot{\underset{..}{\mathrm{O}}}::\underset{..}{\mathrm{N}}:\underset{..}{\mathrm{N}}::\ddot{\underset{..}{\mathrm{O}}}\\ :\underset{..}{\mathrm{O}}::\underset{..}{\mathrm{O}}:\end{array}$$

(4)　エ．共有　オ．非共有　カ．NO_2^+　キ．NO_2　ク．NO_2^-

問3　ケ．イオン化　コ．自由　サ．金属　シ．14　ス．4　セ．5　ソ．1

問4　(1)　$2Al(固) + Fe_2O_3(固) = Al_2O_3(固) + 2Fe(固) + 852\,kJ$

(2)　時間：5.79×10^5 秒　陽極で発生する気体：CO または CO_2

(3)　Al は還元力が Fe よりも強く，酸化されやすいから。(30 字以内)

ポイント

電子対間の反発が大きいほど結合角は小さくなる。よって，反発の強さを小から大へ並べると，結合角は大から小へと並ぶ。

解　説

問1　(1)　不対電子 4 個の炭素原子と不対電子 2 個の酸素原子が次のように共有電子対をつくる。

$$:\dot{\underset{..}{\mathrm{O}}}\cdot\quad\cdot\dot{\mathrm{C}}\cdot\quad\cdot\dot{\underset{..}{\mathrm{O}}}: \longrightarrow \ddot{\underset{..}{\mathrm{O}}}::\mathrm{C}::\ddot{\underset{..}{\mathrm{O}}}$$

(2)　ア．石灰石や大理石の主成分は，炭酸カルシウム $CaCO_3$ である。

イ．炭酸カルシウムは二酸化炭素を多く含む水によって，炭酸水素カルシウムになり溶解する。

$$CaCO_3 + CO_2 + H_2O \rightleftarrows Ca(HCO_3)_2$$

ウ．CO_2 の放出によって，イの化学平衡から，左に平衡が移動するので，再び $CaCO_3$ が析出する。

問2　(1)　一酸化窒素は空気中ですみやかに酸化され，赤褐色の二酸化窒素になる。

(2)　還元剤：$Cu \longrightarrow Cu^{2+} + 2e^-$　……①

酸化剤：$HNO_3 + H^+ + e^- \longrightarrow NO_2 + H_2O$　……②

①＋2×② に $2NO_3^-$ を組み合わせて，反応式を得る。

(3)　$2NO_2 \rightleftarrows N_2O_4$ において，加圧すると，気体分子数が減少する右へ平衡が移動するので，無色の N_2O_4 になる。

次のように不対電子が共有電子対をつくるので，二酸化窒素が重合して四酸化二窒素になる。

$$\ddot{\text{O}}::\text{N}\dot{} \quad + \quad \dot{}\text{N}::\ddot{\text{O}}$$
$$:\ddot{\text{O}}: \qquad :\ddot{\text{O}}:$$

(4) 各分子は，次のように4つの電子対をもつ。

$$\text{H}:\underset{\cdot\cdot}{\overset{\text{H}}{\overset{\cdot\cdot}{\text{C}}}}:\text{H} \qquad \text{H}:\underset{\cdot\cdot}{\overset{\cdot\cdot}{\text{N}}}:\text{H} \qquad :\underset{\cdot\cdot}{\overset{\cdot\cdot}{\text{O}}}:\text{H}$$
$$\text{H} \qquad\qquad \text{H} \qquad\qquad \text{H}$$

CH_4：4つの共有電子対

NH_3：3つの共有電子対，1つの非共有電子対

H_2O：2つの共有電子対，2つの非共有電子対

4つの共有電子対をもつ CH_4 は，反発の強さが同じため，正四面体となっており，結合角は約 109° である。非共有電子対が増えるほど，H−X−H の共有電子対がつくる結合角が $CH_4 > NH_3 > H_2O$ と小さくなるので，共有電子対と非共有電子対の反発が共有電子対同士の反発より大きいとわかる。

また，NO_2 の電子式から，それぞれ電子が1つ減少・増加した NO_2^+ と NO_2^- の電子式は以下のようになると考えられる。

NO_2^+	NO_2	NO_2^-
$:\ddot{\text{O}}::\text{N}:\ddot{\underset{\cdot\cdot}{\text{O}}}:$	$:\ddot{\text{O}}::\dot{\text{N}}:\ddot{\underset{\cdot\cdot}{\text{O}}}:$	$:\ddot{\text{O}}::\ddot{\text{N}}:\ddot{\underset{\cdot\cdot}{\text{O}}}:$

各分子の N−O の結合に直接関与しない電子数に注目すると，NO_2^+ は不対電子や非共有電子対がなく，NO_2 や NO_2^- と比べて，O−N−O の結合角に影響を与える反発が弱いと予測される。また，問題文から，不対電子と電子対の反発が電子対間の反発よりも小さいことがわかっているので，O−N−O の結合角の順は，電子による反発が小さい順に，$NO_2^+ > NO_2 > NO_2^-$ となると考えられる。

問3 イオン化エネルギーは，原子から電子1個を取り去り，1価の陽イオンにするのに必要なエネルギーである。イオン化エネルギーが小さいほど，陽イオンになりやすく陽性が強くなる。

問4 (1) 与えられた生成熱の熱化学方程式は

$$2\text{Al}\,(固) + \frac{3}{2}\text{O}_2\,(気) = \text{Al}_2\text{O}_3\,(固) + 1676\,\text{kJ} \quad \cdots\cdots①$$

$$2\text{Fe}\,(固) + \frac{3}{2}\text{O}_2\,(気) = \text{Fe}_2\text{O}_3\,(固) + 824\,\text{kJ} \quad \cdots\cdots②$$

①−②より，求める熱化学方程式を得る。

(2) 陰極：$Al^{3+} + 3e^- \longrightarrow Al$

電子が 3mol 流れると，Al が 1mol 生成する。求める時間を t 秒とすると

$$\frac{2.00t}{9.65\times10^4}\times\frac{1}{3}=\frac{108}{27.0}\qquad\therefore\quad t=5.79\times10^5\text{ 秒}$$

陽極ではO^{2-}が酸化されるが，高温のため電極の炭素と反応し，COやCO_2が発生する。

$$C+O^{2-}\longrightarrow CO+2e^-$$

$$C+2O^{2-}\longrightarrow CO_2+4e^-$$

(3)　Alは酸素との結合力が強く，鉄などの金属酸化物を還元して，酸素を奪い取ることができる。これはテルミット反応と呼ばれ，鉄を溶かすほどの高温（3000℃以上）が発生する。

37 共有結晶の構造と性質，熱化学

(2013年度 第1問)

次の文章を読み，問1～問6に答えよ。

14族に属する炭素やケイ素は，最外殻電子を［ア］個もち，これらを原子間で共有することにより結合を形成し，共有結晶となる。共有結晶は異なる二つの元素からも形成される。炭化ケイ素 SiC はダイアモンドに似た結晶構造をとり，C 原子と Si 原子は交互に配置している。結合に用いられる最外殻電子は，C 原子では［イ］殻，Si 原子では［ウ］殻に存在する。

12族元素と16族元素からなる硫化亜鉛 ZnS は SiC と同様な結晶構造をもつ。Zn 原子は［エ］個，S 原子は［オ］個の最外殻電子をもち，これらを隣り合った Zn 原子と S 原子の間で共有することによって共有結晶が形成される。この化合物は天然にはセン亜鉛鉱として産出され，金属亜鉛の原料となる。①ZnS の燃焼により酸化亜鉛 ZnO が得られ，これを還元することにより金属亜鉛が得られる。ZnO は［カ］酸化物であり，②塩酸と水酸化ナトリウム水溶液のどちらとも反応する。

ケイ素と酸素からなる二酸化ケイ素 SiO_2 は上記の化合物とは異なる構造をもつ共有結晶である。③この結晶中には Si 原子1個あたり4つの Si−O 結合が存在する。SiO_2 は［キ］酸化物であり，④水酸化ナトリウムと混合して融解すると反応がおこる。この反応で生じた生成物に水を加えて加熱すると［ク］とよばれる粘性の高い液体が得られる。これに塩酸を加えて析出したものを乾燥するとシリカゲルが得られる。⑤シリカゲルは乾燥剤や脱水剤として用いられる。

表1 物質の生成熱

物質（状態）	生成熱（kJ/mol）
SiO_2（固体）	911
ZnO（固体）	348
ZnS（固体）	206
SiC（固体）	65
CO_2（気体）	394
SO_2（気体）	297
C（気体）	−717
Si（気体）	−451
Zn（気体）	−131
O（気体）	−249

問1　[ア]～[ク]の空欄にあてはまる適切な数，語句，または記号を答えよ。

問2　下線部①でおこる反応を反応式で表わし，その反応熱を表1の値を用いて求め，有効数字3桁で答えよ。ただし反応中の各元素は完全燃焼するものとする。解答欄には計算過程も示せ。

問3　下線部②でおこる2つの反応をそれぞれ反応式で表せ。

問4　下線部③のSi−O結合の平均結合エネルギーを表1の値を用いてkJ/mol単位で求め，有効数字3桁で答えよ。ただし，平均結合エネルギーはSiO_2結晶のすべての結合を切断してSi原子とO原子を生成するために必要なエネルギーを結合の数で割った値である。解答欄には計算過程も示せ。

問5　下線部④でおこる反応を反応式で表せ。

問6　下線部⑤の用途が可能である理由を50字程度で記せ。

解　答

問1　ア．**4**　イ．L　ウ．M　エ．**2**　オ．**6**　カ．両性　キ．酸性
　ク．水ガラス

問2　反応式：$ZnS+\frac{3}{2}O_2 \longrightarrow ZnO+SO_2$

反応熱：$ZnS+\frac{3}{2}O_2=ZnO+SO_2+Q$〔kJ〕　において

（反応熱）＝（生成物の生成熱の和）－（反応物の生成熱の和）より

$Q=(348+297)-206=439$〔kJ/mol〕　……（答）

問3　塩酸との反応：$ZnO+2HCl \longrightarrow ZnCl_2+H_2O$

水酸化ナトリウム水溶液との反応：

$ZnO+2NaOH+H_2O \longrightarrow Na_2[Zn(OH)_4]$

問4　Si—O 結合の平均結合エネルギーを x〔kJ/mol〕とする。

Si（固）＋O_2（気）＝SiO_2（固）＋911 kJ　において

（反応熱）＝（生成物の結合エネルギーの和）－（反応物の結合エネルギーの和）より

$911=4x-(451+2\times249)$　∴　$x=465$〔kJ/mol〕　……（答）

問5　$SiO_2+2NaOH \longrightarrow Na_2SiO_3+H_2O$

問6　シリカゲルは多孔質で表面積が大きく，表面にある多数のヒドロキシ基に水分子が水素結合をして吸着する。（50字程度）

ポイント

シリカゲルのヒドロキシ基が水素結合によって水分子を吸着する。

解　説

問1　ア．典型元素の最外殻電子数は族番号の下1桁の数字と一致する。

イ．C原子の電子配置は　K(2)L(4)

ウ．Si原子の電子配置は　K(2)L(8)M(4)

エ．Zn原子の電子配置は　K(2)L(8)M(18)N(2)

オ．S原子の電子配置は　K(2)L(8)M(6)

カ・キ．非金属の酸化物である SiO_2 は，酸性酸化物で塩基と反応する。一方，金属の酸化物は塩基性酸化物に分類されるが，Al や Zn の酸化物は酸とも塩基とも反応するので両性酸化物と呼ばれる。

ク．水ガラスは長い鎖状構造をもち，水中では乱雑に曲がりくねった状態で存在するので，粘性が高い。

問2　単体の生成熱は0である。

問3　酸化亜鉛は，強塩基の水溶液に溶け，テトラヒドロキソ亜鉛酸イオン $[Zn(OH)_4]^{2-}$ を生じる。

問4　表1のSi(気体)とO(気体)の生成熱より

Si(固)＝Si(気)－451kJ

$\frac{1}{2}O_2$(気)＝O(気)－249kJ　　∴　O_2(気)＝2O(気)－2×249kJ

問5　SiO_2 は共有結晶であるので，他の非金属酸化物のように水と反応して，ケイ酸 H_2SiO_3 を生じることはない。しかし，SiO_2 は酸性酸化物であるので，強塩基のNaOHとともに加熱融解すれば中和反応が起こり，塩のケイ酸ナトリウム Na_2SiO_3 と水を生じる。

問6　水ガラスの－Si－O^-Na^+ が塩酸で－Si－OHになる。乾燥すると，シリカゲルになる。水が蒸発し，さらに，一部の－Si－OH間で H_2O が取れて部分的に縮合して，空隙をもつ立体網目構造になる。このように，シリカゲルは多孔質になっており，表面積が大きい。その表面には縮合しないで残った多数の－OHがあり，これが水分子と水素結合を形成するため，化学的吸着力をもつ。また，多孔質であるため毛細管現象による物理的吸着力ももつ。

38 鉄とアルミニウム，アルミニウムのめっき
（2011年度 第2問）

次の【Ⅰ】と【Ⅱ】の文章を読み，問1～問7に答えよ。必要があれば次の数値を用いよ。

アボガドロ数＝6.02×10^{23}，Cuの原子量＝63.5，Alの原子量＝27.0

【Ⅰ】

鉄は，遷移金属の中では最も豊富に存在する元素であり，粒状の単体は［A］色である。湿度の高い空気中に放置すると酸化されて［B］色の錆びを与える。使い捨てカイロが温かくなるのも，保水剤に含まれる①水と酸素が鉄の粉末と反応して生じる熱を利用している。用途に応じては，腐食されないように多様な工夫がなされている。例えば，鉄の鋼板に鉄よりもイオン化傾向の［ア］金属をめっきすると，鉄の腐食を防ぐことができる。しかし，めっき表面に傷が生じた際には，露出した鉄が先に腐食されてしまう。一方，鉄よりもイオン化傾向の［イ］金属をめっきした鋼板では表面に傷が生じた際に，露出した鉄が腐食されるよりも先にめっきした金属が腐食されることで鉄の腐食を防ぐ。これは，イオン化傾向のより［ウ］金属から［エ］金属へと［オ］が移動して［カ］が生じる原理を利用している。

アルミニウムは，鉄よりもイオン化傾向の［キ］金属であり，鉄よりも腐食されやすいと考えられるが，実際には窓枠などに利用されている。これは，電解酸化によりアルミニウムの表面に②腐食に強い薄い酸化膜を生じてアルミニウム内部の腐食が防がれるためである。また，③ステンレス鋼は鉄とクロムを主成分とする合金であり非常に腐食に強いため，日常生活において高い安全性が求められる製品に使用される。

問1 ［A］，［B］に当てはまる色を答えよ。

問2 ［ア］～［キ］に当てはまる語句を答えよ。

問3 下線部①の反応式を書け。

問4 下線部②のような状態を示す適切な語句を答えよ。

問5 下線部③のように腐食に強い理由を50字以内で答えよ。

【Ⅱ】

以下の実験操作で，アルミニウム板の銅めっきをおこなった。まず，硫酸銅(Ⅱ)水溶液と硫酸を電解槽にいれた。次に，よく研磨した銅板とアルミニウム板を用意し，それぞれの質量を測定した。下図の通りに，陽極に銅板，陰極にアルミニウム板を用いて，直流電源で電気分解をおこなった。電気分解終了後，銅板とアルミニウム板を取り出して水洗いし，乾燥させた後，それぞれの質量を測定した。ただし，水素発生は無視できるものとする。

問6　銅めっきされたアルミニウム板の質量増加は0.55gであり，めっきされた面積は$3.0\times10^2\mathrm{cm}^2$であった。めっきが均一になされた場合の銅めっきの膜厚を，有効数字2桁で答えよ。ただし，めっきされた銅の結晶構造は，一辺の長さが$3.6\times10^{-8}\mathrm{cm}$の面心立方格子とする。

問7　未使用の銅板とアルミニウム板をよく研磨し，図とは逆に，陽極にアルミニウム板を，陰極に銅板を用いて，同様の実験操作をおこなった。その結果，アルミニウム板の質量が0.54g減少していた。銅板の質量増加は何gになるかを有効数字2桁で答えよ。

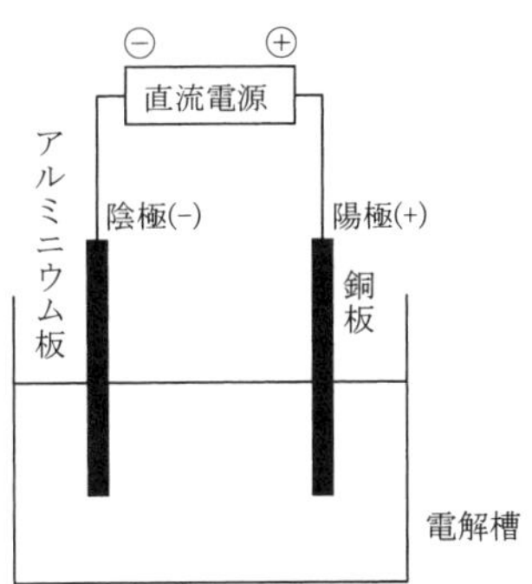

解 答

問1 A．銀白 B．赤褐

問2 ア．小さい イ．大きい ウ．大きい エ．小さい オ．電子
カ．局部電池（電位差，起電力も可） キ．大きい

問3 $4Fe + 3O_2 + 6H_2O \longrightarrow 4Fe(OH)_3$

問4 不動態

問5 クロムが不動態をつくりやすく，表面に非常に緻密で安定な酸化被膜を形成し，内部を保護するから。(50字以内)

問6 **2.0×10^{-4}cm**

問7 **1.9g**

ポイント
銅の単位格子の密度は金属の銅の密度と等しい。

解 説

問2 鉄よりイオン化傾向の小さい金属でめっきしたものに，鋼板をスズでめっきしたブリキがある。ブリキでは鋼板の表面に傷が生じた際，$(-)\,Fe|H_2CO_3aq|Sn\,(+)$ の局部電池ができ，鉄がイオンとなり，先に腐食されてしまう。一方，鉄よりイオン化傾向の大きい金属でめっきしたものに，鋼板を亜鉛でめっきしたトタンがある。トタンでは傷が生じると $(-)\,Zn|H_2CO_3aq|Fe\,(+)$ の局部電池ができ，亜鉛が先に腐食され鉄の腐食を防ぐ。

問3 $Fe \longrightarrow Fe^{3+} + 3e^-$ ……①

$4e^- + O_2 + 2H_2O \longrightarrow 4OH^-$ ……②

4×①+3×② により，e^- を消去すると

$$4Fe + 3O_2 + 6H_2O \longrightarrow 4Fe(OH)_3$$

問4 Al のほかに，Fe，Co，Ni，Cr も不動態をつくる。

問6 面心立方格子の単位格子内の原子数は

$$8 \times \frac{1}{8} + 6 \times \frac{1}{2} = 4 \text{ 個}$$

Cu の密度 d〔g/cm³〕は

$$d = \frac{63.5}{6.02 \times 10^{23}} \times 4 \times \frac{1}{(3.6 \times 10^{-8})^3} = 9.04 \text{〔g/cm}^3\text{〕}$$

したがって，析出した Cu の膜厚 x〔cm〕は

$$3.0 \times 10^2 \times x \times 9.04 = 0.55$$

$\therefore \quad x = 2.02 \times 10^{-4} \fallingdotseq 2.0 \times 10^{-4}$〔cm〕

問7　各極で起こる反応は次のとおり。

陽極：$Al \longrightarrow Al^{3+} + 3e^-$　……③

陰極：$Cu^{2+} + 2e^- \longrightarrow Cu$　……④

全体の変化は，2×③+3×④ より

$$2Al + 3Cu^{2+} \longrightarrow 2Al^{3+} + 3Cu$$

Cu が x〔g〕増加したとすると，溶け出した Al と析出した Cu の物質量の比より

$$Al : Cu = 2 : 3 = \frac{0.54}{27.0} : \frac{x}{63.5} \qquad \therefore \quad x = 1.90 \fallingdotseq 1.9〔g〕$$

39 アルミニウムの性質

（2010年度 第1問 I）

アルミニウムに関する次の文章を読み，問1～問4に答えよ。

アルミニウムは，一般に①酸および強塩基のいずれとも反応するため，両性金属といわれる。また，アルミニウムイオン Al^{3+} を含む水溶液に少量の水酸化ナトリウム水溶液を加えると②白色のゲル状沈殿が生成するが，さらに水酸化ナトリウム水溶液を加えると③沈殿は溶解する。

問1 下線部①について，(a)アルミニウムと塩酸，(b)アルミニウムと水酸化ナトリウム水溶液の反応の化学反応式をそれぞれ書け。

問2 下線部②の化学反応式を書け。

問3 下線部③の化学反応式を書け。

問4 アルミニウムは還元力が強く，この特性を利用して，鉄やクロム，コバルトなどの金属酸化物から金属単体を取り出すことができる。この方法の名称を書け。

解　答

問1　(a) $2Al + 6HCl \longrightarrow 2AlCl_3 + 3H_2$

(b) $2Al + 2NaOH + 6H_2O \longrightarrow 2Na[Al(OH)_4] + 3H_2$

問2　$Al^{3+} + 3OH^- \longrightarrow Al(OH)_3$

問3　$Al(OH)_3 + NaOH \longrightarrow Na[Al(OH)_4]$

または $Al(OH)_3 + OH^- \longrightarrow [Al(OH)_4]^-$

問4　テルミット法

ポイント

Al は，酸との反応では，酸化されて Al^{3+} が，強塩基との反応では，酸化されて $[Al(OH)_4]^-$ が生成する。

解　説

問3　$Al(OH)_3$ は両性水酸化物で，強塩基にも酸にも溶ける。

問4　テルミット法は，アルミニウムの強い還元力によって，金属酸化物から金属を取り出す方法である。

$2Al + Cr_2O_3 \longrightarrow Al_2O_3 + 2Cr$

$2Al + Fe_2O_3 \longrightarrow Al_2O_3 + 2Fe$

$8Al + 3Co_3O_4 \longrightarrow 4Al_2O_3 + 9Co$

40 二酸化炭素を原料とする化合物

(2008年度 第3問)

次の文章を読み，以下の問に答えよ。

二酸化炭素は，地球温暖化に関わりがあるとされる分子の一つである。しかし，地球全体では大気中の二酸化炭素はごくわずかであり，大部分は炭酸カルシウムとして存在している。このような炭酸カルシウムは，海水中でゆっくりと形成されたものである。これは，①あるカルシウム化合物の水溶液に二酸化炭素を吹き込むと炭酸カルシウムの沈殿が生じることでも確認できる。また，二酸化炭素を有効利用する反応の開発も積極的に続けられている。例えば，水酸化ナトリウム存在下，フェノールと高圧の二酸化炭素との反応で得られる化合物**A**は無水酢酸と反応して化合物**B**を与え，硫酸存在下，メタノールと反応して化合物**C**を与える。**B**は解熱鎮痛剤として，**C**は消炎鎮痛剤として使用される。また水酸化カリウム存在下，フェノールと高圧の二酸化炭素との反応では化合物**D**が主生成物として得られる。**A**と**D**はベンゼン環上の官能基の位置関係だけが違う異性体である。**A**と**D**において二つの官能基がとる位置関係は，フェノールと臭素水との反応で生成する化合物**E**においてヒドロキシ基と臭素がとる位置関係のいずれかと同じである。

化学工業的には，一分子の二酸化炭素と二分子のアンモニアからアンモニウム塩の一種である化合物**F**ができる反応が重要であり，**F**を加熱すると脱水反応が起こり化合物**G**を与える。この**G**は生気論を覆すきっかけとなった重要な化合物であり，最初に生物体内の代謝以外での**G**の生成を発見したのはウェーラーである。この他にも，②二酸化炭素から炭酸ナトリウムを工業的に製造するアンモニアソーダ法も知られている。また近年，金属触媒存在下において，二酸化炭素と水素から得られるギ酸をジメチルアミンと縮合させ，アミド結合を有する化合物**H**を得る反応が報告された。

問1 化合物**A**～**H**の構造式を書け。

問2 下線部①の反応式を書け。

問3 下線部②の反応式を書け。

問4 下線部②の反応で製造される炭酸ナトリウムの水溶液から得られる結晶は，風解を起こすことが知られている。この風解前後での形状，色，組成の違いを80字以内で述べよ。

解　答

問1　A.（サリチル酸：ベンゼン環に -OH と -C(=O)-OH が隣接）　B.（ベンゼン環に -O-C(=O)-CH₃ と -C(=O)-OH）　C.（ベンゼン環に -OH と -C(=O)-O-CH₃）

D.（ベンゼン環のパラ位に -OH と -C(=O)-OH）　E.（2,4,6-トリブロモフェノール：OH, Br, Br, Br）　F．$H_2N-C(=O)-ONH_4$

G．$H_2N-C(=O)-NH_2$　H．$H-C(=O)-N(CH_3)-CH_3$

問2　$Ca(OH)_2+CO_2 \longrightarrow CaCO_3+H_2O$

問3　$NaCl+NH_3+CO_2+H_2O \longrightarrow NaHCO_3+NH_4Cl$

$2NaHCO_3 \longrightarrow Na_2CO_3+CO_2+H_2O$

問4　炭酸ナトリウム水溶液の濃縮によって析出した無色透明の炭酸ナトリウム十水和物の結晶を空気中で放置すると，次第に水和水を失い炭酸ナトリウム一水和物の白色粉末になる。(**80**字以内)

解　説

問1　化合物**A**はサリチル酸である。

フェノール $\xrightarrow{NaOH}$ ナトリウムフェノキシド $\xrightarrow[\text{高温・高圧}]{CO_2}$ サリチル酸ナトリウム $\xrightarrow{H^+}$ **A**：サリチル酸

Aは無水酢酸と反応（アセチル化）して，**B**（アセチルサリチル酸）を生成し，メタノールと反応（エステル化）して**C**（サリチル酸メチル）を生成する。

B：アセチルサリチル酸 $\xleftarrow{(CH_3CO)_2O}$ **A**：サリチル酸 $\xrightarrow[H_2SO_4]{CH_3OH}$ **C**：サリチル酸メチル

フェノールはヒドロキシ基に対してオルトとパラの位置にある水素が置換されやすい。

$$C_6H_5OH + 3Br_2 \longrightarrow C_6H_2Br_3OH + 3HBr$$

E：2,4,6-トリブロモフェノール

Aと**D**はベンゼン環上の官能基の位置関係だけが違い，**A**はオルト体であるので，**D**はパラ体とわかる。

$$C_6H_5OH \xrightarrow{KOH} C_6H_5OK \xrightarrow[CO_2]{高圧} KO\text{-}C_6H_4\text{-}COOK \xrightarrow{H^+} HO\text{-}C_6H_4\text{-}COOH$$

フェノール　　**D**

1分子の二酸化炭素と2分子のアンモニアから**F**（カルバミン酸アンモニウム）ができる。

$$2NH_3 + CO_2 \longrightarrow H_2N-C(=O)-ONH_4$$

F：カルバミン酸アンモニウム

これを加熱すると脱水反応が起こり，**G**（尿素，NH_2CONH_2）を与える。

$$H_2N-C(=O)-ONH_4 \longrightarrow H_2N-C(=O)-NH_2 + H_2O$$

G：尿素

ここで，カルバミン酸はアンモニアと炭酸のモノアミドと考えることができ，そのアンモニウム塩が**F**である。

$$H_2N-H \quad HO-C(=O)-OH \longrightarrow H_2N-C(=O)-OH + H_2O$$

炭酸　　カルバミン酸

一方，尿素はアンモニアと炭酸のジアミドである。

$$H_2N-H \quad HO-C(=O)-OH \quad H-NH_2 \longrightarrow H_2N-C(=O)-NH_2 + 2H_2O$$

炭酸　　尿素

ウェーラーは，無機物のシアン酸アンモニウムを加熱すると，尿素ができることを発見した。

$$NH_4OCN \longrightarrow NH_2CONH_2$$

ギ酸とジメチルアミンの縮合反応で，アミド結合 $-\overset{\overset{\displaystyle O}{\|}}{C}-\overset{|}{N}-$ をもった**H**（ジメチルホルムアミド）が生成する。

$$\underset{\text{ギ酸}}{H-\overset{\overset{\displaystyle O}{\|}}{C}-OH} + \underset{\text{ジメチルアミン}}{H-\overset{\overset{\displaystyle CH_3}{|}}{N}-CH_3} \xrightarrow{\text{縮合}} \underset{\textbf{H}\text{：ジメチルホルムアミド}}{H-\overset{\overset{\displaystyle O}{\|}}{C}-\overset{\overset{\displaystyle CH_3}{|}}{N}-CH_3} + H_2O$$

問2　あるカルシウム化合物の水溶液とは，水酸化カルシウムの水溶液で，石灰水である。

問3　$NaCl + NH_3 + CO_2 + H_2O \longrightarrow NaHCO_3 + NH_4Cl$　……①

$2NaHCO_3 \longrightarrow Na_2CO_3 + CO_2 + H_2O$　……②

2×①＋②より，$NaHCO_3$を消去した化学反応式でもよい。

$2NaCl + 2NH_3 + CO_2 + H_2O \longrightarrow Na_2CO_3 + 2NH_4Cl$

問4　風解は，結晶水をもった水和物が，大気中でその水分を失う現象である。水溶液から析出した炭酸ナトリウムは無色透明の十水和物で，風解すると一水和物の白色粉末になる。

$Na_2CO_3\cdot 10H_2O \longrightarrow Na_2CO_3\cdot H_2O + 9H_2O$

風解では，結晶中から水分子が失われるので，結晶の構造が崩れて砕け，粉末になる。

41 製鉄

(2006年度 第2問)

次の文章を読み，問1～問5に答えよ。

鉄は，酸素，ケイ素，［ア］に次いで地殻中（地表付近）に質量比で多く存在する元素で，地殻中では一般に酸化物の形で存在している。われわれが利用している鉄は，鉄鉱石から精錬と呼ばれる過程をへて得られている。

図1は精錬に用いられる溶鉱炉の概略図である。Fe_2O_3 などの酸化鉄を主成分とし，ケイ素や［ア］などを不純物として含む鉄鉱石を，コークス，①石灰石（$CaCO_3$）とともに溶鉱炉の上部から入れ，下部から約1300℃の熱風を送り込む。コークスの燃焼により，熱風は2000℃以上の高温になり，②コークスの炭素は還元性の強い気体である一酸化炭素となる。生成した一酸化炭素は溶鉱炉中のエリア1～3で式1のように段階的に酸化鉄を還元する。

$$Fe_2O_3 \xrightarrow{\text{エリア1の反応}} \boxed{\text{A}} \xrightarrow{\text{エリア2の反応}} FeO \xrightarrow{\text{エリア3の反応}} Fe \quad (\text{式}1)$$

この過程で得られる鉄は［イ］と呼ばれ，質量比で約3～5％の炭素をはじめ，硫黄やリンなどの不純物元素を含み，硬いがもろく，展性，延性に乏しい。さらに転炉において［イ］に高圧の［ウ］を吹き込むことによって炭素などの不純物を約2％以下まで減らす。これにより，粘り強い性質をもつ［エ］が得られる。

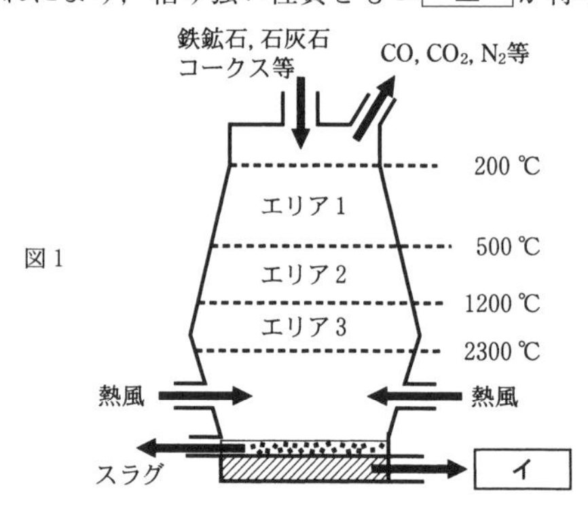

図1

問1 空欄［ア］～［エ］にあてはまる語句を書け。

問2 下線部①について，溶鉱炉上部より投入される石灰石（$CaCO_3$）の役割を50字以内で書け。

問3 下線部②について，一酸化炭素が発生する主な反応の化学反応式を書け。

問4 式1の中の化合物**A**の化学式を書け。

問5 式1において Fe_2O_3，化合物**A**および FeO が一酸化炭素で逐次還元される主な反応の化学反応式をそれぞれ書け。

解　答

問1　ア．アルミニウム　イ．銑鉄　ウ．酸素　エ．鋼

問2　鉄鉱石中の二酸化ケイ素や酸化アルミニウムなどの不純物と反応させ，スラグに変化させて取り除く。(50字以内)

問3　$2C+O_2 \longrightarrow 2CO$

問4　Fe_3O_4

問5　Fe_2O_3 の反応：$3Fe_2O_3+CO \longrightarrow 2Fe_3O_4+CO_2$

化合物Aの反応：$Fe_3O_4+CO \longrightarrow 3FeO+CO_2$

FeO の反応：$FeO+CO \longrightarrow Fe+CO_2$

解　説

問1　ア．地殻中の元素の存在率（質量%）のことをクラーク数という。クラーク数の大きい元素から順に並べると，O＞Si＞Al＞Fe である。

ウ・エ．転炉の中で銑鉄に酸素を吹き込み銑鉄に含まれている炭素を酸化させて2%以下にすると，硬くて粘りのある鋼が得られる。

問2　不純物の SiO_2 や Al_2O_3 は Fe_2O_3 よりも還元されにくいので，酸化物のまま残る。これらを取り除くため，石灰石の熱分解で生成した CaO と反応させ，$CaSiO_3$ や $Ca(AlO_2)_2$ に変化させたものをスラグという。スラグは密度約 3.5 g/cm^3 のガラス状の物質で，密度 7.0 g/cm^3 の銑鉄の上に浮く。

問3　コークス中には炭素が75～85%含まれている。コークスの燃焼によって生じた二酸化炭素が，高温のコークスにより一酸化炭素に変化する。

低温：$C+O_2 \longrightarrow CO_2$　……①

高温：$C+CO_2 \longrightarrow 2CO$　……②

①＋②より　$2C+O_2 \longrightarrow 2CO$

問4　四酸化三鉄（四三酸化鉄）Fe_3O_4 は $FeO \cdot Fe_2O_3$ と表すこともできる。Fe^{2+} と Fe^{3+} が1：2の割合で含まれた酸化物である。

問5　酸化鉄(Ⅲ)の還元反応をまとめると，次のようになる。

$Fe_2O_3+3CO \longrightarrow 2Fe+3CO_2$

42 塩化水素の発生，クロロアルカンの合成

（2004年度 第3問）

次の文章を読み，問1～問6に答えよ。

塩化水素は，加熱しながら塩化ナトリウムに濃硫酸を加えるか，あるいは，濃硫酸に濃塩酸を加えることにより発生させることができる。下図は，後者の方法で塩化水素を発生させ，アルケンと反応させる実験装置を示したものである。分液漏斗に濃塩酸を入れ，丸底フラスコには濃硫酸を入れる。分液漏斗のコックを開いてゆっくりと濃塩酸を加えると塩化水素が発生する。発生した塩化水素をアルケンを含む溶液に吹き込むと，付加反応が進み，クロロアルカンを合成することができる。

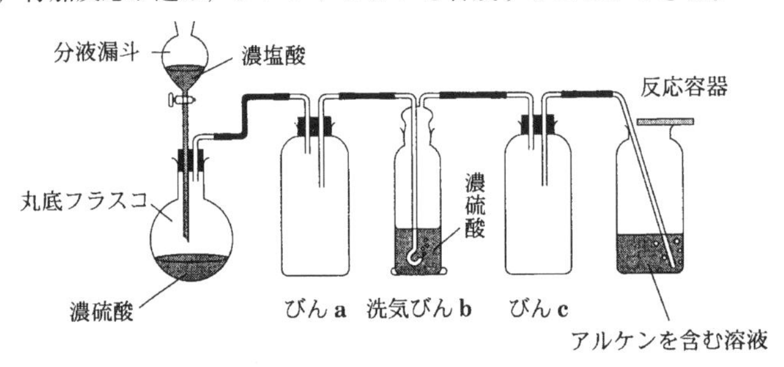

問1 丸底フラスコ中の濃硫酸のはたらきを20字以内で記せ。

問2 濃塩酸はゆっくり加えないと危険である。その理由を20字以内で記せ。

問3 上の図とは逆に，濃硫酸を濃塩酸に加えると塩化水素は発生しにくくなる。その理由を20字以内で記せ。

問4 びん**a**とびん**c**は同じ目的で用いられている。その目的を25字以内で記せ。

問5 塩化水素が4-メチルシクロペンテンに付加すると幾つかの異性体からなる生成物が得られる。そのうちの1つの構造式を解答欄(ア)に示せ。次に，これと鏡像の関係にない生成物の構造式を1つ解答欄(イ)に示せ。ただし，構造式は下のメチルシクロペンタンの例にならって示せ。

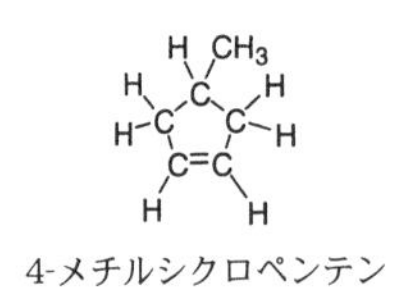

4-メチルシクロペンテン

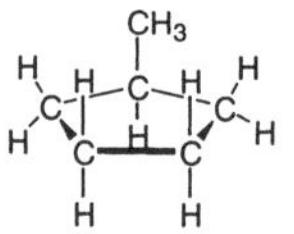

(例) メチルシクロペンタン

〔解答欄〕

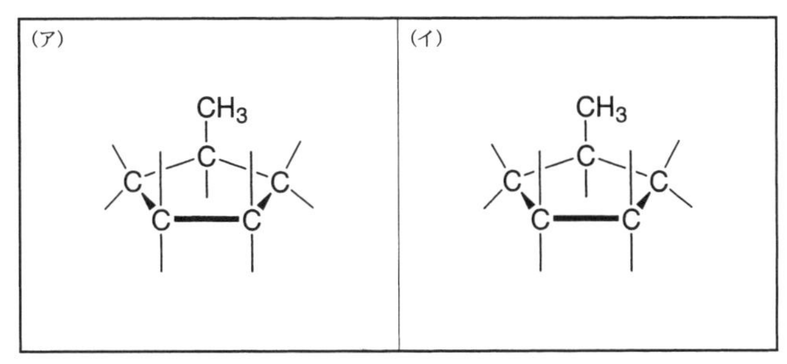

問6　アルキンへの塩化水素や水の付加反応は同じように進行する。塩化水素1分子がプロピン（$H_3C-C \equiv CH$）1分子に付加すると化合物**A**が得られる。一方，プロピンを硫酸水銀(Ⅱ)を含む希硫酸に通じると，最初，化合物**B**が生成するが，この化合物は不安定なため直ちに化合物**C**に変化する。化合物**C**はヨードホルム反応に対して陽性を示す。化合物**A**，**B**，および**C**の構造式を示せ。

解　答

問1　濃塩酸から水を除き塩化水素を発生させる。(20字以内)

問2　急激な発熱によって，突沸が起こるため。(20字以内)

問3　濃硫酸が薄まり吸湿作用が弱くなる。(20字以内)

問4　圧力変化による逆流によって，溶液の混合を防ぐため。(25字以内)

問5　(ア)

```
              CH3
               |
  H            C             H
    \       /  |  \        /
      C   H    H    H   C
  H     \ |         | /    H
          C ——————— C
          |         |
          H         Cl
```

(イ)

```
              CH3
               |
  H            C             H
    \       /  |  \        /
      C   H    H    Cl  C
  H     \ |         | /    H
          C ——————— C
          |         |
          H         H
```

問6　化合物**A**：$H_3C-\underset{\displaystyle Cl}{\underset{|}{C}}=CH_2$　　化合物**B**：$H_3C-\underset{\displaystyle OH}{\underset{|}{C}}=CH_2$

化合物**C**：$H_3C-\underset{\displaystyle O}{\underset{\|}{C}}-CH_3$

ポイント

非対称のアルキンに水素化合物HXが付加する場合，C≡C結合を形成しているC原子のうち，H原子が多い方のC原子にH原子が付加しやすい。

解　説

問1　濃硫酸は乾燥剤として用いられるように，水を吸収する力（吸湿性）が強い。濃塩酸は，塩化水素の水溶液であるので，濃硫酸によって水が取り除かれると塩化水素が発生する。

問2　濃硫酸を水を加えて薄めるとき，水に濃硫酸を少しずつ加えるが，この操作のように濃硫酸に濃塩酸を加えるのは，濃硫酸に水を注ぐのと同じことなので，ゆっくり加えないと突沸が生じて危険である。

問3　濃硫酸の吸湿力は，濃度が薄くなると低下する。濃塩酸に少量の濃硫酸を加えた場合，濃硫酸は希釈されて吸湿力が低下するため，塩化水素は発生しにくくなる。一方，濃硫酸に少量の濃塩酸を加えても急に薄くはならないので，塩化水素が円滑に発生する。

問4　反応の進行とともに濃硫酸は次第に薄くなり，発生する塩化水素の圧力が下がるので，逆流の可能性がある。また，実験終了後，丸底フラスコの温度が下がったりするなどの反応容器内の減圧によって，**b**の濃硫酸が直接丸底フラスコへ逆流したり，アルケンを含む溶液が直接**b**の濃硫酸中に逆流したりする可能性も考えられる。

問5　鏡像の関係にあるのは，次の図の①と②，③と④である（Ⓒは不斉炭素原子）。

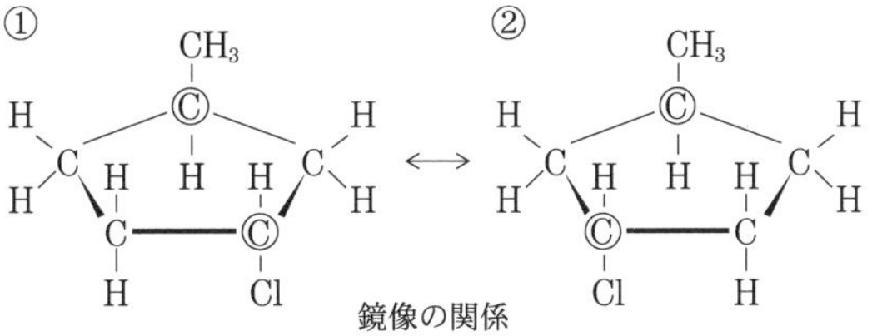

①　②

鏡像の関係

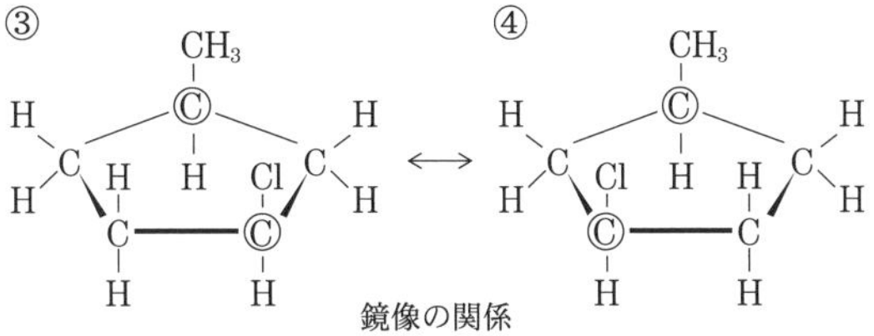

③　④

鏡像の関係

よって，(ア)(イ)は①③，①④，②③，②④のうちの１つを書けばよい。

問6　$H_3C-C\equiv CH + HCl \longrightarrow H_3C-C(Cl)=CH_2$　主生成物（化合物**A**）

（塩化水素の付加）　$\searrow$ $H_3C-CH=CH(Cl)$　副生成物

$H_3C-C\equiv CH + H_2O \longrightarrow H_3C-C(OH)=CH_2$　主生成物（化合物**B**）

（水の付加）　$\searrow$ $H_3C-CH=CH(OH)$　副生成物

プロピンを硫酸水銀(Ⅱ)を含む希硫酸に通じた場合，水の付加反応が起こるが，エノール形をもつ化合物**B**は不安定で，水素原子が移動して，ケト形の化合物**C**アセトンに変化する。

$H_3C-C(OH)=CH_2 \longrightarrow H_3C-C(=O)-CH_3$

エノール形　化合物**B**　　ケト形　化合物**C**

ヨードホルム反応は，CH_3-CO- や $CH_3CH(OH)-$ をもつ化合物の検出に用いられる。化合物**C**のアセトンも，CH_3-CO- をもつので，水酸化ナトリウムとヨウ素を加えて温めると，特異臭をもつヨードホルム CHI_3 の黄色沈殿を生じる。

43 陽イオン分離，溶解度積

（2003年度　第1問）

Na^+，Ag^+，Zn^{2+}，Ba^{2+}，Fe^{3+} イオンを含む硝酸水溶液がある。この溶液を用いて以下に示す実験(1)〜(5)を行い，各イオンを分離した。これらの実験結果を読んで，問１〜問６に答えよ。ただし，計算問題は計算過程を示し，有効数字３桁で解答せよ。必要があれば次の原子量を用いよ。

H＝1.0，C＝12.0，O＝16.0，Na＝23.0，S＝32.1，Fe＝55.9，Zn＝65.4，Ag＝108，Ba＝137

(1)　この溶液に硫化水素を吹き込むと，沈殿〔ア〕が生成した。ろ過によって分離した沈殿は，硝酸を加えて加熱すると溶解した。この溶液にアンモニア水を加えていくと，始めに〔イ〕が沈殿するが，さらに加えるとイオン〔ウ〕を生じて溶けた。

(2)　沈殿〔ア〕を分離したろ液を，いったん煮沸により硫化水素を除いてから①濃硝酸を数滴加え，さらにアンモニア水を加えると沈殿〔エ〕が生成した。ろ過によって分離した沈殿を塩酸で溶かし，イオン〔オ〕を含む水溶液を加えると濃青色沈殿を生じた。

(3)　沈殿〔エ〕を分離したろ液に硫化水素を吹き込むと〔カ〕が沈殿した。

(4)　沈殿〔カ〕を分離した②ろ液に硫酸を加えると〔キ〕が沈殿した。

(5)　沈殿〔キ〕を分離したろ液中にイオン〔ク〕が残っていることを，〔ケ〕の実験で確認した。

問1　沈殿〔ア〕と〔イ〕，イオン〔ウ〕を化学式で示せ。

問2　①の下線で示した操作はどのような目的で行うのか。30字程度で書け。また，沈殿〔エ〕とイオン〔オ〕を化学式で示せ。

問3　沈殿〔カ〕を化学式で示せ。

問4　沈殿〔キ〕を化学式で示せ。

問5　難溶性塩である沈殿〔キ〕では，水に溶けて電離している状態における陽イオンと陰イオンの濃度の積（K_{sp}）が常に一定であり，$K_{sp}=1.11\times10^{-10}\,(\mathrm{mol/L})^2$ と求められている。②の下線で示した操作で得た溶液の体積を 0.100L とし，硫酸イオンの濃度を 1.00×10^{-5} mol/L であるとする。もし，溶液の体積が同じで，硫酸イオン濃度を 1.00×10^{-3} mol/L と高濃度にすれば，さらに何 g の〔キ〕が析出するかを求めよ。ただし，溶液中の他のイオン種は，K_{sp} の値に影響を及ぼさないものとする。

問6　イオン〔ク〕を化学式で示せ。また，実験〔ケ〕の名称を記し，どのような操作を行い，どのような現象がおこることによってイオン〔ク〕の判定が行えるかを30字程度で書け。

解　答

問1　〔ア〕Ag_2S　〔イ〕Ag_2O　〔ウ〕$[Ag(NH_3)_2]^+$

問2　硫化水素の還元作用で生じた Fe^{2+} を酸化して Fe^{3+} に戻すため。(30字程度)

〔エ〕$Fe(OH)_3$　〔オ〕$[Fe(CN)_6]^{4-}$

問3　ZnS

問4　$BaSO_4$

問5　$[SO_4^{2-}]=1.00\times10^{-5}$ mol/L のとき，溶液中の $[Ba^{2+}]$ を x〔mol/L〕とすると

$$K_{sp}=[Ba^{2+}][SO_4^{2-}]=x\times1.00\times10^{-5}=1.11\times10^{-10}$$

$\therefore$　$x=1.11\times10^{-5}$〔mol/L〕

$[SO_4^{2-}]=1.00\times10^{-3}$ mol/L のとき，溶液中の $[Ba^{2+}]$ を y〔mol/L〕とすると

$$K_{sp}=y\times1.00\times10^{-3}=1.11\times10^{-10} \qquad \therefore \quad y=1.11\times10^{-7}\text{〔mol/L〕}$$

したがって，さらに沈殿した $BaSO_4$（式量 233.1）は

$$(x-y)\times0.100\times233.1=2.561\times10^{-4}\fallingdotseq2.56\times10^{-4}\text{〔g〕}$$ ……(答)

問6　〔ク〕Na^+　〔ケ〕炎色反応　（操作と現象）白金線の先にろ液をつけ，無色の炎の中に入れると，黄色の炎になる。(30字程度)

ポイント

$BaSO_4 \rightleftarrows Ba^{2+}+SO_4^{2-}$ において，SO_4^{2-} の濃度を高濃度にすると，電離平衡は左に移動して，さらに $BaSO_4$ が析出し，新しい平衡状態になる。

解　説

問1　〔ア〕　Ag_2S は溶液の液性に無関係に沈殿するが，ZnS は，溶液が塩基性でないと沈殿しない。Ag_2S は硝酸を加えて加熱すると溶解する。

$$Ag_2S+4HNO_3 \longrightarrow 2AgNO_3+S+2NO_2+2H_2O$$

〔イ〕　$AgNO_3$ の溶液に少量のアンモニア水を加えると，暗褐色の Ag_2O が沈殿する。

$$2AgNO_3+2NH_3+H_2O \longrightarrow Ag_2O+2NH_4NO_3$$

〔ウ〕　Ag_2O は過剰のアンモニア水を加えると，ジアンミン銀(I)イオンを生じて溶ける。

$$Ag_2O+4NH_3+H_2O \longrightarrow 2[Ag(NH_3)_2]^++2OH^-$$

問2　還元剤の硫化水素によって，Fe^{3+} は Fe^{2+} に還元されてしまう。

$$2Fe^{3+}+H_2S \longrightarrow 2Fe^{2+}+2H^++S$$

酸化剤の硝酸によって Fe^{2+} を酸化して，もとの Fe^{3+} にもどす。

$$Fe^{2+} + H^{+} + HNO_3 \longrightarrow Fe^{3+} + NO_2 + H_2O$$

ここにアンモニア水を加えると，$Fe(OH)_3$ の赤褐色の沈殿が生じる。

$$Fe^{3+} + 3OH^{-} \longrightarrow Fe(OH)_3$$

$Fe(OH)_3$ は塩酸に溶けて Fe^{3+} を生じる。Fe^{3+} にヘキサシアノ鉄(Ⅱ)酸カリウム水溶液を加えると，濃青色沈殿を生じる。

問3　アンモニア水を加えたために，ろ液は塩基性になっているので，硫化亜鉛の白色沈殿を生じる。

問4　アルカリ土類金属イオン（Ba^{2+} など）と Pb^{2+} の硫酸塩は水に溶けにくい。

問5　難溶性の塩が水溶液中で溶解平衡の状態にあるとき，陽イオンと陰イオンの濃度の積を溶解度積という。溶解度積は，水のイオン積の場合と同じように，陽イオンと陰イオンの濃度が等しくない場合でも，温度が変わらなければ，常に一定である。

問6　Na^{+} を沈殿させる適当な試薬がないので，炎色反応で検出する。

第 4 章
有機物質の性質

・有機化合物の特徴と分類
・脂肪族化合物
・芳香族化合物

44 芳香族化合物の構造決定

(2022年度 第3問)

A, **B**, **C**, **D**は，いずれも炭素，水素，酸素からなる同じ分子式をもつ分子量300以下のベンゼン環を含む芳香族化合物である。これらの分子の構造を決定するために，以下の操作を行った。

図1に示すように，**A**および**B**を酸性水溶液中で加水分解すると共通の芳香族化合物**E**を，また**C**および**D**を同様に加水分解すると共通の芳香族化合物**F**を生成した。**E**および**F**を酸化剤と反応させると共通の化合物**G**を生成し，**G**を加熱して分子内脱水縮合させることで分子量148の化合物**H**を得た。

(a)〜(f)の文章を読み，問1〜問6に答えよ。必要があれば次の数値を用いよ。

原子量 H＝1.0，C＝12.0，N＝14.0，O＝16.0

(a) 1.92 mgの**A**を完全燃焼させると二酸化炭素5.28 mg，水1.44 mgが生成した。

(b) 等しい物質量の**E**とアニリンの混合物から脱水縮合によって得られる化合物の元素分析の結果は，質量百分率で炭素79.59％，水素6.20％，窒素6.63％，酸素7.58％であった。一方，**F**とアニリンは反応しなかった。

(c) **A**〜**H**のすべての化合物はアンモニア性硝酸銀水溶液を用いる銀鏡反応を示さなかった。

(d) ①1 molの**E**，**F**，**G**は，エーテル中で十分な量のナトリウムと反応し，それぞれ0.5 mol，0.5 mol，1 molの水素を発生した。**E**と**G**のナトリウムとの反応生成物はいずれも水に溶解したが，**F**の反応生成物は水と反応して**F**に戻った。

(e) **A**から**E**への加水分解で生成した脂肪族化合物**I**はヨードホルム反応を示したが，**B**から**E**への加水分解で生成した脂肪族化合物**J**はヨードホルム反応を示さず，また過マンガン酸カリウムとも反応しなかった。

(f) **C**および**D**の加水分解で**F**とともに生成した化合物のうち，**D**から得られた化合物にのみ枝分かれのある炭素鎖が存在した。

問1 (a)の結果から化合物**A**の分子式を示せ。

問2 (b)の結果から化合物**E**の分子式を示せ。解答欄には導出過程も示せ。

問 3　(a)〜(d)の結果から化合物 **E**，**F**，**G**，**H** の構造式を示せ。

問 4　(d)の下線部①で **G** とナトリウムとの反応の反応式を構造式を用いて示せ。

問 5　(a)〜(e)の結果から化合物 **A** と **B** の構造式を示せ。

問 6　(a)〜(f)の結果から化合物 **C** と **D** の構造式を示せ。

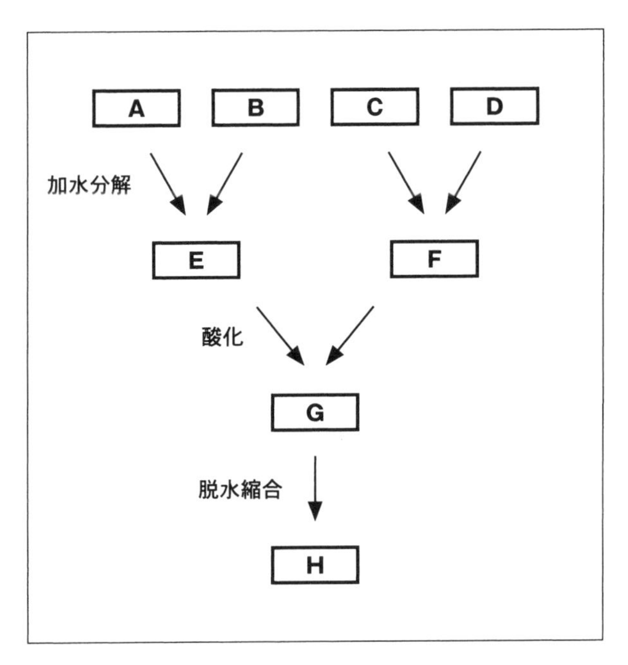

図 1

解 答

問1 $C_{12}H_{16}O_2$ （$C_{18}H_{24}O_3$ も可）

問2 (b)より，Eとアニリンの縮合物の原子数比は

$$C:H:N:O=\frac{79.59}{12.0}:\frac{6.20}{1.0}:\frac{6.63}{14.0}:\frac{7.58}{16.0}$$

$$=6.63:6.20:0.473:0.473\fallingdotseq 14:13:1:1$$

縮合物中にはN原子1個しか含まれないので，分子式は $C_{14}H_{13}NO$ である。

よって，Eの分子式は

$C_{14}H_{13}NO+H_2O-C_6H_7N=C_8H_8O_2$ ……(答)

問3 E. 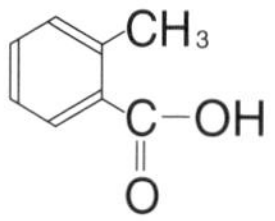 CH_3，C−OH，O　F. 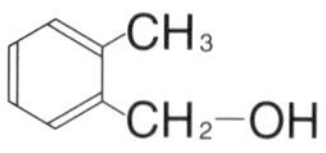 CH_3，CH_2−OH

G. 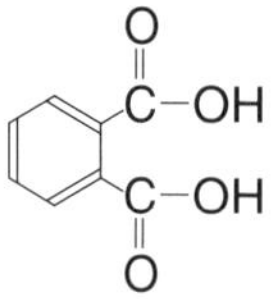 O，C−OH，C−OH，O　H. 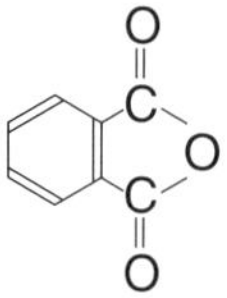 O，C，O，C，O

問4 O，C−OH，C−OH，O $+2Na \longrightarrow$ O，C−ONa，C−ONa，O $+H_2$

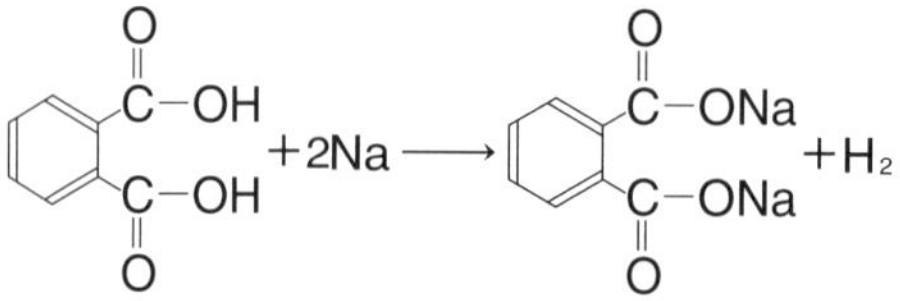

問5 A. 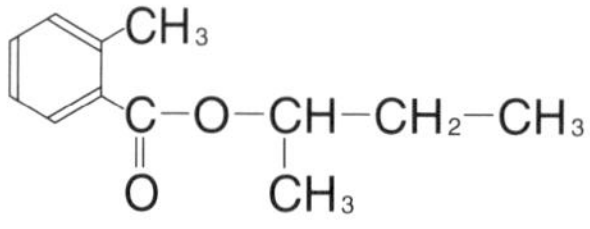 CH_3，C−O−CH−CH_2−CH_3，O，CH_3　B. 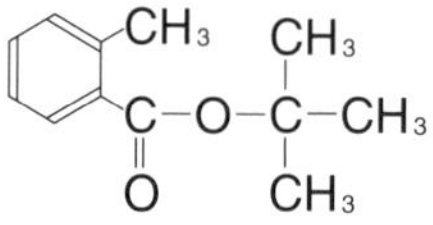 CH_3，C−O−C−CH_3，O，CH_3，CH_3

問6 C. 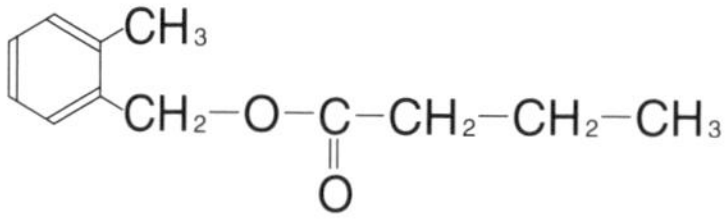 CH_3，CH_2−O−C−CH_2−CH_2−CH_3，O

D. 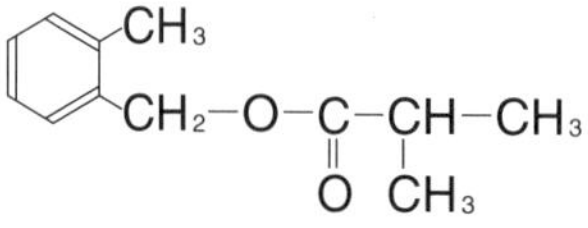 CH_3，CH_2−O−C−CH−CH_3，O，CH_3

ポイント

加熱による分子内脱水縮合で生じるHは，酸無水物の無水フタル酸である。これが糸口になる。

解　説

問1　1.92 mg の化合物**A**中の

炭素の質量：$5.28\times\dfrac{12.0}{44.0}=1.44$〔mg〕

水素の質量：$1.44\times\dfrac{2\times1.0}{18.0}=0.16$〔mg〕

酸素の質量：$1.92-(1.44+0.16)=0.32$〔mg〕

よって，原子数比は

$$C:H:O=\frac{1.44}{12.0}:\frac{0.16}{1.00}:\frac{0.32}{16.0}=0.12:0.16:0.02=6:8:1$$

組成式は C_6H_8O となり，式量は 96.0 である。

Aは加水分解されることから，エステル結合をもつ芳香族化合物で，分子量 300 以下の条件から，分子式は $C_{12}H_{16}O_2$ か $C_{18}H_{24}O_3$ である。なお，以下の解説については分子式 $C_{12}H_{16}O_2$ の場合としている。

問3　分子量 148 の**H**は，無水フタル酸である。反応を逆にたどると，**E**，**G**も決定できる。

一方，**F**は，アニリンと反応せず，ナトリウムと反応して，1 mol から 0.5 mol の水素を発生するので，1 価のアルコールである。**D**の加水分解で**F**とともに生成したカルボン酸は，枝分かれのある炭素鎖をもつので，$CH_3-CH(CH_3)-C(=O)-OH$ である。

Fの分子式は $C_{12}H_{16}O_2+H_2O-C_4H_8O_2=C_8H_{10}O$ となり，構造式は次の通りである。

E：$C_8H_8O_2$（CH_3, $C(=O)-OH$）　―酸化→　**G**（$C(=O)-OH$, $C(=O)-OH$）　―脱水縮合→　**H**（$C(=O)-O-C(=O)$）

F（CH_3, CH_2-OH）　―酸化→　**G**

問5　アルコール**I**，**J**の分子式は $C_{12}H_{16}O_2+H_2O-C_8H_8O_2=C_4H_{10}O$ である。

Iはヨードホルム反応を示すアルコール $CH_3CH(OH)-$ の部分構造をもつので，2-ブタノール $CH_3CH(OH)-CH_2CH_3$ である。

Jは過マンガン酸カリウムで酸化されないので，第三級アルコールの 2-メチル-2-プロパノール $(CH_3)_3COH$ である。

問6　エステル**C**をつくるカルボン酸は，直鎖の炭素鎖をもつ酪酸 $CH_3CH_2CH_2COOH$ である。一方，エステル**D**は，枝分かれのあるイソ酪酸 $(CH_3)_2CHCOOH$ である。

45 芳香族化合物・脂肪族化合物の構造決定
（2021年度　第3問）

以下の文章を読み，問1～問7に答えよ。必要があれば次の数値を用いよ。
原子量　H＝1.0，C＝12.0，O＝16.0

【Ⅰ】

ベンゼン環をもつ化合物ＡとＢは，炭素，水素，酸素からなる同じ組成式をもち，分子量が136.0である。化合物ＡとＢを用いて，以下の実験を行った。

【実験1】　化合物ＡとＢの混合物34.0mgを，乾いた酸素を通しながら酸化銅を用いて完全燃焼させ，［ア］の入ったU字管と［イ］の入ったU字管へ順に通したところ，それぞれ18.0mgの水と88.0mgの二酸化炭素が吸収された。

【実験2】　化合物ＡとＢの混合物に炭酸水素ナトリウム水溶液を加え，ジエチルエーテルを用いて分離操作を行った。ジエチルエーテル層から化合物Ａが得られた。水層に希塩酸を加えて酸性にし，再度ジエチルエーテルで抽出すると，化合物Ｂが得られた。

【実験3】　化合物Ａは，銀鏡反応を示した。また，水酸化ナトリウム水溶液中で加水分解が進行した。加水分解で得られた生成物を塩化鉄(Ⅲ)の水溶液に加えても，呈色しなかった。

【実験4】　化合物Ｂを過マンガン酸カリウム水溶液とともに加熱したところ，化合物Ｃが得られた。化合物Ｃは，分子内に化学的環境の異なる3種類の炭素原子(注)をもっていた。化合物Ｃとヘキサメチレンジアミンを反応させると，高分子化合物Ｄが得られた。

(注)　右図のトルエンを例にすると，炭素原子aとbは同じ化学的環境にある。また，炭素原子cとdも同じ化学的環境にある。

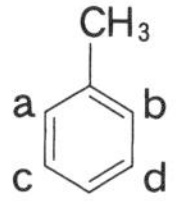

【実験5】　化合物Ｂに濃硝酸と濃硫酸の混合物を反応させると，一つの水素

原子がニトロ基で置換された化合物Eが主生成物として得られた。

問1 [ア] と [イ] にあてはまる最も適切な物質名を書け。

問2 化合物AとBに共通する分子式を答えよ。解答欄には導出過程も示せ。

問3 化合物AとBの構造式を書け。

問4 高分子化合物Dの構造式を書け。

問5 化合物Eの構造式を書け。

【Ⅱ】

二重結合または三重結合を1つもつ分子式 C_6H_{10} の脂肪族化合物F，G，Hがある。ただし，いずれの化合物も，炭素原子3つや4つからなる環構造はもたない。化合物F，G，Hを用いて，以下の実験を行った。

【実験6】 白金触媒存在下で，化合物Fと水素を物質量の比1：1で付加させると，枝分かれ構造をもつ化合物が得られた。この化合物には，幾何異性体が存在する。

【実験7】 化合物Gと臭素を物質量の比1：1で付加させると，不飽和結合や不斉炭素原子をもたない化合物が得られた。

【実験8】 化合物Hを硫酸酸性の過マンガン酸カリウム水溶液と十分に反応させると，枝分かれ構造をもたない化合物Iが得られた。フェーリング液に化合物Iを加えても，変化は起こらなかった。化合物Iとエチレングリコールを反応させると，高分子化合物Jが得られた。

問6 化合物F，G，Hの構造式を書け。

問7 高分子化合物Jの構造式を書け。

解　答

問1　ア．塩化カルシウム　イ．ソーダ石灰

問2　化合物AとBの混合物 34.0mg 中

炭素の質量：$88.0\times\dfrac{12.0}{44.0}=24.0$〔mg〕

水素の質量：$18.0\times\dfrac{2\times1.0}{18.0}=2.0$〔mg〕

酸素の質量：$34.0-(24.0+2.0)=8.0$〔mg〕

よって，原子数比は

$$C:H:O=\frac{24.0}{12.0}:\frac{2.0}{1.0}:\frac{8.0}{16.0}=4:4:1$$

組成式 C_4H_4O の式量は，68.0 である。

分子量 136.0 はその 2 倍であるので，分子式は　$C_8H_8O_2$　……(答)

問3　A．H−C(=O)−O−CH₂−C₆H₅　B．H₃C−C₆H₄−C(=O)−O−H

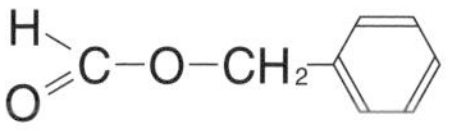

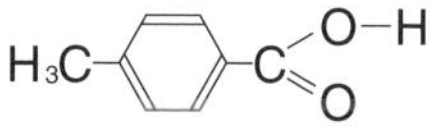

問4　D．$\left[\,-\underset{\|}{C}(=O)-C_6H_4-C(=O)-N(H)-CH_2-CH_2-CH_2-CH_2-CH_2-CH_2-N(H)-\,\right]_n$

問5　E．H₃C−C₆H₃(O₂N)−C(=O)−O−H

問6　F．$H_3C-C{\equiv}C-CH(CH_3)-CH_3$　G．$H_2C{=}C$ （$CH_2-CH_2-CH_2-CH_2$ と環を形成）

H．シクロヘキセン（H_2C, H_2C, $CH{=}CH$, $C H_2$, $C H_2$ からなる六員環）

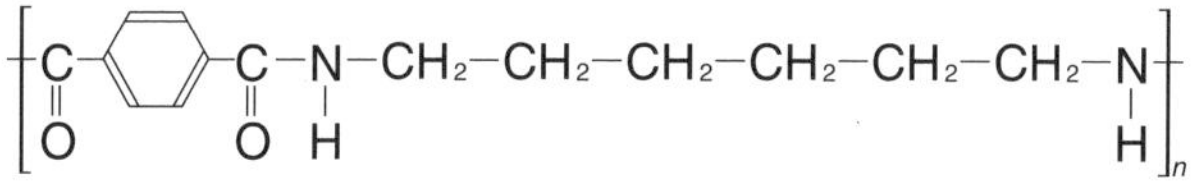

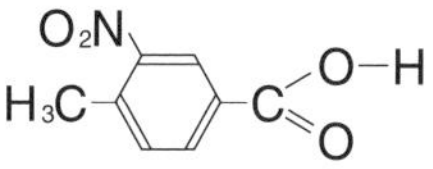

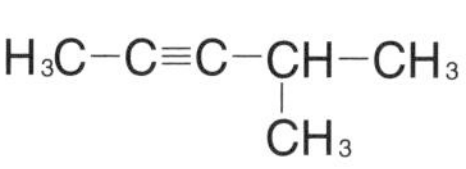

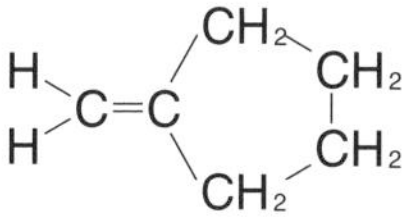

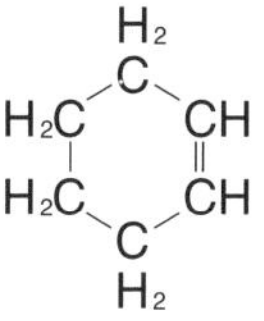

問7　J．$\left[\,-C(=O)-CH_2-CH_2-CH_2-CH_2-C(=O)-O-CH_2-CH_2-O-\,\right]_n$

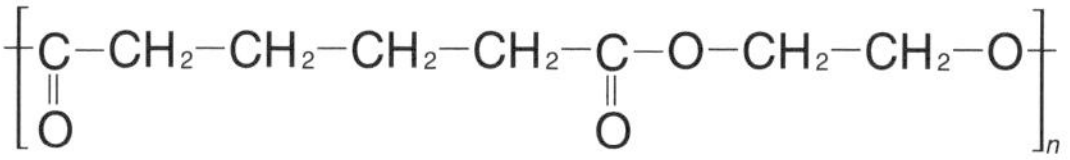

ポイント

Gの構造を決定するには，構造異性体を全て書き出して考える。

解 説

問1 ソーダ石灰は，CO_2 だけでなく H_2O も吸収するので，先に塩化カルシウムの入ったU字管で H_2O を吸収させた後，ソーダ石灰の入ったU字管を用いて CO_2 を吸収させる。

問3・問4 化合物**A**．実験3で加水分解されるのでエステルであることがわかる。ホルミル基をもつギ酸エステル $HCOOC_7H_7$ は，銀鏡反応を示す。その加水分解生成物 C_7H_7OH は，塩化鉄(Ⅲ)水溶液で呈色しないことからフェノール類ではないので，ベンジルアルコール $C_6H_5CH_2OH$ とわかる。よって，化合物**A**はギ酸ベンジルである。

化合物**B**．炭酸水素ナトリウム水溶液に溶け，塩酸で遊離するので，炭酸より強酸で，塩酸より弱酸のカルボン酸である。

$$RCOOH + NaHCO_3 \longrightarrow RCOONa + H_2O + CO_2$$

$$RCOONa + HCl \longrightarrow RCOOH + NaCl$$

よって，次の4種類のカルボン酸の構造異性体が考えられ，それらが過マンガン酸カリウム水溶液で酸化された生成物の構造式は次の通りである。

化学的環境の異なる炭素原子の種類をa，b，c，d，eで示す。このうち3種類をもつのはテレフタル酸のみである。

CH_2COOH ⟶ COOH（a, b, c, c, d, d, e） 5種類

COOH, CH_3 ⟶ COOH, COOH（a, b, b, a, c, c, d, d） 4種類

COOH, CH_3 ⟶ COOH, COOH（a, b, c, d, e, d, b, a） 5種類

COOH, CH_3 ⟶ COOH, COOH（a, b, c, c, c, c, b, a） 3種類

テレフタル酸

化合物**C**のテレフタル酸とヘキサメチレンジアミンは縮合重合して，ポリアミドの高分子化合物**D**になる。

問5　濃硝酸と濃硫酸の混合物を反応させるとニトロ化がおこる。$-CH_3$ 基はオルト・パラ配向性で，$-COOH$ はメタ配向性であることから，ニトロ化の置換位置は決まる。

問6　C_6H_{10} の不飽和度は $\dfrac{2\times6+2-10}{2}=2$ である。問題の条件より，脂肪族化合物 **F**，**G**，**H** は三重結合1つか，二重結合1つに炭素原子5つ以上からなる環構造をもつ。

化合物**F**．水素が付加した生成物は，幾何異性体が存在することから，炭素の二重結合に2つずつの異なる基が結合する。また，枝分かれ構造をもつので

```
H3C−CH=CH−CH−CH3
            |
           CH3
```

よって，水素付加前の化合物**F**は三重結合を1つもつ化合物とわかる。

```
H3C−C≡C−CH−CH3
         |
        CH3
```

化合物**G**．臭素が付加した生成物は不飽和結合をもたないので，二重結合1つに炭素原子5つ以上からなる環構造をもつ。

次の構造異性体がある。

```
       H2
       C                  CH2
     /   \              /     \
  H2C     CH       H         CH2
   |      ‖         \C=C       |
  H2C     CH       H/    \     CH2
     \   /                CH2 /
       C
       H2

         CH                       CH=                         CH2
       //   \                   /     CH                    /      CH
H3C−C        CH2      H3C−CH          |        H3C−CH               ‖
             |                  \     CH2                   \      CH
       \     CH2                  CH2                         CH2
         CH2
```

これらの中で，臭素が付加しても不斉炭素原子をもたないのは次の化合物だけである。

```
          CH2                              H      CH2
H       /     CH2    Br2                   |    /      CH2
  \C=C         |   ──→   H−C−C                   |
H /     \     CH2                          |   | \     CH2
          CH2                              Br  Br  CH2
      化合物G
```

化合物**H**．三重結合は酸化され，1価のカルボン酸しか生じない。化合物**I**は，2価のアルコールのエチレングリコールと反応して高分子化合物**J**を生じるので，カルボキシ基を2つもつジカルボン酸である。

$$\begin{array}{c} \mathrm{H_2} \\ \mathrm{C} \\ \mathrm{H_2C}\quad\ \mathrm{CH} \\ |\qquad\ \ \| \\ \mathrm{H_2C}\quad\ \mathrm{CH} \\ \mathrm{C} \\ \mathrm{H_2} \end{array} \xrightarrow{\text{酸化}} \mathrm{HO{-}\underset{\underset{\displaystyle O}{\|}}{C}{-}CH_2{-}CH_2{-}CH_2{-}CH_2{-}\underset{\underset{\displaystyle O}{\|}}{C}{-}OH}$$

化合物H　　　　　　　　　化合物I

問7　化合物Iのアジピン酸とエチレングリコール $HOCH_2CH_2OH$ は縮合重合して，ポリエステルの高分子化合物Jを生じる。

46 分子式 C_5H_8 の炭化水素の構造と安定性

（2020年　第3問）

以下の文章を読み，問1～問5に答えよ。

分子式 C_5H_8 で表される炭化水素の構造異性体を，二重結合を2つ含むもの（**グループA**），二重結合を1つだけ含むもの（**グループB**），二重結合を含まないもの（**グループC**）の3つのグループに分類した。それぞれのグループに属する化合物のうち，いくつかの構造式を図1に示した。

グループA：二重結合を2つ含むもの

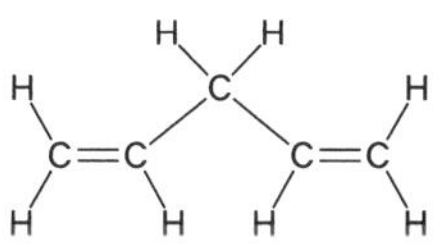

A1 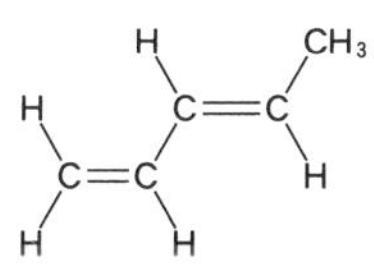　**A2** 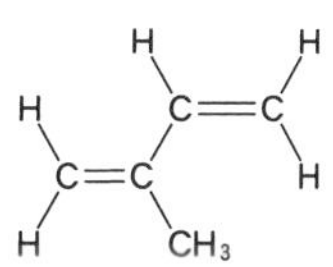　**A3**

グループB：二重結合を1つだけ含むもの

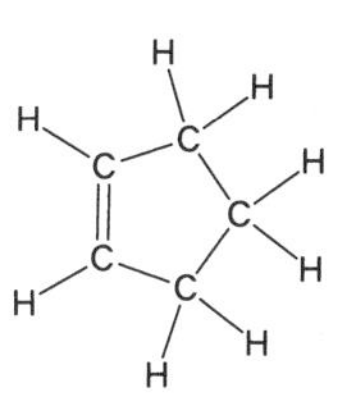

B1

グループC：二重結合を含まないもの

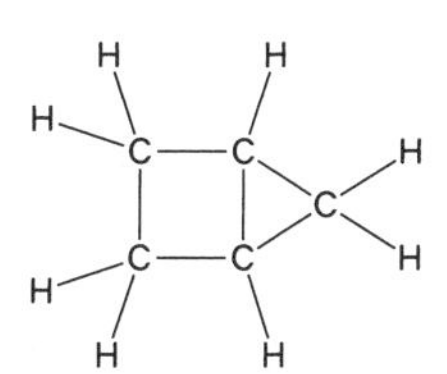

C1

図1　分子式 C_5H_8 で表される化合物の分類
（それぞれのグループに属する化合物を全て示しているわけではない）

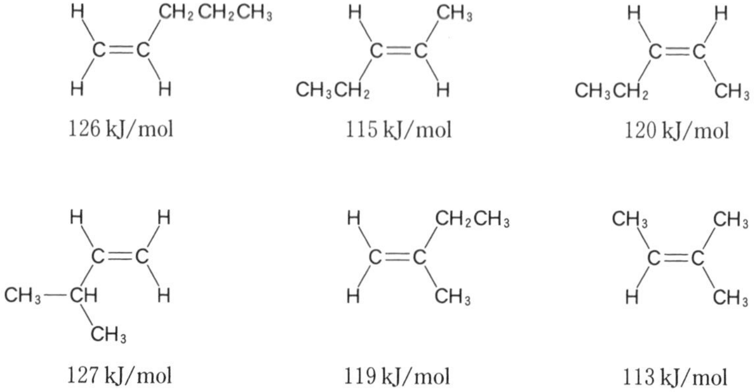

126 kJ/mol　　115 kJ/mol　　120 kJ/mol

127 kJ/mol　　119 kJ/mol　　113 kJ/mol

図2　5つの炭素からなる鎖状アルケン1 molに水素を付加したときに発生する熱量

問1　以下の文章について，下線部①に示した選択肢の中から適切なものを選ぶとともに，空欄（　ア　），（　イ　）にあてはまる数値を答えよ。なお，熱量の計算には，図2に示した水素化熱（アルケン1 molに対して水素を付加させたときに発生する熱量）の値を用いよ。

> 炭素原子のつながり方が同じであるアルケンの異性体間の相対的な安定性は，水素化熱を比較することにより理解できる。例えば，図2に示した水素化熱の値から，1-ペンテンとトランス-2-ペンテンでは，①(1-ペンテンの方が安定である／トランス-2-ペンテンの方が安定である／安定性に差はない) ことがわかる。グループAに属する**A1**は1-ペンテンと構造の類似した二重結合を2つ含むので，その水素化熱は126×2＝252 kJ/molと見積もられる。この値は実測値253 kJ/molとほぼ同じ値である。一方，**A2**の水素化熱は，**A2**に含まれるそれぞれの二重結合と最も構造の類似した2つのアルケンの水素化熱の値の和により（　ア　）kJ/molと見積もられる。しかし，**A2**の水素化熱の実測値は223 kJ/molであり，アの値とは大きく異なる。これは，**A2**の二重結合を形成する電子の一部が2つの特定の炭素原子上に局在化するのではなく，二重結合に関与する4つの炭素原子上のすべてに非局在化することにより安定化されているためである。**A3**の水素化熱を同様に計算し，実測値229 kJ/molとの差を求めることで，**A3**は二重結合上の電子の非局在化により（　イ　）kJ/mol安定化していると見積もられる。

問2　**A1**を5つの炭素からなる2価アルコールの脱水反応により合成したい。**A1**を選択的に得るために最も適切と考えられる2価アルコールの構造式を答えよ。

問3　**B1**を水素化して生成するシクロペンタンと，それよりも1つ炭素数が多いシクロヘキサンの持つひずみについて考える。ある原子の二つの結合のなす角度を結合角という。結合角がメタンの結合角である 109.5° からずれることにより生じるひずみのことを角ひずみといい，その角度のずれが大きくなるほど角ひずみが大きくなる。正五角形，正六角形の一つの角度がそれぞれ 108°，120° であることをもとにすると（図3），シクロヘキサンはシクロペンタンよりも角ひずみが大きいと予想される。しかし実際には，シクロヘキサンは角ひずみをほとんど持たない。この理由を 40 字程度で記せ。

図3

問4　**B1** 以外で**グループB**に属する化合物を水素化したときに生成する分子式 C_5H_{10} の化合物は4種類ある。それぞれの構造式を答えよ。ただし，互いに立体異性体の関係にある化合物は1種類の化合物とみなし，水素化の条件下では炭素—炭素単結合の開裂は起こらないものとする。

問5　**グループC**に属する化合物 **C2** に硫酸水銀(Ⅱ)を触媒として水を反応させた。そこで得られた化合物にヨウ素と水酸化ナトリウム水溶液を加えて温めると，黄色沈殿が生じるとともに，カルボン酸 **D** のナトリウム塩が生成した。化合物 **C2** の構造式を答えよ。

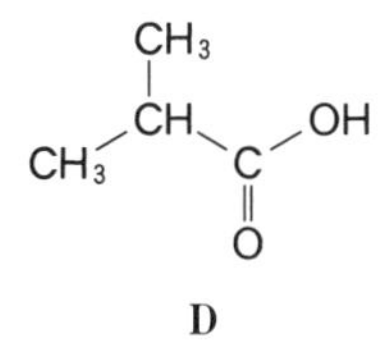

解　答

問1　①トランス-2-ペンテンの方が安定である

ア．**241**　イ．**17**

問2　$CH_2-CH_2-CH_2-CH_2-CH_2$（両端の CH_2 に OH）

$$\underset{\displaystyle OH}{\underset{|}{CH_2}}-CH_2-CH_2-CH_2-\underset{\displaystyle OH}{\underset{|}{CH_2}}$$

問3　炭素原子間の単結合が回転して，結合角が **109.5°** のいす形構造をとるため。(**40** 字程度)

問4

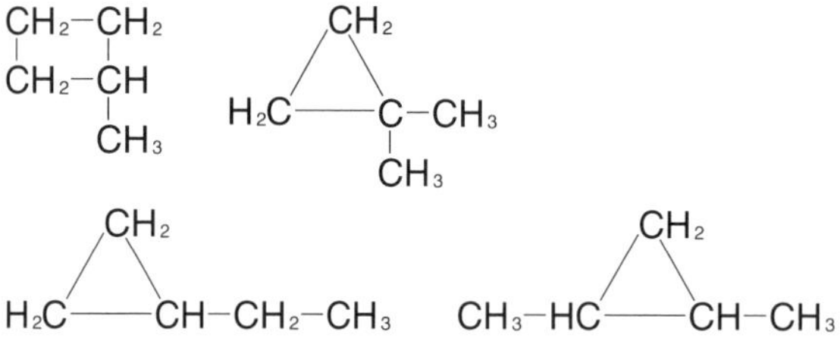

$$\begin{array}{l} CH_2-CH_2 \\ | \quad\quad\;\; | \\ CH_2-CH \\ \quad\quad\quad\; | \\ \quad\quad\;\; CH_3 \end{array}$$

H_2C—$C(CH_3)_2$—CH_2 の三員環（1,1-ジメチルシクロプロパン）

H_2C—$CH(CH_2CH_3)$—CH_2 の三員環（エチルシクロプロパン）

CH_3-HC—$CH-CH_3$ に CH_2 が結合した三員環（1,2-ジメチルシクロプロパン）

問5．$CH_3-\overset{\displaystyle CH_3}{\overset{|}{CH}}-C\equiv CH$

ポイント

炭素原子間の単結合は回転できるため，シクロヘキサンの6個の炭素原子は同一平面上に存在しない。

解　説

問1　①

$$\begin{array}{c} H \quad\quad\quad\quad CH_2CH_2CH_3 \\ \;\;\diagdown C=C \diagup \\ H \diagup \quad\quad \diagdown H \end{array} + H_2 = \underset{\text{ペンタン}}{CH_3CH_2CH_2CH_2CH_3} + 126\,kJ$$

1-ペンテン

$$\begin{array}{c} H \quad\quad\quad\quad CH_3 \\ \;\;\diagdown C=C \diagup \\ CH_3CH_2 \diagup \quad\quad \diagdown H \end{array} + H_2 = \underset{\text{ペンタン}}{CH_3CH_2CH_2CH_2CH_3} + 115\,kJ$$

トランス-2-ペンテン

エネルギー図で示すと，次のようにトランス-2-ペンテンの方が 11 kJ 安定である。

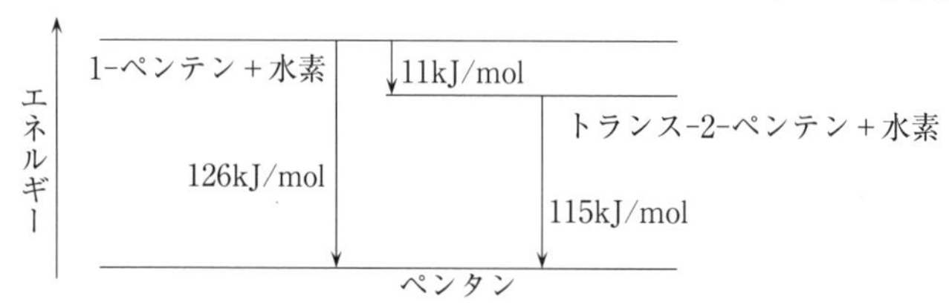

ア．類似した2つのアルケンの水素化熱は，$126+115=241$〔kJ/mol〕と見積もられる。

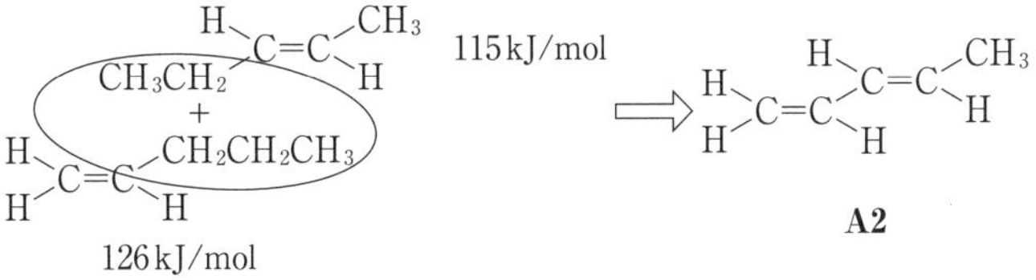

$$H(CH_3CH_2)C{=}C(CH_3)H\ (115\,kJ/mol) + H_2C{=}CH(CH_2CH_2CH_3)\ (126\,kJ/mol) \Rightarrow H_2C{=}CH{-}CH{=}CH{-}CH_3$$

A2

イ．**A3** も同様に $127+119=246$〔kJ/mol〕と見積もられる。よって，$246-229=17$〔kJ/mol〕安定化している。

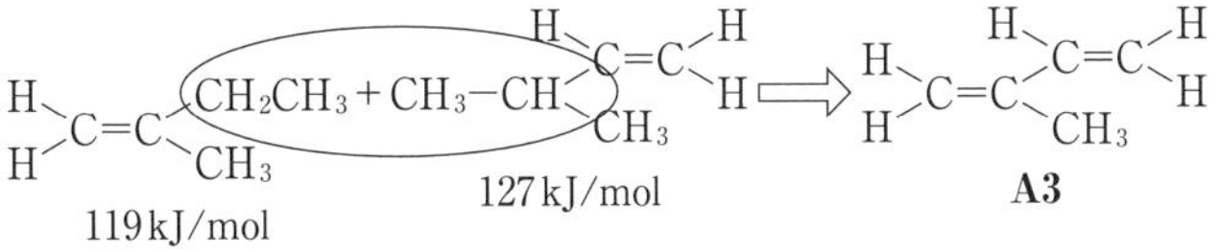

$$H_2C{=}C(CH_3)(CH_2CH_3)\ (119\,kJ/mol) + CH_3{-}CH(CH_3){-}CH{=}CH_2\ (127\,kJ/mol) \Rightarrow H_2C{=}C(CH_3){-}CH{=}CH_2$$

A3

問2　次の2価アルコールでも **A1** を生成するが，次のような副生成物を生じる。

$$CH_3{-}CH(OH){-}CH_2{-}CH_2{-}CH_2(OH) \xrightarrow{\text{脱水}} \underset{\textbf{A1}}{CH_2{=}CH{-}CH_2{-}CH{=}CH_2} + CH_3{-}CH{=}CH{-}CH{=}CH_2$$

$$CH_3{-}CH(OH){-}CH_2{-}CH(OH){-}CH_3 \xrightarrow{\text{脱水}} \underset{\textbf{A1}}{CH_2{=}CH{-}CH_2{-}CH{=}CH_2} + CH_3{-}CH{=}CH{-}CH{=}CH_2 + CH_3{-}CH{=}C{=}CH{-}CH_3$$

問3　シクロヘキサンは6個の炭素原子が同一平面上にあるのではなく，炭素原子間の単結合が回転して，結合角が109.5°の角ひずみのない構造をとることができる。構造としては，次のいす形と舟形が考えられるが，いす形の方が安定である。

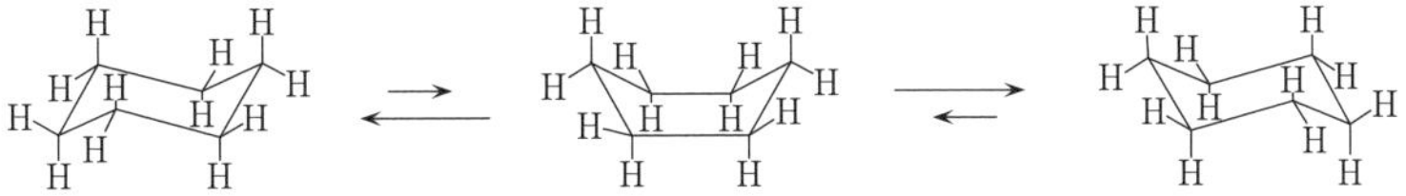

いす形　⇄　舟形　⇄　いす形

問4　グループBに属する化合物は，環状構造1つとC=C結合1つをもつ。これを水素化すると二重結合が単結合になり，シクロアルカンとなる。**B1** では，シクロペンタン C_5H_{10} を生成する。これ以外の考えられるシクロアルカンは，シクロブタンに炭素原子1個をもつ化合物とシクロプロパンに炭素原子2個をもつ化合物の構造式になる。

問5　グループCは二重結合を含まないものであるから，環構造を2つもつ，もしくは三重結合を1つもつと考えられる。黄色沈殿はヨードホルム CHI_3 である。このヨードホルム反応をおこす化合物は，$CH_3CH(OH)-$ または CH_3CO- の部分構造をもつ。HC≡C− 結合に触媒の硫酸水銀(Ⅱ)の存在下で水が付加すると，不安定なビニルアルコール $CH_2=C(OH)-$ の構造を経て，メチルケトン CH_3CO- の構造になる。したがって，化合物 **C2** の反応は次の通りである。

$$\underset{\textbf{C2}}{(CH_3)_2CH-C\equiv CH} \xrightarrow[HgSO_4]{H_2O} \underset{\text{不安定}}{(CH_3)_2CH-C(OH)=CH_2}$$

$$\longrightarrow (CH_3)_2CH-CO-CH_3 \xrightarrow{\text{ヨードホルム反応}} \underset{\textbf{D}\text{のナトリウム塩}}{(CH_3)_2CH-COONa} + CHI_3$$

47 エステルの構造決定・合成実験

（2019年度　第3問）

以下の文章を読み，問1～問5に答えよ。必要があれば次の数値を用いよ。
原子量　H＝1.0，C＝12.0，N＝14.0，O＝16.0

【Ⅰ】

不斉炭素原子を持つ分子式 $C_{12}H_{14}O_4$ の化合物**A**を加水分解すると化合物**B**と化合物**C**が得られた。化合物**B**，**C**はいずれも6個の炭素原子を持ち，不斉炭素原子は持っていなかった。化合物**B**は塩化鉄(Ⅲ)水溶液と反応して紫色を呈した。化合物**C**の 1.0×10^{-2} mol/L 水溶液 50 mL を 0.10 mol/L の水酸化ナトリウム水溶液で滴定したところ，10 mL で中和点に達し，その溶液はアルカリ性を示した。また，化合物**C**に脱水剤を加えて加熱すると分子内で脱水反応が起こり，不斉炭素原子を持たない六員環化合物**D**となった。この化合物**D**を，不斉炭素原子を持たない芳香族化合物**E**と反応させると，不斉炭素原子を持つ分子式 $C_{12}H_{15}NO_3$ の化合物**F**が得られた。化合物**E**を氷冷下において塩酸水溶液中，亜硝酸ナトリウムと反応させると化合物**G**になり，5℃以上に温度を上昇させると化合物**G**は水と反応して化合物**B**となった。

問1　化合物**A**～**F**の構造式を示せ。ただし，光学異性体の構造は区別しなくてよい。

問2　化合物**B**に水酸化ナトリウム水溶液を加え，これに氷冷下で化合物**G**を加えると赤橙色の有機化合物**H**が得られた。化合物**H**の構造式を示せ。

【Ⅱ】

図1に示す装置を用いて，テレフタル酸のエステル化反応を行った。200 mL の丸底フラスコ**a**にテレフタル酸（5.0 g），1-ノナノール $CH_3(CH_2)_8OH$（15 mL，密度 0.83 g/cm^3，沸点 215℃），濃硫酸（0.10 g）およびトルエン（100 mL，密度 0.87 g/cm^3，沸点 111℃）を入れ，これらを 140℃の油浴で加熱した。図1の装置は次のような仕組みになっている。まずフラスコ**a**が加熱され，沸点に達した物質は蒸気となり，枝管**b**を通って冷却管**c**に達する。蒸気はここで冷やされて液化し，下方にある側管**d**（容積 5.0 mL，図2がその拡大図）にたまる。側管**d**からあふれた液体は枝管**b**を通ってフラスコ**a**にもどる。

HO—C(=O)—C₆H₄—C(=O)—OH

テレフタル酸

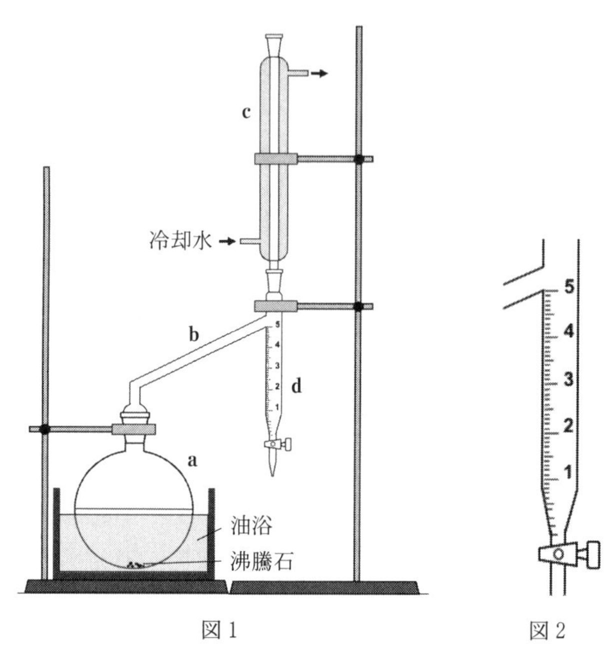

図1　　　　　　図2

問3　カルボン酸とアルコールからエステルを合成する反応は平衡反応である。テレフタル酸と1-ノナノールから中性の化合物が生じる反応の化学反応式を書け。

問4　前ページの方法では，テレフタル酸はすべて消費されて中性の化合物に変化する。このとき，側管**d**にたまっている全ての物質名とその体積を有効数字2桁で答えよ。また，側管**d**に物質がたまっている様子を，目盛りに注意して解答欄の図に書き込め。なお，テレフタル酸および，その中性の化合物は沸点が高く，この条件では気化しない。

〔解答欄の図〕

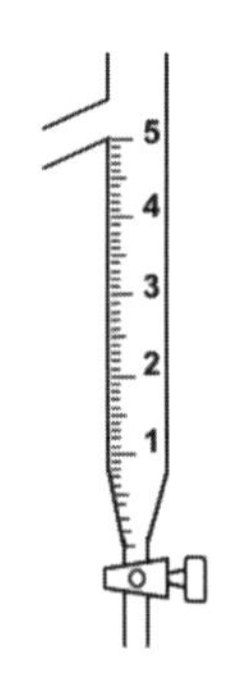

問5　図1の装置を用い，トルエンの代わりにクロロベンゼン（100 mL，密度1.11 g/cm^3，沸点131℃）を使って同様のエステル化反応を行ったところ，長時間加熱しても反応は完結しなかった。その理由を述べよ。

解　答

問1　A．$C_6H_5-O-CO-CH_2-CH(CH_3)-CH_2-COOH$　B．C_6H_5-OH

C．$HO-CO-CH_2-CH(CH_3)-CH_2-CO-OH$　D．$CH_3-CH<(CH_2-CO)_2O$（環状酸無水物）

E．$C_6H_5-NH_2$　F．$HO-CO-CH_2-CH(CH_3)-CH_2-CO-NH-C_6H_5$

問2　$HO-C_6H_4-N=N-C_6H_5$

問3　$HO-CO-C_6H_4-CO-OH+2CH_3(CH_2)_8OH$

$$\rightleftarrows H_3C-(CH_2)_8-O-CO-C_6H_4-CO-O-(CH_2)_8-CH_3+2H_2O$$

問4　物質名とその体積：トルエン 3.9 mL，水 1.1 mL

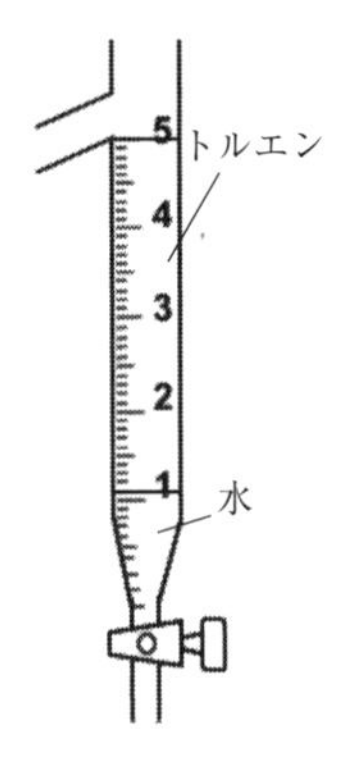

問5　側管 d に水とクロロベンゼンは凝縮するが，これらは溶け合うことがなく，クロロベンゼンは水より重い。その結果，常に水が先にあふれ出て，フラスコ a に戻る。この水により加水分解が起こり，平衡状態となるため，反応が完結することはない。

ポイント
実験装置が平衡反応であるエステル合成にどのように作用しているかを考える。

解 説

問1 化合物**B**は，6個の炭素原子をもち，塩化鉄(Ⅲ)水溶液で呈色することから，

フェノール C_6H_5-OH である。

一方，化合物**C**の分子式は，化合物**A**の加水分解から考えて

$C_{12}H_{14}O_4 + H_2O - C_6H_6O = C_6H_{10}O_4$

化合物**C**の不飽和度は，$\dfrac{6\times2+2-10}{2}=2$ である。

酸性化合物**C**を n 価の酸とすると，中和の関係から

$$n\times\frac{1.0\times10^{-2}\times50}{1000}=1\times\frac{0.10\times10}{1000} \qquad \therefore\quad n=2$$

化合物**C**は，2価のカルボン酸 $C_4H_8(COOH)_2$ で，不飽和度2と一致する。脱水剤で酸無水物の六員環化合物**D**になることから，化合物**D**は

```
     |    //O
   \-C-C
 \         \
  C          O
 /         /
   /-C-C
     \    \\O
```

の構造をもつと考えられる。

残る炭素原子1個の位置は，次の2つが考えられるが，不斉炭素原子 C^* をもたないことから，化合物**C**と化合物**D**の構造を決定できる。

```
        CH3                       H
    H\  |     //O             H\  |     //O
 H\      C*-C               H3C\   C-C
    C          O                 C        O
 H/      C-C                   H/   C-C
    H/   \    \\O               H/   \    \\O
          H                           H
```

化合物**D**

化合物**A**は，化合物**C**と化合物**B**からなるエステルを考えればよい。その加水分解の化学反応式は，次の通りである。

```
C6H5-O-C-CH2-CH-CH2-C-OH + H2O
       ||    |      ||
       O    CH3     O
              A
```

```
 加水分解
─────→ C6H5-OH + HO-C-CH2-CH-CH2-C-OH
                    ||    |      ||
           B        O    CH3     O
                          C
```

ジカルボン酸**C**を分子内で脱水すると，環状構造の酸無水物**D**を生じる。

$$\underset{\mathbf{C}}{HO-\underset{\|}{\overset{}{C}}(=O)-CH_2-CH(CH_3)-CH_2-C(=O)-OH} \xrightarrow{\text{脱水}} \underset{\mathbf{D}}{CH_3-CH\begin{cases}CH_2-C(=O)\\CH_2-C(=O)\end{cases}O} + H_2O$$

酸無水物**D**は，アミン類**E**と反応してアミド**F**を生じる。

$$\underset{\mathbf{D}}{CH_3-CH\begin{cases}CH_2-C(=O)\\CH_2-C(=O)\end{cases}O} + \underset{\mathbf{E}}{C_6H_5-NH_2}$$

$$\xrightarrow{\text{アミド化}} \underset{\mathbf{F}}{HO-C(=O)-CH_2-CH(CH_3)-CH_2-C(=O)-N(H)-C_6H_5}$$

ジアゾ化は，氷冷しながら0℃～5℃で行う。**G**塩化ベンゼンジアゾニウムは，温度を上げると加水分解して，フェノールと窒素を生じる。

$$\underset{\mathbf{E}\text{の塩酸塩}}{C_6H_5-NH_3Cl} \xrightarrow[\text{ジアゾ化}]{NaNO_2+HCl} \underset{\mathbf{G}\text{塩化ベンゼンジアゾニウム}}{C_6H_5-N_2Cl}$$

$$\xrightarrow[\text{加水分解}]{H_2O} \underset{\mathbf{B}}{C_6H_5-OH} + N_2$$

問２　酸性のフェノールは，水酸化ナトリウムで中和され，ナトリウムフェノキシドとなり，水に溶ける。

$$C_6H_5-OH + NaOH \longrightarrow C_6H_5-ONa + H_2O$$

赤橙色の化合物**H**は，*p*-ヒドロキシアゾベンゼンである。ジアゾニウム塩からアゾ化合物をつくる反応をカップリングという。

$$\underset{\text{塩化ベンゼンジアゾニウム}}{C_6H_5-N_2Cl} \xrightarrow[\text{カップリング}]{C_6H_5-ONa} \underset{p\text{-ヒドロキシアゾベンゼン}}{C_6H_5-N=N-C_6H_4-OH}$$

問３　有機化合物の合成実験では，還流冷却器をフラスコに付けて，蒸発した溶媒を冷却し，フラスコに戻すことによって，溶媒の蒸発を防ぎ，長時間加熱して平衡状態に到達させる。ただ，この方法では，平衡状態に到達してもエステル化は完結しない。そこで，図１のように生じた水を反応容器へ戻さない工夫をすることによって反応が完結できる。

問４　図１の仕組みは，フラスコ**a**を加熱すると，沸点に達した水とトルエンは蒸気になり，枝管**b**を通って冷却管**c**に達する。水とトルエンの蒸気はここで冷やされて凝縮し，下方にある側管 **d** にたまる。水とトルエンは互いに溶け合わないので，重い水が下に，軽いトルエンは上にたまる。こうして，蒸発した水だけが，優先的に側管 **d** の底にたまっていき，トルエンだけがあふれ出る。

5.0 g のテレフタル酸（分子量 166.0）の物質量は

$$\frac{5.0}{166.0}=0.0301\,[\mathrm{mol}]$$

15 mL の 1-ノナノール（分子量 144.0）の物質量は

$$15\times0.83\times\frac{1}{144.0}=0.0864\,[\mathrm{mol}]$$

反応の過不足の関係から，生じる水の物質量は，少ない方のテレフタル酸の物質量の 2 倍である。

$$2\times0.0301\times18.0=1.08\fallingdotseq1.1\,[\mathrm{mL}]$$

問5 クロロベンゼンもトルエンと同じように溶媒として働くが，水より重いため，側管 **d** に優先的にたまり，水がフラスコ **a** に戻され，平衡状態が保たれるので，反応は完結できない。

48 2価カルボン酸の構造決定，立体異性体
（2018年度　第3問）

次の文章を読み，問1～問6に答えよ。必要があれば次の数値を用いよ。
原子量 H＝1.0，C＝12.0，O＝16.0

化合物**A**，**B**，**C**，**F**，**G**は，炭素，水素，酸素からなる2価カルボン酸である。化合物**A**と**B**は立体異性体であり，①化合物**A**の融点は化合物**B**の融点よりも低い。これらの化合物を用いて以下の実験を行った。

(a) 1molの化合物**A**と**B**それぞれに，白金触媒存在下で1molの水素 H_2 を付加させると同一の化合物**C**が生成した。化合物**A**を加熱すると分子内での脱水反応を伴って化合物**D**が生成したが，化合物**B**では分子内での脱水反応が起こりにくかった。

(b) 化合物**C**と十分量のエタノールを少量の硫酸とともに加熱すると化合物**E**が生成した。化合物**E**の分子量は200以下で，その組成式は $C_4H_7O_2$ であった。

(c) 化合物**F**は，キシレンを過マンガン酸カリウムで酸化することにより得られた。化合物**F**の芳香環に結合している水素原子1つを臭素原子で置き換えたとすると2つの異性体が考えられる。

(d) 化合物**G**は，シクロヘキセンを過マンガン酸カリウムの硫酸酸性溶液を用いて酸化することにより得られた。化合物**G**とヘキサメチレンジアミンの混合物を加熱し，縮合重合させると②高分子化合物が生成した。

問1　化合物**E**の分子式を答えよ。

問2　化合物**A**～**G**の構造式を示せ。

問3　下線部①について，化合物**A**の融点が化合物**B**の融点よりも低い理由を50字以内で答えよ。

問4　下線部②の高分子化合物の構造式を下記の例にならって示せ。

（例）

$$\left[\begin{array}{l} CH_2-CH \\ \qquad\quad | \\ \qquad\ CH_3 \end{array}\right]_n$$

問5　酒石酸は2つの不斉炭素原子をもつ2価カルボン酸であり，3つの立体異性体をもつ。そのうちの1つの立体異性体の立体構造を下に示す（ここで，HOOC−C−C−COOHの4つの炭素原子は紙面上にあり，くさび型の太い実線は紙面手前への結合を，くさび型の破線は紙面奥への結合を示している）。この構造の例にならって，HOOC−C−C−COOHの4つの炭素原子を紙面上に置き，酒石酸の残り2つの立体異性体の立体構造を示せ。

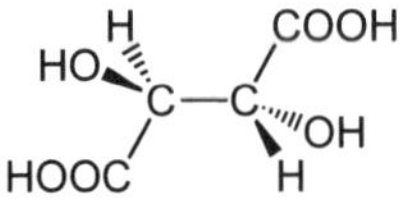

問6　以下の化合物のうち，鏡像異性体が存在しないものを選び，記号で答えよ。

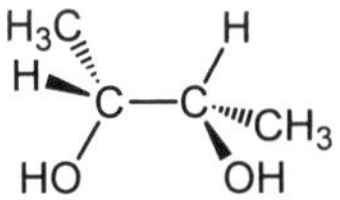

H 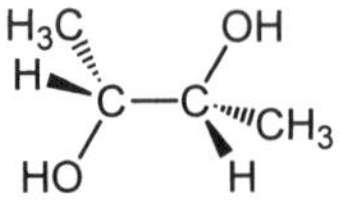　　**I** 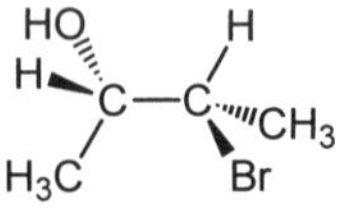　　**J**

解　答

問 1　$C_8H_{14}O_4$

問 2

A. $HOOC(H)C=C(H)COOH$（H 同士が同じ側：O=C(HO)–CH=CH–C(OH)=O）

B. $HO-C(=O)-CH=CH-C(=O)-OH$（H が反対側）

C. $HO-C(=O)-CH_2-CH_2-C(=O)-OH$

D. $O=C-CH=CH-C=O$（両端の C が O で結ばれた環状構造）

E. $C_2H_5O-C(=O)-CH_2-CH_2-C(=O)-OC_2H_5$

F. ベンゼン環のオルト位に $-C(=O)-OH$ が 2 つ

G. $HO-C(=O)-(CH_2)_4-C(=O)-OH$

問 3　B が分子間で水素結合を形成するのに対し，A は分子内にも水素結合をつくるため，分子間力が弱くなる。（50 字以内）

問 4　$\left[C(=O)-(CH_2)_4-C(=O)-N(H)-(CH_2)_6-N(H) \right]_n$

問 5

H，HO，HOOC が結合した C — COOH，H，OH が結合した C（鏡像異性体の一方）

HO，H，HOOC が結合した C — COOH，OH，H が結合した C（鏡像異性体のもう一方）

問 6　H

ポイント

分子内脱水反応をするカルボン酸では，まずマレイン酸かフタル酸について考えてみればよい。メソ体をもつ酒石酸のような立体異性体の特徴についてはきちんと学習しておくこと。

解　説

問 1・問 2　立体異性体には，鏡像異性体とジアステレオ異性体がある。また，ジアステレオ異性体にはシス・トランス異性体が含まれる。

(a)・(b)　2 価カルボン酸 **C** のエチルエステルである **E** は，酸素原子数が $2\times2=4$ 個はある。また，**E** の分子量は 200 以下なので，分子式は $(C_4H_7O_2)_2=C_8H_{14}O_4$ となる。

これより，**C**には，$HO-CO-CH_2-CH_2-CO-OH$，$HO-CO-CH(CH_3)-CO-OH$ の2つの構造が考えられるが，$HO-CO-CH(CH_3)-CO-OH$ を誘導する $HO-CO-C(=CH_2)-CO-OH$ には，立体異性体がない。マレイン酸とフマル酸は，立体異性体のシス・トランス異性体の関係にある。よって，**C**はこれらに水素を付加した $HO-CO-CH_2-CH_2-CO-OH$ である。シス形のマレイン酸は，2つのカルボキシ基どうしが近い距離にあるため容易に脱水され，酸無水物の無水マレイン酸を生じる。一方，トランス形のフマル酸は，カルボキシ基が離れているので，脱水が起こりにくい。

A．マレイン酸（$HOOC-CH=CH-COOH$，シス形） —加熱→ **D**．無水マレイン酸

A．マレイン酸 —H_2→ $HO-CO-CH_2-CH_2-CO-OH$（**C**）

B．フマル酸（$HOOC-CH=CH-COOH$，トランス形） —H_2→ $HO-CO-CH_2-CH_2-CO-OH$（**C**）

C —$2C_2H_5OH$→ $C_2H_5O-CO-CH_2-CH_2-CO-OC_2H_5$（**E**）

(c) オルト，メタ，パラのキシレンを過マンガン酸カリウムで酸化し，得られたジカルボン酸のベンゼン環上の水素原子1つを臭素原子で置き換えたときの異性体の数を数える。

次図の通り，2つの異性体をもつ**F**は，フタル酸である。

o-キシレン（CH_3，CH_3）⟶ **F**．フタル酸（COOH，COOH；環上の位置①，②，②，①）

［3-ブロモフタル酸（COOH，COOH，Br），4-ブロモフタル酸（COOH，COOH，Br）］

2つの異性体が生じる。

m-キシレン（CH_3，CH_3）⟶ イソフタル酸（COOH，COOH；環上の位置②，①，③，②）

3つの異性体が生じる。

$$\text{p-}C_6H_4(CH_3)_2 \longrightarrow \text{p-}C_6H_4(COOH)_2$$

1つの異性体が生じる。

(d)　二重結合に硫酸酸性過マンガン酸カリウム溶液を反応させると，次のように二重結合が開裂して，アルデヒドからカルボン酸に酸化される。

$$\text{シクロヘキセン} \longrightarrow OHC-(CH_2)_4-CHO \longrightarrow HO-\underset{\underset{O}{\|}}{C}-(CH_2)_4-\underset{\underset{O}{\|}}{C}-OH$$

G．アジピン酸

問3　マレイン酸では，分子間水素結合だけでなく，分子内水素結合をするが，フマル酸では，分子間のみの水素結合を形成しているため，分子間力がより強いので融点が高い。

分子間　分子間　分子内
マレイン酸

分子間　分子間　分子間　分子間
フマル酸

さらに，分子の形がマレイン酸よりもフマル酸の方が対称性が良いので，結晶格子に組み込まれやすく，融点が高くなる。

問4　ナイロン66である。

$$n HO-\underset{\underset{O}{\|}}{C}-(CH_2)_4-\underset{\underset{O}{\|}}{C}-OH + n H-\underset{\underset{H}{|}}{N}-(CH_2)_6-\underset{\underset{H}{|}}{N}-H$$

G．アジピン酸　　　ヘキサメチレンジアミン

$$\xrightarrow{\text{縮合重合}} \left[\underset{\underset{O}{\|}}{C}-(CH_2)_4-\underset{\underset{O}{\|}}{C}-\underset{\underset{H}{|}}{N}-(CH_2)_6-\underset{\underset{H}{|}}{N}\right]_n + 2nH_2O$$

ナイロン66

問5　不斉炭素原子が2個あるので，$2^2=4$ 種の立体異性体が考えられるが，与えられた立体異性体は，次図の通り分子内に対称面をもつメソ体である。これには鏡像異性体は存在しないので，$4-1=3$ 種の立体異性体をもつ。

H　COOH　HO　C　C　OH　HOOC　H　＝　H　H　HO　C　C　OH　HOOC　COOH

よって，残り２つの立体異性体は，メソ体のジアステレオ異性体（互いに鏡像の関係にない立体異性体）にあたる。メソ体の２つの不斉炭素原子のうち，１つに結合した置換基を入れ替えればよい。不斉炭素原子が２つあるので，このようなものが２つある。

問6　対称面があれば，鏡像異性体は存在しない。メソ体を選ぶ。

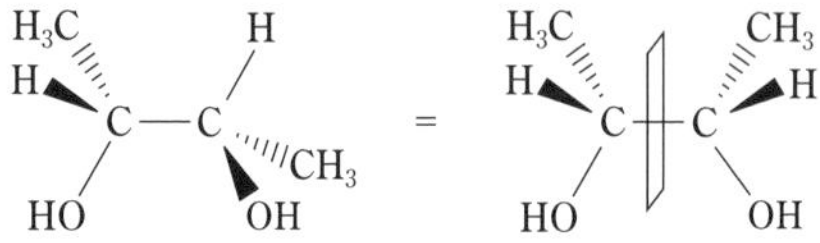

H

49 油脂，バイオディーゼル燃料，エステル交換反応

（2018年度　第4問）

グリセリンのヒドロキシ基すべてが脂肪酸とエステル結合を形成して生じる油脂に関して，以下の【Ⅰ】～【Ⅲ】の文章を読み，問1～問6に答えよ。なお，問3，問4，問6の解答において構造式を示す場合には，炭化水素基は $-C_xH_y$（x，y は整数，例えば $-C_2H_5$）として記すこと。必要があれば次の数値を用いよ。

原子量 H＝1.0，C＝12.0，O＝16.0

【Ⅰ】

油脂は我々の生活と深く関わっており，例えばマーガリンには，不飽和脂肪酸を多く含む植物性の油脂に水素を付加することで融点を上げた［ア］油が含まれている。

その他にも，油脂はバイオ燃料の1つであるバイオディーゼル燃料の原料としても用いられる。バイオディーゼル燃料は，油脂をメタノールと反応させて，メタノールと脂肪酸のエステルを生成させることにより得ることができる。この反応の触媒としては，水酸化カリウムもしくは水酸化ナトリウムが広く用いられている。その他にも，エステルの加水分解酵素であるエステラーゼの一種であり，生体内で油脂の加水分解を触媒する［イ］が用いられることもある。この反応の副生物はグリセリンであり，各種用途への利用が実施，検討されている。例えば化学工業においてグリセリンは，無水フタル酸などの酸無水物との反応により得られる比較的安価で耐熱性や耐候性に優れた［ウ］樹脂の原料として重要である。

問1　［ア］～［ウ］に適切な語句を入れよ。

【Ⅱ】

下線部の反応について，油脂Aを用いてバイオディーゼル燃料の合成を行った。この油脂Aを分析したところ，以下の①～④の情報が得られた。

① 分子式は $C_{61}H_{108}O_6$ である。

② 1分子中に1つの不斉炭素原子が含まれる。

③ 不斉炭素原子を含まない2種類の不飽和脂肪酸から構成されており，そのうちの1種類はリノール酸（分子式 $C_{18}H_{32}O_2$）である。

④ 1mol の油脂Aに含まれる炭素原子間の二重結合 C=C に水素を付加させると，5mol の水素 H_2 が消費される。

問2　リノール酸分子1つに含まれる炭素原子間の二重結合 C=C の数を答えよ。

問3　油脂**A**の構造式を示せ。また，不斉炭素原子を丸で囲め。

問4　油脂**A**を用いた場合の，下線部に対応する反応式を示せ。ただし，鏡像異性は考慮しなくてよいものとする。

【Ⅲ】

構成脂肪酸が全てリノール酸である油脂を用いて，下線部に示したバイオディーゼル燃料の合成を行った。バイオディーゼル燃料の合成の途中で，生成した物質を分離し，化合物**B**を得た。この化合物**B** 20.00mg を完全に燃焼させたところ，二酸化炭素 52.13mg と水 19.29mg が得られた。

問5　化合物**B**の組成式を示せ。解答欄には計算過程も示すこと。

問6　化合物**B**の候補として適切な構造式を全て示せ。ただし，鏡像異性体が存在する場合には，下の例にならって，その全てを示すこと。なお，下の例において，くさび型の太い実線は紙面手前への結合を，くさび型の破線は紙面奥への結合を表す。

（例）

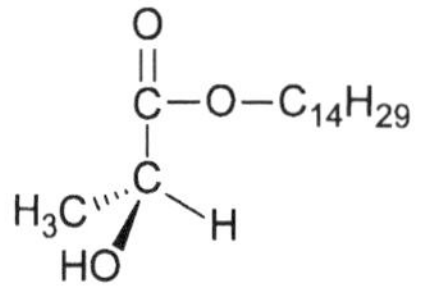

O
‖
C－O－$C_{14}H_{29}$
｜
H_3C C H
HO

解　答

問1　ア．硬化　イ．リパーゼ　ウ．アルキド

問2　2

問3

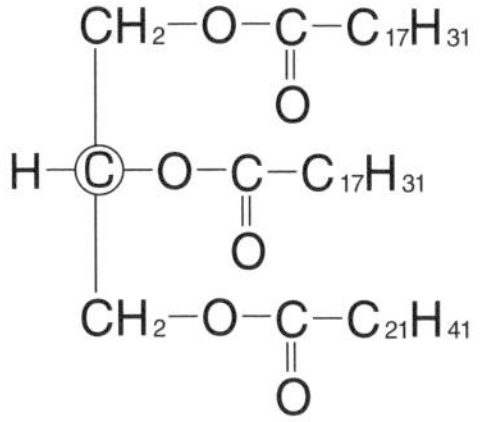

$$
\begin{array}{l}
CH_2-O-\underset{\|}{\overset{}{C}}-C_{17}H_{31} \\
\quad\quad\quad\quad\;\; O \\
H-\textcircled{C}-O-\underset{\|}{C}-C_{17}H_{31} \\
\quad\quad\quad\quad\;\; O \\
CH_2-O-\underset{\|}{C}-C_{21}H_{41} \\
\quad\quad\quad\quad\;\; O
\end{array}
$$

問4

$$
\begin{array}{l}
CH_2-O-\underset{\|}{C}-C_{17}H_{31} \\
\quad\quad\quad\quad\;\; O \\
H-C-O-\underset{\|}{C}-C_{17}H_{31} \quad +3CH_3OH \\
\quad\quad\quad\quad\;\; O \\
CH_2-O-\underset{\|}{C}-C_{21}H_{41} \\
\quad\quad\quad\quad\;\; O
\end{array}
$$

$$
\longrightarrow \begin{array}{l} CH_2-OH \\ CH-OH \\ CH_2-OH \end{array} +2C_{17}H_{31}-\underset{\underset{O}{\|}}{C}-O-CH_3+C_{21}H_{41}-\underset{\underset{O}{\|}}{C}-O-CH_3
$$

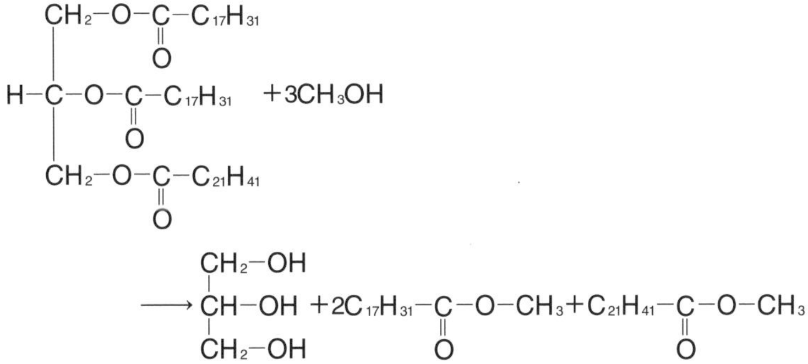

問5　化合物Bの原子数比は

$$
C:H:O=52.13\times\frac{12.0}{44.0}\times\frac{1}{12.0}:19.29\times\frac{2\times1.0}{18.0}
$$

$$
:\frac{20.00-52.13\times\dfrac{12.0}{44.0}-19.29\times\dfrac{2\times1.0}{18.0}}{16.0}
$$

$$
=1.184:2.143:0.2275=5.20:9.42:1.00
$$

化合物Bがジグリセリドであれば，$C_3H_5(OH)(OCOC_{17}H_{31})_2$ となり，酸素原子数は5になるが，C：H：O＝26：47：5となり，炭素原子数39，水素原子数68とは不一致である。一方，化合物Bがモノグリセリドであれば，$C_3H_5(OH)_2(OCOC_{17}H_{31})$ となり，酸素原子数は4である。

$$
C:H:O=20.8:37.6:4\fallingdotseq21:38:4
$$

炭素原子数や水素原子数も一致するので，組成式は　　$C_{21}H_{38}O_4$　……(答)

問6

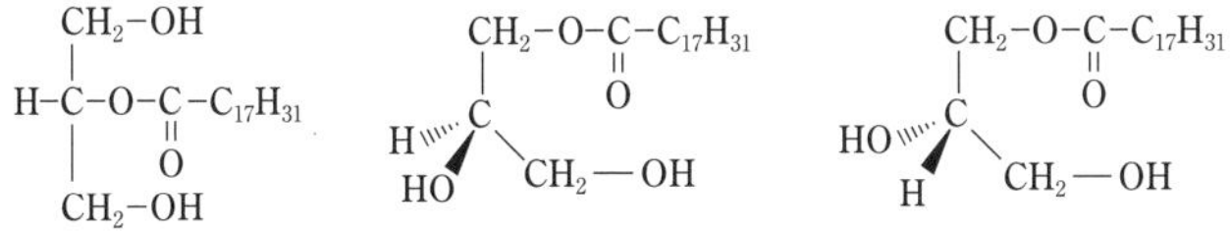

$$
\begin{array}{l} CH_2-OH \\ H-C-O-\underset{\underset{O}{\|}}{C}-C_{17}H_{31} \\ CH_2-OH \end{array}
$$

$CH_2-O-\underset{\underset{O}{\|}}{C}-C_{17}H_{31}$ が結合したC（H\\\\\\\\\\\\\\\\ 破線，HO 太線くさび，CH_2-OH）

$CH_2-O-\underset{\underset{O}{\|}}{C}-C_{17}H_{31}$ が結合したC（HO 破線，H 太線くさび，CH_2-OH）

ポイント
組成式の計算が難しい場合には，可能性のある構造から逆に考えてみるとよい。

解　説

問1　ア．二重結合に水素が付加して飽和脂肪酸を多く含む油脂になるので，融点が上がる。

イ．リパーゼは，脂肪を脂肪酸とグリセリンに加水分解する。

ウ．一般的には，多価アルコールと多価カルボン酸の縮合重合で得られる樹脂をアルキド樹脂という。

問2　飽和脂肪酸のステアリン酸は，$C_{17}H_{35}COOH$ である。リノール酸は，水素原子が4個不足しているので，炭素原子間の二重結合の数は，$\frac{4}{2}=2$ 個である。

問3　油脂**A**が，2つのリノール酸と1つの C_aH_bCOOH からなるとすると，分子式から

$$C_3H_5O_3+2C_{17}H_{31}CO+C_aH_bCO=C_{61}H_{108}O_6$$

∴　$a=21$，$b=41$，$C_{21}H_{41}COOH$

もう一つの可能性，1つのリノール酸と2つの C_cH_dCOOH からなるとすると

$$C_3H_5O_3+C_{17}H_{31}CO+2C_cH_dCO=C_{61}H_{108}O_6$$

∴　$c=19$，$d=36$

この場合，二重結合が2個あり，1 mol の油脂に 6 mol の H_2 が消費されることになるので，不適である。

よって，油脂**A**は，2つの $C_{17}H_{31}COOH$ と1つの $C_{21}H_{41}COOH$ からなる $C_3H_5(OCOC_{21}H_{41})(OCOC_{17}H_{31})_2$ とわかる。また，この油脂 1 mol に 5 mol の水素を付加させると飽和の $C_3H_5(OCOC_{21}H_{43})(OCOC_{17}H_{35})_2$ になる。

次の構造式も考えられるが，不斉炭素原子をもたないので不適である。

```
   CH2−O−C−C17H31
   |     ‖
   |     O
H−C−O−C−C21H41
   |    ‖
   |    O
   CH2−O−C−C17H31
         ‖
         O
```

問4　エステル交換反応という。脂肪のグリセリンの部分がメタノールと入れ替わる。

問5　リノール酸のみからなる油脂の示性式は，$C_3H_5(OCOC_{17}H_{31})_3$ である。これにメタノールを反応させ，バイオディーゼル燃料 $C_{17}H_{31}COOCH_3$ を合成する場合，次のような段階を経て反応は進む。

$$C_3H_5(OCOC_{17}H_{31})_3 + CH_3OH$$
トリグリセリド

$$\longrightarrow C_3H_5(OH)(OCOC_{17}H_{31})_2 + C_{17}H_{31}COOCH_3$$
ジグリセリド　　　バイオディーゼル燃料

$$C_3H_5(OH)(OCOC_{17}H_{31})_2 + CH_3OH$$

$$\longrightarrow C_3H_5(OH)_2(OCOC_{17}H_{31}) + C_{17}H_{31}COOCH_3$$
モノグリセリド　　　バイオディーゼル燃料

$$C_3H_5(OH)_2(OCOC_{17}H_{31}) + CH_3OH \longrightarrow C_3H_5(OH)_3 + C_{17}H_{31}COOCH_3$$
グリセリン　　バイオディーゼル燃料

問6　不斉炭素原子が1つの場合は，その炭素原子に結合した置換基を1回入れ替えたものが，鏡像異性体である。

50 フェノール類とその誘導体

（2017年度　第3問）

次の文章を読み，問1～問7に答えよ。

フェノールは，ベンゼンの水素原子をヒドロキシ基で置換した化合物である。フェノールは，一般にベンゼンとプロペンを原料とする［ア］法を用いて製造され，消毒剤や薬，合成樹脂の原料に使われる。フェノールのベンゼン環の水素原子1つをメチル基に置換したクレゾール（C_7H_8O）には［イ］種類の構造異性体が存在する。さらに①クレゾール以外に，C_7H_8O の分子式で示されるベンゼン環を含む構造異性体には，メチルフェニルエーテルと［ウ］が存在する。一方，フェノールの誘導体の一つに，薬理作用のあるサリチル酸がある。②サリチル酸は，安息香酸よりもかなり強い酸であり，胃の粘膜などを痛める問題がある。そのため，実際には試薬として［エ］を用いて，アセチルサリチル酸に誘導して，薬品として用いることが多い。

フェノールは，高分子合成のモノマーとしても使われる。③フェノールとホルムアルデヒドを酸触媒と加熱すると，［オ］と呼ばれる重合反応によってノボラックという化合物が生成する。さらに硬化剤を加えて加熱することによって，熱硬化性のフェノール樹脂が得られる。また，フェノールは水酸化ナトリウム水溶液と反応して，［カ］と呼ばれる塩が形成される。④ビスフェノールAから同様の反応により得られる塩と，エピクロロヒドリンとの反応によって接着剤の原料となる⑤エポキシ樹脂が製造される。

問1　［ア］～［カ］にあてはまる適切な語句，化合物名または数字を入れよ。また［ウ］の構造式もあわせて記せ。

問2　クレゾールと下線部①に示す構造異性体である化合物［ウ］の希薄水溶液がそれぞれある。両者を区別するための方法を答えよ。

問3　サリチル酸の構造式，および下線部②の現象を説明するためにふさわしいサリチル酸の電離状態の構造を，それぞれ解答欄の破線枠内に記して，サリチル酸を水に溶かした際の電離平衡の式を完成させよ。また，この構造をもとに，サリチル酸が強い酸性を示す理由を答えよ。

〔解答欄〕

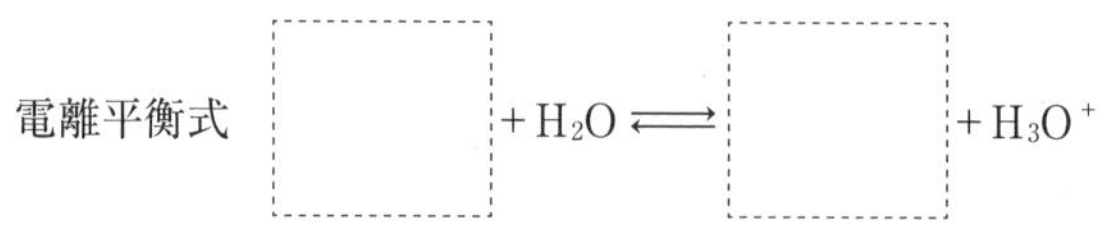

問4　下線部③の初期段階の反応経路を以下に示す。反応の第1段階，第2段階につ

いては，下に説明を加えた。中間体**B**とフェノールが1：1の物質量比で反応した際の生成物の構造式を記せ。ただし，フェノールのオルト位で反応が進行したものとして答えよ。

フェノール（OH）　—ホルムアルデヒド, H^+→　中間体**A**（OH, H, CH_2OH, C^+, H）　—$-H_2O$→　中間体**B**（OH, $\overset{+}{C}H_2$）　—フェノール, $-H^+$→　生成物

【説明】　ホルムアルデヒドに酸（H^+）を加えると，下式右辺に示すように，炭素原子上に正電荷を有する化学種（炭素陽イオン）が得られる。この化学種は，フェノールのオルト位またはパラ位の炭素と共有結合で結びつく。オルト位で共有結合が形成された中間体**A**から，1分子の水が脱離して，新たな炭素陽イオン（中間体**B**）が生成する。

$$H_2C{=}O \underset{-H^+}{\overset{H^+}{\rightleftarrows}} H_2\overset{+}{C}{-}O{-}H$$

問5　下線部④に示すビスフェノールAは，次に示す反応経路のように2分子のフェノールと1分子のアセトンから得られる。問4に示した反応の第1段階を参考に，1分子のフェノールと1分子のアセトンが反応した中間体**C**の構造式を記せ。ただし，フェノールのパラ位で反応したものとして答えよ。

フェノール（OH）　—アセトン, H^+→　中間体**C**　—$-H_2O$→　中間体**D**　—フェノール, $-H^+$→　HO—（ベンゼン環）—$C(CH_3)_2$—（ベンゼン環）—OH

ビスフェノールA

問6　エピクロロヒドリンに，CH_3ONaを反応させると，以下の反応が進行する。

$$ClCH_2{-}\underset{\backslash O /}{CH{-}CH_2} \xrightarrow{CH_3ONa} \underset{\backslash O /}{CH_2{-}CH}{-}CH_2OCH_3 \xrightarrow{CH_3ONa} \xrightarrow{H^+} CH_3OCH_2{-}\overset{OH}{\overset{|}{C}H}{-}CH_2OCH_3$$

エピクロロヒドリン

ビスフェノールAと水酸化ナトリウムが反応して得られる塩を少量とり，過剰のエピクロロヒドリンと反応させた。この反応によって得られる主生成物の構造式を記せ。

問7　ビスフェノールAとエピクロロヒドリンが1：1の物質量比で重合して得られる下線部⑤に示すエポキシ樹脂の構造式を，下の例にしたがって記せ。

（例）

$$\left[CH_2{-}CH_2 \right]_n$$

解　答

問1　ア．クメン　イ．3　ウ．ベンジルアルコール

ウの構造式：$C_6H_5-CH_2-OH$

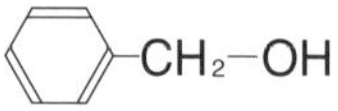

エ．無水酢酸　オ．付加縮合　カ．ナトリウムフェノキシド

問2　塩化鉄(Ⅲ)水溶液を数滴加えて，紫色に呈色すればクレゾールで，呈色しなければベンジルアルコールである。

問3　電離平衡式：$C_6H_4(OH)COOH + H_2O \rightleftarrows C_6H_4(OH)COO^- + H_3O^+$

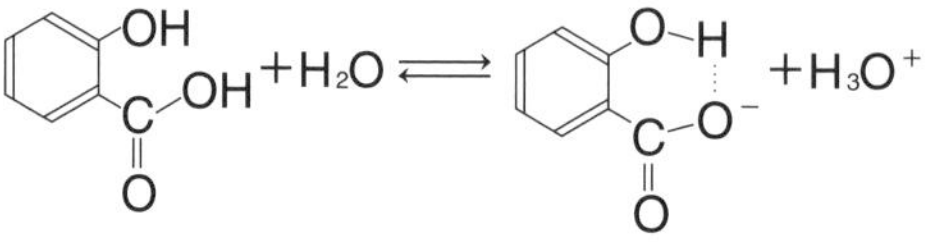

理由：サリチル酸では，$-COO^-$ と $-OH$ 間の水素結合によって安定な六員環を形成するため，そのような構造をとれない安息香酸より電離しやすい。

問4　$HO-C_6H_4-CH_2-C_6H_4-OH$（OH はそれぞれ CH_2 に対してオルト位）

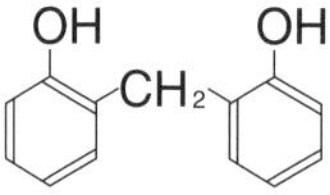

問5　$HO-C_6H_4^{+}(H)-C(CH_3)_2OH$

問6　$H_2C(-O-)CH-CH_2-O-C_6H_4-C(CH_3)_2-C_6H_4-O-CH_2-CH(-O-)CH_2$

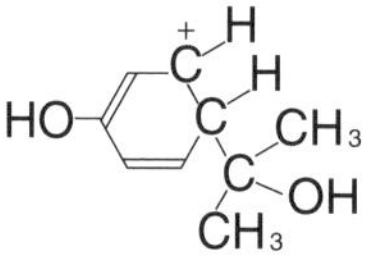

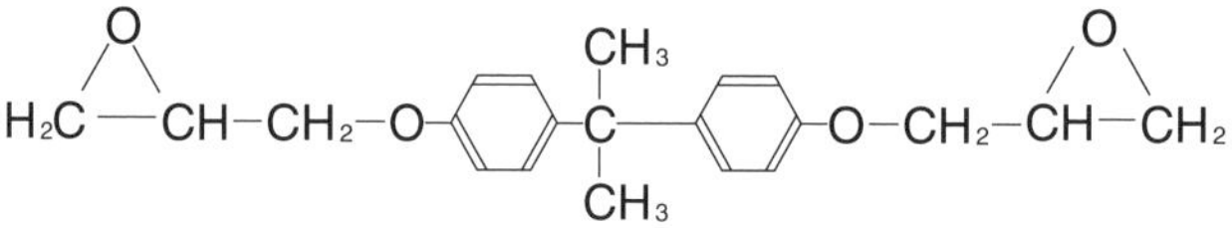

問7　$\left[CH_2-CH(OH)-CH_2-O-C_6H_4-C(CH_3)_2-C_6H_4-O \right]_n$

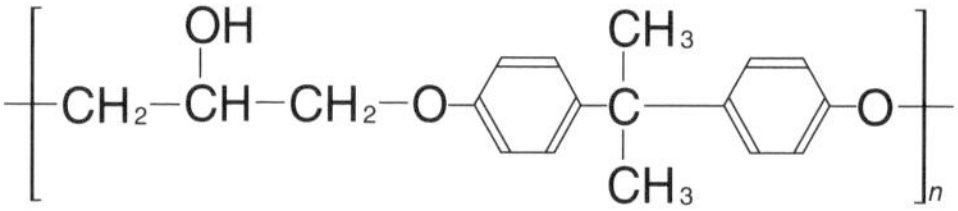

ポイント

反応の中間体とその反応機構についてはあまり見慣れないかもしれない。問題文に与えられた説明を反応に当てはめることができるかがポイントである。

解　説

問1　ア．クメン法の反応は次のとおり。

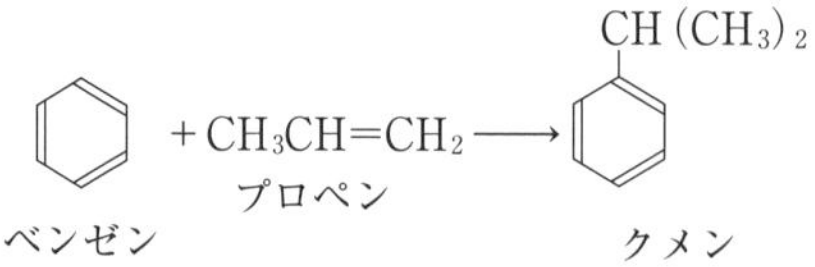

$$C_6H_6 + CH_3CH{=}CH_2 \longrightarrow C_6H_5CH(CH_3)_2$$

ベンゼン　プロペン　クメン

$\xrightarrow{O_2}$ $C_6H_5C(CH_3)_2OOH$ $\xrightarrow{酸}$ C_6H_5OH $+ CH_3COCH_3$

クメンヒドロペルオキシド　フェノール　アセトン

イ．ベンゼンの二置換体には，次の3種類の構造異性体が存在する。

$C_6H_4(OH)CH_3$（OH と CH_3 がオルト位）　$C_6H_4(OH)CH_3$（メタ位）　$C_6H_4(OH)CH_3$（パラ位）

o-クレゾール　*m*-クレゾール　*p*-クレゾール

ウ．メチルフェニルエーテル $C_6H_5-O-CH_3$ はアニソールとも呼ばれるエーテル類である。ベンジルアルコール $C_6H_5-CH_2-OH$ は，アルコール類になる。

エ．無水酢酸でアセチル化すると，酢酸エステルであるアセチルサリチル酸になる。

$C_6H_4(OH)COOH + O(COCH_3)_2 \longrightarrow C_6H_4(O-CO-CH_3)COOH + CH_3-CO-OH$

サリチル酸　無水酢酸　アセチルサリチル酸　酢酸

オ．問4の【説明】にあるように H^+ の付加と脱水縮合が交互に起こるので，付加縮合と呼ばれる。

カ．酸であるフェノールに強塩基の水酸化ナトリウム水溶液を加えると，塩を形成し溶ける。

$C_6H_5-OH + NaOH \longrightarrow C_6H_5-ONa + H_2O$

ナトリウムフェノキシド

問2　ベンジルアルコールのヒドロキシ基は直接ベンゼン環に結合していないので，アルコール類である。

問3　サリチル酸のヒドロキシ基をアセチル化したアセチルサリチル酸も分子内水素結合を形成できないので，酸性は弱くなる。胃の粘膜などにもやさしくなる。

問4　中間体**B**はフェノールのオルト位の炭素と共有結合で結びつく。

$C_6H_4(OH)\overset{+}{C}H_2 + C_6H_5OH \longrightarrow C_6H_4(OH)-CH_2-C_6H_5(OH)^+$（H, H, +）

この中間体から H^+ が脱離して生成物となる。

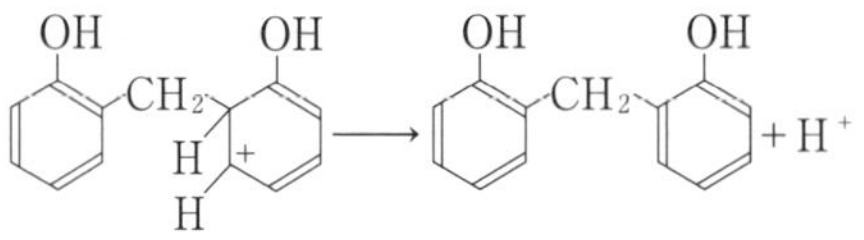

$$\text{(中間体)} \longrightarrow \text{(生成物)} + H^+$$

問5　アセトンに酸 (H^+) を加えると，下式のように炭素原子上に正電荷を有する化学種が得られる。

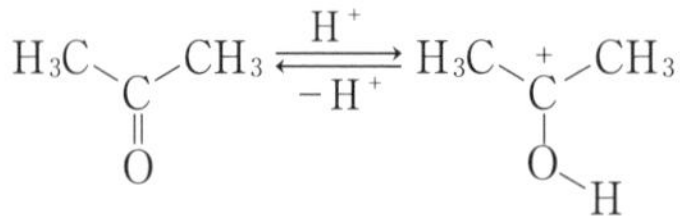

$$H_3C{-}CO{-}CH_3 \underset{-H^+}{\overset{H^+}{\rightleftarrows}} H_3C{-}\overset{+}{C}(OH){-}CH_3$$

ビスフェノールAの構造から推定すると，この化学種はフェノールのパラ位の炭素と共有結合で結びつき，中間体**C**を形成する。

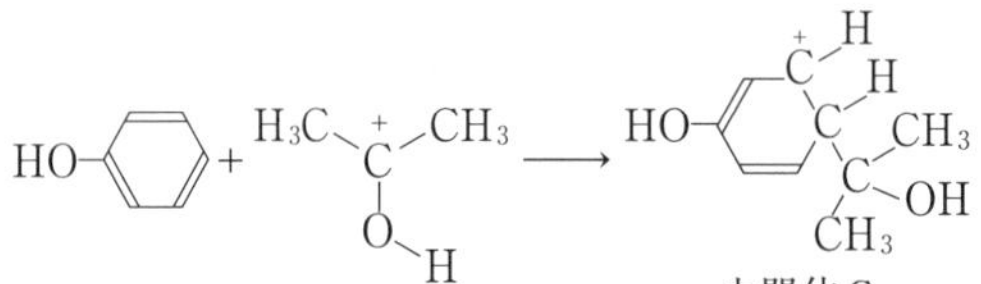

中間体**C**

中間体**C**から1分子の水が脱離して，炭素陽イオンの中間体**D**が生成する。

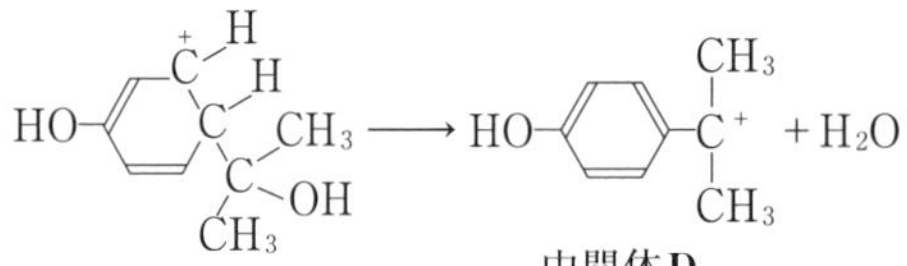

$$\text{中間体C} \longrightarrow HO{-}C_6H_4{-}\overset{+}{C}(CH_3)_2 \;(\text{中間体D}) + H_2O$$

中間体**D**はフェノールのパラ位の炭素と共有結合で結びつく。

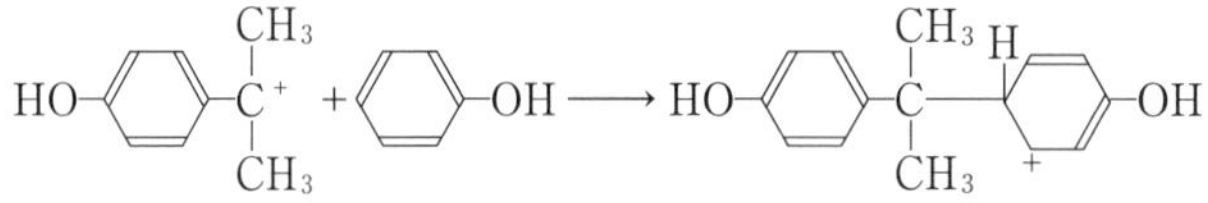

この中間体から H^+ が脱離してビスフェノール A となる。

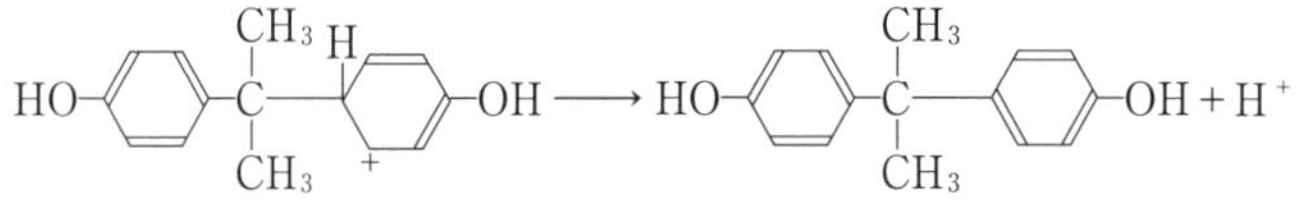

$$\longrightarrow HO{-}C_6H_4{-}C(CH_3)_2{-}C_6H_4{-}OH + H^+$$

ビスフェノールA

問6　エピクロロヒドリンに CH_3ONa を反応させて得られる生成物の構造を理解する。

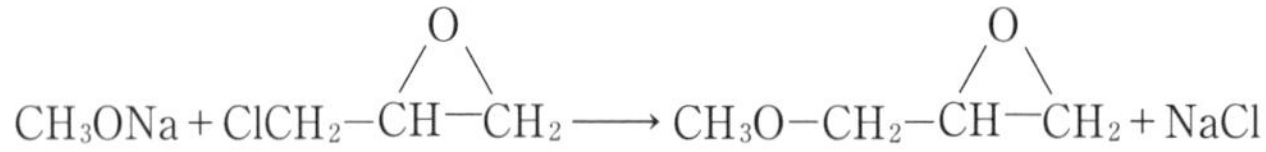

$$CH_3ONa + ClCH_2{-}\underset{\diagdown O \diagup}{CH{-}CH_2} \longrightarrow CH_3O{-}CH_2{-}\underset{\diagdown O \diagup}{CH{-}CH_2} + NaCl$$

酸のビスフェノールAと塩基の水酸化ナトリウムが反応して得られる塩の構造は

$$HO-C_6H_4-C(CH_3)_2-C_6H_4-OH + 2NaOH$$

$$\longrightarrow NaO-C_6H_4-C(CH_3)_2-C_6H_4-ONa + 2H_2O$$

与えられた化学反応式の CH_3ONa を $NaO-C_6H_4-C(CH_3)_2-C_6H_4-ONa$ で置き換えて考える。

$$H_2C\overset{O}{—}CH-CH_2Cl + NaO-C_6H_4-C(CH_3)_2-C_6H_4-ONa + ClCH_2-CH\overset{O}{—}CH_2$$

$$\longrightarrow H_2C\overset{O}{—}CH-CH_2-O-C_6H_4-C(CH_3)_2-C_6H_4-O-CH_2-CH\overset{O}{—}CH_2 + 2NaCl$$

問7　単量体の変化をまとめると，エピクロロヒドリンは結果的には2価の陽イオンをつくり，ビスフェノールAは2価の陰イオンとなり，1：1で交互に重合していくと考える。

$$ClCH_2-CH\overset{O}{—}CH_2 \longrightarrow C^+H_2-CH(OH)-C^+H_2$$

$$HO-C_6H_4-C(CH_3)_2-C_6H_4-OH \longrightarrow O^--C_6H_4-C(CH_3)_2-C_6H_4-O^-$$

$$nC^+H_2-CH(OH)-C^+H_2 + nO^--C_6H_4-C(CH_3)_2-C_6H_4-O^-$$

$$\longrightarrow \left[CH_2-CH(OH)-CH_2-O-C_6H_4-C(CH_3)_2-C_6H_4-O \right]_n$$

エポキシ樹脂

51 C_5H_8，$C_4H_{10}O$ の構造

（2016年度 第3問）

次の文章【Ⅰ】および【Ⅱ】を読み，問1～問6に答えよ。

【Ⅰ】

C_5H_8 の分子式をもつ鎖状もしくは5員環の化合物**A**，**B**，**C**がある。

(a) 化合物**A**，**B**，**C**に，十分量の臭素を用いて付加反応をさせたところ，化合物**A**からは分子式 $C_5H_8Br_2$ の化合物が得られ，化合物**B**，**C**からはそれぞれ分子式 $C_5H_8Br_4$ の化合物が得られた。

(b) 硫酸水銀を触媒として水を付加させると，化合物**B**からは化合物**D**と**E**が得られた。化合物**C**からは，化合物**D**と**F**が得られた。

(c) 化合物**D**にヨウ素と水酸化ナトリウムの水溶液を少量加えて温めると，黄色結晶が生じた。

(d) 化合物**F**をアンモニア性硝酸銀溶液に少量加えて温めると，反応容器の壁に銀鏡が生じた。

問1 上記の条件(a)～(d)を満たす化合物**A**，**D**，**E**，**F**の構造式をそれぞれ1つ書け。

問2 化合物**B**から**D**，**E**が得られる前に生成していたと考えられる不安定な中間生成物**D'**，**E'**の構造式と，化合物**C**から**D**，**F**が得られる前に生成していたと考えられる不安定な中間生成物**D"**，**F'**の構造式を書け。立体化学については考慮しなくてよい。

【Ⅱ】

$C_4H_{10}O$ の分子式をもつ化合物には，鏡像異性体（光学異性体）を含めると全部で8種類の異性体**G**～**N**が存在する。化合物**G**，**H**，**I**，**J**，**K**はいずれもヒドロキシ基をもつ化合物である。このうち化合物**G**と**H**は不斉炭素原子をもち，互いに鏡像異性体である。また化合物**K**は第三級アルコールであり，化合物**J**には枝分かれが存在する。一方，化合物**L**，**M**，**N**はエーテル化合物であるが，そのうち化合物**L**は酸素原子に2個の同じ炭化水素基が結合している。化合物**G**，**H**は，濃硫酸を用いて［ ア ］した場合，置換基の多い同一のアルケンを主生成物として与える。また化合物**I**，**J**は［ イ ］されるとカルボン酸を与える。

問3　空欄ア，イに適切な語句を入れよ。

問4　化合物**G**，**H**に対応する一対の構造式を書け。また化合物**K**，**L**の構造式を書け。

問5　化合物**J**から生成するカルボン酸**O**の構造式を書け。

問6　化合物**I**から生成するカルボン酸と化合物**J**との縮合により生成するエステル**P**の構造式を書け。

解　答

問1　A. H_2C と CH_2 が CH_2 を介して結合し、両端が $C=C$（各 C に H）でつながった五員環

$$\begin{array}{c} CH_2 \\ H_2C \quad\quad CH_2 \\ C=C \\ H \quad\quad H \end{array}$$

D. $CH_3-CH_2-CH_2-C(=O)-CH_3$

E. $CH_3-CH_2-C(=O)-CH_2-CH_3$　　F. $CH_3-CH_2-CH_2-CH_2-C(=O)-H$

問2　D'. $CH_3-CH_2-CH=C(OH)-CH_3$　　E'. $CH_3-CH_2-C(OH)=CH-CH_3$

D''. $CH_3-CH_2-CH_2-C(OH)=CH_2$　　F'. $CH_3-CH_2-CH_2-CH=CH-OH$

問3　ア.（分子内）脱水　イ. 酸化

問4　G, H

H / C / OH / H_3CH_2C / CH_3　　　H / C / HO / H_3C / CH_2CH_3

K. $H_3C-C(CH_3)(OH)-CH_3$　　L. $CH_3-CH_2-O-CH_2-CH_3$

問5　$H_3C-CH(CH_3)-C(=O)-OH$

問6　$CH_3-CH_2-CH_2-C(=O)-O-CH_2-CH(CH_3)-CH_3$

ポイント

アルケンの二重結合をしている炭素にヒドロキシ基が置換したアルコールをエノールといい，一般に不安定で，H^+ が転位して安定なカルボニル化合物へと変化する。

解　説

問1・問2　1mol の化合物 **A** に 1mol の Br_2 が付加するので，化合物 **A** は二重結合を1個もつ五員環のシクロペンテンである。

化合物 **A**

$$\begin{array}{c} CH_2 \\ H_2C \quad\quad CH_2 \\ C=C \\ H \quad\quad H \end{array} + Br_2 \longrightarrow \begin{array}{c} CH_2 \\ H_2C \quad\quad CH_2 \\ BrHC-CHBr \end{array}$$

1mol の化合物**B**，化合物**C**には，2mol の Br_2 が付加するので，2個の二重結合か1個の三重結合をもつ。どちらも水が付加すると，不安定な中間生成物を生じることから，三重結合に水が付加し，エノール型がケト型に変化したと考えられる。

$$-C{\equiv}C- \xrightarrow{+H_2O} \underset{\text{エノール型}}{(HO)C{=}C(H)} \longrightarrow \underset{\text{ケト型}}{(O{=})C{-}C(H){-}H}$$

化合物**B**，化合物**C**は，1-ペンチンか2-ペンチンである。

化合物**D**はヨードホルム反応陽性であるので，メチルケトンである。

化合物**F**は銀鏡反応陽性であるので，アルデヒドである。

アルデヒド**F**を生じることから，化合物**C**は1-ペンチンとわかり，化合物**B**は2-ペンチンである。

化合物**C**
$CH_3CH_2CH_2-C{\equiv}C-H$ $+H_2O$ →

- 中間生成物 **D"**：$CH_3CH_2CH_2(HO)C{=}CH_2$ ⟶ 化合物**D**：$CH_3CH_2CH_2-C(=O)-CH_3$
- 中間生成物 **F'**：$CH_3CH_2CH_2(H)C{=}C(H)(OH)$ または $CH_3CH_2CH_2(H)C{=}C(OH)(H)$ ⟶ 化合物**F**：$CH_3CH_2CH_2CH_2-C(=O)-H$

化合物**B**
$CH_3CH_2-C{\equiv}C-CH_3$ $+H_2O$ →

- 中間生成物 **D'**：$CH_3CH_2(H)C{=}C(CH_3)(OH)$ または $CH_3CH_2(H)C{=}C(OH)(CH_3)$ ⟶ 化合物**D**：$CH_3CH_2CH_2-C(=O)-CH_3$
- 中間生成物 **E'**：$CH_3CH_2(HO)C{=}C(CH_3)(H)$ または $CH_3CH_2(HO)C{=}C(H)(CH_3)$ ⟶ 化合物**E**：$CH_3CH_2-C(=O)-CH_2CH_3$

問3　イ．第一級アルコールを酸化すると，アルデヒドを経てカルボン酸になる。

問4　分子式 $C_4H_{10}O$ の7個の構造異性体は次のとおり。

C−C−C−C(OH)　　C−C−C(OH)−C　　C−C(C)−C(OH)　　C−C(C)(OH)−C

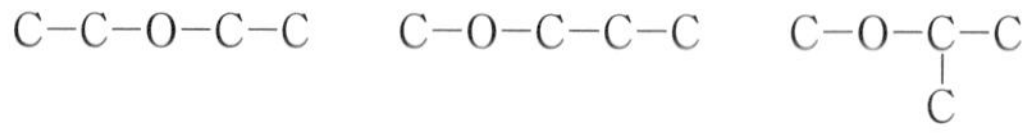

$$\mathrm{C-C-O-C-C} \qquad \mathrm{C-O-C-C-C} \qquad \mathrm{C-O-\underset{\displaystyle |\atop \displaystyle C}{C}-C}$$

不斉炭素原子をもつのは，2-ブタノールである。

第三級アルコールは，2-メチル-2-プロパノールだけで，化合物**K**である。

２個の同じ炭化水素基をもつエーテルは，ジエチルエーテルだけで，化合物**L**である。

問５　枝分かれのある第一級アルコール**J**は，2-メチル-1-プロパノールである。

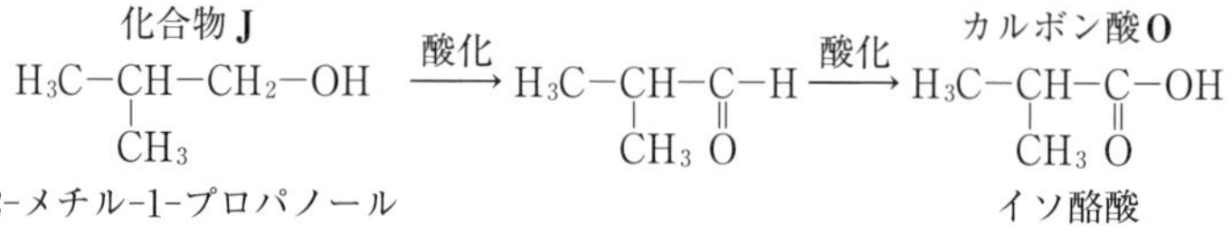

化合物**J**（2-メチル-1-プロパノール）→ カルボン酸**O**（イソ酪酸）

$$\mathrm{H_3C-\underset{\displaystyle |\atop \displaystyle CH_3}{CH}-CH_2-OH} \xrightarrow{酸化} \mathrm{H_3C-\underset{\displaystyle |\atop \displaystyle CH_3}{CH}-\underset{\displaystyle \|\atop \displaystyle O}{C}-H} \xrightarrow{酸化} \mathrm{H_3C-\underset{\displaystyle |\atop \displaystyle CH_3}{CH}-\underset{\displaystyle \|\atop \displaystyle O}{C}-OH}$$

問６　もう一つの第一級アルコール**I**は，1-ブタノールである。酸化すると，酪酸を生じる。

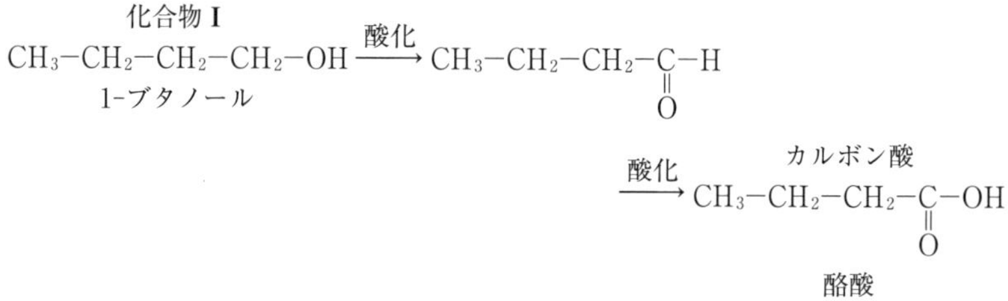

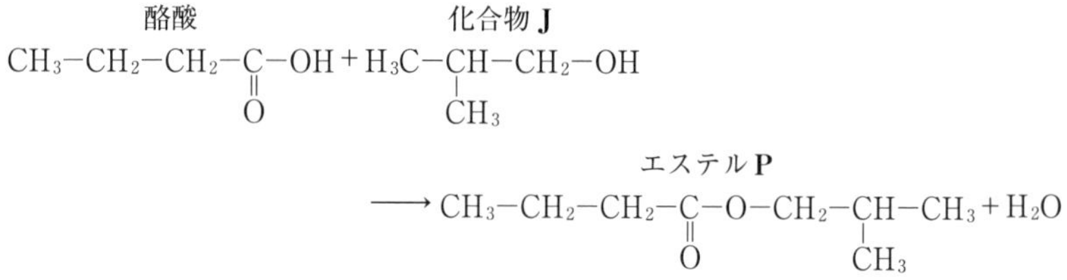

化合物**I**（1-ブタノール）

$$\mathrm{CH_3-CH_2-CH_2-CH_2-OH} \xrightarrow{酸化} \mathrm{CH_3-CH_2-CH_2-\underset{\displaystyle \|\atop \displaystyle O}{C}-H}$$

$$\xrightarrow{酸化} \mathrm{CH_3-CH_2-CH_2-\underset{\displaystyle \|\atop \displaystyle O}{C}-OH}$$

カルボン酸（酪酸）

酪酸 + 化合物**J** → エステル**P**

$$\mathrm{CH_3-CH_2-CH_2-\underset{\displaystyle \|\atop \displaystyle O}{C}-OH + H_3C-\underset{\displaystyle |\atop \displaystyle CH_3}{CH}-CH_2-OH}$$

$$\longrightarrow \mathrm{CH_3-CH_2-CH_2-\underset{\displaystyle \|\atop \displaystyle O}{C}-O-CH_2-\underset{\displaystyle |\atop \displaystyle CH_3}{CH}-CH_3 + H_2O}$$

52 アセトアミノフェンの合成，付加生成物の立体構造
（2015年度　第3問）

次の文章【Ⅰ】および【Ⅱ】を読み，問1～問6に答えよ。

【Ⅰ】

化学工業において重要な原料であるベンゼンとエチレンを出発物質として，解熱剤であるアセトアミノフェン（*p*-アセトアミドフェノール）を合成したい。その合成の最終段階は，ベンゼンから5段階の反応を経て合成される化合物**A**と，エチレンから3段階の反応を経て合成される化合物**B**との反応である。この最終段階で形成される結合は下の構造式中に矢印で示す結合である。

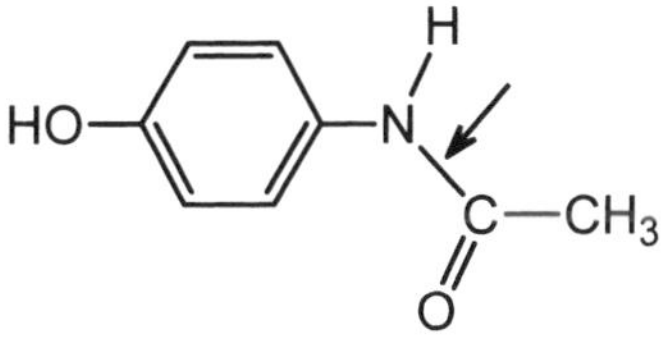

アセトアミノフェン

化合物**A**は化合物**C**にスズと塩酸を作用させ，水酸化ナトリウムで処理することによって合成できる。化合物**C**は化合物**D**に硝酸を反応させて得られる。この反応では，化合物**C**の他に，その異性体**X**も得られる。①化合物**D**はベンゼンとプロペンの反応を第1段階とする3段階の反応を経て合成できる。

化合物**B**は，2分子の化合物**E**から1分子の水がとれて縮合したものである。化合物**E**は，エチレンから2段階の酸化反応を経て合成できる。その第1段階の反応で生成する化合物**F**はフェーリング液を還元する。また，化合物**F**は$PdCl_2$と$CuCl_2$を触媒とし，エチレンを酸化して合成できる。

問1　化合物**A**～**F**の構造式を示せ。

問2　異性体**X**の構造式を示せ。

問3　下線部①に記す合成法の名前を答えよ。

問4　下線部①の化合物**D**を合成する第3段階の反応で，**D**とともに得られる化合物の構造式を示せ。

【Ⅱ】

図1に示すように，アルケンのC=C結合の炭素原子とこれに直結する4個の原子は同一平面上にある。アルケンに対する臭素Br_2の付加反応では，まずこの平面

の上側あるいは下側からBr_2が接近してBr^+が結合した中間体が形成され，Br^-が生成する。図1はアルケンの平面の上側からBr_2が接近した場合を示す。次に，Br^-が図2のように反対側から反応を起こす。このとき，Br^-が中間体のいずれの炭素と反応するか，すなわち(i)と(ii)のいずれの反応が起こるかで生成物の立体構造が異なり，生成物1または生成物2が得られる。ただし，図中のR^1〜R^4はアルキル基または水素原子であり，太い線で表された結合は紙面の手前，破線で表された結合は紙面の向こう側にあることを示す。

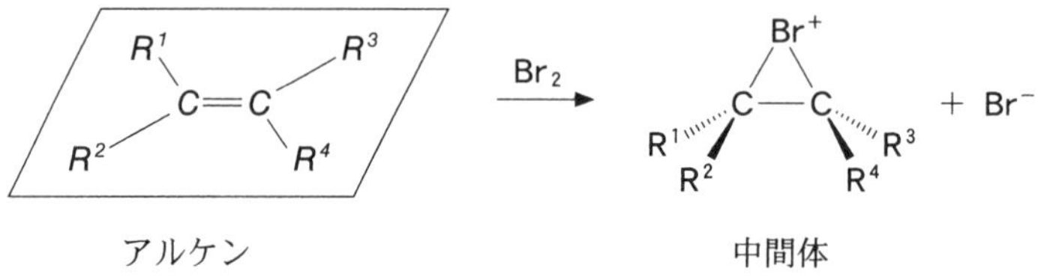

図1

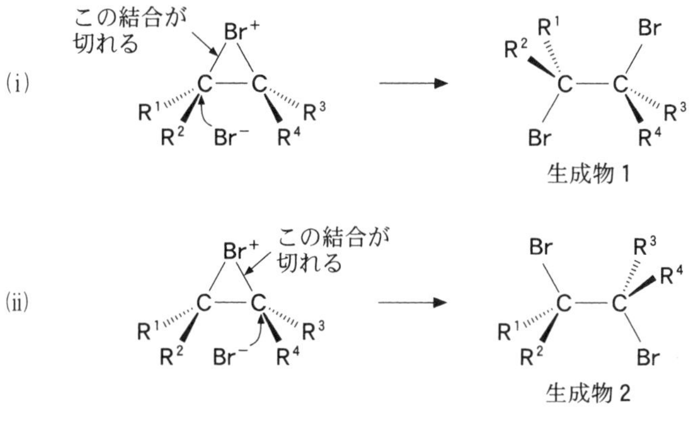

図2

問5 図1とは異なりBr_2がアルケンの平面の下側から接近して形成された中間体について，図2のような反応を考える。R^1とR^2が結合した炭素とBr^-が反応して得られる化合物を生成物3，R^3とR^4が結合した炭素とBr^-が反応して得られる化合物を生成物4とする。生成物3と生成物4の構造式を，図2のように立体構造がわかるように記せ。

問6 C_4H_8の分子式をもち，互いにシス-トランス異性体の関係にある化合物**G**と化合物**H**がある。これらの化合物をBr_2と反応させると，化合物**G**からは1対の鏡像異性体（光学異性体）の混合物，化合物**H**からは1種類のみの生成物5が得られた。化合物**H**と生成物5の構造式を示せ。ただし，生成物5については図2のように立体構造がわかるように記せ。

解　答

問1　A. （p-アミノフェノール：ベンゼン環に NH_2 と OH）　B. $CH_3-C(=O)-O-C(=O)-CH_3$　C. （p-ニトロフェノール：ベンゼン環に NO_2 と OH）　D. （フェノール：ベンゼン環に OH）

E. $CH_3-C(=O)-OH$　F. $CH_3-C(=O)-H$

問2　（o-ニトロフェノール：ベンゼン環に OH と NO_2）　問3　クメン法　問4　$CH_3-C(=O)-CH_3$

問5　生成物3　生成物4

（生成物3：Br, R^1, R^2 をもつ C と Br, R^3, R^4 をもつ C が結合した立体構造式）
（生成物4：R^1, R^2, Br をもつ C と Br, R^3, R^4 をもつ C が結合した立体構造式）

問6　化合物H　生成物5

（化合物H：H, H_3C をもつ C と CH_3, H をもつ C の二重結合 C=C）
（生成物5：H_3C, H, Br をもつ C と Br, H, CH_3 をもつ C が結合した立体構造式／Br, H_3C, H をもつ C と H, CH_3, Br をもつ C が結合した立体構造式）　など

ポイント
　分子内に不斉炭素原子をもつが，対称面があるために，鏡像異性体をもたない化合物をメソ体という。

解　説

問1・問3　ベンゼンとプロペンから3段階の反応を経て合成できることから，化合物**D**はフェノールであり，反応はクメン法である。

（ベンゼン）—第1段階（プロペン $CH_2=CH-CH_3$）→ $H_3C-CH-CH_3$（ベンゼン環） クメン —第2段階（O_2）→ $H_3C-C(O-OH)-CH_3$（ベンゼン環） クメンヒドロペルオキシド

—第3段階（酸）→ （ベンゼン環に OH） **D**. フェノール　$+CH_3COCH_3$ アセトン

フェノールに硝酸を反応させて得られるのはニトロフェノールである。アセトアミ

ノフェンの構造式より，化合物Cはp-ニトロフェノールとわかる。

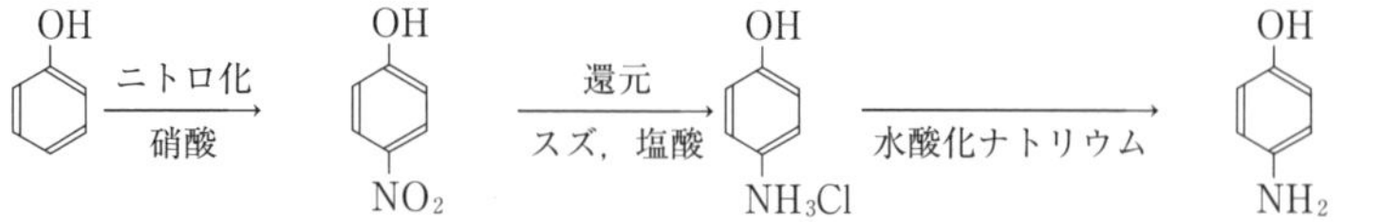

OH　ニトロ化／硝酸 → OH, NO_2 還元／スズ，塩酸 → OH, NH_3Cl 水酸化ナトリウム → OH, NH_2

C．p-ニトロフェノール　A．p-アミノフェノール

化合物Eはエチレンから2段階の反応を経て合成でき，1分子の水がとれて縮合することから酢酸とわかる。

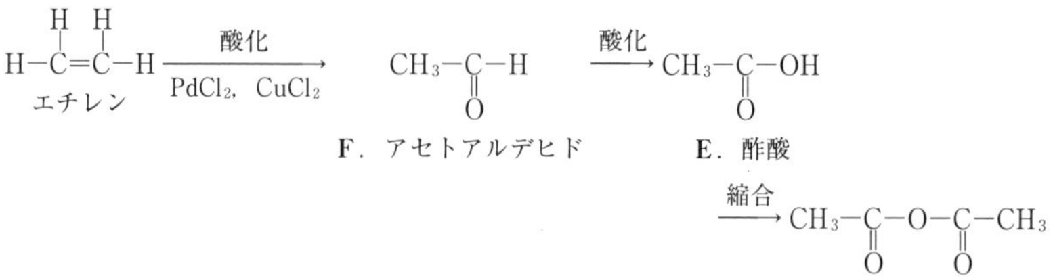

$H-C(H)=C(H)-H$ 酸化／$PdCl_2$，$CuCl_2$ → $CH_3-C(=O)-H$ 酸化 → $CH_3-C(=O)-OH$

エチレン　F．アセトアルデヒド　E．酢酸

縮合 → $CH_3-C(=O)-O-C(=O)-CH_3$

B．無水酢酸

p-アミノフェノールと無水酢酸より，アセトアミノフェンが合成される。

問2　$-OH$は，オルト・パラ配向性であるので，**X**はo-ニトロフェノールである。

問5

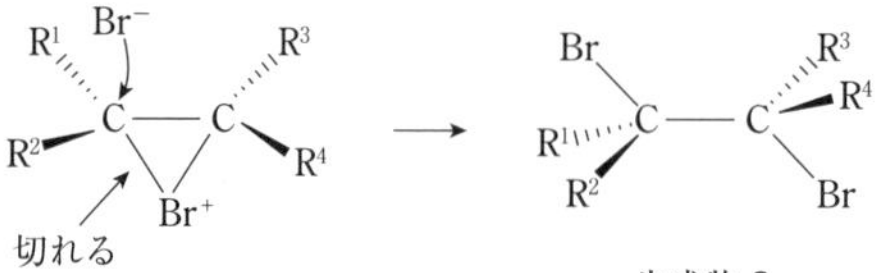

R^1, Br^-, R^3, R^2, C—C, R^4, Br^+　切れる → Br, R^3, R^4, R^1, C—C, R^2, Br

生成物3

生成物3は，生成物2と同じ。

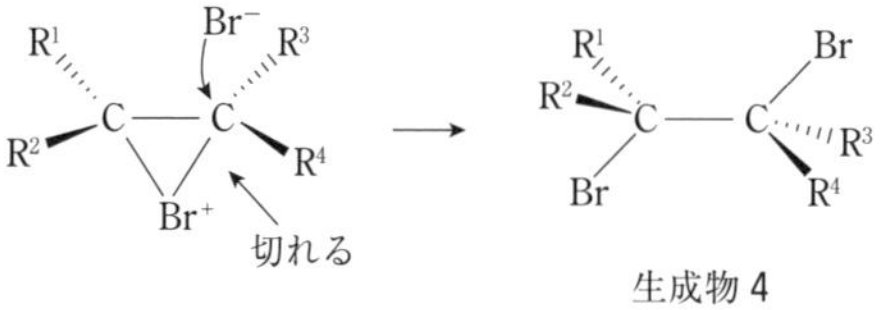

R^1, Br^-, R^3, R^2, C—C, R^4, Br^+　切れる → R^1, Br, R^2, C—C, R^3, Br, R^4

生成物4

生成物4は生成物1と同じ。

問6　化合物G，化合物Hは次のどちらかである。

H_3C, CH_3 / H, H　$C=C$　シス-2-ブテン　　H_3C, H / H, CH_3　$C=C$　トランス-2-ブテン

図2にならって考えると，シス-2-ブテンからは，次のように1対の鏡像異性体が得られるので，化合物Gはシス-2-ブテンである。

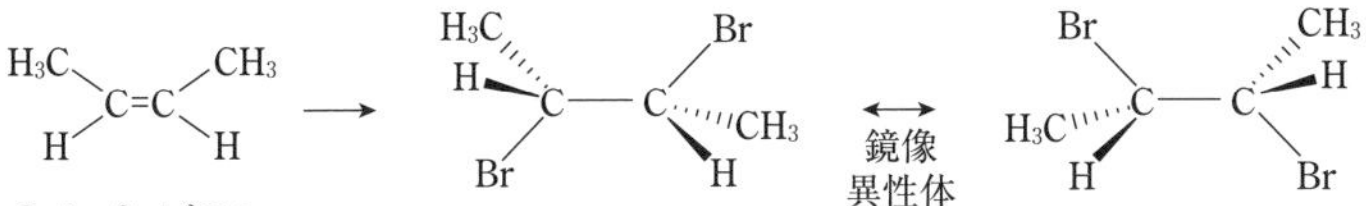

H3C　CH3
C=C
H　H
シス-2-ブテン
化合物G
→
H3C　Br
H　C—C　CH3
Br　H
↔ 鏡像異性体
Br　CH3
H3C　C—C　H
H　Br

トランス-2-ブテンから得られる生成物は1種類のみで，鏡像異性体は得られない。よって，化合物Hは，トランス-2-ブテンである。

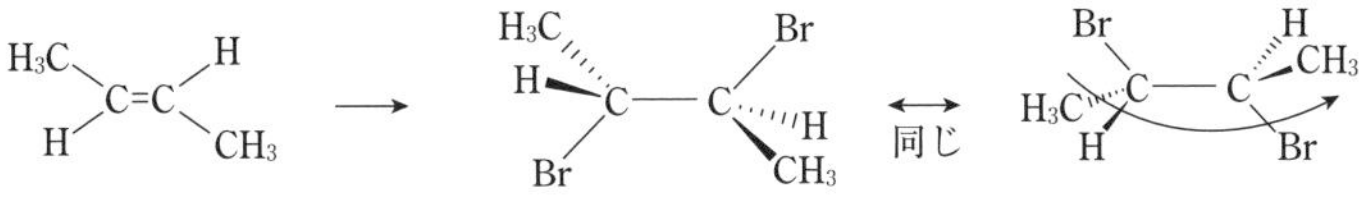

H3C　H
C=C
H　CH3
トランス-2-ブテン
化合物H
→
H3C　Br
H　C—C　H
Br　CH3
生成物5
↔ 同じ
Br　H
H3C　C—C　CH3
H　Br
同一平面上で180°　回転させると生成物5と同じ

生成物5は，次のように分子内に対称面をもつので，鏡像異性体はない。メソ体である。

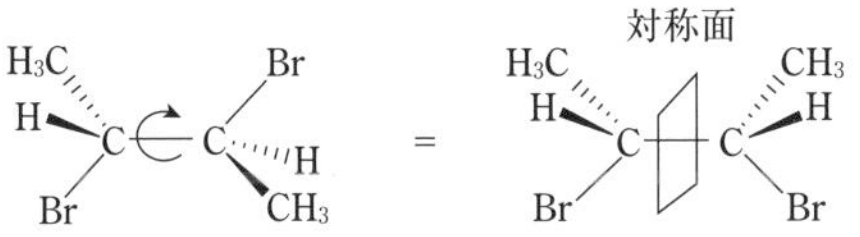

H3C　Br
H　C—C　H
Br　CH3
生成物5
=
対称面
H3C　CH3
H　C—C　H
Br　Br
メソ体

53 脂肪族化合物の分子式と構造決定

（2014年度　第3問）

次の実験に関する文章を読み，問1～問7に答えよ。必要があれば次の数値を用いよ。

原子量 H＝1.0，C＝12.0，O＝16.0

【実験1】

分子量が100以下の第二級アルコールで，炭素，水素，酸素からなる化合物**A**がある。化合物**A**（5.28mg）を完全燃焼させると，二酸化炭素13.20mgと水6.48mgが得られた。

【実験2】

分子量が100以下の脂肪酸で，炭素，水素，酸素からなる化合物**B**（0.5mol）を化合物**A**（6.6g）に加え，さらに少量の濃硫酸を加えて加温した。反応終了後，反応液をジエチルエーテルと水が入った分液ろうとに移してよく振った。水層を除き，ジエチルエーテル層に再度水を加えてよく振った後に，さらにジエチルエーテル層に炭酸水素ナトリウム水溶液を加えてよく振った。ジエチルエーテル層を減圧下で濃縮したところ，芳香をもつ化合物**C**が11g得られた。

【実験3】

化合物**C**（6.32mg）を完全燃焼させると，二酸化炭素15.84mgと水6.48mgが得られた。

【実験4】

化合物**A**（10g）をジエチルエーテル20mLに溶解し，単体のナトリウムを徐々に加えたところ，気体が発生した。発生する気体を回収したところ，標準状態（0℃，1.013×10^5Pa）で560mLの体積の気体が集まった。

問1　化合物**A**の分子式を答えよ。

問2　化合物**A**の異性体は光学異性体も含めて何種類あるか答えよ。

問3　化合物**C**の分子式を答えよ。

問4　化合物**B**の分子式を答えよ。

問5　化合物**C**の異性体は光学異性体も含めて何種類あるか答えよ。

問6　分液ろうと中のジエチルエーテル層に炭酸水素ナトリウム水溶液を加えて処理した理由を25字以内で記せ。

問7　単体のナトリウムとの反応で消費された化合物**A**は何gか答えよ。

解　答

問1　$C_5H_{12}O$　問2　5種類

問3　$C_9H_{18}O_2$　問4　$C_4H_8O_2$　問5　10種類

問6　未反応の脂肪酸を塩にして水溶液に溶かして除くため。(25字以内)

問7　4.4g

ポイント
脂肪酸の分子式はエステルに水を加え，アルコールの分を引いて求める。

解　説

問1　化合物**A** 5.28mg 中の各元素の質量は

$$C : 13.20 \times \frac{12.0}{44.0} = 3.60\,[\mathrm{mg}]$$

$$H : 6.48 \times \frac{2.0}{18.0} = 0.72\,[\mathrm{mg}]$$

$$O : 5.28 - (3.60 + 0.72) = 0.96\,[\mathrm{mg}]$$

原子数比は

$$C : H : O = \frac{3.60}{12.0} : \frac{0.72}{1.0} : \frac{0.96}{16.0} = 0.30 : 0.72 : 0.060$$
$$= 5 : 12 : 1$$

$C_5H_{12}O = 88.0$ であり，**A**の分子量は100以下であることから，**A**の分子式は $C_5H_{12}O$ となる。

問2　**A**は第二級アルコールである。**A**の異性体も同じ条件の第二級アルコールであるとして異性体の種類を求めた。もしこのような条件をつけなければ，異性体は，アルコールは11種類とエーテル7種類の計18種類である。(＊は不斉炭素原子)

$CH_3-CH_2-CH(OH)-CH_2-CH_3$

$CH_3-{}^{*}CH(OH)-CH_2-CH_2-CH_3$
(光学異性体2種類)

$CH_3-{}^{*}CH(OH)-CH(CH_3)-CH_3$
(光学異性体2種類)

問3　化合物**C** 6.32mg 中の各元素の質量は

$$C : 15.84 \times \frac{12.0}{44.0} = 4.32\,[\mathrm{mg}]$$

$$H : 6.48 \times \frac{2.0}{18.0} = 0.72\,[\mathrm{mg}]$$

$O:6.32-(4.32+0.72)=1.28$〔mg〕

原子数比は

$$C:H:O=\frac{4.32}{12.0}:\frac{0.72}{1.0}:\frac{1.28}{16.0}=0.36:0.72:0.080$$
$$=9:18:2$$

これより，**C**の組成式は $C_9H_{18}O_2$ となる。

Cは分子量100以下の**A**と分子量100以下の脂肪酸**B**のエステルなので，**C**の分子式は $C_9H_{18}O_2$ となる。

問4 脂肪酸は1価のカルボン酸である。脂肪酸**B**の分子式は，エステル**C**の分子式に水の分子式を加え，アルコール**A**の分子式の分を引いて求める。

$$C_9H_{18}O_2+H_2O-C_5H_{12}O=C_4H_8O_2$$

$C_4H_8O_2$ の分子量は88.0であるので，分子量100以下の脂肪酸の条件にも合致する。

問5 脂肪酸**B**の異性体には，次の2種類がある。

```
CH3−CH2−CH2          CH3−CH−CH3
         |                 |
        COOH              COOH
```

この2種類の脂肪酸**B**と5種類の第二級アルコール**A**からできるエステル**C**の異性体の数は，$2\times5=10$ 種類である。

問6 脂肪酸は，炭酸より強酸であるので，炭酸水素ナトリウムと次式のように反応して，塩となり水に溶ける。

$$C_3H_7COOH+NaHCO_3\longrightarrow C_3H_7COONa+H_2O+CO_2$$

こうして，未反応の脂肪酸**B**を炭酸水素ナトリウム水溶液に溶かし，ジエチルエーテル中のエステル**C**と分離させる。

問7 アルコールは，次式のようにNaと反応して水素を発生し，ナトリウムアルコキシドを生成する。

$$2C_5H_{11}OH+2Na\longrightarrow 2C_5H_{11}ONa+H_2$$

この化学反応式の係数より，2molのアルコール**A**から1molの水素が発生する。標準状態で1molの気体の体積は22400mLである。求めるアルコール**A**の質量を x〔g〕とすると

$$\frac{560}{22400}\times2=\frac{x}{88.0}\qquad\therefore\quad x=4.40\fallingdotseq4.4〔g〕$$

54 ナフタレン誘導体の構造と反応，アゾ染料の合成と染着
（2013年度　第3問）

次の文章を読み，問1～問7に答えよ。必要があれば次の値を用いよ。
原子量 H＝1.0，C＝12，O＝16
アボガドロ定数 $N_A = 6.0 \times 10^{23}$/mol

ナフタレンは，コールタールから得られる有用な芳香族化合物の一つである。メチル基が一つ置換したメチルナフタレンには［ア］種類の異性体が，メチル基が二つ置換したジメチルナフタレンには［イ］種類の異性体が存在する。ジメチルナフタレンの異性体のうち，①分子中で同じ化学的環境にあり区別できない炭素の組を最も多く含む異性体は複数存在する。②これらの異性体のうち二つのメチル基の炭素間の直線距離が最も長い異性体を，適当な触媒を用いて酸素で酸化するとナフタレンジカルボン酸となる。さらに，これを用いてエチレングリコールと［ウ］重合すると③ポリエチレンナフタラートとよばれるポリエステルの一種となる。このポリエステルの樹脂は，ポリエチレンテレフタラートの樹脂に比べて④強度が大きく，かつ紫外線しゃ断性も高いという特徴をもつ。また，ナフタレン環をもつ化合物は染料の原料としても多く用いられている。例えば，⑤2-ナフトールは，その1位で芳香族ジアゾニウム塩と反応してアゾ染料を与える。このような反応を一般に［エ］とよぶ。

問1　［ア］～［エ］にあてはまる数字あるいは語句を記せ。

問2　下線部①の区別できない炭素の組について，右図の m-キシレンを例にとって考えると，炭素aと炭素c，炭素dと炭素f，および炭素gと炭素hは互いに同じ化学的環境にあり，これら3組が区別できない炭素の組である。下線部①におけるジメチルナフタレンの異性体に含まれる区別できない炭素の組の数を答えるとともに，これら異性体の構造式をすべて記せ。

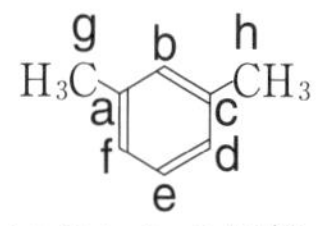

問3　下線部②の酸化反応の反応式を記せ。式中，該当するジメチルナフタレンおよびナフタレンジカルボン酸は構造式で記すこと。

問4　下線部③について，重合度を n とした場合のポリエチレンナフタラートの構造式を記すとともに，このポリエステル1.0g中に含まれるナフタレン環の数を有効数字2桁で答えよ。

問5　下線部④について，そのような性質を示すと考えられる理由を記せ。

問6　下線部⑤のアゾ染料合成の例を以下に示す。

右に構造を示すスルファニル酸ナトリウムを水中で塩酸お

よび亜硝酸ナトリウムと反応させることによってジアゾニウム塩が得られる。このジアゾニウム塩と2-ナフトールを水酸化ナトリウム水溶液中で反応させると，オレンジⅡとよばれる染料が得られる。スルファニル酸ナトリウムからのジアゾニウム塩生成の反応式，ならびにオレンジⅡの構造式（一ナトリウム塩として）をそれぞれ記せ。

問7 オレンジⅡのような酸性染料は，羊毛や絹に対し，おもにどのような結合様式で染着するか記せ。

解　答

問 1　ア．**2**　イ．**10**　ウ．縮合　エ．ジアゾカップリング

問 2　炭素の組の数：**6**

構造式：

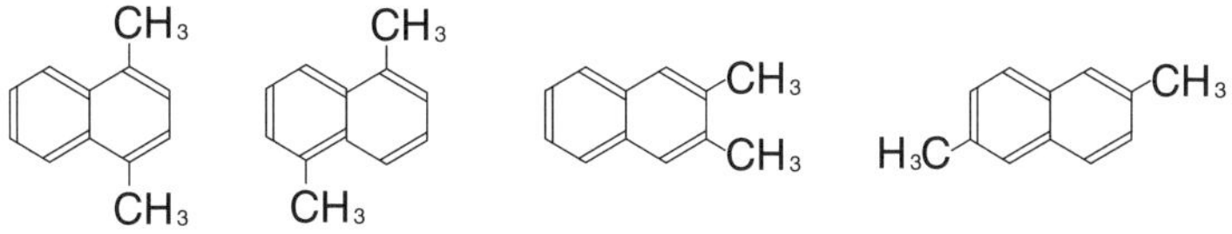

$$\text{1,4-ジメチルナフタレン}\quad \text{1,5-ジメチルナフタレン}\quad \text{2,3-ジメチルナフタレン}\quad \text{2,6-ジメチルナフタレン}$$

問 3　$H_3C-C_{10}H_6-CH_3 + 3O_2 \longrightarrow HO-CO-C_{10}H_6-CO-OH + 2H_2O$

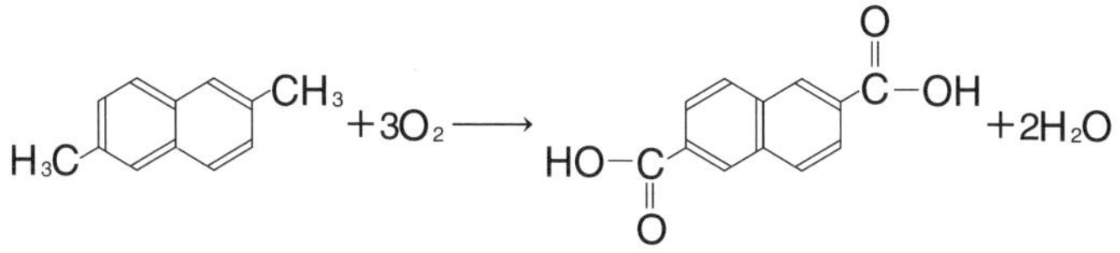

問 4　構造式：$HO{-}\!\left[CO-C_{10}H_6-CO-O-CH_2-CH_2-O \right]_n\!{-}H$

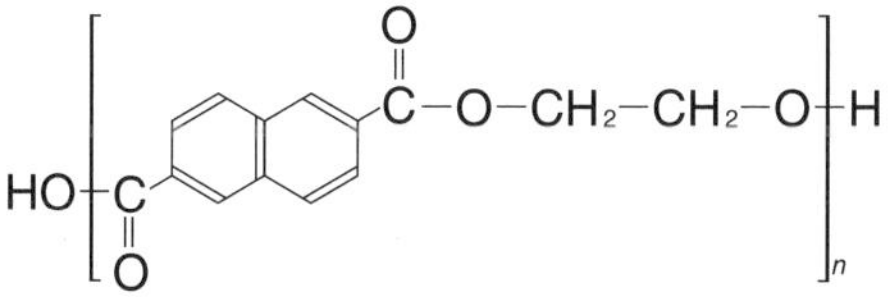

ナフタレン環の数：**2.5×10^{21}** 個

問 5　ナフタレン環はベンゼン環が **2** 個縮合しているため，平面部分が大きく，層状に重なりやすいため，分子間力が強く働き強度が大きい。また，ナフタレン環はベンゼン環より紫外線を吸収しやすく，紫外線しゃ断性が高くなる。

問 6　ジアゾニウム塩の生成反応：

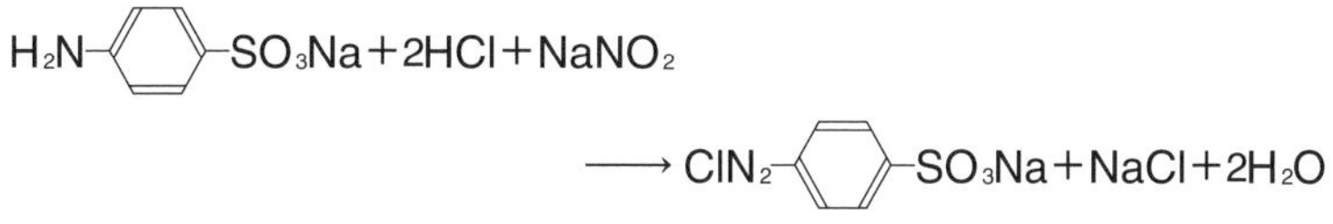

$$H_2N-C_6H_4-SO_3Na + 2HCl + NaNO_2 \longrightarrow ClN_2-C_6H_4-SO_3Na + NaCl + 2H_2O$$

オレンジⅡの構造式：（2-ヒドロキシ-1-ナフチル）$-N{=}N-C_6H_4-SO_3Na$

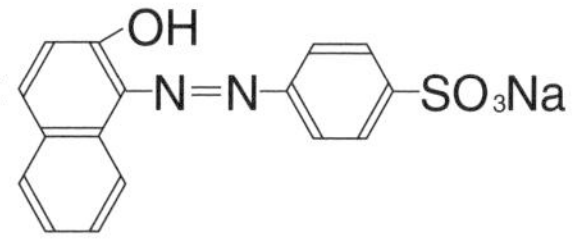

問 7　イオン結合

ポイント

2-ナフトールのカップリング反応は，1 位で優先的に起こる。

解　説

問1　ア．メチルナフタレンには次の2種類の異性体がある。

イ．ジメチルナフタレンには次の10種類の異性体がある。

ウ．エチレングリコールの－OHのHとナフタレンジカルボン酸の－COOHのOHがとれ水分子を生成し，縮合を繰り返しながら重合する。このような反応を縮合重合という。

エ．2つの芳香族化合物が－N=N－結合を形成して，合体するのでジアゾカップリング反応という。

問2　次の構造の場合，区別できない炭素の組が最多の6組である。

問3　ベンゼン環上のメチル基が酸化されて，カルボキシ基になる。

問4　ポリエステル（分子量 $242n$）1.0gの分子数は

$$\frac{1.0}{242n}\times 6.0\times 10^{23}\ 個$$

ポリエステル1分子中に，n個のナフタレン環が含まれるので，ポリエステル1.0

g 中に含まれるナフタレン環の数は

$$\frac{1.0}{242n}\times 6.0\times 10^{23}\times n = 2.47\times 10^{21} \fallingdotseq 2.5\times 10^{21}\ 個$$

問5　炭素原子間の二重結合と単結合が交互に並んだ共役二重結合が長く続くと，より長い波長の光を吸収するようになる。ベンゼン環では紫外線の短波長だけの吸収であるが，ナフタレン環では紫外線の全領域を吸収するようになる。

問6　2-ナフトールのカップリング反応は，オルト-パラ配向性の−OH があるので，1位または3位で起こる可能性がある。しかし，反応の途中で生じる反応中間体の安定性を考えると，1位では安定なベンゼン環の構造を保つが，3位ではベンゼン環が壊れるので，1位でのカップリング反応が優先的に起こる。

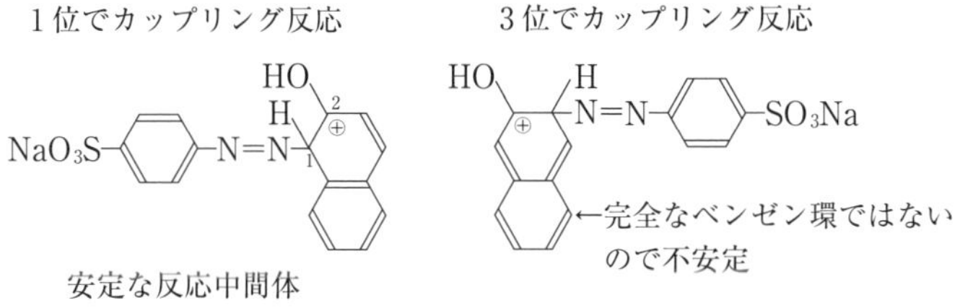

問7　オレンジIIの水溶液にタンパク質からできた羊毛や絹などの動物繊維を浸し酸性にすると，羊毛や絹の$-NH_2$が$-NH_3^+$になり，オレンジIIの$-SO_3^-$とイオン結合することにより染着する。このような染料を酸性染料という。

55 不斉炭素原子と光学異性体

（2012年度 第3問）

不斉炭素原子に関する次の【Ⅰ】,【Ⅱ】,【Ⅲ】の3つの文章を読み，問1～問5に答えよ。

【Ⅰ】

不斉炭素原子が1つ存在する化合物には，それに結合した［ア］種の異なる基（原子または原子団）の［イ］配置が異なる［ウ］対の異性体が存在する。これらの異性体は人間の右手と左手の関係にあって，重ね合わせることが［エ］。このような異性体は光学異性体と呼ばれる。光学異性体は，ほとんどの物理的性質や化学的性質は同じであるが，［オ］やある種の光学的性質が異なる。［カ］のα-炭素原子は不斉炭素原子なので，それらには光学異性体が存在する。

問1 上記の文章の［ア］～［カ］にあてはまる最も適切な語句を以下の語句群から選べ。

語句群：虚像，実像，1，2，3，4，必須アミノ酸，核酸，脂質，中心，反対，不斉，異性，力学的性質，生理作用，できる，できない，空間的，時間的

【Ⅱ】

不斉炭素原子を持つ全ての化合物に，その光学異性体が存在するとは限らない。その1つの例として，ジブロモシクロプロパンがある。互いに鏡像の関係にない3つの異性体を下に示す。

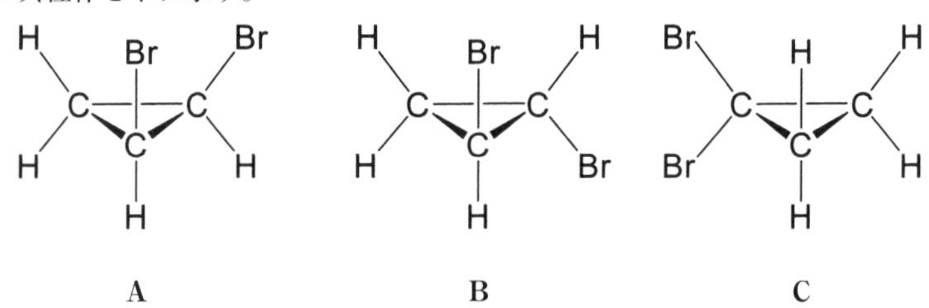

問2 光学異性体が存在する化合物を**A**～**C**の中から選べ。

問3 不斉炭素原子を持つが，光学異性体が存在しない化合物を**A**～**C**の中から選べ。

【Ⅲ】

環状のアルカン（シクロアルカン）では，環のサイズが大きくなると全ての炭素原子が同じ面上に位置することができなくなる。6員環であるシクロヘキサンの安定な構造の1つに，下に示すような「いす形」構造がある。シクロヘキサンの水素原子の1つを臭素原子で置き換えたブロモシクロヘキサン（$C_6H_{11}Br$）のいす形構造を図に示した。また，ブロモシクロヘキサンの11個の水素原子を$H_{ア}$〜$H_{サ}$で示した。

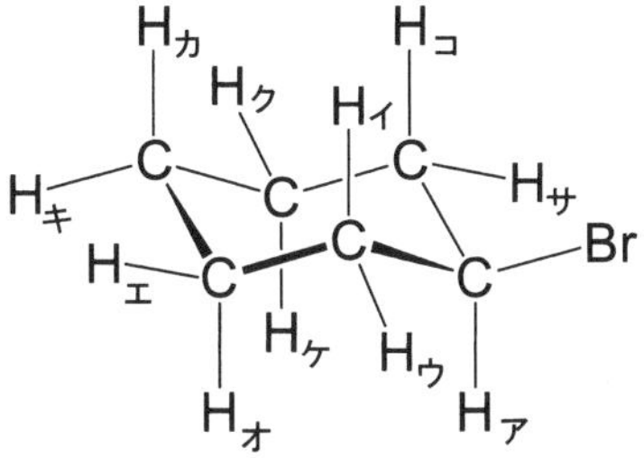

問4　ブロモシクロヘキサンの水素原子のうち，$H_{ア}$，$H_{イ}$，もしくは$H_{ウ}$を臭素原子で置換した3つの化合物（$C_6H_{10}Br_2$）には，不斉炭素原子はそれぞれいくつあるか。ある場合にはその数を，ない場合には「なし」と記せ。

問5　ブロモシクロヘキサンの水素原子$H_{ア}$〜$H_{サ}$の1つを塩素原子で置換した化合物（$C_6H_{10}BrCl$）が不斉炭素原子を持たないためには，どの水素原子を置換すると良いか。可能な全ての水素原子を記号で記せ。

解　答

問1　ア．4　イ．空間的　ウ．1　エ．できない　オ．生理作用
　　カ．必須アミノ酸

問2　B　　問3　A

問4　$H_{ア}$：なし　$H_{イ}$：2　$H_{ウ}$：2

問5　$H_{ア}$，$H_{カ}$，$H_{キ}$

ポイント
分子内に対称面があるかないかで，光学異性体の有無が判断できる。

解　説

問1　不斉炭素原子は，互いに異なる4種類の原子または原子団が結合している炭素原子である。不斉炭素原子をもつ化合物には光学異性体が存在する。アミノ酸のカルボキシ基の結合した炭素原子を α 炭素原子といい，この炭素原子にアミノ基が結合したものを α-アミノ酸という。天然のタンパク質は20種類の α-アミノ酸からなる。このうちグリシン以外のアミノ酸の α 炭素原子は不斉炭素原子であるので，光学異性体が存在する。

問2　不斉炭素原子 $\overset{*}{C}$ をもつ化合物A，Bの鏡像体を描いてみて，互いに重なり合うかどうかを調べる。化合物Bの鏡像体は重なり合わないので，光学異性体が存在する。

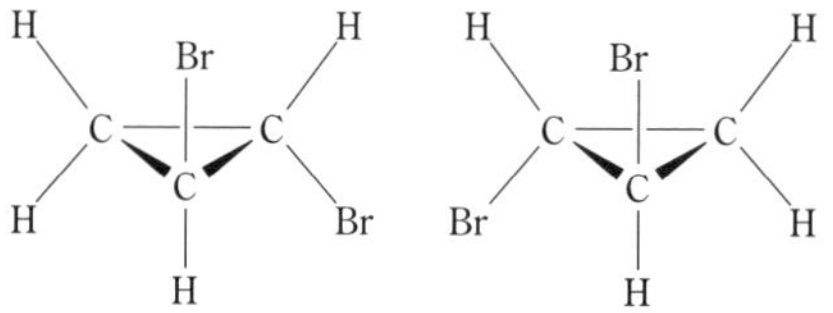

B　　　　Bの鏡像体

化合物Bは分子内に対称面をもたないので，光学異性体が存在すると考えてもよい。

問3　化合物Aは2個の不斉炭素原子 $\overset{*}{C}$ をもつが，その鏡像体は180°回転させると同一とわかる。分子内に対称面をもつため分子内で旋光性が打ち消されて，光学不活性になる。化合物Aは，化合物Bとは立体異性体の関係にあり，化合物Cとは構造異性体の関係にある。

対称面　　対称面

A　　　**A**と同一物質

問4　次図の $\overset{*}{C}$ は，不斉炭素原子を表す。

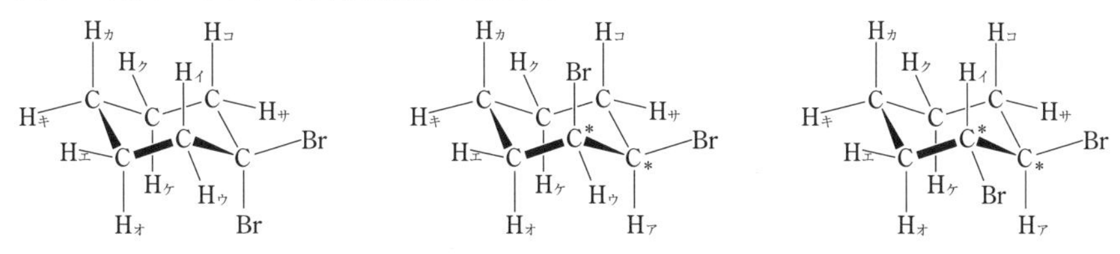

不斉炭素原子なし　　不斉炭素原子2個　　不斉炭素原子2個

問5　次の構造をとると分子内に対称面があるので，不斉炭素原子をもたない。

対称面　　対称面　　対称面

56 芳香族化合物の構造決定

（2012年度　第4問）

有機化合物の構造決定に関する次の文章を読み，問1〜問3に答えよ。

炭素数が8以下の化合物**A**〜**C**がある。**A**〜**C**は全てベンゼン環を含んでいる。また，**A**と**B**はいずれも炭素と水素のみから構成されており，同一の分子式を有していることがわかっている。**A**と**B**を中性から塩基性条件件下で過マンガン酸カリウムとともに加熱することで酸化し，その後中和処理をしたところ，**A**からは化合物**D**が，**B**からは化合物**E**が得られた。また，**D**は**E**に比べて炭素数が1つ少ないことがわかった。次に，**E**を加熱したところ脱水を伴って分子式 $C_8H_4O_3$ の化合物**F**が得られた。

化合物**C**に無水酢酸を反応させると，分子式 $C_9H_{11}NO$ で示される化合物**G**となった。**C**と**F**の反応では，分子式 $C_{15}H_{13}NO_3$ で示される化合物**H**が得られた。

①ここまでの実験結果から，**C**として複数の化合物が候補として考えられたため，つづいて以下の実験を行いその構造を決定した。まず，**C**を希塩酸に溶解し，氷で冷やしながら亜硝酸ナトリウムを加えたところ，化合物**I**が得られた。次に，**I**をナトリウムフェノキシドと反応させ，その後適切な処理を行ったところ，下図に示す化合物**J**が得られた。

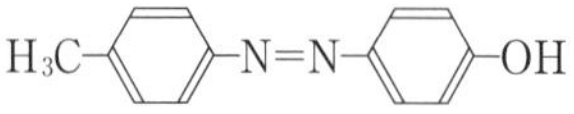

H_3C–⟨ベンゼン環⟩–N=N–⟨ベンゼン環⟩–OH

化合物**J**

問1　化合物**A**，**B**，**D**，**E**，**F**の構造式を書け。

問2　下線部①に関して，化合物**C**の候補として適切な構造式を全て書け。

問3　最終的に決定した化合物**C**，**G**，**H**の構造式を書け。

解　答

問1　A.（ベンゼン環$-CH_2CH_3$）　B.（ベンゼン環のオルト位にCH_3、CH_3）　D.（ベンゼン環$-C(=O)-OH$）

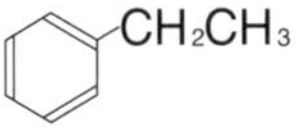

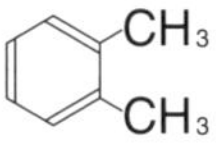

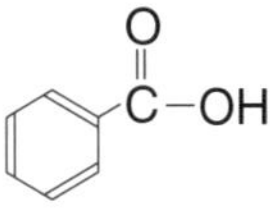

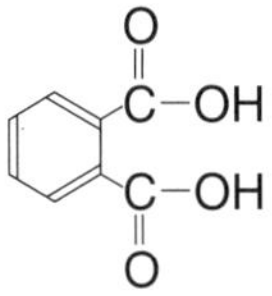

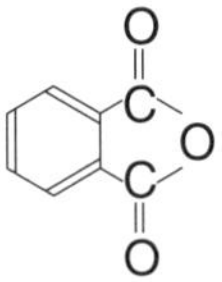

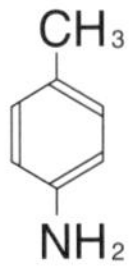

E.（ベンゼン環のオルト位に$C(=O)-OH$、$C(=O)-OH$）　F.（ベンゼン環のオルト位の$C(=O)$どうしがOで結ばれた環）

問2　（ベンゼン環$-CH_2-NH_2$）　（ベンゼン環$-NH-CH_3$）　（ベンゼン環のオルト位にCH_3、NH_2）　（ベンゼン環のメタ位にCH_3、NH_2）

（ベンゼン環のパラ位にCH_3、NH_2）

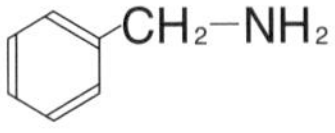

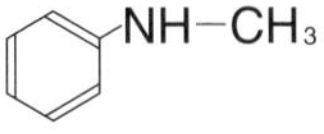

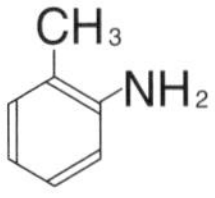

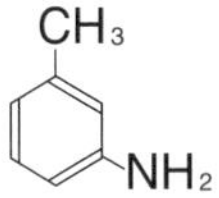

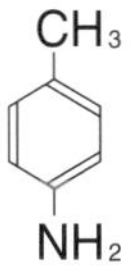

問3　C.（ベンゼン環のパラ位にCH_3、NH_2）　G.（ベンゼン環のパラ位にCH_3、$NH-C(=O)-CH_3$）　H.（ベンゼン環のオルト位に$C(=O)-NH-$（パラ位にCH_3をもつベンゼン環）、$C(=O)-OH$）

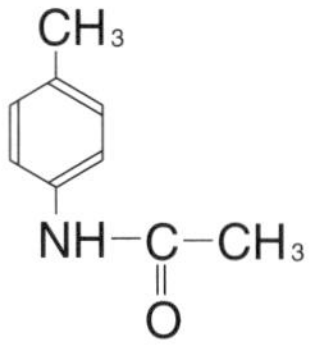

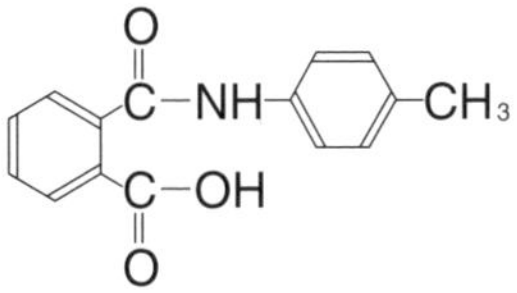

ポイント

芳香族炭化水素を$KMnO_4$（中性～塩基性）で酸化すると，側鎖の炭化水素基が酸化されカルボキシ基になる。

解　説

問1　AとBは炭素数が8以下の構造異性体で，Aを酸化したDはBを酸化したEに比べて炭素数が1つ少ないことから，Aは一置換体のエチルベンゼンで，酸化生成物Dは安息香酸である。そして，Bは二置換体のキシレンで，酸化生成物Eはジカルボン酸である。

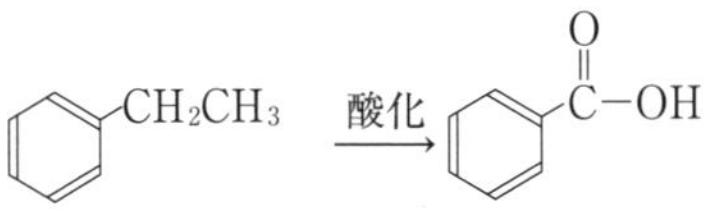

（ベンゼン環$-CH_2CH_3$）$\xrightarrow{\text{酸化}}$（ベンゼン環$-C(=O)-OH$）

A．エチルベンゼン　　D．安息香酸

ジカルボン酸Eを加熱・脱水すると，分子式が$C_8H_4O_3$の化合物Fが生成するので，化合物**F**は無水フタル酸とわかる。これより，化合物**E**はフタル酸，化合物**B**は*o*-キシレンと決定できる。

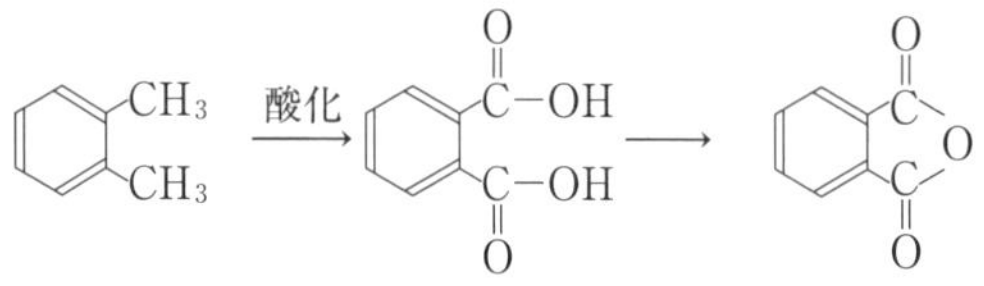

B．*o*-キシレン　　**E**．フタル酸　　**F**．無水フタル酸

問2　無水酢酸はアセチル化剤である。化合物**G**の分子式をもとに化合物**C**の分子式を計算する。アセチル基は $-COCH_3$ であるので

$$C_9H_{11}NO - C_2H_3O + H = C_7H_9N$$

この分子式をもとに構造式を考えればよい。第一級アミンのほか第二級アミンもあるので，注意したい。

問3　化合物**J**から逆に反応をたどっていき，化合物**C**の構造を決定する。

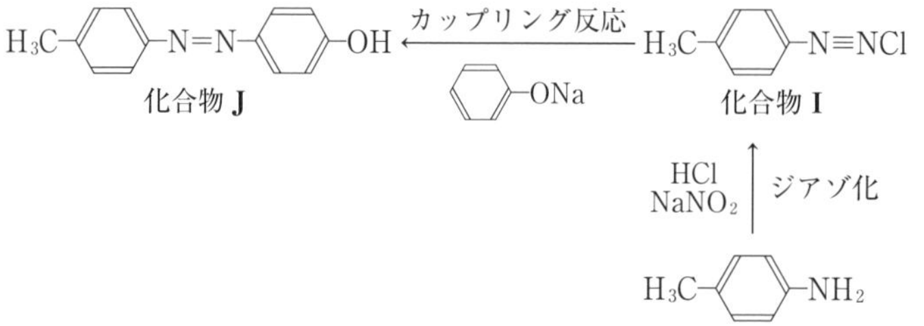

カップリング反応　ジアゾ化（HCl, $NaNO_2$）

化合物**J**　化合物**I**　化合物**C**

無水酢酸と化合物**C**の反応で化合物**G**（$C_9H_{11}NO$）が得られる。

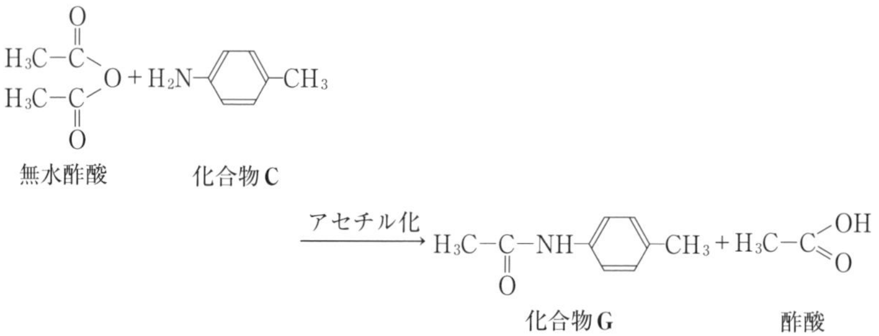

無水酢酸　化合物**C**

アセチル化

化合物**G**　酢酸

また，**F**の無水フタル酸と化合物**C**の反応で，化合物**H**（$C_{15}H_{13}NO_3$）が得られる。

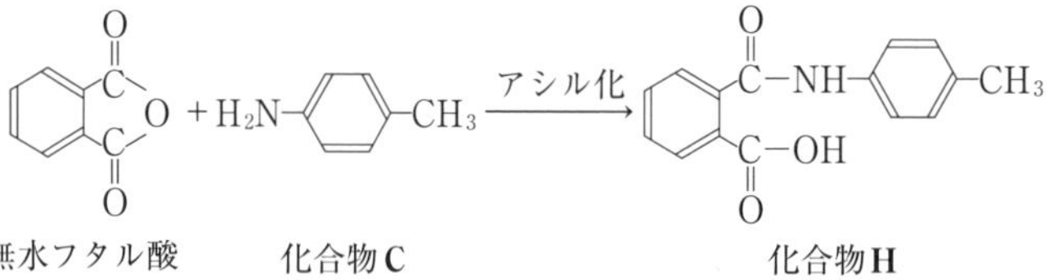

アシル化

無水フタル酸　化合物**C**　化合物**H**

57 ４種類の芳香族化合物

（2011 年度　第３問）

次の文章を読み，問１～問５に答えよ。

４種類の有機化合物を同じ物質量ずつ含む混合物を，NaOH 水溶液を用いて完全に加水分解すると，下記の実験操作により，５種類の芳香族化合物（**A**～**E**）のみが得られた。

実験操作：反応終了後，反応溶液にエーテルを加え，水層①と有機層①に分離した。

水層①に塩酸を加えて酸性とし，エーテルを加え，水層②と有機層②を分離した。有機層②から**A**，**B**，**C**が３：１：１の物質量の比で得られた。有機層②に $NaHCO_3$ 水溶液を加えると**A**，**B**は水層③に移動したが，**C**は有機層にとどまった。

一方，有機層①に塩酸を加え，水層④と有機層④に分離した。水層④を NaOH 水溶液でアルカリ性にすることにより**D**が得られ，また有機層④からは**E**（分子式 C_7H_8O）が得られた。なお，**D**と**E**の物質量の比は１：１であり，**A**と**E**の物質量の比は３：２であった。

問１　**C**はクメンを酸素で酸化して得られるクメンヒドロペルオキシドを酸で処理して得られる化合物の一つと一致した。**C**の名称を記せ。

問２　**D**の希塩酸溶液に亜硝酸ナトリウム水溶液を加えた後，**C**のナトリウム塩と反応させると橙赤色の *p*-フェニルアゾフェノール（*p*-ヒドロキシアゾベンゼン）を生じた。**D**の名称を記せ。

問３　230℃に加熱すると**B**は脱水して化合物**F**（分子式 $C_8H_4O_3$）を生成したが，**A**は変化しなかった。**B**および**F**の構造式を示せ。

問４　**E**は，酸化すると化合物**G**（分子式 C_7H_6O）となり，さらに酸化すると化合物**H**（分子式 $C_7H_6O_2$）を生成したが，**H**は**A**と同一の化合物であった。**E**，**G**，および**H**の構造式を示せ。

問５　下線部の４種類の化合物を構造式で示せ。

解　答

問1　フェノール

問2　アニリン

問3　B. 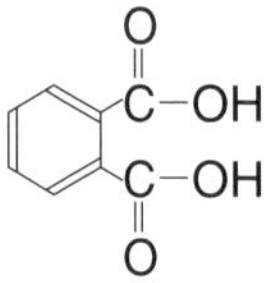　　F.

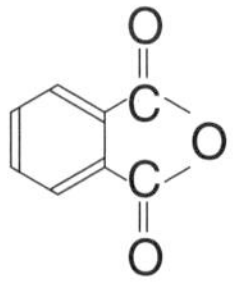

問4　E. 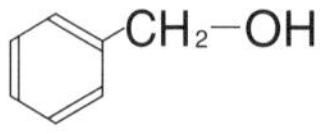　　G. 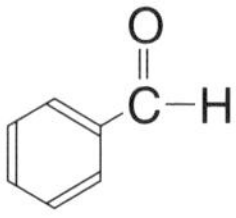　　H.

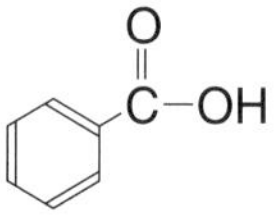

問5

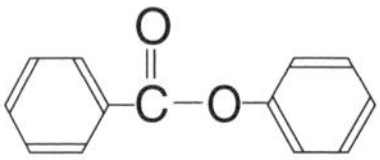

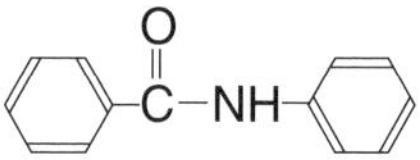

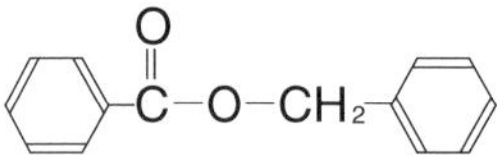

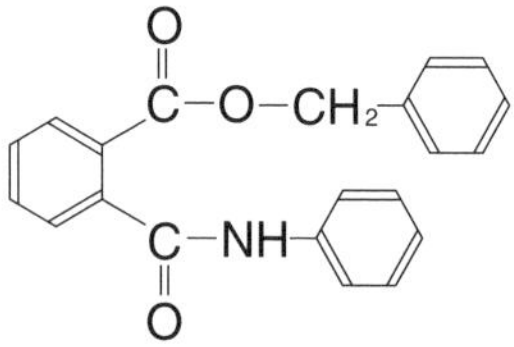

ポイント

加水分解の生成物の物質量比から，縮合物の組み合わせを考える。

解　説

問1　クメンヒドロペルオキシドを酸で処理すると，フェノールとアセトンが生成する。**C**は芳香族化合物であるので，フェノールである。

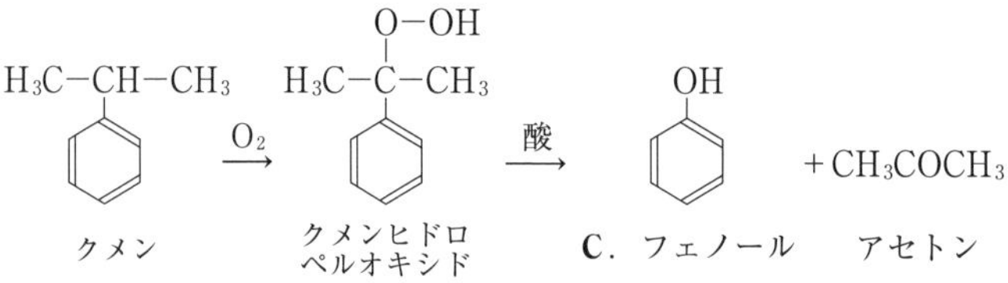

$\xrightarrow{O_2}$　$\xrightarrow{酸}$　$+CH_3COCH_3$

クメン　クメンヒドロペルオキシド　**C**．フェノール　アセトン

問2　**D**は塩酸に溶け，水酸化ナトリウム水溶液で遊離するので，弱塩基性の芳香族化合物である。また，**D**から*p*-フェニルアゾフェノールが得られることから，**D**はアニリンとわかる。

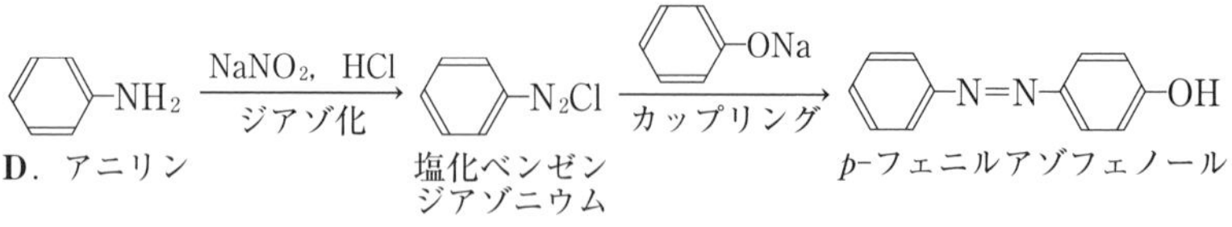

NH_2 $\xrightarrow[ジアゾ化]{NaNO_2,\ HCl}$ N_2Cl $\xrightarrow[カップリング]{ONa}$ $N=N$ OH

D．アニリン　塩化ベンゼンジアゾニウム　*p*-フェニルアゾフェノール

問3　**A**・**B**は$NaHCO_3$と反応して，塩になり水層③に移動することから，塩酸より弱い酸で炭酸より強い酸のカルボン酸とわかる。**B**は加熱によって脱水し無水フタル酸**F**（$C_8H_4O_3$）を生成することから，フタル酸とわかる。

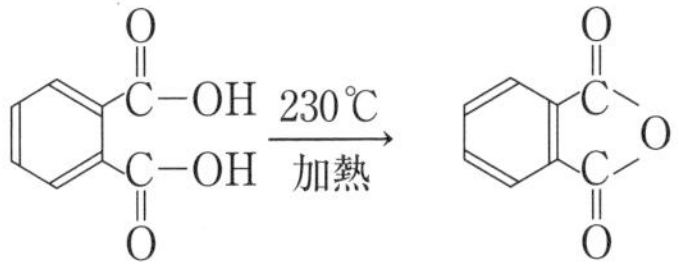

230℃ 加熱

B．フタル酸　　**F**．無水フタル酸

問4　**E**（C_7H_8O）は塩酸にも水酸化ナトリウム水溶液にも溶けないで，有機層に留まるので中性物質である。**E**を酸化すると**G**となり，さらに**G**を酸化すると**H**を生成することから，**E**は第一級アルコールのベンジルアルコール，**G**はベンズアルデヒド，**H**（**A**）は安息香酸とわかる。

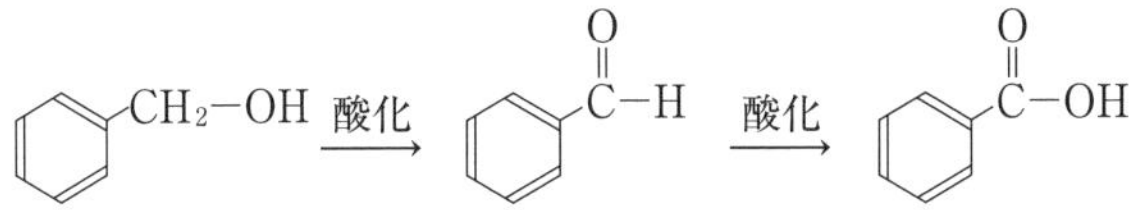

酸化　酸化

E．ベンジルアルコール　　**G**．ベンズアルデヒド　　**H**(**A**)．安息香酸

問5　加水分解生成物の物質量比は，次の通りである。

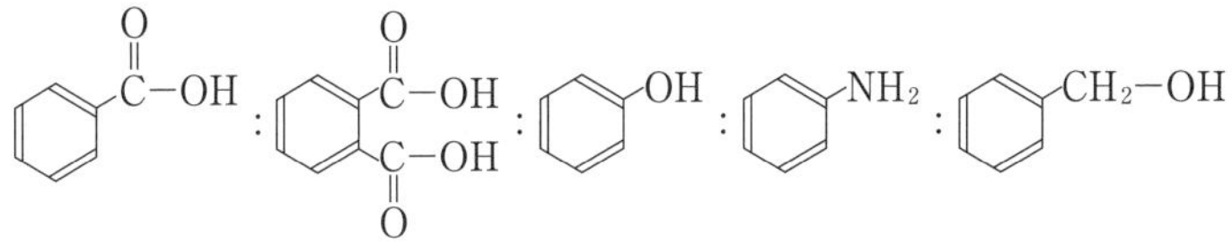

=3：1：1：2：2

5mol の −COOH に対して，−OH と $-NH_2$ も 5mol であるから，安息香酸やフタル酸の −COOH はすべてフェノール，アニリン，ベンジルアルコールと縮合していると考えて，加水分解前の4種類の化合物を考えればよい。まず，3mol の安息香酸について，フェノール，アニリン，ベンジルアルコールと縮合した3種の縮合物が考えられる。

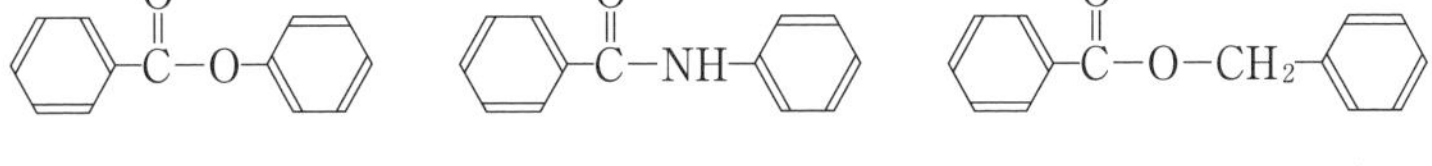

残る 1mol のアニリンと 1mol のベンジルアルコールが 1mol のフタル酸と縮合した化合物が，4番目の化合物である。

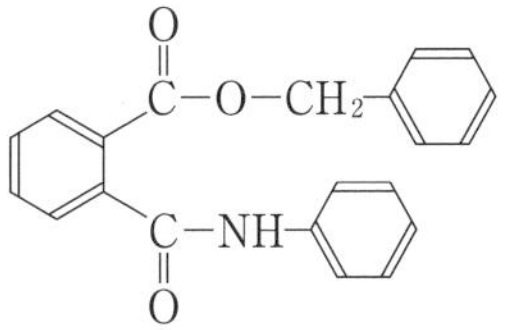

58 芳香族炭化水素 C_8H_{10} の構造決定

（2010年度　第4問）

次の文章を読み，問1～問6に答えよ。必要があれば次の原子量を用いよ。
H＝1.0，C＝12.0，N＝14.0，O＝16.0

化合物**A**，**B**，**C**は，いずれも C_8H_{10} の分子式をもつ芳香族炭化水素である。**A**，**B**，**C**に濃硝酸と濃硫酸の混合物を反応させた後，スズと塩酸を加えて加熱すると，いずれも分子量が121.0である化合物へ変換できた。このとき，**B**からの生成物は1種類だけであったが，①**AおよびCからの生成物は異性体の混合物であった**。また，**A**，**B**，**C**を過マンガン酸カリウムで酸化すると，**A**と**B**からは分子式が同一の化合物**D**と**E**がそれぞれ得られたが，**C**からは異なる分子式を持つ化合物**F**が得られた。さらに，**D**を加熱すると，分子内で反応して分子式が $C_8H_4O_3$ である化合物**G**が得られた。②**Eをエチレングリコールと反応させると，高分子Hを合成することができた**。

問1　下線部①の化合物**A**からの生成物として，可能な構造式をすべて示せ。

問2　化合物**F**の化合物名を記せ。

問3　化合物**C**から化合物**F**への変換において，酸化反応が十分に進行しなかったために，両者の混合物が得られた。この混合物から，化合物**F**を効率的に分離するためにはどうしたらよいか。具体的な方法を50字以内で記せ。

問4　化合物**G**の構造式を示せ。

問5　実験室で下線部②の高分子**H**の合成を行うとき，フラスコ内に乾燥剤を入れておくと，生成する高分子**H**の分子量は増大する。高分子**H**が生成する化学反応式を示すとともに，その理由を50字以内で記せ。

問6　化合物**E** 83.0g とエチレングリコール 31.0g を反応させると，高分子**H**が 96.2g 得られた。高分子**H**の重合度は均一であると仮定して，高分子**H**の分子量を，計算過程とともに記せ。

解　答

問 1　(構造式：2,3-ジメチルアニリン，3,4-ジメチルアニリン)

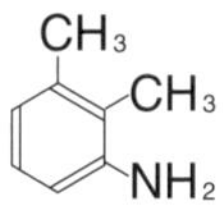

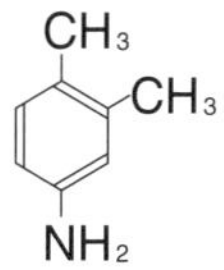

問 2　安息香酸

問 3　エーテルに溶かし水酸化ナトリウム水溶液を加える。分液ろうとで水層を取り出し，塩酸を加えて析出させる。(50 字以内)

問 4　(構造式：無水フタル酸)

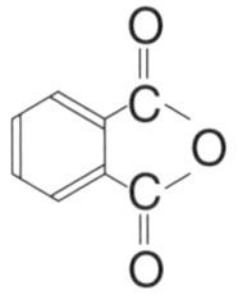

問 5　化学反応式：

$$n\mathrm{HO{-}\underset{\underset{O}{\|}}{C}{-}C_6H_4{-}\underset{\underset{O}{\|}}{C}{-}OH} + n\mathrm{HO{-}CH_2{-}CH_2{-}OH}$$

$$\longrightarrow \mathrm{HO{\left[\underset{\underset{O}{\|}}{C}{-}C_6H_4{-}\underset{\underset{O}{\|}}{C}{-}O{-}CH_2{-}CH_2{-}O\right]_n}H} + (2n-1)\mathrm{H_2O}$$

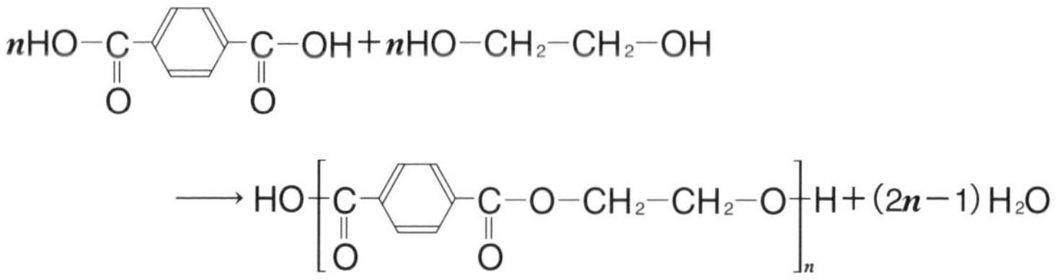

理由：乾燥剤により生じた水が取り除かれ，平衡が縮合反応の方向に移動するので，高分子の分子量は増大する。(50 字以内)

問 6　化合物 E の物質量は，$C_8H_6O_4=166.0$ より

$$\frac{83.0}{166.0}=0.500\text{〔mol〕}$$

エチレングリコールの物質量は，$C_2H_6O_2=62.0$ より

$$\frac{31.0}{62.0}=0.500\text{〔mol〕}$$

したがって，高分子 H の重合度を n とすると，問 5 の化学反応式の係数より，E のテレフタル酸と高分子 H のポリエチレンテレフタラートの物質量の比は

$$n:1=0.500:\frac{96.2}{192.0n+18.0} \qquad \therefore\quad n=45$$

よって，高分子 H の分子量は

$$45\times192.0+18.0=8658\fallingdotseq8.66\times10^3$$ ……(答)

ポイント
重合度がそれほど大きくないときは，ポリエチレンテレフタラートの両端は省略せずに計算する。

解　説

問1　分子式 C_8H_{10} の芳香族炭化水素には，二置換体の *o*-キシレン，*m*-キシレン，*p*-キシレンと一置換体のエチルベンゼンがある。芳香族炭化水素に濃硝酸と濃硫酸の混合物を反応させると，ベンゼン環上でニトロ化が起こる。さらに，スズと塩酸を反応させると，ニトロ基がアミノ基に還元される。生成物が1種類だけなのは，*p*-キシレンだけである。この *p*-キシレンが化合物**B**である。

CH₃-C₆H₄-CH₃ →(ニトロ化) CH_3, NO_2, CH_3 →(還元) CH_3, NH_2, CH_3　1種類

B　*p*-キシレン

分子式 C_8H_{10} の芳香族炭化水素を過マンガン酸カリウムで酸化すると，ベンゼン環の側鎖が酸化され，カルボキシ基を生成する。

CH_3, CH_3 →(酸化) COOH, COOH

B　*p*-キシレン　　**E**　テレフタル酸

CH_3, CH_3 →(酸化) COOH, COOH →(加熱) O, C, O, C, O

o-キシレン　　フタル酸　　無水フタル酸

CH_3, CH_3 →(酸化) COOH, COOH

m-キシレン

C_2H_5 →(酸化) COOH

エチルベンゼン　　安息香酸

Dを加熱すると酸無水物の**G**を生成することから，化合物**A**は *o*-キシレンとわかる。**A**からの生成物は，次の2種類である。

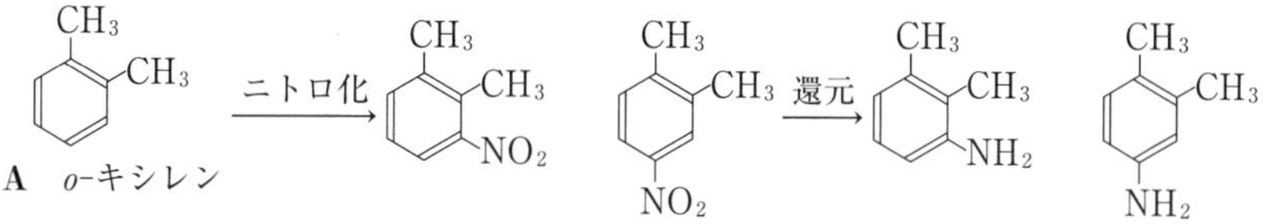

CH_3、CH_3（ベンゼン環）　$\xrightarrow{\text{ニトロ化}}$　（ベンゼン環）CH_3、CH_3、NO_2　　（ベンゼン環）CH_3、CH_3、NO_2　$\xrightarrow{\text{還元}}$　（ベンゼン環）CH_3、CH_3、NH_2　　（ベンゼン環）CH_3、CH_3、NH_2

A　*o*-キシレン

問2　**D**はジカルボン酸のフタル酸で，**E**はジカルボン酸のテレフタル酸であり，**F**は分子式が異なることからモノカルボン酸の安息香酸であるとわかる。

問3　**C**のエチルベンゼンは中性，**F**の安息香酸は弱酸性である。この違いを利用して分離する。安息香酸は塩基の水酸化ナトリウム水溶液に塩となって溶ける。

$$C_6H_5\text{-}COOH + NaOH \longrightarrow C_6H_5\text{-}COONa + H_2O$$

安息香酸ナトリウム

分液ろうとを用いて，エーテルに溶けるエチルベンゼンと水に溶ける安息香酸ナトリウムを分離する。弱酸塩の安息香酸ナトリウムに強酸の塩酸を加えると，弱酸の安息香酸が析出する。

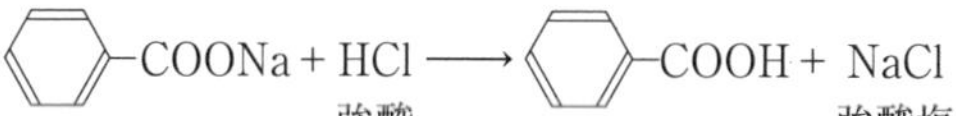

$$C_6H_5\text{-}COONa + HCl \longrightarrow C_6H_5\text{-}COOH + NaCl$$

弱酸塩　強酸　弱酸　強酸塩

59 アレニウスの式，配向性，芳香族化合物の反応
（2009 年度　第3問）

芳香族化合物の反応に関する次の【Ⅰ】と【Ⅱ】の２つの文章を読んで，問１～問６に答えよ。必要があれば次の値を用いよ。

気体定数　$R = 8.3\,\mathrm{J/(mol\cdot K)}$

【Ⅰ】

ベンゼンのニトロ化反応は，式(1)に示すように，途中で陽イオン（**M**）が生成する過程を経て進行する。このように，連続する反応過程の中間に一時的に生成する化合物を反応中間体と呼ぶ。ここでは，一例として置換基**X**のパラ位での置換反応を示した。

$$C_6H_5X + NO_2^+ \longrightarrow (\mathbf{M}) \longrightarrow p\text{-}O_2N\text{-}C_6H_4\text{-}X + H^+ \qquad (1)$$

（**M**）

ベンゼン環へのニトロ化反応において，生成物を基準とした反応物のエネルギーを E_1，反応途中におけるエネルギーの極大値をそれぞれ E_2，E_4，極小値を E_3 とすると，反応の進行に伴うエネルギーの変化は図１のように示される。

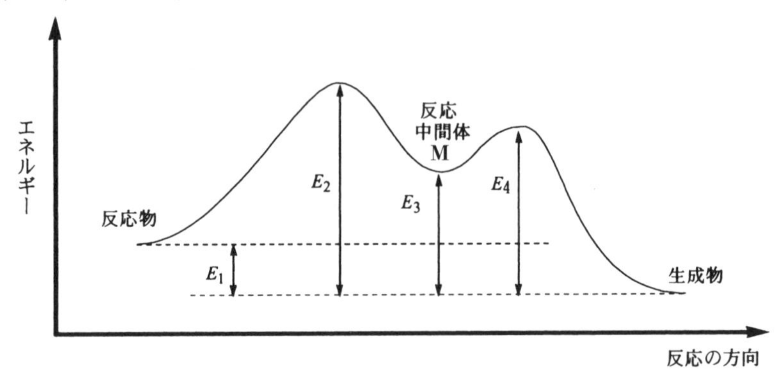

図１

一般に，活性化エネルギー E と反応速度定数 k との関係は，定数 A，絶対温度 T，および気体定数 R を用いて式(2)で表される。

$$k = Ae^{-\frac{E}{RT}} \qquad (2)$$

これはアレニウスの式と呼ばれ，反応速度から活性化エネルギーを求める関係式としてよく利用される。

式(2)の両辺の自然対数をとると

$$\log_e k = -\frac{E}{RT} + \log_e A \qquad (3)$$

となる。

異なる温度での反応速度定数を求め，式(3)を用いて縦軸に $\log_e k$ の値，横軸に $\frac{1}{T}$ の値をとりその関係を図示すると，$\log_e k$ の値は温度の上昇とともに［　ア　］する直線関係が得られる。また，活性化エネルギーの大きい反応ほど，傾きの絶対値は［　イ　］なり，速度定数の温度依存性が［　ウ　］ことを示している。

反応速度を決定する活性化状態は寿命の短い不安定な状態であり，その構造や性質を詳しく調べることは困難である。しかし，図1の**M**のような反応中間体は，活性化状態に近い構造ならびに性質を有していると考えられる。したがって，反応中間体の安定性と反応速度の間には強い相関がある。

式(1)に示す反応を例にとって，反応速度に及ぼす置換基の影響を考えてみよう。反応中間体（**M**）は六員環に正電荷を有する陽イオンであるから，置換基**X**が環に電子を与える性質（電子供与性）が強いと**M**はより安定になる。一方，反応物は電荷を持たないので，安定性に及ぼす置換基の影響は小さい。したがって，置換基**X**の電子供与性が強いと，第一段階の活性化エネルギーは［　エ　］，**M**の生成速度は［　オ　］。またこの場合，式(1)全体の反応速度は［　カ　］。

次に，置換基による反応速度定数の変化と活性化エネルギーの変化を関係づける式を導いてみよう。式(3)において，置換基**X**を有する反応物の反応速度定数および活性化エネルギーを k_X，E_X とし，置換基として**Y**を有する場合のそれらを k_Y，E_Y とする。定数 A が置換基によって変化しないという条件のもとに，置換基**X**，**Y**を有する反応物それぞれについて式(3)をつくり，その差をとると式(4)が得られる。

$$\log_e(k_X/k_Y) = -(E_X - E_Y)/RT \qquad (4)$$

$\Delta E_{XY} = E_X - E_Y$ とおくと式(5)が得られ，速度定数の比から活性化エネルギーの差（ΔE_{XY}）を求めることができる。

$$\Delta E_{XY} = -RT\log_e(k_X/k_Y) \qquad (5)$$

この式は，異なる位置に置換基を有する化合物の反応性を比較する場合にも適用できる。

問1　式(1)の反応において，反応物から反応中間体（**M**）に至る第一段階の反応の活性化エネルギー，**M**から生成物に至る第二段階の反応の活性化エネルギーを，それぞれ E_1，E_2，E_3，E_4 を用いて表せ。

問2　ア～カの空欄にあてはまる，大小あるいは増減を示す語句を解答欄に書け。

問3　ある反応の速度を測定したところ，反応温度を250Kから300Kに上げると，反応速度定数は100倍になった。この反応がアレニウスの式に従うとして，反応速度定数が250Kの時の1000倍になる温度を求め，有効数字3桁で答えよ。また，計算過程も示せ。

問4　一つの置換基を有するあるベンゼン誘導体のニトロ化を300Kで行ったところ，パラ置換体とメタ置換体の生成比が16：1となった。パラ置換体を生成する反応とメタ置換体を生成する反応の活性化エネルギーの差をkJ/molの単位で求め，有効数字2桁で答えよ。ただし，$\log_e 2$として0.69の値を用いよ。

【Ⅱ】

芳香族化合物は，ベンゼン環上の置換基の種類により置換反応の起こる場所が異なる。例えば，アルキル基やヒドロキシ基（−OH）を持つ芳香族化合物は，そのオルト位とパラ位に置換反応が起きやすく，カルボキシル基（−COOH）を有する場合はメタ位に起こりやすい。このような性質を配向性という。

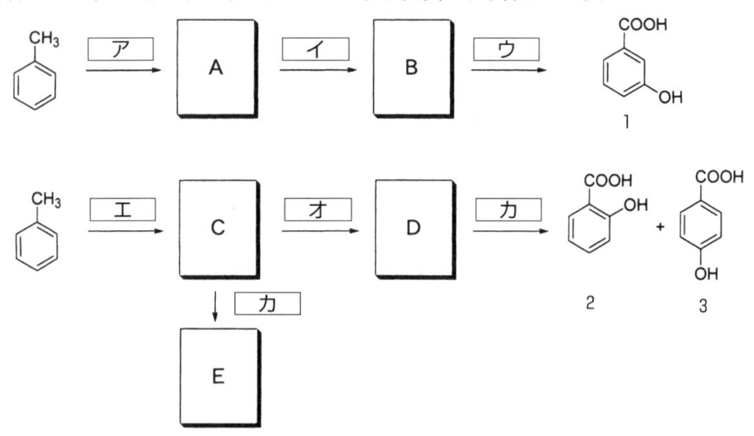

反応条件

(1)　$KMnO_4$水溶液中で加熱し，その後，うすい酸で中和する。あるいは，触媒存在下で酸素または過酸化水素を作用させる。

(2)　濃硫酸を加えて加熱する。

(3)　NaOHでアルカリ融解し，その後，うすい酸で中和する。

図2

問5　図2に，トルエンから1～3の化合物を合成する経路を示した。化合物**E**に$FeCl_3$水溶液を加えると赤紫色を呈した。［ア］～［カ］にあてはまる反応条件の番号を選び，化合物**A**～**E**の構造式を示せ。二つある場合は両方を記せ。

問6　化合物2と3を単離し，それぞれを臭素化した時に得られる臭素原子が一つ導入された置換生成物の構造式を，配向性を考慮して示せ。二つある場合は両方を記せ。

解　答

問１　第一段階の活性化エネルギー：E_2-E_1

第二段階の活性化エネルギー：E_4-E_3

問２　ア．増加　イ．大きく　ウ．大きい　エ．小さくなり　オ．大きくなる　カ．大きくなる

問３　(3)式より，250 K のときの反応速度定数を k とすると

$$\log_e k=-\frac{E}{R\times250}+\log_e A \quad \cdots\cdots①$$

300 K では，k の値が 100 倍になるので

$$\log_e 100k=-\frac{E}{R\times300}+\log_e A \quad \cdots\cdots②$$

$1000k$ になるとき，温度を T〔K〕とすると

$$\log_e 1000k=-\frac{E}{RT}+\log_e A \quad \cdots\cdots③$$

①－② より $\log_e A$ を消去すると

$$\log_e k-\log_e 100k=-\frac{E}{R\times250}+\frac{E}{R\times300} \quad \cdots\cdots④$$

②－③ より $\log_e A$ を消去すると

$$\log_e 100k-\log_e 1000k=-\frac{E}{R\times300}+\frac{E}{RT} \quad \cdots\cdots⑤$$

④÷⑤ より　$$2=\frac{\dfrac{1}{300}-\dfrac{1}{250}}{\dfrac{1}{T}-\dfrac{1}{300}}$$

$$T-300=0.1T \qquad \therefore \quad T=333.3\fallingdotseq333\text{〔K〕} \quad \cdots\cdots(\text{答})$$

問４　パラ位での置換の箇所は１つであるが，メタでは２カ所あるので，生成比が 16：1 ということは，速度定数の比は，$16:\frac{1}{2}=32:1$ である。(5)式より，活性化エネルギーの差は

$$-RT\log_e\frac{32}{1}\times10^{-3}=-8.3\times300\times5\log_e 2\times10^{-3}=-8.59\text{〔kJ/mol〕}$$

よって差の大きさは　8.6 kJ/mol　……(答)

問5 ア—(1) イ—(2) ウ—(3) エ—(2) オ—(1) カ—(3)

問6 化合物2からの生成物

化合物3からの生成物

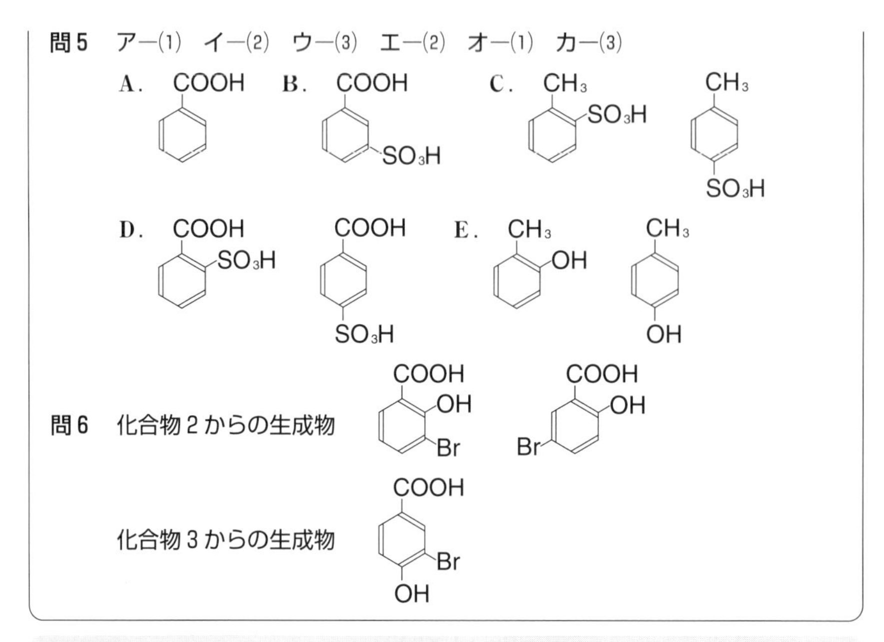

ポイント

アレニウスの式では定数 $\log_e A$ を消去する方法を考える。

メタ位の置換はパラ位より2倍起こりやすいので，速度定数比は生成比の $\frac{1}{2}$ である。

解　説

問1　反応物と反応途中におけるエネルギーの極大値との差（E_2-E_1）が第一段階の反応の活性化エネルギーで，第二段階の活性化エネルギーは反応中間体**M**と反応途中におけるエネルギーの極大値との差（E_4-E_3）である。反応中間体**M**は，不安定な活性化状態に近い構造と性質をもつので，$E_2-E_1 \gg E_4-E_3$ である。

問2　ア．(3)式 $\log_e k=-\frac{E}{RT}+\log_e A$ は，右グラフのように $\log_e k$ は $\frac{1}{T}$ に対して傾きが $-\frac{E}{R}$ で，y 切片が $\log_e A$ の直線である。温度上昇とともに，$\frac{1}{T}$ の値は小さくなり，$\log_e k$ の値は大きくなる。

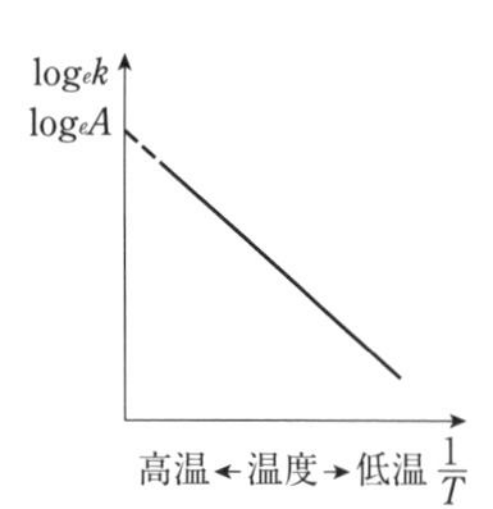

イ．活性化エネルギー E が大きいほど，傾きの絶対値 $\frac{E}{R}$ の値も大きくなる。

ウ．傾きが大きいほど，$\log_e k$ の値も大きく変化するので，速度定数 k の温度依存性も大きい。

エ．反応中間体**M**は，活性化状態に近い構造と性質を有しているので，**M**が安定化すると，活性化状態のエネルギーが小さくなり，第一段階の活性化エネルギーも小さくなる。

オ．第一段階の活性化エネルギーが小さくなると，**M**の生成速度は大きくなる。

カ．$E_2-E_1 \gg E_4-E_3$ から，第一段階の反応速度＜第二段階 の反応速度であるので，全体の反応速度は一番遅い第一段階の反応速度で決まる。この段階を律速段階という。この第一段階の反応が速くなれば，全体の反応速度も大きくなる。

問5　反応条件(1)ベンゼン環上の側鎖が酸化され，カルボキシ基になる。

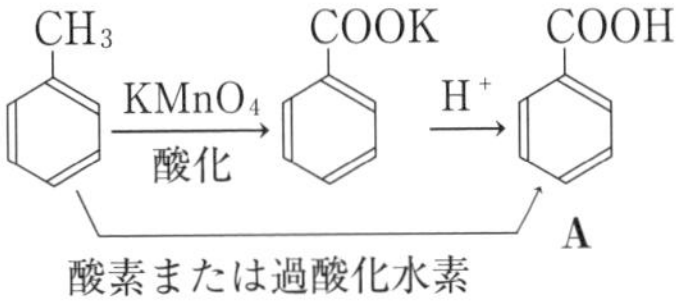

CH_3　$KMnO_4$ 酸化　COOK　H^+　COOH **A**

酸素または過酸化水素

CH_3 SO_3H　CH_3 SO_3H **C**　酸化　COOH SO_3H　COOH SO_3H **D**

反応条件(2)スルホン化である。

メタ配向性

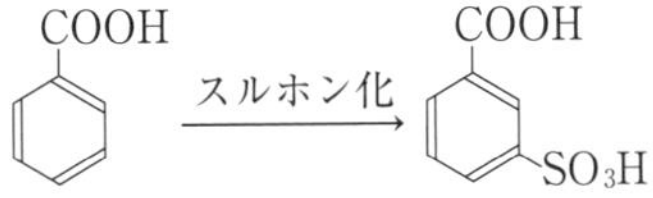

COOH **A**　スルホン化　COOH SO_3H **B**

反応条件(3)アルカリ融解によるフェノール合成法である。

オルト-パラ配向性

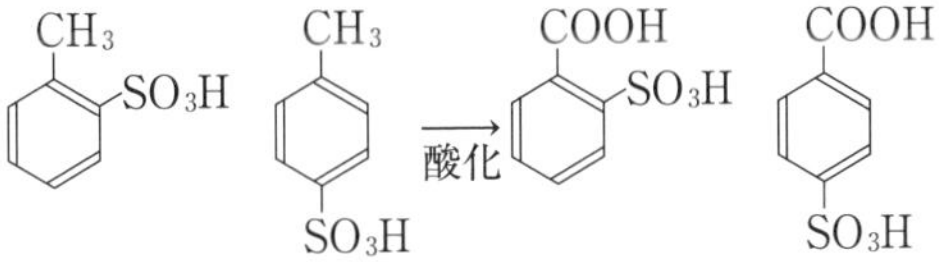

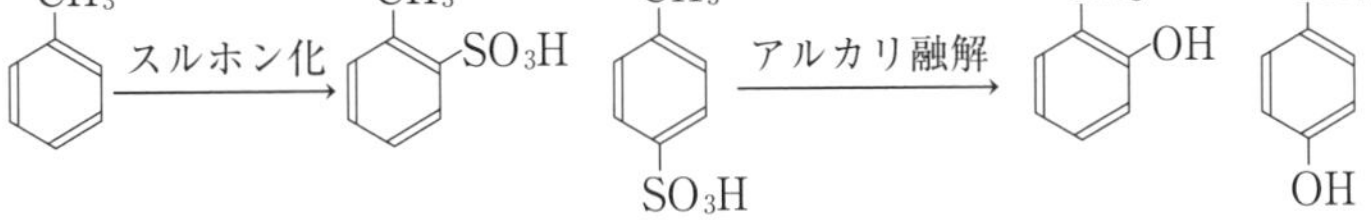

CH_3　スルホン化　CH_3 SO_3H　CH_3 SO_3H **C**　アルカリ融解　CH_3 OH　CH_3 OH **E**

COOH SO_3H **B**　NaOH　COONa SO_3Na　NaOH 加熱　COONa ONa　H^+　COOH OH 1

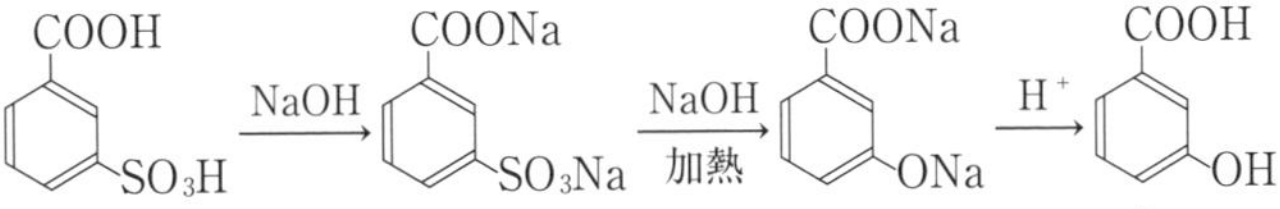

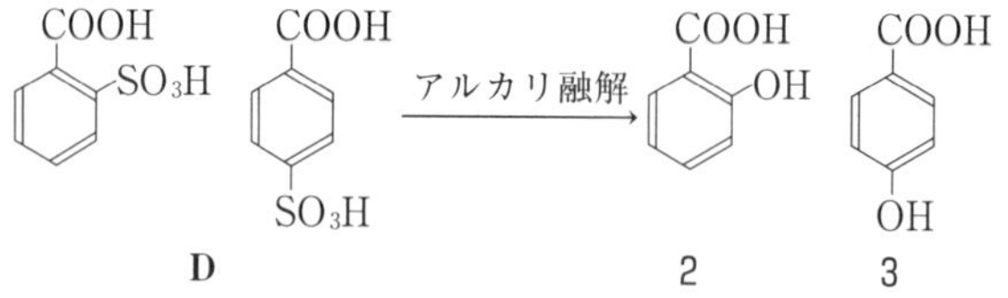

COOH　SO$_3$H　COOH　SO$_3$H　アルカリ融解→　COOH　OH　COOH　OH

D　2　3

問6　化合物2から考えられる置換生成物は次の4種類である。

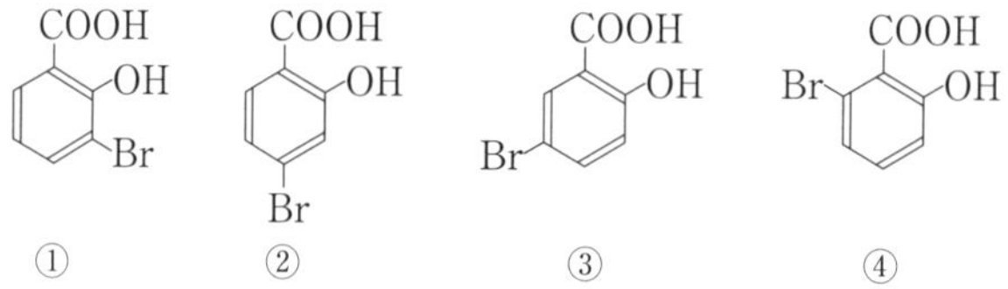

①　②　③　④

①について，Brが−COOHのメタ位に，−OHのオルト位に置換しているため適。

②について，Brが−COOHのパラ位に，−OHのメタ位に置換しているため不適。

③について，Brが−COOHのメタ位に，−OHのパラ位に置換しているため適。

④について，Brが−COOHのオルト位に，−OHのメタ位に置換しているため不適。

よって，得られる生成物は①，③になると考えられる。

化合物3から考えられる置換生成物は次の2種類である。

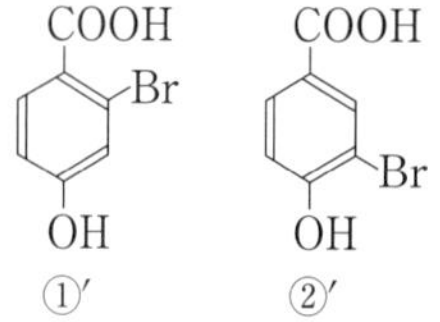

①′　②′

①′について，Brが−COOHのオルト位に，−OHのメタ位に置換しているため不適。

②′について，Brが−COOHのメタ位に，−OHのオルト位に置換しているため適。

よって，得られる生成物は②′になると考えられる。

60 エステル

(2009年度　第4問)

エステルに関する次の【Ⅰ】と【Ⅱ】の2つの文章を読んで，問1～問6に答えよ。必要があれば次の値を用いよ。

原子量　H=1.0，C=12，O=16，I=127

【Ⅰ】

不斉炭素原子が含まれているエステル（**A**）を分析したところ，**A**の分子式は$C_{14}H_{18}O_2$であった。**A**を加水分解して得られるアルコール（**B**）には不斉炭素原子がなく，カルボン酸（**C**）には不斉炭素原子が含まれていた。**B**は酸触媒を用いてプロピレンに水を付加させることによっても得られ，また，**B**を酸化するとアセトンが生成した。**C**はベンゼン環のパラ位に置換基をもつ芳香族カルボン酸であり，**C**を取り出して臭素と反応させると，臭素の赤褐色が消えて無色になったことから，**C**には二重結合が存在することがわかった。そこで，**A**に対して触媒を用いてメタセシス反応（補足説明を参照のこと）を行った結果，生成物として**D**の他に，シス体とトランス体の混合物である**E**が得られた。**D**にはエステル結合は含まれておらず，**E**にエステル結合が含まれていた。

> 補足説明
>
> メタセシス反応とは，触媒の存在下にアルケンの二重結合の組みかえが起こる反応であり，2005年のノーベル化学賞の対象となった。式(1)にその例を示す。ここで**W**，**X**，**Y**，**Z**は，水素原子やアルキル基を含む種々の置換基である。
>
> $$\mathrm{(W)(X)C{=}C(Y)(Z)} \xrightarrow{\text{触媒}} \mathrm{(W)(X)C{=}C(W)(X)} + \mathrm{(W)(X)C{=}C(X)(W)} + \mathrm{(W)(X)C{=}C(Z)(Y)} + \mathrm{(Y)(Z)C{=}C(Y)(Z)} + \mathrm{(Z)(Y)C{=}C(Y)(Z)} \quad (1)$$

問1　化合物**B**の酸化により得られるアセトンは，酢酸カルシウムを乾留（空気の流通を遮断した条件で加熱分解）することによっても生成する。この実験をおこなったとき，アセトンが気体として発生した後に残る固体の化合物名を示せ。

問2　化合物**C**の構造式を示せ。ただし光学異性体の構造は区別しなくてよい。

問3　化合物**C**に臭素を作用させたときに得られる付加反応の生成物の構造式を示せ。ただし光学異性体の構造は区別しなくてよい。

問4　**E**のトランス体の構造式を示せ。ただし光学異性体の構造は区別しなくてよい。

【Ⅱ】

油脂は三価アルコールであるグリセリン（1,2,3-プロパントリオール）と長鎖脂肪酸とのエステルである。一般に常温で固体の油脂は飽和脂肪酸より構成されるものが多く，常温で液体の油脂は不飽和脂肪酸や低級脂肪酸（炭素数が4から7程度の芳香環を含まないカルボン酸）より構成されるものが多い。油脂の不飽和度を表すのにヨウ素価が使われ，油脂100gに付加するヨウ素の質量（グラム数）で表される。不飽和脂肪酸や低級脂肪酸からなる油脂の場合，常温で液体のものが多くなる理由は，以下のように脂肪酸の性質によって説明される。

炭素数が9を越える脂肪酸の水に対する溶解度は［1］。このように脂肪酸の性質には，極性を有する［2］基部分よりも，［3］基部分の疎水性が大きく影響する場合がある。一般に分子量が大きくなると，［3］基が互いに強く引き付けあう［4］が大きくなるため，密に詰まった構造をとって固体になりやすい。飽和脂肪酸は［5］構造をとって平行に並びあうことができ，互いの構造が邪魔をしないために比較的容易に固化する。一方，分子量が小さいと，［4］が小さくなるために融点が低くなる。不飽和脂肪酸の場合には，分子どうしが並びにくくなって固化しにくい。また，天然の不飽和脂肪酸の二重結合は［6］型がほとんどであるため，分子は二重結合の所で大きく［7］構造をとる。

問5　［1］～［7］にあてはまる語句を，次の一群の中から最も適当と思われるものを選択してAからZまでの記号で答えよ。ただし，同じ番号の欄には同じ語句が入る。

A．炭化水素，　B．ヒドロキシ，　C．カルボニル，　D．アルケン，
E．エステル，　F．カルボキシル，　G．還元された，
H．酸化された，　I．酸化力，　J．電気陰性度，　K．溶解性，
L．水素結合，　M．共有結合，　N．イオン結合，　O．高い，
P．低い，　Q．反応速度，　R．分子間力，　S．分極，　T．シス，
U．トランス，　V．真っすぐに近い，　W．枝分かれした，
X．けん化した，　Y．付加した，　Z．折れ曲がった

問6　加水分解すると1：1：1：1の物質量比で，オレイン酸（$C_{17}H_{33}COOH$），リノール酸（$C_{17}H_{31}COOH$），リノレン酸（$C_{17}H_{29}COOH$）とグリセリンを与える油脂がある。この油脂のヨウ素価を計算し，有効数字3桁で答えよ。

解　答

問1　炭酸カルシウム

問2

$$CH_2=CH-CH(CH_3)-C_6H_4-C(=O)-OH$$

問3

$$H-CH(Br)-CH(Br)-CH(CH_3)-C_6H_4-C(=O)-OH$$

問4

$$H_3C-CH(CH_3)-O-C(=O)-C_6H_4-CH(CH_3)-CH=CH-CH(CH_3)-C_6H_4-C(=O)-O-CH(CH_3)-CH_3$$

問5　1―P　2―F　3―A　4―R　5―V　6―T　7―Z

問6　1.74×10^2

ポイント

飽和脂肪酸の一般式は $C_nH_{2n+1}COOH$ である。C=C 結合が1つ増えるとHの数は2個減る。

解　説

問1

$$(CH_3COO)_2Ca \longrightarrow CaCO_3 + CH_3COCH_3$$

酢酸カルシウム　→　炭酸カルシウム　＋　アセトン

問2　**B**は2-プロパノール C_3H_8O である。

$$CH_3-CH=CH_2 \xrightarrow{H_2O} H_3C-CH(OH)-CH_3 \xrightarrow{酸化} H_3C-C(=O)-CH_3$$

プロピレン　→　**B**．2-プロパノール　→　アセトン

Cの分子式は，エステルの加水分解の反応式より

$$C_{14}H_{18}O_2 + H_2O - C_3H_8O = C_{11}H_{12}O_2$$

Cはパラ位に置換基をもつ芳香族カルボン酸で，二重結合と不斉炭素原子をもつ。

以上より，**C**の構造は

$$CH_2=CH-\overset{*}{C}H(CH_3)-C_6H_4-C(=O)-OH$$

問3

$$CH_2=CH-CH(CH_3)-C_6H_4-C(=O)-OH + Br_2 \longrightarrow H-CH(Br)-CH(Br)-CH(CH_3)-C_6H_4-C(=O)-OH$$

問4　**A**は2-プロパノール(**B**)とカルボン酸(**C**)からなるエステルで，構造式は

$$CH_2=CH-CH(CH_3)-C_6H_4-C(=O)-O-CH(CH_3)-CH_3$$

この**A**は，二重結合の炭素原子に3個のH原子とエステル結合をもつ原子団が結合している。これに触媒を用いてメタセシス反応を行うと，3種類の化合物が生じる。

$$CH_2=CH-CH(CH_3)-C_6H_4-C(=O)-O-CH(CH_3)-CH_3 \xrightarrow{\text{触媒}} CH_2=CH_2$$

$$H_3C-CH(CH_3)-O-C(=O)-C_6H_4-CH(CH_3)-CH=CH-CH(CH_3)-C_6H_4-C(=O)-O-CH(CH_3)-CH_3$$

トランス体

$$H_3C-CH(CH_3)-O-C(=O)-C_6H_4-CH(CH_3)-CH=CH-CH(CH_3)-C_6H_4-C(=O)-O-CH(CH_3)-CH_3$$

シス体

生成物**D**はエステル結合をもたないので，エチレン $CH_2=CH_2$ とわかる。一方，エステル結合をもつ生成物**E**は，シス体とトランス体の混合物である。

問5　飽和脂肪酸は，分子の形がまっすぐに近いので，分子どうしが集まりやすく，容易に固化する。

天然の不飽和脂肪酸は，シス形の二重結合をもつので，折れ曲がった分子であり，分子どうしの接近が妨げられ並びにくくなって固化しにくい。融点は二重結合の数とともに低くなる。

問6　オレイン酸 $C_{17}H_{33}COOH$ は C=C 結合を1個，リノール酸 $C_{17}H_{31}COOH$ は C=C 結合を2個，リノレン酸 $C_{17}H_{29}COOH$ は C=C 結合を3個もつ。よって，油脂1molにヨウ素は6mol付加する。

$$C_3H_5(OCOC_{17}H_{33})(OCOC_{17}H_{31})(OCOC_{17}H_{29}) + 6I_2$$
（分子量878）

$$\longrightarrow C_3H_5(OCOC_{17}H_{33}I_2)(OCOC_{17}H_{31}I_4)(OCOC_{17}H_{29}I_6)$$

ヨウ素価は油脂100gに付加することができるヨウ素の質量であるので，求めるヨウ素価を x〔g〕とすると，物質量比は

$$\text{油脂}:\text{ヨウ素} = 1:6 = \frac{100}{878} : \frac{x}{2\times127} \qquad \therefore\ x = 173.5 \fallingdotseq 174〔g〕$$

61　C_3H_8O と $C_5H_{12}O$ の反応，芳香族化合物の構造
（2008年度　第4問）

有機化合物の反応と構造に関する文章〔A〕,〔B〕を読み，以下の問に答えよ。

〔A〕　分子式 C_3H_8O で表されるアルコール**A**を濃硫酸の存在下で加熱すると，室温で気体の有機化合物**B**と室温で液体の有機化合物**C**が生成した。また，**A**は酸化剤により，ヨードホルム反応を示す化合物**D**を与えた。なお，①**A**は適当な酸を触媒として用いて**B**に水を付加させると得られる。

分子式が $C_5H_{12}O$ で表されるアルコールにはいくつかの構造異性体がある。不斉炭素原子を含まないアルコール**E**は，濃硫酸の存在下で加熱すると分子式 C_5H_{10} をもつ化合物**F**と**G**を与えた。ただし，**F**と**G**は互いにシス-トランス異性体ではない。また，②**F**と**G**に適当な酸を触媒として水を付加させると，いずれからも**E**が主に生成した。

問1　化合物**A**～**G**を構造式で書け。**F**と**G**については構造式が入れ替わってもよい。ただし，各反応において炭素原子間の結合は切れないものとする。

問2　下線部①の**B**から**A**，および，下線部②の**F**と**G**から**E**を与える水の付加反応においては，ヒドロキシ基の付加位置にある特徴が認められる。その特徴を30字以内で書け。

〔B〕　近年発展した核磁気共鳴分光装置により有機化合物の測定を行うと，分子中に物理的・化学的性質の異なる炭素原子が何種類存在するかを観測することができ，分子構造を決定するうえで非常に役に立つ。例えば，ベンゼンに対してこの測定を行うと，1種類のみの炭素原子が観測された。この結果は，ベンゼンの炭素骨格が平面正六角形であり，分子中の炭素原子の性質が全て等しい事実と一致する。一方，エチルベンゼンを測定すると異なる性質をもつ炭素原子が6種類観測された。この測定結果から，エチルベンゼンにおいては，図1に示すようにa～fの炭素原子がお互いに異なる性質をもつことがわかる。ベンゼン環の炭素原子がa～dの4種類に分かれるのは，ベンゼンにエチル基が置換すると，置換基との距離が異なるため，a～dの環境（物理的・化学的性質）が等しくなくなるからである。

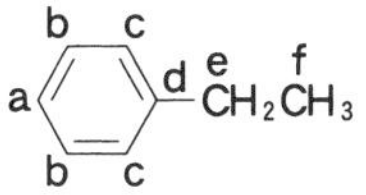

図1　エチルベンゼン中の性質の異なる6種類の炭素原子

問3　エチルベンゼンの構造異性体である三つの芳香族化合物に対して上述の測定を行った。その結果，観測された炭素原子の種類は，それぞれ，5種類，4種類，および，3種類であった。対応する構造式を書け。

問4　トルエンに少量の臭素を加えて光を照射すると，メタンのハロゲン化と同様の反応が起こり C_7H_7Br の分子式をもつ**H**が得られた。一方，光照射の代わりに鉄粉を加えると，**H**の構造異性体が複数得られた。その構造異性体の中でもっとも生成量の多い**I**に対して上述の測定を行ったところ，観測された炭素原子の種類の数は**H**の場合と同数であった。**H**，**I**の構造式を書け。

解　答

問1　A．$CH_3-CH(OH)-CH_3$　B．$CH_2=CH-CH_3$

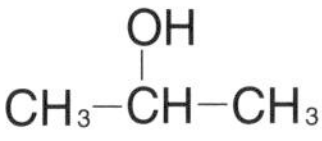

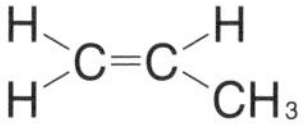

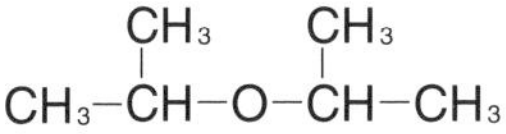

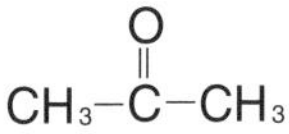

C．$CH_3-CH(CH_3)-O-CH(CH_3)-CH_3$　D．$CH_3-CO-CH_3$

E．$CH_3-C(OH)(CH_3)-CH_2-CH_3$

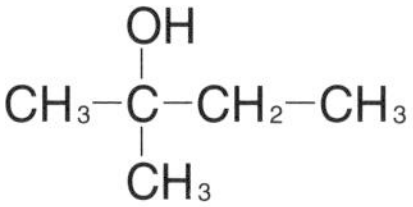

F・G．$CH_2=C(CH_3)-CH_2-CH_3$　$(CH_3)_2C=CH-CH_3$　(順不同)

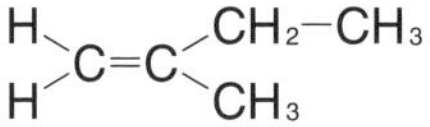

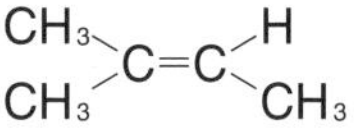

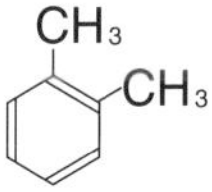

問2　水素原子との結合数の少ない炭素原子にヒドロキシ基が付加する。(30字以内)

問3　5種類：m-キシレン（1,3-ジメチルベンゼン）　4種類：o-キシレン（1,2-ジメチルベンゼン）　3種類：p-キシレン（1,4-ジメチルベンゼン）

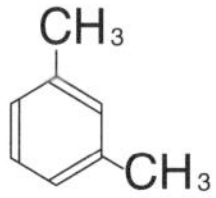

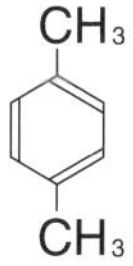

問4　H．$C_6H_5-CH_2Br$　I．$CH_3-C_6H_4-Br$（p-位）

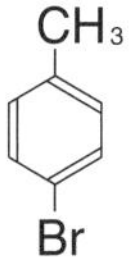

ポイント
アルコールの脱水反応で，高温ではアルケン，低温ではエーテルを生じる。

解　説

問1　分子式C_3H_8Oのアルコールは，２種類の構造異性体をもつ。
それぞれのアルコールを酸化すると次のようになる。

$$CH_3-CH_2-CH_2-OH \xrightarrow{\text{酸化}} CH_3-CH_2-C(=O)-H$$

1-プロパノール　→　プロピオンアルデヒド

$$CH_3-CH(OH)-CH_3 \xrightarrow{\text{酸化}} CH_3-C(=O)-CH_3$$

2-プロパノール　→　アセトン

ヨードホルム反応は，$CH_3CH(OH)-$をもつアルコールやCH_3CO-をもつアルデヒドやケトンで起こる。

酸化生成物でヨードホルム反応を示すのはアセトンであるので，2-プロパノールがアルコール**A**で，アセトンが化合物**D**である。

2-プロパノールを濃硫酸の存在下で加熱すると，高温では分子内脱水が起こりアルケンが，低温では分子間脱水が起こりエーテルが生じる。分子量の大きいエーテルのほうが沸点が高いので液体**C**であり，気体**B**がアルケンであるとわかる。

$$\mathrm{CH_3-\overset{\overset{\displaystyle OH}{|}}{CH}-CH_3 \xrightarrow{\text{分子内脱水}} \underset{\textbf{B}}{CH_3-CH{=}CH_2} + H_2O}$$

$$\mathrm{2CH_3-\overset{\overset{\displaystyle OH}{|}}{CH}-CH_3 \xrightarrow{\text{分子間脱水}} \underset{\textbf{C}}{CH_3-\overset{\overset{\displaystyle CH_3}{|}}{CH}-O-\overset{\overset{\displaystyle CH_3}{|}}{CH}-CH_3} + H_2O}$$

分子式 $C_5H_{12}O$ には8種類のアルコールが存在する。

$$\mathrm{CH_3-CH_2-CH_2-CH_2-CH_2-OH} \qquad \mathrm{CH_3-CH_2-CH_2-\underset{\underset{\displaystyle OH}{|}}{CH}-CH_3}$$

$$\mathrm{CH_3-CH_2-\underset{\underset{\displaystyle OH}{|}}{CH}-CH_2-CH_3} \qquad \mathrm{CH_3-CH_2-\overset{\overset{\displaystyle CH_3}{|}}{CH}-CH_2-OH}$$

$$\mathrm{CH_3-CH_2-\overset{\overset{\displaystyle CH_3}{|}}{\underset{\underset{\displaystyle OH}{|}}{C}}-CH_3} \qquad \mathrm{CH_3-\underset{\underset{\displaystyle OH}{|}}{CH}-\overset{\overset{\displaystyle CH_3}{|}}{CH}-CH_3}$$

$$\mathrm{HO-CH_2-CH_2-\overset{\overset{\displaystyle CH_3}{|}}{CH}-CH_3} \qquad \mathrm{CH_3-\overset{\overset{\displaystyle CH_3}{|}}{\underset{\underset{\displaystyle CH_3}{|}}{C}}-CH_2-OH}$$

このうち，分子内脱水反応によって2種類の構造異性体を生成し，不斉炭素原子を含まないのは $\mathrm{CH_3-\overset{\overset{\displaystyle OH}{|}}{\underset{\underset{\displaystyle CH_3}{|}}{C}}-CH_2-CH_3}$ で，これが**E**である。よって，**E**の分子内脱水で生じる**F**と**G**は，次のとおりである。

$$\underset{\textbf{E}}{\mathrm{CH_3-\overset{\overset{\displaystyle OH}{|}}{\underset{\underset{\displaystyle CH_3}{|}}{C}}-CH_2-CH_3}} \xrightarrow{\text{分子内脱水}} \mathrm{CH_2{=}\underset{\underset{\displaystyle CH_3}{|}}{C}-CH_2-CH_3} \qquad \mathrm{CH_3-\underset{\underset{\displaystyle CH_3}{|}}{C}{=}CH-CH_3}$$

Fまたは**G**

$$\xrightarrow{H_2O} \underset{\substack{|\\CH_3}}{\overset{\substack{OH\\|}}{CH_2}-CH}-CH_2-CH_3 \qquad CH_3-\underset{\substack{|\\CH_3}}{\overset{\substack{OH\\|}}{C}}-CH_2-CH_3 \qquad CH_3-\underset{\substack{|\\CH_3}}{CH}-\overset{\substack{OH\\|}}{CH}-CH_3$$

副生成物　　**E**．主生成物　　副生成物

ヒドロキシ基が付加するC原子にH原子は2個　　ヒドロキシ基が付加するC原子にH原子はない　　ヒドロキシ基が付加するC原子にH原子は1個

問2　HXが非対称のアルケンに付加する場合，二重結合を形成している2個の炭素原子のうち，水素の結合数の多いほうにH原子が付加しやすい。これをマルコフニコフ則という。

問3　エチルベンゼンの芳香族化合物構造異性体には次の*o*-キシレン，*m*-キシレン，*p*-キシレンが存在する。性質の異なる炭素原子をa，b，…のアルファベットで示す。

o-キシレン　　*m*-キシレン　　*p*-キシレン

4種類　　5種類　　3種類

問4．メタンは臭素とともに光を照射すると，置換反応が起こる。

$$CH_4 + Br_2 \longrightarrow CH_3Br + HBr$$

同様の反応がトルエンでも起こり，側鎖のメチル基の水素原子が置換される。

$$C_6H_5-CH_3 + Br_2 \xrightarrow{光} C_6H_5-CH_2Br + HBr$$

H

一方，触媒に鉄粉を用いると，ベンゼン環上で置換反応が起こる。問3と同様に，性質の異なる炭素原子をa，b，…のアルファベットで示す。

H　　*o*-ブロモトルエン　　*m*-ブロモトルエン　　*p*-ブロモトルエン

5種類　　7種類　　7種類　　5種類

よって，**H**は観測された炭素原子が5種類であるので，**I**は炭素原子が同じ5種類である*p*-ブロモトルエンである。

芳香族エステルの構造決定

（2007年度　第3問）

次の文章を読み，以下の問に答えよ。必要があれば次の原子量を用いよ。
H：1.0，C：12，O：16

炭素数が15以下で，いずれも炭素，酸素，水素のみからなり，構造中にベンゼン環を含む中性の化合物**A**と**B**がある。化合物**A**と**B**にはいずれもシス-トランス異性体が考えられるが，化合物**A**はトランス異性体であることがわかっている。これらの化合物**A**と**B**を用いて次のような実験をおこなった。

（実験１）化合物**A**の47.5mgを完全燃焼させるとCO_2 132mgとH_2O 31.5mgが生成した。一方，化合物**B**の51.0mgの完全燃焼からはCO_2 143mgとH_2O 36.0mgが生成した。

（実験２）化合物**A**を臭素と反応させると，臭素の赤褐色は消え，化合物**C**となった。

（実験３）化合物**A**と**B**をそれぞれ加水分解すると，**A**からは弱酸性の化合物**D**と中性の化合物**E**が得られた。一方，**B**からは化合物**D**と中性の化合物**F**が得られた。

（実験４）化合物**E**と化合物**F**はいずれもナトリウムと反応し水素ガスを発生した。また，**E**を適当な酸化剤を用いて酸化すると化合物**G**となった。なお，化合物**G**は酢酸カルシウムの熱分解（乾留）により得られるほか，クメン法によりフェノールとともに合成できる。

問1　化合物**A**および**B**の分子式を求めよ。

問2　化合物**A**，**C**，**D**，**E**，**G**の構造式を書け。

問3　化合物**F**として何種類の異性体が考えられるか。光学異性体も含めて答えよ。

問4　化合物**F**を適当な酸化剤で酸化した。得られる化合物**H**が銀鏡反応を示すならば，化合物**H**の構造にはどのようなものが考えられるか。考えられる構造式をすべて書け。

解　答

問1　**A**．$C_{12}H_{14}O_2$　**B**．$C_{13}H_{16}O_2$

問2　**A**．$C_6H_5-CH=CH-C(=O)-O-CH(CH_3)-CH_3$（H と H が二重結合の反対側：トランス形）

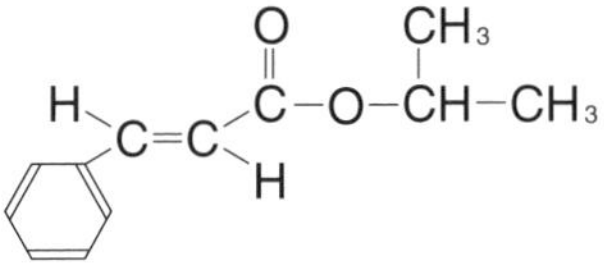

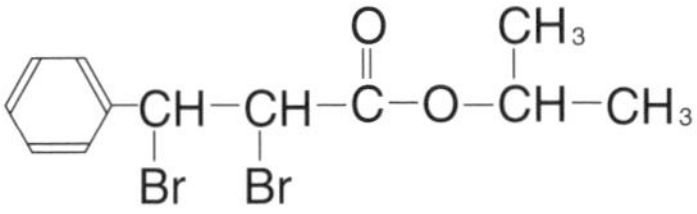

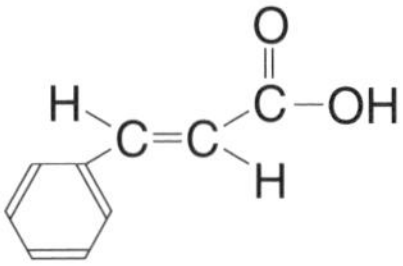

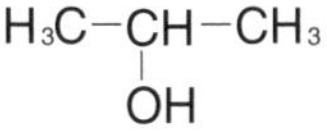

C．$C_6H_5-CH(Br)-CH(Br)-C(=O)-O-CH(CH_3)-CH_3$

D．$C_6H_5-CH=CH-C(=O)-OH$（トランス形）　**E**．$H_3C-CH(OH)-CH_3$

G．$H_3C-C(=O)-CH_3$

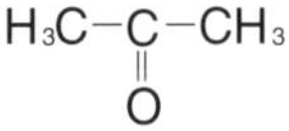

問3　**5種類**

問4　$CH_3-CH_2-CH_2-C(=O)-H$　　$CH_3-CH(CH_3)-C(=O)-H$

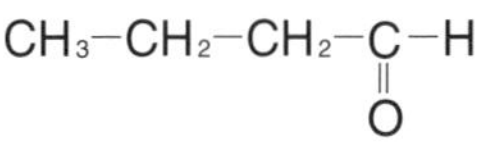

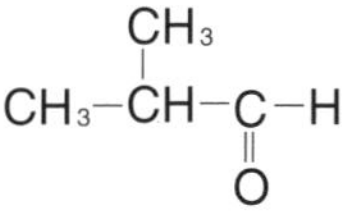

ポイント

化合物**G**はアセトンである。これをもとに反応を逆にたどっていく。

解　説

問1　化合物**A**の 47.5mg 中の各元素の質量は

$$C: 132\times\frac{12}{44}=36\,[\mathrm{mg}]$$

$$H: 31.5\times\frac{2.0}{18}=3.5\,[\mathrm{mg}]$$

$$O: 47.5-(36+3.5)=8\,[\mathrm{mg}]$$

原子数比は

$$C:H:O=\frac{36}{12}:\frac{3.5}{1.0}:\frac{8}{16}=3.0:3.5:0.5=6:7:1$$

よって，組成式は C_6H_7O である。分子式を $(C_6H_7O)_m$ とすると，炭素原子数はベンゼン環を含み，15 以下であるので

$6<6m\leqq 15$　　$1<m\leqq 2.5$

m は自然数なので　　$m=2$

よって，化合物**A**の分子式は $C_{12}H_{14}O_2$ である。

化合物**B**の 51.0mg 中の各元素の質量は

$$C:143\times\frac{12}{44}=39〔mg〕$$

$$H:36.0\times\frac{2.0}{18}=4.0〔mg〕$$

$$O:51.0-(39+4.0)=8〔mg〕$$

原子数比は

$$C:H:O=\frac{39}{12}:\frac{4.0}{1.0}:\frac{8}{16}=3.25:4.0:0.5=13:16:2$$

よって，組成式は $C_{13}H_{16}O_2$ である。分子式を $(C_{13}H_{16}O_2)_n$ とすると，炭素原子数はベンゼン環を含み，15 以下であるので

$6\leqq 13n\leqq 15$　　$1\leqq n\leqq 1.1$

n は自然数なので　　$n=1$

よって，化合物**B**の分子式も $C_{13}H_{16}O_2$ である。

問2　化合物**G**はアセトン CH_3COCH_3 である。

$$\underset{\text{酢酸カルシウム}}{(CH_3COO)_2Ca}\xrightarrow[\text{(乾留)}]{\text{熱分解}}\underset{\text{アセトン}}{CH_3COCH_3}+CaCO_3$$

クメン法：

$$\underset{\text{クメン}}{C_6H_5-CH(CH_3)_2}\xrightarrow{O_2}\underset{\text{クメンヒドロペルオキシド}}{C_6H_5-C(CH_3)_2-O-OH}\xrightarrow{H^+}\underset{\text{フェノール}}{C_6H_5-OH}+\underset{\text{アセトン}}{CH_3COCH_3}$$

酸化されると化合物**G**になる化合物**E**は，2-プロパノール $CH_3CH(OH)CH_3$ である。

$$\underset{\textbf{E}\ \text{(2-プロパノール)}}{CH_3CH(OH)CH_3}+(O)\xrightarrow{\text{酸化}}\underset{\textbf{G}\ \text{(アセトン)}}{CH_3COCH_3}+H_2O$$

化合物**A**（$C_{12}H_{14}O_2$）を加水分解すると，弱酸性の化合物**D**と中性の化合物**E**（C_3H_8O）を生成するので，化合物**D**の分子式は

$$C_{12}H_{14}O_2+H_2O-C_3H_8O=C_9H_8O_2$$

化合物**A**はベンゼン環と二重結合をもっている。その加水分解生成物である**E**は，飽和のアルコールであることから，**D**は弱酸性でベンゼン環と二重結合をもつ。

よって，**D**は

$$\underset{(\mathbf{A})}{C_6H_5{-}CH{=}CH{-}\overset{O}{\overset{\|}{C}}{-}O{-}\overset{CH_3}{\overset{|}{C}}H{-}CH_3} + H_2O \xrightarrow{\text{加水分解}} \underset{(\mathbf{D})}{C_6H_5{-}CH{=}CH{-}\overset{O}{\overset{\|}{C}}{-}OH} + \underset{(\mathbf{E})}{H_3C{-}\underset{OH}{\underset{|}{C}}H{-}CH_3}$$

$$\underset{(\mathbf{A})}{C_6H_5{-}CH{=}CH{-}\overset{O}{\overset{\|}{C}}{-}O{-}\overset{CH_3}{\overset{|}{C}}H{-}CH_3} + Br_2 \xrightarrow{\text{付加}} \underset{(\mathbf{C})}{C_6H_5{-}\underset{Br}{\underset{|}{C}}H{-}\underset{Br}{\underset{|}{C}}H{-}\overset{O}{\overset{\|}{C}}{-}O{-}\overset{CH_3}{\overset{|}{C}}H{-}CH_3}$$

問3　化合物**B**($C_{13}H_{16}O_2$)を加水分解すると，弱酸性の化合物**D**($C_9H_8O_2$)と中性の化合物**F**を生成するので，化合物**F**の分子式は

$$C_{13}H_{16}O_2 + H_2O - C_9H_8O_2 = C_4H_{10}O$$

を得る。エステル**B**の加水分解で生じる中性の化合物**F**はアルコールである。よって，その異性体は光学異性体を含めると次の5種類ある(C^*は不斉炭素原子)。

$$CH_3{-}CH_2{-}CH_2{-}CH_2{-}OH \qquad CH_3{-}CH_2{-}\underset{OH}{\underset{|}{\overset{*}{C}}}H{-}CH_3$$

(光学異性体あり)

$$CH_3{-}\underset{CH_3}{\underset{|}{C}}H{-}CH_2{-}OH \qquad CH_3{-}\underset{OH}{\underset{|}{\overset{CH_3}{\overset{|}{C}}}}{-}CH_3$$

問4　銀鏡反応を示すのは，還元性のあるアルデヒドである。酸化するとアルデヒドを生じる化合物**F**は第一級アルコールである。

63 油脂の構造決定

（2006年度　第3問）

次の文章を読み，問1～問4に答えよ。必要があれば次の原子量を用いよ。
H＝1.0，C＝12.0，O＝16.0

油脂は，3分子の脂肪酸と3価アルコールのグリセリン1分子がエステル結合した化合物である。天然物から抽出し，精製したある油脂**A**の構造を明らかにするため，以下の実験を行った。

（実験1）　油脂**A** 44.1gを完全に水酸化ナトリウムで加水分解すると，4.60gのグリセリンとともに，直鎖不飽和脂肪酸**B**と直鎖飽和脂肪酸**C**のそれぞれのナトリウム塩が得られた。

（実験2）　油脂**A** 3.00gに，白金触媒存在下で気体水素を反応させると，305mL（1 atm，0℃）の水素が消費され，油脂**D**が得られた。油脂**A**は不斉炭素原子を含んでいたが，油脂**D**は不斉炭素原子を含んでいなかった。

（実験3）　二重結合を含む化合物R−CH=CH−R′をオゾン分解すると，式1のように二重結合が開裂し，2種類のアルデヒド（R−CHO，R′−CHO）が生成する。

$$\text{(R)(H)C=C(R')(H)} \xrightarrow{\text{オゾン分解}} \text{(R)(H)C=O} + \text{O=C(R')(H)} \qquad \text{（式1）}$$

脂肪酸**B**をメタノールと反応させてエステル化した後に，オゾン分解すると，次の3種類のアルデヒドが1：1：1の物質量の比で得られた。

$$\text{OHC−CH}_2\text{−CHO} \qquad \text{CH}_3\text{−(CH}_2)_4\text{−CHO} \qquad \text{OHC−(CH}_2)_7\text{−COOCH}_3$$

問1　油脂**A**の分子量を求めよ。

問2　油脂**A**の1分子に含まれる二重結合の数を書け。

問3　脂肪酸**B**の構造を下の例にならって示せ。ただし，二重結合の立体構造（シスおよびトランス異性体の区別）は問わない。

（例）　$CH_3(CH_2)_3CH{=}CHCH_2COOH$

問4　脂肪酸**B**および**C**をそれぞれR^1COOH，R^2COOHと略記する。R^1，R^2を用いて油脂**A**および**D**の構造式を示せ。

解　答

問1　**882**

問2　**7個**

問3　$CH_3(CH_2)_4CH=CHCH_2CH=CH(CH_2)_7COOH$

問4　油脂**A**：

$$\begin{array}{l} R^1COOCH_2 \\ \quad\;\; | \\ R^1COOCH \\ \quad\;\; | \\ R^2COOCH_2 \end{array}$$

油脂**D**：

$$\begin{array}{l} R^2COOCH_2 \\ \quad\;\; | \\ R^2COOCH \\ \quad\;\; | \\ R^2COOCH_2 \end{array}$$

ポイント

飽和のステアリン酸のみからなる油脂の分子量は890である。炭素原子間の二重結合が1つ増えると，ここから分子量が2ずつ減少する。

解　説

問1　加水分解される油脂**A**の物質量と得られるグリセリン（分子量92.0）の物質量は等しいので，求める油脂**A**の分子量をMとすると

$$\frac{44.1}{M}=\frac{4.60}{92.0} \qquad \therefore \quad M=882$$

問2　炭素原子間の二重結合の数と付加するH_2分子の数は同じである。炭素原子間の二重結合の数をn個とすると

$$1:n=\frac{3.00}{882}:\frac{305}{22400} \qquad \therefore \quad n=4\text{個}$$

油脂はエステル結合 $-\overset{\overset{\displaystyle O}{\|}}{C}-O-$ を3個もつので，二重結合の数は4＋3＝7〔個〕である。

問3　反応を逆向きにたどって，脂肪酸**B**の構造を考える。

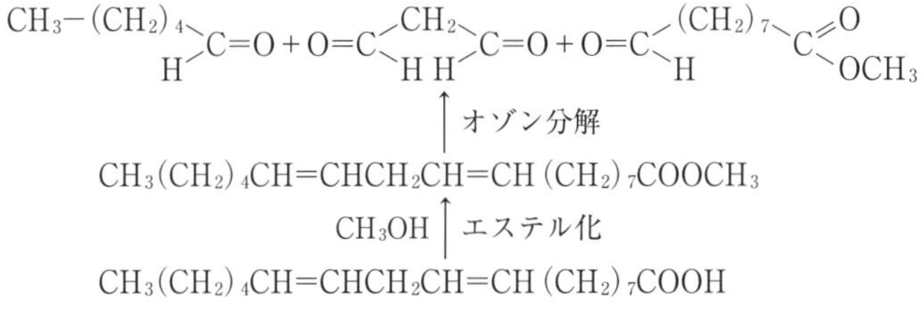

$$CH_3-(CH_2)_4-CH=O + O=CH-CH_2-CH=O + O=CH-(CH_2)_7-COOCH_3$$

↑ オゾン分解

$$CH_3(CH_2)_4CH=CHCH_2CH=CH(CH_2)_7COOCH_3$$

↑ CH_3OH　エステル化

$$CH_3(CH_2)_4CH=CHCH_2CH=CH(CH_2)_7COOH$$

脂肪酸**B**　リノール酸

問4　油脂**A**は1分子中に炭素原子間の二重結合を4個もつので，リノール酸を2分子含む。したがって，油脂**A**の異性体としては，次の2個が考えられる。

①
$$\begin{array}{l} R^1COOCH_2 \\ \quad\;\; | \\ R^1COOC^*H \\ \quad\;\; | \\ R^2COOCH_2 \end{array}$$

②
$$\begin{array}{l} R^1COOCH_2 \\ \quad\;\; | \\ R^2COOCH \\ \quad\;\; | \\ R^1COOCH_2 \end{array}$$

2個の異性体のうち不斉炭素原子 C^* を含むのは①である。これが油脂**A**である。油脂**A**に4個の水素分子が付加すると，油脂**D**になる。油脂**D**は不斉炭素原子をもたないことから，脂肪酸**C**はリノール酸と炭素数が等しい飽和脂肪酸のステアリン酸であるとわかる。

$$\begin{array}{l} R^1COOCH_2 \\ \quad\quad\quad\;| \\ R^1COOC^*H \\ \quad\quad\quad\;| \\ R^2COOCH_2 \end{array} + 4H_2 \xrightarrow{\text{付加反応}} \begin{array}{l} R^2COOCH_2 \\ \quad\quad\quad\;| \\ R^2COOCH \\ \quad\quad\quad\;| \\ R^2COOCH_2 \end{array}$$

油脂**A**　　　　　　　　油脂**D**

64 芳香族アミドの構造決定

(2006年度　第4問)

次の文章を読み，問1～問5に答えよ。必要があれば次の原子量を用いよ。
H＝1.0，C＝12.0，N＝14.0，O＝16.0

化合物**A**，**D**および**G**は，いずれも3つのベンゼン環が2つのアミド結合でつながった構造をもち，分子式は$C_{20}H_{16}N_2O_2$（分子量316）である。**A**および**D**を完全に加水分解すると，ベンゼン環を有する2種類の生成物を1：2の物質量の比で与える（式1，式2）。一方，**G**は加水分解によってベンゼン環を有する3種類の生成物を1：1：1の物質量の比で与える（式3）。

$$\boxed{\mathbf{A}} + 2H_2O \xrightarrow{\text{加水分解}} \boxed{\mathbf{B}} + 2\boxed{\mathbf{C}} \quad (式1)$$

$$\boxed{\mathbf{D}} + 2H_2O \xrightarrow{\text{加水分解}} \boxed{\mathbf{E}} + 2\boxed{\mathbf{F}} \quad (式2)$$

$$\boxed{\mathbf{G}} + 2H_2O \xrightarrow{\text{加水分解}} \boxed{\mathbf{H}} + \boxed{\mathbf{C}} + \boxed{\mathbf{F}} \quad (式3)$$

化合物**B**および**E**は，ベンゼン環に直接結合する任意の水素原子1個を臭素原子で置き換えたときに1種類の化合物しか与えないのに対して，①<u>化合物**H**は2種類の化合物を与える</u>。また，化合物**B**は，ポリエステル繊維やペットボトルの原料のひとつとして用いられる。化合物**B**および**F**は水酸化ナトリウム水溶液に溶解し，化合物**C**および**E**は希塩酸に溶解する。②<u>化合物**H**はいずれにも溶解する</u>。

問1　下線部①について，臭素化で生成する2つの化合物の構造式を書け。

問2　下線部②について，水酸化ナトリウム水溶液中および希塩酸中における化合物**H**の構造式を書け。

問3　化合物**A**，**D**および**G**の構造式を書け。

問4　式1～3の加水分解生成物のうち，2つの化合物を1：1の物質量の比で重縮合（縮合重合）させてポリアミドを生成しうる化合物の組み合わせを**B**，**C**，**E**，**F**，**H**の中から選び，予想されるポリマーの構造式を下の例にならって書け。

ポリマーの構造式の例

$$\left[CH_2-\underset{\underset{CH_3}{|}}{CH} \right]_n$$

問5　ベンゼン環がアミド結合でつながった構造式をもつ化合物**X**を完全に加水分解したところ，化合物**C**，**F**および**H**が1：1：11の物質量の比で生成した。化合物**X**の分子量を求めよ。

解 答

問1 O Br HO−C−(ベンゼン環)−NH₂ O Br HO−C−(ベンゼン環)−NH₂

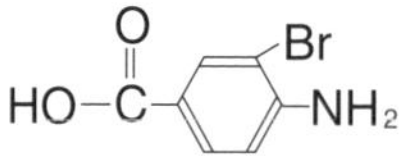

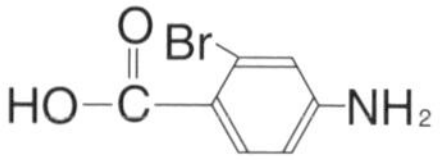

問2 水酸化ナトリウム水溶液中：$^-$O−C(=O)−(ベンゼン環)−NH_2

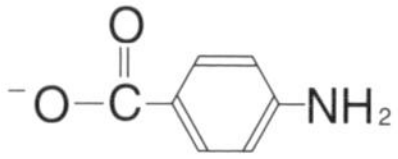

希塩酸中：HO−C(=O)−(ベンゼン環)−NH_3^+

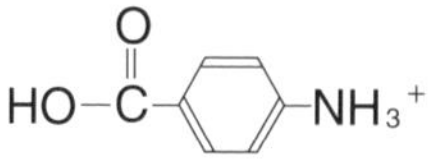

問3 化合物**A**：(ベンゼン環)−N(H)−C(=O)−(ベンゼン環)−C(=O)−N(H)−(ベンゼン環)

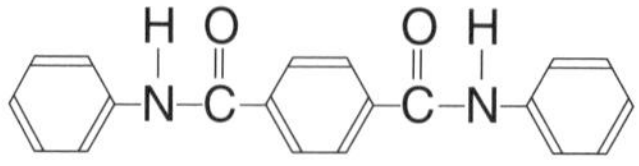

化合物**D**：(ベンゼン環)−C(=O)−N(H)−(ベンゼン環)−N(H)−C(=O)−(ベンゼン環)

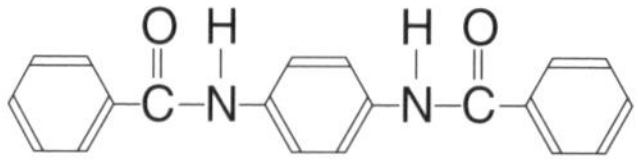

化合物**G**：(ベンゼン環)−C(=O)−N(H)−(ベンゼン環)−C(=O)−N(H)−(ベンゼン環)

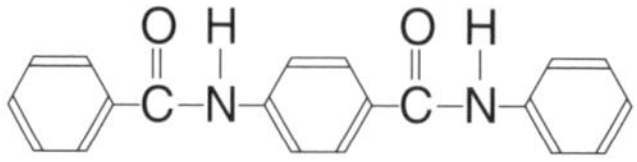

問4 化合物の組み合わせ：**B・E**

ポリマーの構造式：$\left[\text{C(=O)}-(ベンゼン環)-\text{C(=O)}-\text{N(H)}-(ベンゼン環)-\text{N(H)} \right]_n$

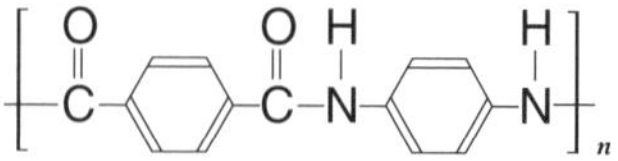

問5 **1506**

ポイント

炭素原子数からベンゼン環3個とアミド結合2個以外の官能基をもたないことがわかれば，ある程度の構造が推測できる。

解 説

化合物**A**・**D**および**G**の分子式は$C_{20}H_{16}N_2O_2$であるので，炭素数20個をもとに考えると，これらの構造は，ベンゼン環3つ（3×6＝18）と2つのアミド結合（−CONH−）だけとわかる。加水分解生成物の物質量比より，化合物**B**・**E**・**H**はベンゼン環上にアミノ基やカルボキシ基を2個もち，化合物**C**・**F**はベンゼン環上にアミノ基かカルボキシ基を1個もつ。

問1　化合物**H**は希塩酸にも水酸化ナトリウム水溶液にも溶ける両性物質であるので，カルボキシ基とアミノ基をもつベンゼン二置換体である。化合物**H**には，次の3個の異性体が考えられる。

H_2N ①
HOOC ②
④ ③
o-アミノ安息香酸

① NH_2
HOOC ②
④ ③
m-アミノ安息香酸

① ②
HOOC NH_2
① ②
p-アミノ安息香酸

ベンゼン環の水素原子1個を臭素原子で置き換えたとき，2種類の異性体をもつことから，*p*-アミノ安息香酸とわかる。

問2　両性物質である化合物**H**の*p*-アミノ安息香酸は，酸・塩基に対して，*α*-アミノ酸と同様の反応をする。

$$HO-C(=O)-C_6H_4-NH_2 + OH^- \longrightarrow {}^-O-C(=O)-C_6H_4-NH_2 + H_2O$$

$$HO-C(=O)-C_6H_4-NH_2 + H^+ \longrightarrow HO-C(=O)-C_6H_4-NH_3{}^+$$

問3　化合物**B**は，ポリエステル繊維やペットボトルの原料のひとつということから，テレフタル酸 $HOOC-C_6H_4-COOH$ とわかる。化合物**C**は希塩酸に溶けるのでアニリンである。

$$C_6H_5-NH_2 + HCl \longrightarrow C_6H_5-NH_3Cl$$

化合物**C**
アニリン

アニリン塩酸塩

よって，化合物**A**の加水分解は次式で表される。

$$C_6H_5-NH-C(=O)-C_6H_4-C(=O)-NH-C_6H_5 + 2H_2O$$

化合物**A**

$$\longrightarrow HOOC-C_6H_4-COOH + 2\,C_6H_5-NH_2$$

化合物**B**
テレフタル酸

化合物**C**
アニリン

二置換体の化合物**E**は塩酸に溶けるので，アミノ基2個で置換された次の3種類の異性体が考えられる。ベンゼン環の水素原子を臭素原子で置き換えたとき，1種類の異性体をもつので，*p*-フェニレンジアミンとわかる。

H_2N ①
H_2N ②
① ②
o-フェニレンジアミン

① NH_2
H_2N ②
② ③
m-フェニレンジアミン

① ①
H_2N NH_2
① ①
p-フェニレンジアミン

化合物**F**は水酸化ナトリウム水溶液に溶けるので，安息香酸である。よって，化合物**D**・**G**の加水分解は次のように表される。

$$C_6H_5-\underset{\displaystyle}{\overset{\displaystyle O}{\overset{\|}{C}}}-NH-C_6H_4-NH-\overset{\displaystyle O}{\overset{\|}{C}}-C_6H_5 + 2H_2O$$

化合物**D**

$$\longrightarrow H_2N-C_6H_4-NH_2 + 2\,C_6H_5-COOH$$

化合物**E**　p-フェニレンジアミン　　化合物**F**　安息香酸

$$C_6H_5-\overset{\displaystyle O}{\overset{\|}{C}}-NH-C_6H_4-\overset{\displaystyle O}{\overset{\|}{C}}-NH-C_6H_5 + 2H_2O$$

化合物**G**

$$\longrightarrow H_2N-C_6H_4-COOH + C_6H_5-NH_2 + C_6H_5-COOH$$

化合物**H**　p-アミノ安息香酸　　化合物**C**　アニリン　　化合物**F**　安息香酸

問4　重縮合（縮合重合）するには，官能基を2個もつ必要がある。化合物**B**・**E**・**H**が該当するが，**H**と**B**や**H**と**E**のポリアミドでは，$-$COOHと$-$NHの数が合わず，1：1で縮合しない。1：1の物質量比で縮合重合するのは，**B**と**E**の組み合わせである。

$$n\,HO-\overset{\displaystyle O}{\overset{\|}{C}}-C_6H_4-\overset{\displaystyle O}{\overset{\|}{C}}-OH + n\,H_2N-C_6H_4-NH_2$$

化合物**B**　テレフタル酸　　化合物**E**　p-フェニレンジアミン

$$\longrightarrow HO\left[\overset{\displaystyle O}{\overset{\|}{C}}-C_6H_4-\overset{\displaystyle O}{\overset{\|}{C}}-NH-C_6H_4-NH\right]_n H + (2n-1)\,H_2O$$

問5　化合物**H**（分子量137）の両端に官能基1個の化合物**C**（分子量93），**F**（分子量122）が縮合する。

$$C_6H_5-NH_2 + 11HOOC-C_6H_4-NH_2 + HOOC-C_6H_5$$

$$\longrightarrow C_6H_5-\underset{\displaystyle H}{\underset{|}{N}}\left[\underset{\displaystyle O}{\underset{\|}{C}}-C_6H_4-\underset{\displaystyle H}{\underset{|}{N}}\right]_{11}\underset{\displaystyle O}{\underset{\|}{C}}-C_6H_5 + 12H_2O$$

化合物**X**の分子量は

$93+137\times11+122-18\times12=1506$

65 サリチル酸とその誘導体

（2005年度　第3問）

次の文章を読み，問1～問7に答えよ。必要があれば次の原子量を用いよ。
H＝1.0，C＝12.0，N＝14.0，O＝16.0

医薬品，染料，化粧品などの原料として有用な**A**は，次のようにしてフェノールから合成されている。すなわち，フェノールをナトリウムフェノキシドに変換したのち，高温高圧下で二酸化炭素と反応させることにより**B**とし，これを希硫酸で処理すると**A**が得られる。

Aは，①酸性を示す2つの官能基，［ア］基および［イ］基をもち，それらは互いに［ウ］位の位置関係にあるため，②分子内で［エ］結合を形成することができる。また，**A**には他に官能基の位置関係が異なる2つの異性体が存在するが，③**A**の融点はそれらよりもかなり低いので容易に区別できる。

さらに，これらの官能基の反応性を利用して，次のような有用な医薬品が合成されている。④**A**に無水酢酸を作用させると，［ア］基部分が反応して解熱鎮痛剤である**C**を与える。このとき同時に［オ］が生成する。また，⑤**A**に酸触媒存在下でメタノールを作用させると，［イ］基部分が反応して筋肉などの鎮痛消炎剤である**D**を与える。

問1　空欄［ア］～［オ］にあてはまる化合物名または語句を記せ。

問2　化合物**A**～**D**の構造式とその化合物名を記せ。

問3　下線部①に関して，化合物**A**にある2つの官能基のうちどちらの酸性が強いか。官能基名で答えよ。

問4　下線部②に関して，分子内で形成される［エ］結合を点線で表した化合物**A**の構造式を示せ。

問5　下線部③に関して，化合物**A**が他の2つの異性体よりも融点が低い理由を45字以内で述べよ。

問6　下線部④の反応の操作は，実際には次のように行う。文中の［カ］および［キ］にあてはまる数値または語句を記せ。

A（1.0g）を試験管にとり，無水酢酸（2.0mL）を入れて溶かし，それに濃硫酸2～3滴を加えてよく振り，試験管を60℃の水に浸す。10分間加熱後，流水で試験管を冷やし，内容物を水20mLによくかき混ぜながらゆっくりと注ぐ。白色結晶が析出するのでこれをよくほぐしてろ過し，ろ紙上で数回冷水を用いて洗う。このとき，用いた**A**がすべて**C**になったとすると，［カ］g（有効数字2桁）の**C**が得られる。この結晶に対して有機溶媒を用いて［キ］という精製操作を行うと，より純度の高い**C**の結晶が得られる。

問7　下線部⑤の反応の操作は，実際には次のように行う。文中の［　ク　］および［　ケ　］にあてはまる語句を記せ。

A（1.0g）を試験管にとり，メタノール（3.0mL）を入れて溶かし，それに濃硫酸2～3滴を加えてよく振り，試験管を60℃の水に浸す。10分間加熱後，流水で試験管を冷やす。このエステル化反応は［　ク　］反応であるので，得られた溶液中には少量の原料**A**が残っている。そこで，反応後の溶液を飽和炭酸水素ナトリウム水溶液50mLによくかき混ぜながらゆっくりと注ぎ，この混合物からエーテルを用いて［　ケ　］という操作を行って**D**を分離する。

解　答

問１　ア．（フェノール性）ヒドロキシ　イ．カルボキシ　ウ．オルト
　　　エ．水素　オ．酢酸

問２　構造式：

A.（O=C−OH，OH を持つベンゼン環）　B.（O=C−ONa，OH を持つベンゼン環）

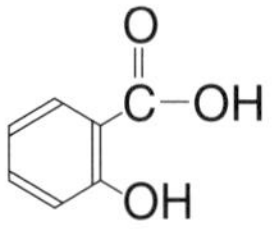

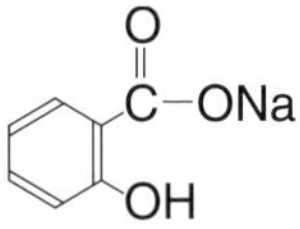

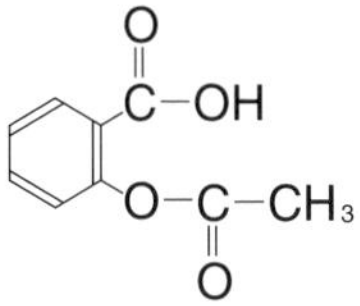

C.（O=C−OH，O−C(=O)−CH_3 を持つベンゼン環）　D.（O=C−O−CH_3，OH を持つベンゼン環）

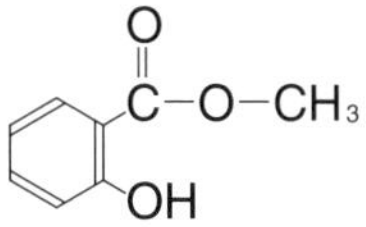

化合物名：A．サリチル酸　B．サリチル酸ナトリウム
　　　　　C．アセチルサリチル酸　D．サリチル酸メチル

問３　カルボキシ基

問４　（OH，C=O，O−H を持つベンゼン環；C=O…H−O 間に点線）

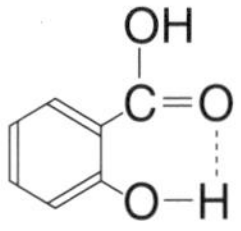

問５　Aは他の異性体が形成する分子間水素結合ではなく，分子内水素結合を形成するので，融点が低い。（45字以内）

問６　カ．1.3　キ．再結晶

問７　ク．可逆　ケ．抽出

ポイント

サリチル酸の分子内水素結合には，２つの構造がある。どちらが強いかを考える必要がある。

解　説

問１・問２　問題文の一連の反応をまとめると次のようになる。

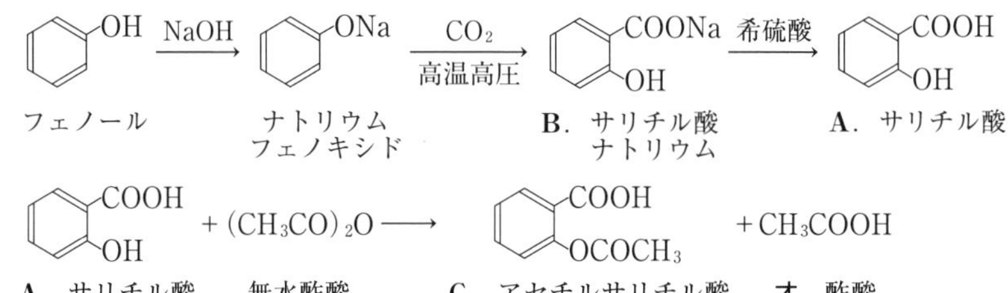

(サリチル酸) + CH_3OH ⟶ (サリチル酸メチル) + H_2O

A．サリチル酸　メタノール　D．サリチル酸メチル

問3　カルボキシ基の方がヒドロキシ基よりも酸性が強いので，カルボン酸塩

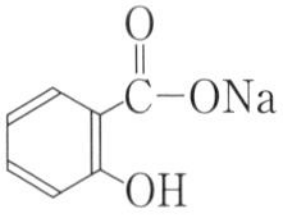

（C−ONa / OH）になる。（C−OH / ONa）は存在しない。

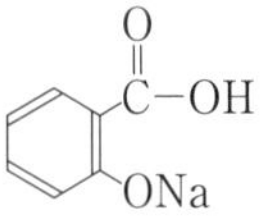

問4　サリチル酸の分子内水素結合には，次の(ア)と(イ)の２つの構造が考えられる。

(ア)は，カルボニル基の酸素原子にヒドロキシ基の水素原子が水素結合したもので，これが正解である。一方，(イ)では，カルボニル基の炭素原子に結合したヒドロキシ基の酸素原子が，電子不足の状態になっており，(ア)ほど強い水素結合をつくることができない。

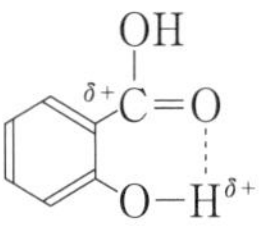

(ア) 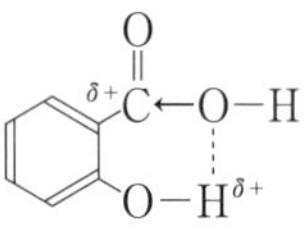　(イ)

問5　官能基の位置関係が異なる２つの異性体は次のとおり。

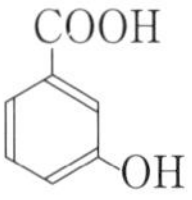

m-ヒドロキシ安息香酸（融点 201℃）　*p*-ヒドロキシ安息香酸（融点 213～214℃）

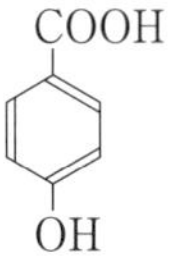

これらは，２個の分子が２カ所で分子間水素結合を形成して，環状の二量体をつくるため，見かけの分子量が大きくなる。その結果，分子間力は強くなり，融点が高くなる。

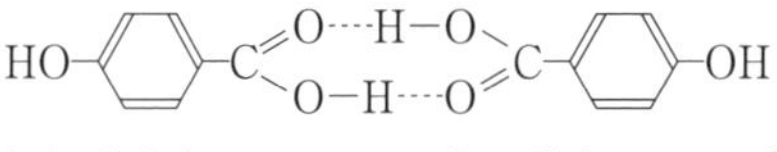

一方，分子内水素結合を形成するサリチル酸の融点は，159℃と低い。

問6　**カ**．1mol の**A**サリチル酸から 1mol の**C**アセチルサリチル酸が生成する。したがって，1.0g の**A**がすべて**C**になったとき，得られる**C**の質量は，$C_7H_6O_3 = 138$，$C_9H_8O_4 = 180$ より

$$180 \times \frac{1.0}{138} = 1.30 \fallingdotseq 1.3\,〔\mathrm{g}〕$$

問7　ク．エステル化は可逆反応であるので，平衡状態に到達すると，見かけ上反応は停止し，それ以上**D**サリチル酸メチルは生成しない。また，原料の**A**（サリチル酸）の一部は未反応のまま残る。

ケ．炭酸水素ナトリウム水溶液を加えると，二酸化炭素を発生し，未反応のサリチル酸は，サリチル酸ナトリウムとなって水に溶ける。

$$C_6H_4(OH)COOH + NaHCO_3 \longrightarrow C_6H_4(OH)COONa + H_2O + CO_2$$

一方，サリチル酸メチルはフェノール性ヒドロキシ基をもつが，炭酸より弱酸のため，炭酸水素ナトリウム水溶液に溶けない。

混合物にエーテルを加えると，炭酸水素ナトリウム水溶液に溶けなかったサリチル酸メチルをエーテルで溶かし出すことができる。このような分離操作を抽出という。

66 $C_5H_{10}O$ の構造

（2004年度　第4問）

次の文章を読み，問1～問5に答えよ。

化合物AとBはともに分子式 $C_5H_{10}O$ で表される安定なアルコールであり，いずれも不斉炭素原子をもたない。化合物Aに白金を触媒として水素を付加させると不斉炭素原子を1個もつ化合物Cが得られた。また，化合物Aは臭素水とおだやかな条件で反応して不斉炭素原子を2個有する化合物Dを生成したが，同じ条件で化合物Bは反応しなかった。化合物Cを二クロム酸カリウムの希硫酸酸性溶液でおだやかに酸化すると銀鏡反応を示す化合物Eが得られ，さらに酸化すると弱酸性を示す化合物Fが生成した。化合物C，E，Fを沸点の高い順に並べると［ア］>［イ］>［ウ］となった。

また，化合物Aに対して脱水反応を行うと不飽和炭化水素Gが得られた。天然には，化合物Gを単量体とする①よく知られた高分子がある。

問1　化合物Aとして考えられる構造式をすべて示せ。

問2　化合物Bとして考えられる構造式の一つを示せ。ただし，化合物Bにメチル基は存在しない。

問3　化合物CおよびDの構造式を示し，不斉炭素原子を○で囲め。

問4　(1)　文中の空欄［ア］，［イ］，［ウ］に入る化合物をC，E，およびFで記せ。

(2)　化合物［ア］の沸点が最も高い理由を，その構造と関係づけて50字程度で記せ。（解答欄：60字）

問5　化合物Gの構造式を示せ。また，下線部①の天然高分子の構造を下記の例にならって示せ。ただし，立体異性体の区別は示さなくてよい。

（例）　$\left[\!-CH_2-\underset{\displaystyle CH_3}{\underset{|}{CH}}-\!\right]_n$

解　答

問 1　$H_3C(H)C{=}C(CH_3)CH_2{-}OH$　　$H(H_3C)C{=}C(CH_3)CH_2{-}OH$

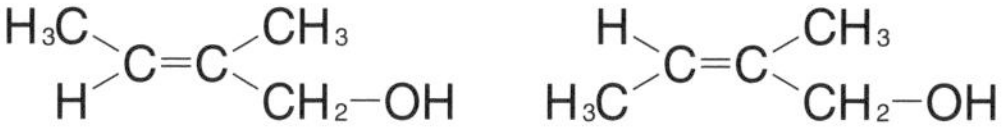

問 2　シクロペンタノール（5 員環：CH_2, H_2C, CH_2, H_2C, $CH{-}OH$）

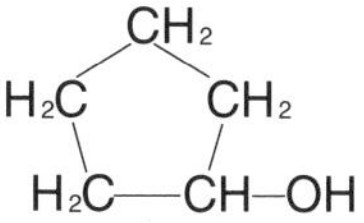

問 3　化合物 **C**：$H_3C{-}CH_2{-}$Ⓒ$H(CH_3){-}CH_2{-}OH$

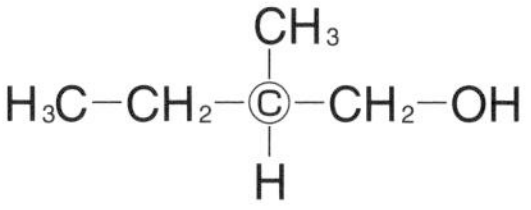

化合物 **D**：$H_3C{-}$Ⓒ$H(Br){-}$Ⓒ$(CH_3)(Br){-}CH_2{-}OH$

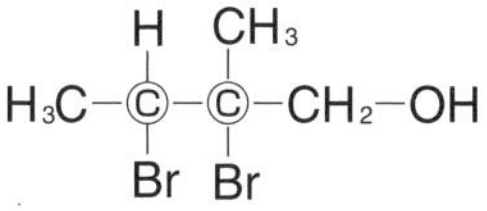

問 4　(1)ア－**F**　イ－**C**　ウ－**E**

(2)極性の強いカルボキシ基が水素結合によって結びつき，**2** 分子が会合した，分子間力の大きい二量体ができるから。(**50** 字程度)

問 5　化合物 **G**：$CH_2{=}CH{-}C(CH_3){=}CH_2$

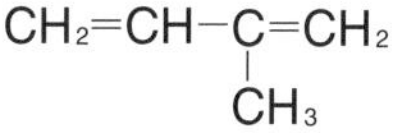

天然高分子：$\left[CH_2{-}CH{=}C(CH_3){-}CH_2\right]_n$

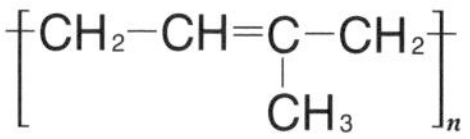

ポイント

化合物 **A** を脱水すると，二重結合が移動する。問題文の天然高分子は天然ゴムである。

解　説

問 1　分子式 $C_5H_{10}O$ の化合物 **A** は，分子式から不飽和度 1 である。付加反応を受けるので，二重結合を 1 個もつアルコールである。考えられる構造は次のとおり。ただし，エノール構造は不安定なので除外している。○印は不斉炭素原子。

```
①C=C−Ⓒ−C−C        ②C=C−C−Ⓒ−C        ③C=C−C−C−C
      |                    |                    |
      OH                   OH                   OH

      C                  C                        C
      |                  |                        |
④C=C−C−C        ⑤C=C−Ⓒ−C           ⑥C−C=C−C
      |                    |           |
      OH                   OH          OH

        C                   C                  C
        |                   |                  |
⑦C−C=C−C        ⑧C−C−C=C          ⑨C−Ⓒ−C=C
          |           |                    |
          OH          OH                   OH

      C−OH
      |
⑩C−C−C=C        ⑪C−C=C−C−C        ⑫C−C=C−Ⓒ−C
                     |                         |
                     OH                        OH

⑬C−C=C−C−C−OH
```

これらの中で不斉炭素原子をもたないのは，③④⑥⑦⑧⑩⑪⑬である。また，水素を付加したとき不斉炭素原子を1個もつのは②⑤⑦⑨⑩⑫である。この2つの条件から，化合物**A**は⑦，⑩のいずれかとなる。このうち，⑩では，臭素付加生成物は不斉炭素原子を1個しかもたないので不適。よって，化合物**A**は⑦で，これは，二重結合をしている各炭素原子にそれぞれ異なる原子や原子団が結合しているため，2種の幾何異性体をもつ。よって，解答は2種となる。

問2 分子式 $C_5H_{10}O$ の化合物**B**も不飽和度1であるが，付加反応を受けないので環状構造をもつ。メチル基をもたないことから，シクロペンタノールがあてはまる。また，次のような構造も考えられる。

```
H2C−CH2
 |    |
H2C−CH−CH2−OH
```

問3

```
H3C      CH3                              CH3
   \    /                 H2               |
    C=C                  ───→   H3C−CH2−Ⓒ−CH2−OH
   /    \                                  |
  H      CH2−OH                            H
                                         化合物C

 H       CH3                           H    CH3
   \    /                 Br2          |    |
    C=C                  ───→   H3C−Ⓒ−Ⓒ−CH2−OH
   /    \                              |    |
H3C      CH2−OH                        Br   Br
   化合物A                              化合物D
```

問4 第一級アルコールの化合物**A**を酸化すると，アルデヒドの化合物**E**を生じる。

$$CH_3CH{=}C(CH_3)CH_2OH + (O) \longrightarrow CH_3CH{=}C(CH_3)CHO + H_2O$$

還元性をもつアルデヒドは銀鏡反応を示す。

$$CH_3CH{=}C(CH_3)CHO + 2Ag^+ + 3OH^- \longrightarrow CH_3CH{=}C(CH_3)COO^- + 2Ag + 2H_2O$$

アルデヒドの化合物**E**をさらに酸化すると，カルボン酸の化合物**F**を生じる。

$$CH_3CH{=}C(CH_3)CHO + (O) \longrightarrow CH_3CH{=}C(CH_3)COOH$$

カルボキシ基のつくる水素結合は強く，カルボン酸の**F**では，2個の分子が2カ所で水素結合を形成して，下左図のような環状の二量体をつくるため，見かけの分子量が大きくなる。その結果，分子間力は強くなり，沸点は高くなる。(下図中の⋯は水素結合)

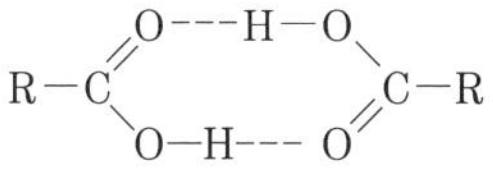

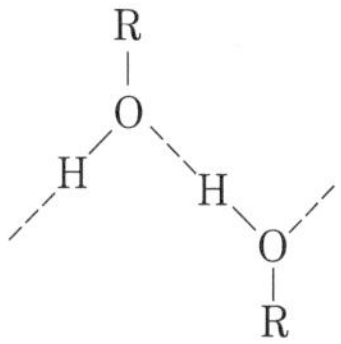

R−C(=O⋯H−O)(−O−H⋯O=)C−R

R−O−H⋯O(−R)−H⋯

アルコールの**C**では，上右図のような水素結合をつくるが，カルボキシ基のつくる水素結合より弱い。

一方，アルデヒドの**E**は，極性はあるが，水素結合を形成できないため，沸点は最も低い。

問5　アルコールを脱水すると，隣接する−OH基とH原子が脱離して，二重結合が生成するが，化合物**A**では，−OH基に隣接する2位のC原子にH原子が結合していないため，下図のように4位のH原子が脱離し，安定な共役二重結合（二重結合と単結合が1つおきにある）をもつ不飽和炭化水素**G**のイソプレンを生じる。

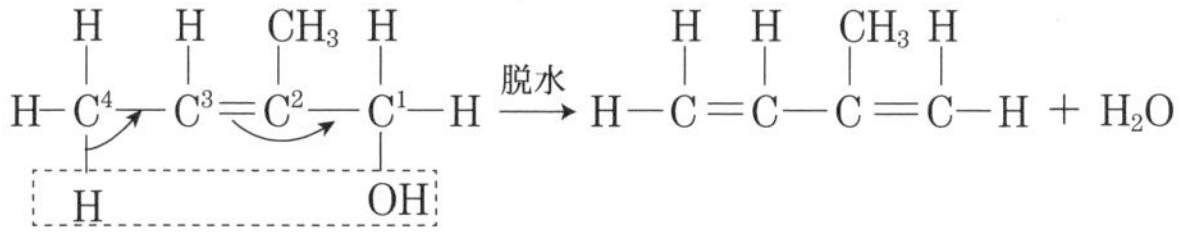

$$CH_3{-}CH{=}C(CH_3){-}CH_2{-}OH \xrightarrow{脱水} CH_2{=}CH{-}C(CH_3){=}CH_2 + H_2O$$

化合物**A**　　　　不飽和炭化水素**G**(イソプレン)

天然ゴムは，**G**のイソプレンが鎖状に付加重合したもので，二重結合がシス形になっている。

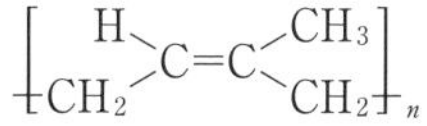

$$\left[CH_2{-}C(H){=}C(CH_3){-}CH_2 \right]_n$$

天然ゴム（シス形）

第 5 章
高分子化合物

・天然高分子化合物
・合成高分子化合物

67 イオン交換樹脂，イオン交換膜法，電気透析法

（2022年度　第4問）

以下の文章を読み，問1～問6に答えよ。必要があれば次の数値を用いよ。
原子量　H＝1.0，C＝12.0

【Ⅰ】

半導体の洗浄には，不純物である金属イオンをほとんど含まない脱イオン水や過酸化水素水が用いられる。

問1　この脱イオン水は，大量に利用できる工業用水からイオン交換樹脂で金属イオンを除去してつくられる。ここで用いるイオン交換樹脂は，以下のように，架橋型ポリスチレンから作成される。

まず，スチレン $CH_2=CH(C_6H_5)$ 41.6 g および少量の架橋剤を共重合させて架橋型ポリスチレンを合成した。次に，濃硫酸を反応させて，スチレン由来のフェニル基の58.0％がスルホン化されたイオン交換樹脂①を作成した。なお，重合は完全に進行し，架橋剤由来の部位はスルホン化されないものとする。

(1)　塩化ナトリウム水溶液中のナトリウムイオンを，下線部①のイオン交換樹脂に吸着させることで除去する。このとき，水素イオン H^+ はナトリウムイオンに完全に交換されるものとする。この樹脂を用いて 50 mmol/L の塩化ナトリウム水溶液からナトリウムイオンをすべて除去するとき，最大で何Lの水溶液が処理できるか，有効数字3桁で求めよ。解答欄には計算過程も記せ。

(2)　金属イオンを同定するため，イオン交換樹脂を充填したカラムに工業用水を通して金属イオンを吸着させ，そのカラムを水洗して流出液をすべて回収した。流出液に〔Na，K，Ca，Fe，Cu，Zn，Ag，Pb〕の金属元素のイオンが含まれているとき，以下の系統分析(a)～(c)で得られる沈殿の化学式を〔　〕の中から適切な元素を用いて記せ。また，(d)で同定される金属イオンのイオン式を〔　〕の中から適切な元素を用いて記せ。

(a)　希塩酸を加えると白色沈殿が生じたためろ過で回収した。この沈殿は熱水に溶解した。

(b)　(a)のろ液に硫化水素を通じると黒色沈殿が生じた。

(c)　(b)のろ液を煮沸して硫化水素を追い出し，硝酸を加えて加熱後，塩化アンモニウムとアンモニア水を加えると赤褐色の沈殿が生じた。

(d)　(c)のろ液の炎色反応を調べると黄色炎を呈した。

問 2　洗浄に用いる過酸化水素水の濃度を求めるため，脱イオン水で 20 倍に希釈した。この溶液 10 mL に，硫酸で酸性にした 0.040 mol/L の二クロム酸カリウム水溶液を加えていくと，5.0 mL 加えたところで過酸化水素がすべて反応した。この過酸化水素水のモル濃度を有効数字 2 桁で求めよ。解答欄には反応式と計算過程も記せ。

【II】

陰イオン交換膜は陰イオンを，陽イオン交換膜は陽イオンを選択的に透過するため，イオン交換膜は②水酸化ナトリウムの製造や③海水の濃縮・淡水化などに用いられる。

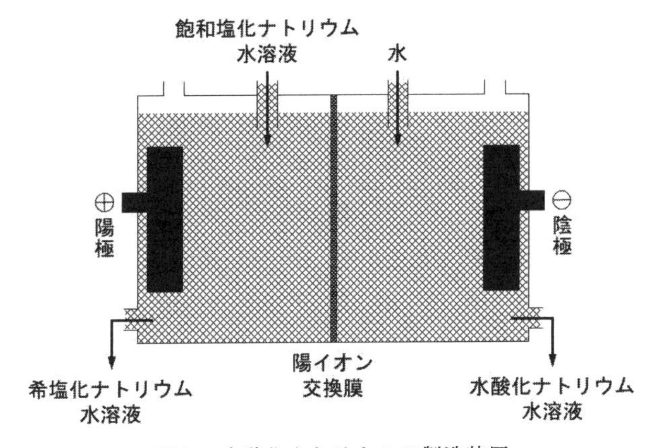

図1　水酸化ナトリウムの製造装置

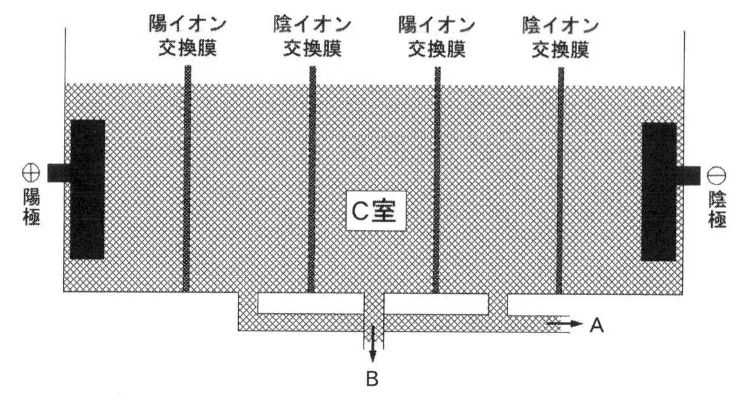

図2　海水の濃縮・淡水化装置

問 3　下線部②は，図1の装置を用いた塩化ナトリウム水溶液の電気分解で行われる。各電極で起こる反応式と全体の反応式をそれぞれ記せ。

問 4　図1の装置では，陽イオン交換膜がない場合より水酸化ナトリウムを効率よく生成できる。その理由を，反応式を用いて説明せよ。

問 5　下線部③では，工業的に図2のような装置が用いられ，イオン交換膜で仕切られた各室に海水を満たして電圧をかけることで海水の濃縮・淡水化を行う。AとBから回収されるそれぞれの水溶液の塩濃度を海水と比較するとどちらが高いか答えよ。また，その理由も説明せよ。

問 6　【Ⅰ】のように，イオン交換樹脂のすべてのイオンが交換されると，それ以降イオン交換樹脂は使用できない。一方，図2の装置のC室に陽および陰イオン交換樹脂を充填すると，イオン交換樹脂を連続的に使用できるため，水溶液中のイオンを連続的に除去できる。連続的に使用できる理由を説明した下記の文章の空欄 ア から カ に適切な語句を〔　〕から選び記入せよ。

　ア に吸着したイオンは水の イ で生じたイオンと ウ され， エ を通って オ されて排出されるため，

[ア]が[カ]されるから。

〔陽極，電極，陰極，加水分解，海水，交換，反応，再生，電気分解，濃縮，希釈，酸化，還元，イオン交換樹脂，イオン交換膜〕

解 答

問1 ⑴ 求める水溶液の体積をx〔L〕とすると，スルホ基のH^+とNa^+の物質量は等しいので

$$\frac{41.6}{104}\times\frac{58.0}{100}=50\times10^{-3}\times x \quad \therefore \quad x=4.64〔L〕$$ ……(答)

⑵ ⒜$PbCl_2$ ⒝CuS ⒞$Fe(OH)_3$ ⒟Na^+

問2 $K_2Cr_2O_7+4H_2SO_4+3H_2O_2 \longrightarrow Cr_2(SO_4)_3+7H_2O+3O_2+K_2SO_4$

求める過酸化水素水のモル濃度をx〔mol/L〕とする。化学反応式の係数比は物質量比に等しいので

$$1:3=\frac{0.040\times5.0}{1000}:\frac{x}{20}\times\frac{10}{1000} \quad \therefore \quad x=1.2〔mol/L〕$$ ……(答)

問3 陽極の反応式：$2Cl^- \longrightarrow Cl_2+2e^-$

陰極の反応式：$2H_2O+2e^- \longrightarrow H_2+2OH^-$

全体の反応式：$2NaCl+2H_2O \longrightarrow H_2+Cl_2+2NaOH$

問4 陽イオン交換膜がないと，$Cl_2+2NaOH \longrightarrow NaCl+NaClO+H_2O$の反応が起こり，生成したNaOHを消費してしまう。

陽イオン交換膜がある場合，陰極側で水が還元されOH^-が生成すると，電気的中性を保つため，Na^+が陽イオン交換膜を透過して，陽極側から陰極側に移動し，Na^+とOH^-の濃度が増加する。一方，OH^-は陽イオン交換膜を通れないので塩素と反応しない。したがって，水酸化ナトリウムを効率よく生成できる。

問5 A．回収される水溶液

B．海水

理由：各室に電圧をかけると，C室の陽イオンは，陽イオン交換膜を透過して陰極側へ流入してAに，同時にC室の陰イオンは，陰イオン交換膜を透過して陽極側へ流入してAとなる。Aは濃縮され，イオンが流出したBは，淡水化されるから。

問6 ア．イオン交換樹脂 イ．電気分解 ウ．交換 エ．イオン交換膜
オ．濃縮 カ．再生

ポイント

陽イオンは陽イオン交換膜を透過し陰極側へ，陰イオンは陰イオン交換膜を透過し陽極側へ移動する。

解　説

問1　(1)　樹脂中の H^+ と水溶液中の Na^+ が1：1の割合で交換される。

$$\text{-CH-CH}_2\text{-}(C_6H_4)SO_3^-H^+ + Na^+ \rightleftarrows \text{-CH-CH}_2\text{-}(C_6H_4)SO_3^-Na^+ + H^+$$

(2)　(a)希塩酸で生じる白色沈殿は，AgCl と $PbCl_2$ である。$PbCl_2$ は熱水に溶けるが，AgCl は溶けない。

(b)硫化水素を塩酸酸性で通じると，CuS の黒色沈殿を生じる。

(c)硫化水素で Fe^{3+} は Fe^{2+} に還元されたので，希硝酸で Fe^{3+} に酸化する。塩化アンモニウムとアンモニア水の緩衝液を加えると，赤褐色の $Fe(OH)_3$ のみ沈殿する。

(d)Na^+ や K^+ は沈殿させる試薬がないので，炎色反応を調べる。

問2　酸化剤：$Cr_2O_7^{2-} + 14H^+ + 6e^- \longrightarrow 2Cr^{3+} + 7H_2O$　……①

還元剤：$H_2O_2 \longrightarrow O_2 + 2H^+ + 2e^-$　……②

①＋3×② より e^- を消去し，$2K^+$，$4SO_4^{2-}$ を両辺に加えて，反応式を完成させる。

問3　陽極では Cl^- が酸化されて，Cl_2 が発生する。

$$2Cl^- \longrightarrow Cl_2 + 2e^-$$

陰極では H_2O が還元されて，H_2 が発生する。

$$2H_2O + 2e^- \longrightarrow H_2 + 2OH^-$$

塩化ナトリウム水溶液の濃度が薄くなると，水が酸化され酸素を発生してしまう。

$$2H_2O \longrightarrow 4H^+ + O_2 + 4e^-$$

希塩化ナトリウム水溶液を排出し，飽和塩化ナトリウム水溶液を注入して，濃度を保つ。

問4　陽イオン交換膜がないと，陽極で発生した塩素は一部水に溶け，酸性を示す。

$$Cl_2 + H_2O \rightleftarrows HCl + HClO$$

酸性の HCl と HClO が OH^- で中和される。

陽イオン交換膜の表面の $-SO_3^-$ に，陽イオンは吸着し，電気的な中性を保つために，別の陽イオンが陰極側に押し出される。一方，陰イオンは電気的反発を受け，膜の内部に入れない。

問5　(i)海水に電圧をかけると，電気泳動によりイオンは反対の極に引き寄せられる。

(ii)電極の間を陽イオン交換膜で仕切ると，陰イオンはこの膜を透過できないが，陽イオンは膜を透過して電極側に移動できる。

(iii)また，陰イオン交換膜で仕切ると，陰イオンはこの膜を透過できるが，陽イオンは透過できない。

(iv)陽イオン交換膜と陰イオン交換膜を交互に仕切り，電圧をかけると，イオンの移動が交互に起こり，海水の濃縮・淡水化が可能になる。これを電気透析法という。

問6　C室を陽イオン交換樹脂および陰イオン交換樹脂で充填すれば，淡水化される。しかし，イオン交換樹脂を連続的に使用するには，吸着した陽イオンは H^+ で，陰イオンは OH^- で交換し，再生する必要がある。電圧がかけられているので，水の電気分解で生じた H^+ と OH^- によって樹脂は再生されると考えられる。

$$2H_2O \longrightarrow 4H^+ + O_2 + 4e^-$$

$$2H_2O + 2e^- \longrightarrow H_2 + 2OH^-$$

イオン交換で放出したイオンは，電気透析法により濃縮されて排出される。

68 糖類・核酸の構造

（2021年度　第4問）

以下の文章を読み，問1～問7に答えよ。

【Ⅰ】

グルコースは，水溶液中では，α-グルコースとβ-グルコースの2つの環状構造が鎖状構造との平衡状態にある。α-グルコースとβ-グルコースの環を構成する原子は，下の図のような位置関係にあり，同一平面上にはない。このような構造は，いす型構造と呼ばれる。

図中の数字①から⑥は，炭素の番号を示し，太い実線は手前側の結合を示す。鎖状構造中のR_aからR_gは，原子あるいは官能基を示し，①の炭素は官能基R_aに含まれる。また，図中の鎖状構造では，②から⑤の炭素に関して，それぞれの左右の結合は紙面より手前に，上下の結合は紙面より奥にある。従って，②から⑤の炭素を順番に見ていくと，炭素鎖は紙面の奥に向かう。

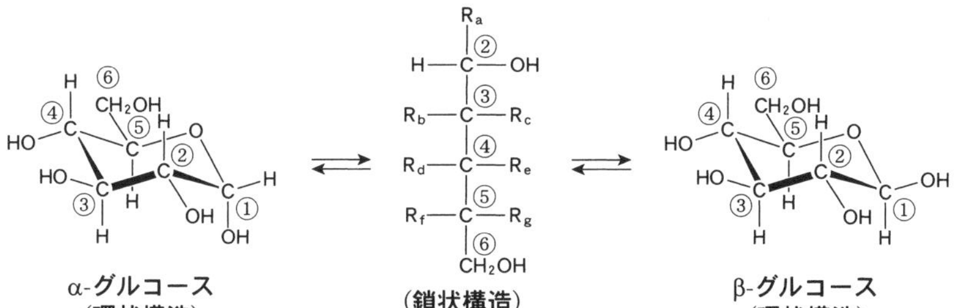

α-グルコース（環状構造）　（鎖状構造）　β-グルコース（環状構造）

デンプンとセルロースは，いずれもグルコース分子が繰り返し縮合した構造をもっている。このうちデンプンは，80℃の熱水に浸けておくと，溶ける部分と溶けない部分(a)に分かれる。溶ける部分は，[ア]と呼ばれ，[イ]の①の炭素に結合したヒドロキシ基と④の炭素に結合したヒドロキシ基で次々と縮合した構造をもつ。[ア]は，らせん構造をとるため，[ウ]反応により鋭敏に濃青色を呈する。一方，セルロースは，[ア]と異なり，[エ]の①と④の炭素に結合したヒドロキシ基で次々と縮合し，直線状になる。(b)

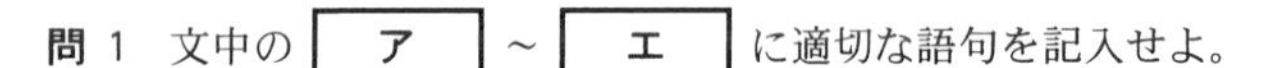

問 1　文中の ア ～ エ に適切な語句を記入せよ。

問 2　鎖状構造の立体配置を正確に表すように，R_a ～ R_g にあてはまる原子または官能基を書け。

問 3　下線部(a)の熱水に溶けない部分と ア の構造上の違いを 50 字以内で説明せよ。

問 4　セルロースは，下線部(b)のように，全体として直線状になる。それがわかるように，セルロース中のセロビオース単位の構造を書け。ただし，前の図を参考にして，それぞれのグルコース単位はいす型構造で書くこと。

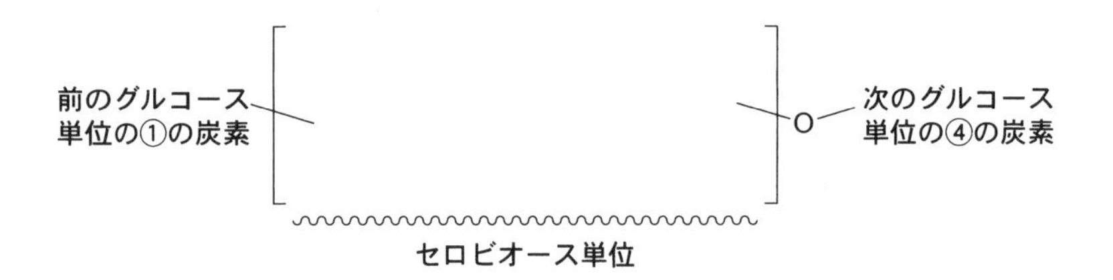

【Ⅱ】

核酸は，生体内に存在する高分子化合物の一種である。環状構造の塩基(核酸塩基)と オ が，炭素原子数が カ 個の単糖に結合した物質を キ とよび，核酸の繰り返し単位となっている。デオキシリボ核酸(DNA)に含まれる核酸塩基は，アデニン，シトシン，グアニン，チミンの 4 種類である。(c)アデニンはチミンと，グアニンはシトシンと水素結合を介して，それぞれ塩基対を形成する。このような塩基どうしの関係を相補性といい，相補的な 2 本の DNA は二重らせん構造をつくる。二重らせん構造をとる DNA (二重鎖 DNA)の水溶液をゆっくり加熱すると，ある温度で 1 本ずつの DNA に解離する。この温度を融解温度とよび，二重鎖 DNA の安定性を示す指標となる。

問 5　文中の オ ～ キ に適切な語句または数字を記入せよ。

問 6　下線部(c)について，二重鎖 DNA 中におけるそれぞれの塩基対の水素結合の様子を示せ。核酸塩基の化学構造は，下図の表記を用いること。なお，下図中の R は単糖を示す。

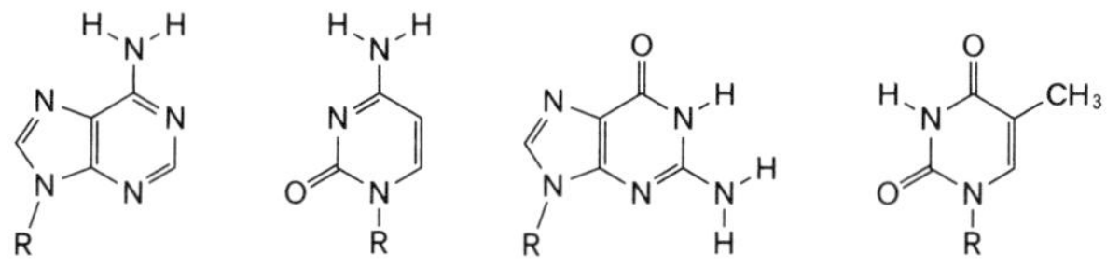

アデニン　シトシン　グアニン　チミン

問 7　二重鎖 DNA に含まれるアデニンを，以下の W～Z で置き換えた時，融解温度が上昇するものはどれか，記号で答えよ。また，融解温度が上昇する理由を 60 字以内で説明せよ。なお，下図中の R は単糖を示す。

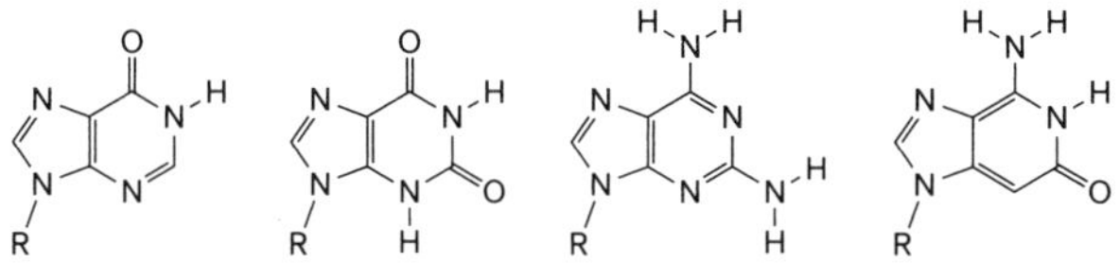

W　X　Y　Z

解 答

問1 ア．アミロース イ．α-グルコース
ウ．ヨウ素デンプン エ．β-グルコース

問2 R_a．CHO R_b．HO R_c．H R_d．H R_e．OH R_f．H R_g．OH

問3 アミロースは直鎖状，熱水に溶けない部分は①と⑥の炭素のヒドロキシ基が縮合した枝分かれ構造である。（50字以内）

問4

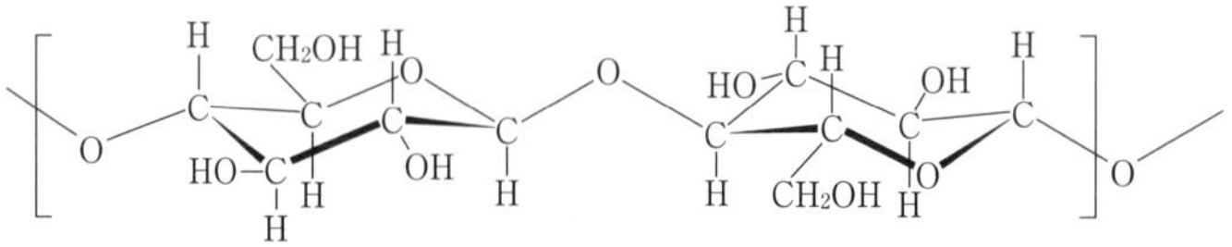

問5 オ．リン酸 カ．5 キ．ヌクレオチド

問6

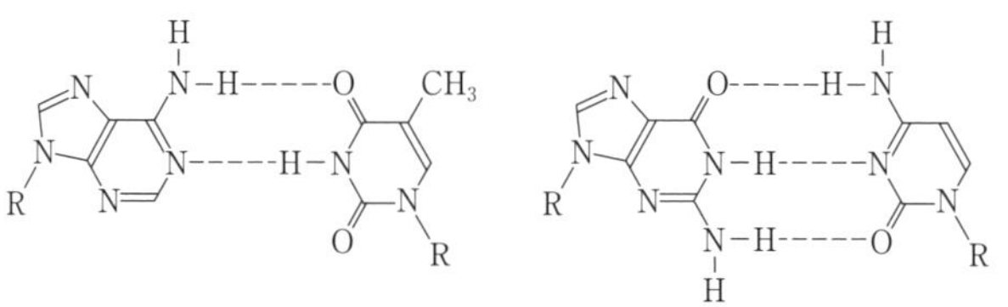

アデニン チミン グアニン シトシン

問7 記号：Y
理由：チミンと塩基対を形成する水素結合の数が2本から3本に増えるので，結合力が大きくなり，融解温度は上昇する。（60字以内）

ポイント
セロビオース単位の構造は，酸素との結合方向に注意したい。

解 説

問1 ヨウ素デンプン反応は，らせん構造の中にヨウ素分子が取り込まれて呈色する。

問2 水溶液中，ヘミアセタール構造（C−O−C−OH）は，開環してホルミル基を生じる。

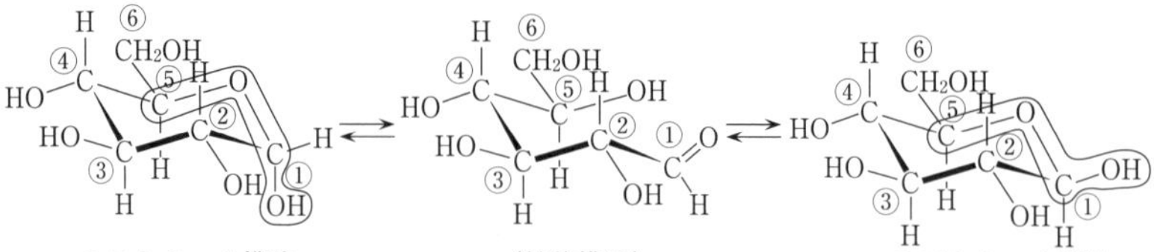

ヘミアセタール構造　（鎖状構造）　ヘミアセタール構造

生じた鎖状構造の炭素②から⑤まで順番に並べ，置換基の上下の位置を調べると次図左のようになり，この鎖状構造を立てると次図中のようになる。

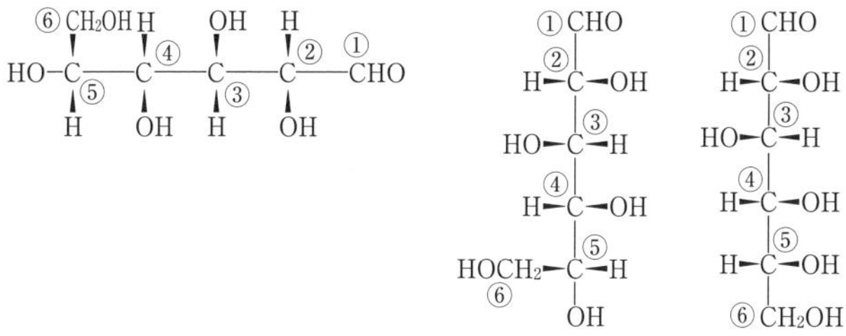

⑤の不斉炭素の置換基を偶数回交換すれば，立体配置は変わらないので，⑥の炭素を問題文と同じ位置にすると上図右のようになる。

問3　デンプンの溶けない部分はアミロペクチンである。アミロペクチンは直鎖状のアミロースに枝分かれした構造が加わったもので，網目状である。この構造により水分子が内部に入りにくくなるので，熱水に溶けない。

問4　セロビオースは，β-グルコースが①と④の炭素に結合したヒドロキシ基が縮合したものである。C−O−C の結合は自由回転できるので，片方の β-グルコースだけを 180° 回転させると問題文の酸素と結合方向が一致する。

問5　ヌクレオシドとヌクレオチドの違いに注意したい。ヌクレオシドは核酸を構成する五炭糖（ペントース）と環状構造の塩基が脱水縮合した化合物であり，リン酸は含まれていない。

問6　水素結合は電気陰性度の大きい原子間に水素原子が次のように介在して生じる。

●−H……○　（●，○は O，N）

これらの原子が適当な位置に並べば，水素結合が形成される。

アデニンとチミンでは2本，グアニンとシトシンでは3本の水素結合によって塩基対が形成される。

問7　Yとチミンの間に生じる水素結合は3本である。

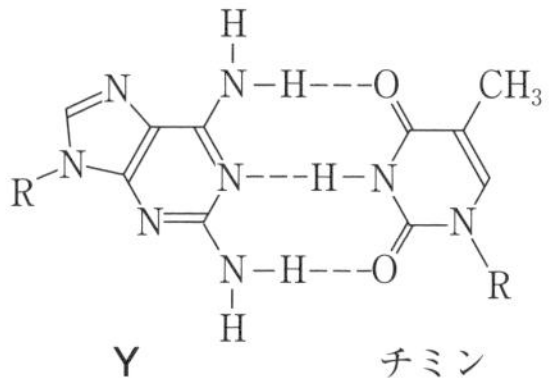

Y　　チミン

69 エステルの構造決定，デンプンとセルロース

（2020年度　第4問）

以下の文章を読み，問1～問7に答えよ。必要があれば次の数値を用いよ。
原子量　H＝1.0，C＝12.0，O＝16.0

【Ⅰ】

分子式が$C_{18}H_{16}O_4$である化合物**A**を酸性条件下でおだやかに加水分解したところ，3種類の化合物（**B**，**C**，**D**）が得られた。**B**と**C**は同じ分子式をもち，ともにベンゼン環を含んでいた。また，**D**は水溶性の化合物であり，その組成式はCHO（原子数の比C：H：O＝1：1：1）であった。これらの化合物を用いて以下の実験を行った。

実験(a)　化合物**B**（108mg）を完全燃焼させると，308mgの二酸化炭素と72mgの水が得られた。

実験(b)　化合物**B**を塩化鉄(Ⅲ)水溶液と反応させると，青色を呈した。一方，化合物**C**を塩化鉄(Ⅲ)水溶液に加えても，呈色しなかった。

実験(c)　化合物**B**を過マンガン酸カリウム水溶液で酸化すると，サリチル酸が得られた。

実験(d)　化合物**D**（116mg）を160℃に加熱すると，18mgの水が発生するとともに五員環構造を含む化合物**E**が98mg得られた。

問1　化合物**B**と**C**の構造式を書け。

問2　加水分解後に**B**と**C**は混合物として得られる。**B**と**C**を分液漏斗を使って確実に分離するには水層に何を加えればよいか，物質名を答えよ。

問3　化合物**D**と**E**の構造式を書け。

問4　化合物**A**の構造式を書け。

【Ⅱ】

デンプンやセルロースは，分子式が$(C_6H_{10}O_5)_n$で表される天然高分子化合物である。

デンプン水溶液にヨウ素溶液を加えると青～青紫色に呈色する。そこにアミラーゼを加えて35℃に保つと，時間の経過とともに①褐色を経て次第に薄い色へと変化していく。

一方，セルロースに希酸を加えて長時間加熱すると，加水分解されてグルコースになる。また，②セルロースに少量の濃硫酸存在下で無水酢酸を反応させて，全て

のヒドロキシ基をアセチル化した後におだやかに加水分解すると，ジアセチルセルロースが得られる。ジアセチルセルロースをアセトンに溶かして紡糸したものは，アセテート繊維として利用されている。

問5　下線部①について，アミラーゼの役割やデンプンの特徴的な分子構造を考慮して，色が薄くなる理由を30字程度で記せ。

問6　セルロースを構成するグルコース単位の分子構造を，各置換基の立体的な配置がわかるように記せ。

問7　下線部②の操作で，123gのジアセチルセルロースを得るためには，無水酢酸 $(CH_3CO)_2O$ が何グラム必要であるか，答えよ。ただし，用いたセルロースの各ヒドロキシ基と無水酢酸は1：1の比で完全に反応するものとする。

解 答

問1 B. CH_3 OH C. CH_2-OH

問2 水酸化ナトリウム

問3 D. O H C C OH C H C C OH O E. O H C C O C H C C O

問4 A. O H_3C H C C O C H C C O CH_2 O

問5 加水分解酵素アミラーゼの働きで，らせん構造が短くなるから。(**30** 字程度)

問6

CH_2OH C O H O H C C OH H H C C H OH

問7 **153 g**

ポイント

ジアセチルセルロースを得るには，トリアセチルセルロースを経る必要がある。

解 説

問1 化合物**B**中の成分元素の質量は

炭素：$308\times\dfrac{12.0}{44.0}=84.0$〔mg〕

水素：$72\times\dfrac{2\times1.0}{18.0}=8.0$〔mg〕

酸素：$108-(84.0+8.0)=16.0$〔mg〕

よって，原子数比は

$$C:H:O=\frac{84.0}{12.0}:\frac{8.0}{1.0}:\frac{16.0}{16.0}=7:8:1$$

化合物**B**の組成式はC_7H_8Oである。化合物**A**の分子式は$C_{18}H_{16}O_4$であり，エステル結合を2個もつ。その加水分解生成物は化合物**B**，**C**，**D**であり，**B**と**C**は同じ分子式をもつので，化合物**B**中の炭素原子数は9個未満である。よって，化合物**B**の分子式はC_7H_8Oである。

C_7H_8Oには，フェノール類のクレゾール，エーテル類のアニソール（OCH_3が結合したベンゼン環），アルコール類のベンジルアルコール（CH_2OHが結合したベンゼン環）が存在する。

化合物**B**は，塩化鉄(Ⅲ)水溶液で呈色するのでクレゾールである。*o*-，*m*-，*p*-の3種類の構造異性体が存在するが，酸化するとサリチル酸を生じるので，*o*-クレゾールである。

CH_3, OH　$\xrightarrow{KMnO_4}$　$COOH$, OH

B．*o*-クレゾール　　サリチル酸

化合物**C**はエステル**A**の加水分解で生じるので，アニソールではない。よって化合物**C**はベンジルアルコールである。

問2　化合物**B**の*o*-クレゾールは酸性物質，化合物**C**のベンジルアルコールは水に溶けにくい中性物質である。塩基を加えると，化合物**B**はナトリウム塩となって水に溶けるので，化合物**C**と分離できる。

CH_3, OH　$+NaOH \longrightarrow$　CH_3, ONa　$+H_2O$

B．*o*-クレゾール　　ナトリウム塩　水に溶ける

問3　化合物**D**の組成式はCHOである。エステル**A**の加水分解で化合物**B**，**C**とともに生成するので2価のカルボン酸である。よって，分子式は$(CHO)_4=C_4H_4O_4=C_2H_2(COOH)_2$である。シス形のマレイン酸とトランス形のフマル酸が存在するが，加熱すると脱水するのでマレイン酸である。これは実験(d)の結果と一致する。116mgの化合物**D**（マレイン酸の分子量116.0）から18mgの水（分子量18.0）が発生し，98mgの化合物**E**（無水マレイン酸の分子量98.0）が得られる。

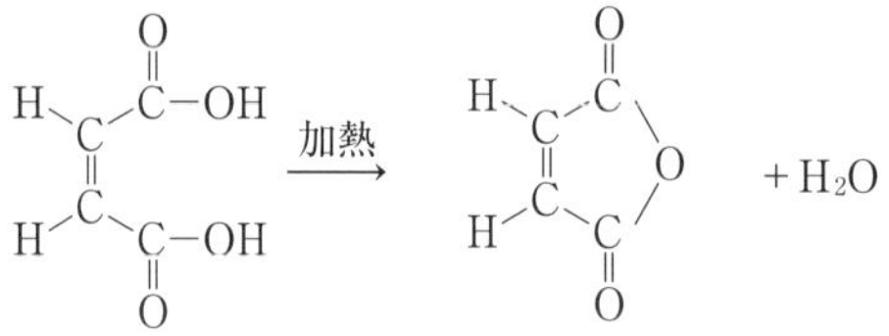

$\xrightarrow{\text{加熱}}$ $+ H_2O$

D．マレイン酸　　E．無水マレイン酸

問5　この呈色反応をヨウ素デンプン反応という。デンプンは加水分解酵素アミラーゼの働きで，デキストリンを経てマルトースまで加水分解される。デンプンのらせん構造にヨウ素分子が取り込まれて呈色する。らせん構造が短くなっていくと，取り込まれるヨウ素分子の数が減り，褐色から薄い色へと変化していく。

問6　セルロースは，β-グルコース単位が縮合重合したものである。

問7　セルロースに無水酢酸を反応させてすべてのヒドロキシ基をアセチル化する化学反応式は

$$[C_6H_7O_2(OH)_3]_n + 3n(CH_3CO)_2O \longrightarrow [C_6H_7O_2(OCOCH_3)_3]_n + 3nCH_3COOH$$

得られたトリアセチルセルロースをおだやかに加水分解すると，ジアセチルセルロースが得られる。

$$[C_6H_7O_2(OCOCH_3)_3]_n + nH_2O \longrightarrow [C_6H_7O_2(OH)(OCOCH_3)_2]_n + nCH_3COOH$$

よって，1 mol のジアセチルセルロースを得るには，$3n$〔mol〕の無水酢酸が必要である。123 g のジアセチルセルロースを得るのに必要な無水酢酸を x〔mol〕とすると，物質量比は

$$1 : 3n = \frac{123}{246.0n} : \frac{x}{102.0} \qquad \therefore \quad x = 153〔\mathrm{g}〕$$

70 アミノ酸の電離平衡，分離，ポリペプチドの構造

（2019年度　第4問）

以下の文章を読み，問1～問6に答えよ。

【Ⅰ】

タンパク質を形成する基本物質となるアミノ酸は，pH に応じて異なるイオン状態を持つ。例えば，アスパラギン酸は pH によって図1のような構造になりうる。

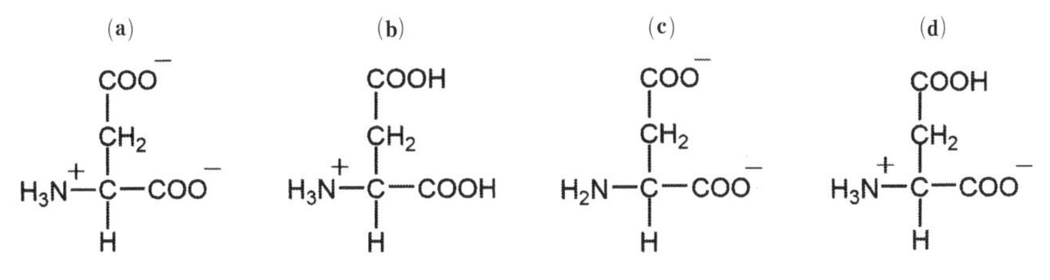

図1

アスパラギン酸の酸性水溶液を水酸化ナトリウム水溶液で滴定したところ，図2のような結果を得た。

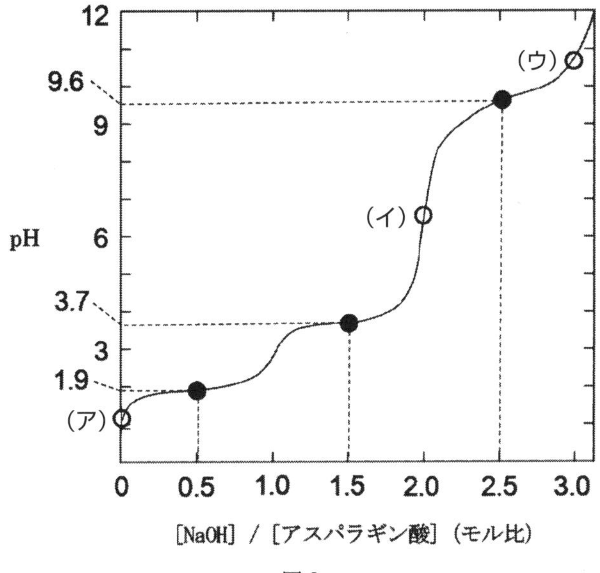

図2

アミノ酸の分子中の正と負の電荷が等しくなり，分子全体としての電荷が0にな

るpHは，アミノ酸の種類によって異なり，それぞれのアミノ酸で固有の値をもつ。このことを利用すれば，数種類のアミノ酸を含む混合溶液からアミノ酸を種類ごとに分離できる。この分離には，イオン交換樹脂を利用することがある。アミノ酸の混合水溶液を強酸性にすると，すべてのアミノ酸が正に荷電した状態になるので，この溶液をスルホ基を持つ陽イオン交換樹脂が充塡されたカラムに通すと，すべてのアミノ酸が樹脂に吸着する。そのカラムに緩衝液を順次pHを大きくしながら流すと，pHにより各アミノ酸の樹脂との吸着力が異なるために，アミノ酸がカラムから順次溶出してくる。ここでは図3のセリン，リシン，アスパラギン酸の3種類のアミノ酸を分離する実験を行った。最初に，この3種類のアミノ酸を樹脂に吸着させた。pHの異なる複数の緩衝液を用意して，①陽イオン交換樹脂に通す緩衝液のpHを大きくしていくと，3つのアミノ酸を一つずつ溶出して分離することができた。

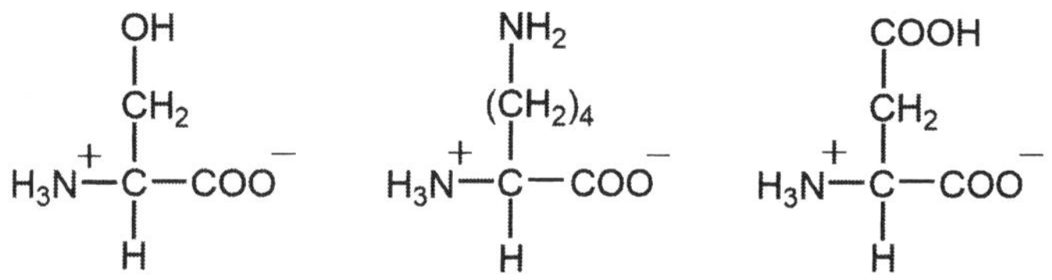

$H_3\overset{+}{N}-CH(CH_2OH)-COO^-$

セリン

$H_3\overset{+}{N}-CH((CH_2)_4NH_2)-COO^-$

リシン

$H_3\overset{+}{N}-CH(CH_2COOH)-COO^-$

アスパラギン酸

図3

問1　図2の(ア)，(イ)，(ウ)で示した白丸○におけるアスパラギン酸の状態を表す最も適切な構造を図1の(**a**)～(**d**)からそれぞれ選べ。

問2　図2の滴定曲線上の黒丸●で表したところは変曲点を示し，pHの変化が小さい。なぜpHの変化が小さいのか，理由を説明せよ。

問3　アスパラギン酸の等電点を求めよ。解答用紙に計算過程も示せ。

問4　下線部①において，陽イオン交換樹脂から溶出された順番にアミノ酸の名前を答えよ。

【Ⅱ】

生体内にあるタンパク質には，構成するアミノ酸の種類や数，配列の違いにより，多くの種類が存在する。タンパク質に熱や酸，塩基，アルコール，重金属イオンなどを加えると，タンパク質の高次構造が変化し，変性する。タンパク質の高次構造変化を理解するためのモデル化合物として，リシンが複数連結したポリリシンや，②不斉炭素を持ち，天然のタンパク質を構成する最も分子量が小さい1種類のアミノ酸のみが縮合したポリペプチドがしばしば用いられる。ポリペプチドの中には，水中で③α-ヘリックスを形成するものがある。

問5　下線部②のポリペプチドの構造式を例にならって示せ。その際，不斉炭素の右上に＊を付せ。

構造式の例　$\left[-CH_2-\underset{\displaystyle H}{\overset{\displaystyle Cl}{\overset{|}{\underset{|}{C}}}}- \right]_n$

問6　下線部③において，α-ヘリックスの形成に重要な化学結合の名前を記せ。この結合に直接関与する原子団を，**問5**で答えた構造式に丸で囲んで示せ。

解　答

問１　(ア)―(b)　(イ)―(a)　(ウ)―(c)

問２　pH1.9 付近では，弱酸(b)とその塩(d)，pH3.7 付近では，弱酸(d)とその塩(a)，pH9.6 付近では，弱酸(a)とその塩(c)からなっており，それぞれの溶液は緩衝作用を示す。

問３

$$K_1=\frac{[\mathrm{d}][\mathrm{H}^+]}{[\mathrm{b}]}=10^{-1.9}\qquad K_2=\frac{[\mathrm{a}][\mathrm{H}^+]}{[\mathrm{d}]}=10^{-3.7}$$

$$K_1K_2=\frac{[\mathrm{a}][\mathrm{H}^+]^2}{[\mathrm{b}]}=10^{-5.6}$$

等電点では，[a]＝[b] なので　　$[\mathrm{H}^+]=10^{-2.8}$

よって　　2.8　……(答)

問４　1番目：アスパラギン酸　2番目：セリン　3番目：リシン

問５

$$\left[\begin{array}{c} \quad\quad \mathrm{CH_3} \\ -\mathrm{N}-\mathrm{C}^*-\mathrm{C}- \\ |\quad\quad|\quad\quad\| \\ \mathrm{H}\quad\ \mathrm{H}\quad\ \mathrm{O} \end{array}\right]_n$$

（N–H と C=O を○で囲む）

問６　結合の名前：水素結合
　関与する原子団：問５の○印

ポイント
中和点の中間では，緩衝液になり，その pH は pK_a に等しい。

解　説

問１　アスパラギン酸の酸性水溶液で，(ア)では(b)となっており，３価の弱酸として，NaOH によって段階的に中和されていく。

モル比 $\frac{[\mathrm{NaOH}]}{[\text{アスパラギン酸}]}=1.0$ では，１価の酸として働き，双性イオンの(d)となる。

(イ)モル比 $\frac{[\mathrm{NaOH}]}{[\text{アスパラギン酸}]}=2.0$ では，２価の酸として働き，１価の陰イオン(a)になる。

(ウ)モル比 $\frac{[\mathrm{NaOH}]}{[\text{アスパラギン酸}]}=3.0$ では，３価の酸として働き，２価の陰イオン(c)になる。

$$\underset{(\mathbf{b})}{H_3N^+-\underset{\displaystyle H}{\overset{\displaystyle \overset{\displaystyle COOH}{|}\\ \displaystyle CH_2}{\overset{|}{C}}}-COOH} \overset{OH^-}{\rightleftarrows} \underset{(\mathbf{d})}{H_3N^+-\underset{\displaystyle H}{\overset{\displaystyle \overset{\displaystyle COOH}{|}\\ \displaystyle CH_2}{\overset{|}{C}}}-COO^-}$$

$$\overset{OH^-}{\rightleftarrows} \underset{(\mathbf{a})}{H_3N^+-\underset{\displaystyle H}{\overset{\displaystyle \overset{\displaystyle COO^-}{|}\\ \displaystyle CH_2}{\overset{|}{C}}}-COO^-} \overset{OH^-}{\rightleftarrows} \underset{(\mathbf{c})}{H_2N-\underset{\displaystyle H}{\overset{\displaystyle \overset{\displaystyle COO^-}{|}\\ \displaystyle CH_2}{\overset{|}{C}}}-COO^-}$$

問2　●は，どれも弱酸の半分の物質量を加えた点で，弱酸とその塩が等量存在するので，緩衝液である。少量酸を加えても塩基を加えても pH の変化が小さい。

問3　アスパラギン酸の第1段階の電離定数を K_1 とすると

$$K_1=\frac{[\mathbf{d}][H^+]}{[\mathbf{b}]}\quad\cdots\cdots①$$

pH が 1.9 では，(**b**)が半分中和されたので，$[\mathbf{b}]\fallingdotseq[\mathbf{d}]$ である。

$$K_1=[H^+]=10^{-1.9}〔mol/L〕$$

アスパラギン酸の第2段階の電離定数を K_2 とすると

$$K_2=\frac{[\mathbf{a}][H^+]}{[\mathbf{d}]}\quad\cdots\cdots②$$

pH が 3.7 では，(**d**)が半分中和されたので，$[\mathbf{d}]\fallingdotseq[\mathbf{a}]$ である。

$$K_2=[H^+]=10^{-3.7}〔mol/L〕$$

①×② は

$$K_1K_2=\frac{[\mathbf{a}][H^+]^2}{[\mathbf{b}]}\quad\cdots\cdots③$$

アミノ酸は，陽イオン，双性イオン，陰イオンが電離平衡の状態にあり，pH に応じて，それぞれの濃度が変化する。全体の電荷が 0 になるときの pH を等電点という。

等電点では，双性イオンの(**d**)が最も多量に存在するが，陰イオンの(**a**)と陽イオンの(**b**)もわずかに存在し，正負の電荷がつり合っているので，$[\mathbf{a}]=[\mathbf{b}]$ である。

よって，③式より

$$K_1K_2=[H^+]^2=10^{-1.9-3.7}=10^{-5.6}\qquad [H^+]=10^{-2.8}=10^{-pH}$$

等電点は 2.8 となる。

問4　等電点は，アミノ酸の種類によってそれぞれ異なる。中性アミノ酸のセリンは，中性付近である。酸性アミノ酸のアスパラギン酸は，酸性側にあり，**問3** より 2.8 である。塩基性アミノ酸のリシンは，塩基性側にある。

よって，等電点の大小関係は，次のようになる。

アスパラギン酸＜セリン＜リシン

アミノ酸は，等電点より酸性側（pH が小さい）の水溶液中では，陽イオンになり，等電点より塩基性側（pH が大きい）では，陰イオンになる。

pH の小さい強酸水溶液中では，アミノ酸はどれも陽イオンとなり，陽イオン交換樹脂に吸着されている。まず，アスパラギン酸の等電点より大きくセリンの等電点より小さい pH の緩衝液を流すと，アスパラギン酸だけが陰イオンになり溶出する。ついでセリンの等電点より大きくリシンの等電点より小さい pH の緩衝液を流すと，セリンだけが溶出する。最後にリシンの等電点より大きい pH の緩衝液を流すと，リシンが溶出する。

問5 最も簡単なアミノ酸は，グリシン $H_2N-\underset{H}{\underset{|}{\overset{H}{\overset{|}{C}}}}-\underset{O}{\underset{\|}{C}}-OH$ であるが，不斉炭素原子をもたない。炭素原子が1個多いアラニンから不斉炭素原子をもつ。

$$n\,\text{Ⓗ}-\underset{H}{\underset{|}{N}}-\underset{H}{\underset{|}{\overset{CH_3}{\overset{|}{C^*}}}}-\underset{O}{\underset{\|}{C}}-\text{(OH)}\xrightarrow[-nH_2O]{\text{縮合}}\left[-\underset{H}{\underset{|}{N}}-\underset{H}{\underset{|}{\overset{CH_3}{\overset{|}{C^*}}}}-\underset{O}{\underset{\|}{C}}-\right]_n$$

問6 タンパク質のポリペプチド鎖のとる右巻きらせん構造を α-へリックス構造という。この構造は，1本のポリペプチド鎖のペプチド結合の $-NH$ と別のペプチド結合の $>C=O$ が水素結合することで形成される。

71 タンパク質の構造と性質，ジペプチドの構造決定

（2017年度　第4問）

次の文章【Ⅰ】および【Ⅱ】を読み，問1～問5に答えよ。必要があれば次の数値を用いよ。

原子量 H＝1.0，C＝12.0，N＝14.0，O＝16.0

【Ⅰ】

タンパク質はヒトの皮膚や筋肉を構成し，食品の肉類や豆類に多く含まれる。生物体内で触媒として働く［ア］も，主にタンパク質で構成されている。タンパク質は，多数のα-アミノ酸が脱水縮合して連なった構造をしている。この縮合により形成された結合を［イ］結合という。タンパク質の水溶液に水酸化ナトリウムと［ウ］を加えて振り混ぜると，［エ］色を呈する。この反応は［オ］反応とよばれ，タンパク質中の［イ］結合にもとづくものである。一方，タンパク質の水溶液に［カ］を加えて熱すると黄色になり，さらにアンモニア水などを加えて塩基性にすると［キ］色になる。この反応をキサントプロテイン反応といい，タンパク質中に含まれる芳香環が［ク］化されるために起こる。

タンパク質は，それぞれ固有のアミノ酸配列をもつ。この配列順序をタンパク質の［ケ］構造という。さらに，タンパク質はそれぞれの機能を発現するために，複雑な立体構造をつくる。一方，加熱やpHの変化によりタンパク質の形状が変化して性質が変わることを，タンパク質の［コ］という。これは，①複雑な立体構造を保つために寄与している水素結合が切れることなどによる。

問1　［ア］～［コ］に適切な語句あるいは化合物名を入れよ。

問2　下線部①に関わる水素結合は［イ］結合のX基とY基の間で形成される。この水素結合の様子をX基とY基の構造とともに記せ。

【Ⅱ】

α-アミノ酸は一般式 R－CH（NH_2）－COOH で表され，側鎖Rの違いによってアミノ酸の種類が決まる。2分子の天然α-アミノ酸が脱水縮合して生成した分子量236の化合物**P**がある。化合物**P**を5.90mgはかりとり，乾燥酸素中で完全燃焼させたところ，二酸化炭素13.20mgと水3.60mgが生成した。

問3　化合物**P**に含まれる炭素原子と水素原子の数をもっとも簡単な整数の比で表し，計算過程とともに記せ。

問4　1分子の化合物**P**の側鎖に含まれる炭素原子と水素原子の数を求め，計算過程とともに記せ。

問5　化合物**P**として考えられる構造式をすべて記せ。ただし，不斉炭素原子に関わる立体構造の表記は必要ない。

解　答

問1　ア．酵素　イ．ペプチド　ウ．硫酸銅(Ⅱ)　エ．赤紫　オ．ビウレット
カ．濃硝酸　キ．橙黄　ク．ニトロ　ケ．一次　コ．変性

問2　$>C=O\cdots\cdots H-N<$

問3　原子の物質量比は原子数比に等しいので

$$\text{炭素原子の数}:\text{水素原子の数}=\frac{13.20\times10^{-3}}{44.0}:\frac{3.60\times10^{-3}}{18.0}\times2$$
$$=3.00\times10^{-4}:4.00\times10^{-4}$$
$$=3:4\quad\cdots\cdots(\text{答})$$

問4　5.90mg の化合物Pの物質量は

$$\frac{5.90\times10^{-3}}{236}=2.50\times10^{-5}\,[\text{mol}]$$

化合物Pに含まれる炭素原子の数は，$\dfrac{3.00\times10^{-4}}{2.50\times10^{-5}}=12$ 個であり，水素原子の数は，$\dfrac{4.00\times10^{-4}}{2.50\times10^{-5}}=16$ 個である。

側鎖を R_1，R_2 としたとき，Pの構造は $H_2N-CH(R_1)-C(=O)-NH-CH(R_2)-COOH$ となる。

よって，側鎖に含まれる炭素原子の数は　$12-4=8$　……(答)
側鎖に含まれる水素原子の数は　$16-6=10$　……(答)

問5　$H_2N-CH(CH_3)-C(=O)-NH-CH(CH_2-C_6H_5)-C(=O)-OH$

$H_2N-CH(CH_2-C_6H_5)-C(=O)-NH-CH(CH_3)-C(=O)-OH$

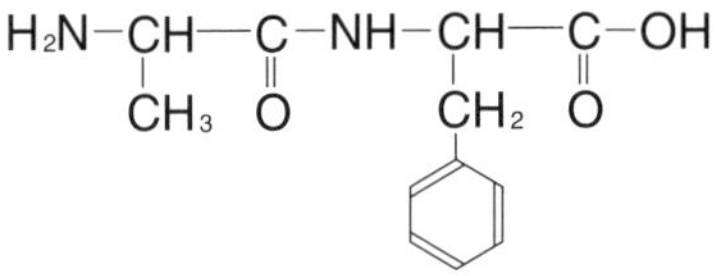

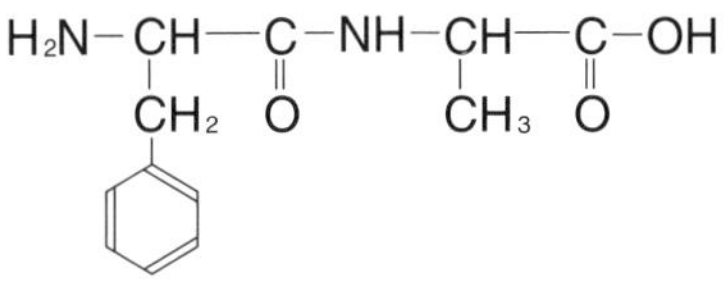

ポイント

分子式 $C_nH_xO_aN_b$ の不飽和度を考える。
$C_nH_xO_aN_b$ の不飽和度は次のように求められる。

$$\text{不飽和度}=\frac{2n+2+b-x}{2}$$

解　説

問1　ア．酵素はタンパク質からなるので，基質特異性や最適温度，最適 pH をもつ。
イ．α-アミノ酸が縮合して生じたアミド結合をペプチド結合という。
オ．トリペプチド以上のペプチドが Cu^{2+} と錯体をつくって呈色する。
ク．タンパク質に含まれるフェニルアラニンやチロシンなどのベンゼン環がニトロ化される。
ケ．同種のタンパク質では，アミノ酸の配列順序は一定である。タンパク質の構造を決める最も基本であるので，一次構造という。
コ．変性しても一次構造は変化しないが，本来の立体構造が変化する。いったん変性すると元にもどらないことが多い。

問2　水素結合は，極性の大きい $\gt\overset{\delta+}{C}=\overset{\delta-}{O}$ と $\overset{\delta+}{H}-\overset{\delta-}{N}\lt$ との間で，水素原子を介して結合する。

問3　水分子中に2個の水素原子が含まれる。水素原子の物質量は，水の物質量の2倍である。

問4　分子に含まれる原子数は，$\dfrac{(\text{分子中の原子の物質量})}{(\text{分子の物質量})}$ で求めることができる。

問5　化合物**P**の構造式は，$H_2N-\underset{R_1}{\underset{|}{CH}}-\underset{O}{\underset{\|}{C}}-NH-\underset{R_2}{\underset{|}{CH}}-COOH$ で表されるので，側鎖の分子量は

$$236-12.0\times4-1.0\times6-16.0\times3-14.0\times2=106$$

これは，問4で求めた側鎖に含まれる炭素原子8個と水素原子10個の合計に等しいので，化合物**P**は側鎖に $-COOH$ や $-NH_2$ をもたない中性アミノ酸からなるとわかる。よって，化合物**P**の分子式は，$C_{12}H_{16}N_2O_3$ である。

分子式 $C_nH_xO_aN_b$ の不飽和度は

$$\frac{2n+2+b-x}{2}=\frac{2\times12+2+2-16}{2}=6$$

Pの構造の $H_2N-\underset{R_1}{\underset{|}{CH}}-\underset{O}{\underset{\|}{C}}-NH-\underset{R_2}{\underset{|}{CH}}-COOH$ で，二重結合は2個あるので，側鎖の不飽和度は，$6-2=4$ である。不飽和度4はベンゼン環の存在によると考えられる。

よって，天然 α-アミノ酸の一つは，フェニルアラニン $C_6H_5-CH_2-\overset{NH_2}{\overset{|}{CH}}-\underset{O}{\underset{\|}{C}}-OH$ である。

残りの炭素原子数は $12-9=3$ であるので，アラニン $CH_3-\underset{\underset{NH_2}{|}}{CH}-\underset{\underset{O}{\|}}{C}-OH$ とわかる。

化合物**P**は，アラニンの $-COOH$ とフェニルアラニンの $-NH_2$ が脱水縮合したジペプチドと，アラニンの $-NH_2$ とフェニルアラニンの $-COOH$ が脱水縮合したジペプチドの2個の構造が考えられる。

72 アミノ酸の反応と構造

（2016年度　第4問）

次の文章【Ⅰ】〜【Ⅲ】を読み，問1〜問5に答えよ。

【Ⅰ】

アミノ酸は，分子内に酸性のカルボキシ基と塩基性のアミノ基をもち，酸と塩基の両方の性質を示す。また，グリシン以外の天然に存在する α-アミノ酸には不斉炭素原子があり，鏡像異性体（光学異性体）が存在する。

問1　グルタミン酸（等電点3.2）とリシン（等電点9.7）の混合物をpHが5の水溶液を用いて電気泳動をおこなうと，それぞれのアミノ酸はどのような挙動を示すかを記せ。

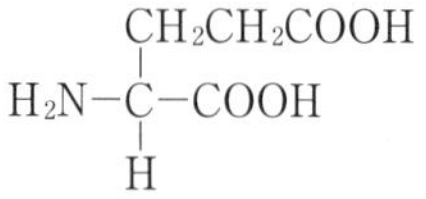

CH_2CH_2COOH
$H_2N-C-COOH$
H

グルタミン酸

$CH_2CH_2CH_2CH_2NH_2$
$H_2N-C-COOH$
H

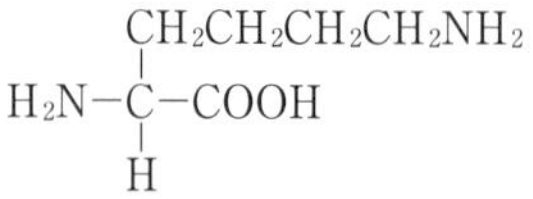

リシン

問2　分子内に不斉炭素原子が2つある場合，一般に4種類の立体異性体ができ，互いに鏡像の関係にはない立体異性体をジアステレオ異性体という。天然に存在するアミノ酸の一種であるL-イソロイシン**A**とその立体異性体**B**〜**D**を以下に示す。**A**のジアステレオ異性体はどれかを記号で書け。ない場合は「なし」と書き，複数ある場合は複数の記号を書くこと。

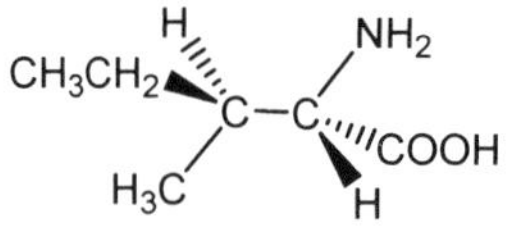

A

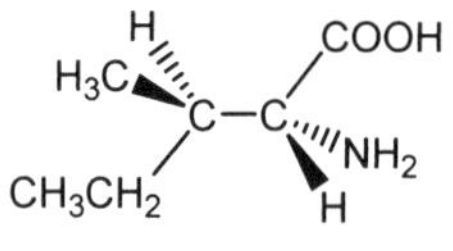

B

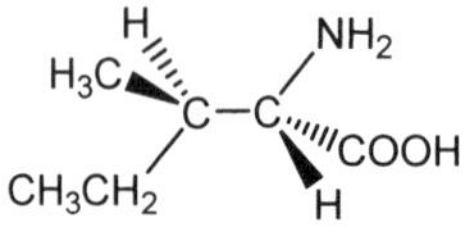

C

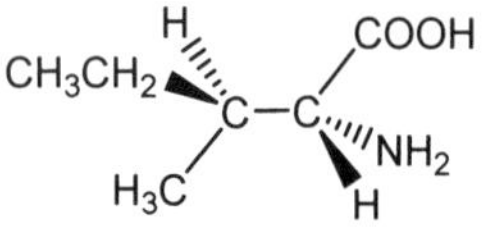

D

【Ⅱ】

一方の鏡像異性体の溶液に平面偏光を透過させると，偏光面が右か左に回転するが，その回転角度は鏡像異性体どうしでは，同じ大きさで符号が逆になる。L-イソロイシンAの塩酸溶液に，一定の条件下で平面偏光を透過させたところ，偏光面の回転角度は+3.9°であった。

問3　L-イソロイシンAとその鏡像異性体の混合物の試料が2つある。1つの試料はラセミ体（鏡像異性体の等量混合物）で，この試料溶液に上記の測定と同じ条件で平面偏光を透過させたところ偏光面の回転は見られなかった。もう1つの混合比未知の試料についても同様に測定すると，偏光面の回転角度は−2.6°であった。後者の試料にはL-イソロイシンAが何％含まれているか。有効数字2桁で答えよ。またそれを導く過程を書け。

【Ⅲ】

アミノ酸は天然物由来だけでなく，人工的にも古くより数多く合成されてきた。アミノ酸合成の最も有名な反応のひとつに，19世紀半ばにストレッカーによって報告された反応がある。下式にアラニンの合成例を示す。この反応では，アルデヒドを出発物質として，塩化アンモニウムとの反応でイミニウム塩と呼ばれる中間生成物を生じ，これがシアン化物イオンと反応する。最後に加水分解によってアミノ酸が合成できる。この反応の場合，①特別な条件を用いない限り，化合物はラセミ体として得られる。

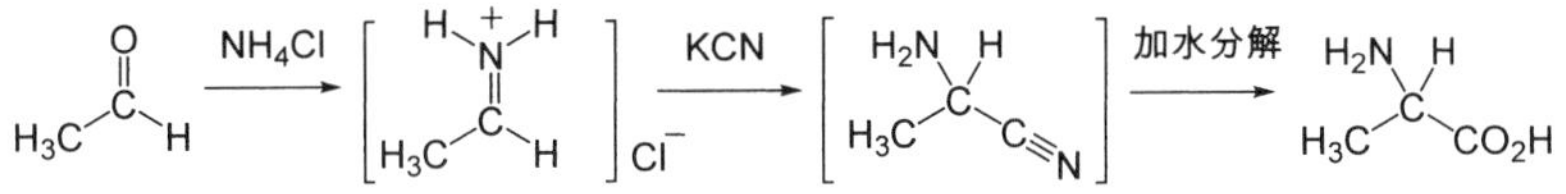

CH_3CHO —NH_4Cl→ [$CH_3CH{=}NH_2^+$] Cl^- —KCN→ [$CH_3CH(NH_2)C{\equiv}N$] —加水分解→ $CH_3CH(NH_2)CO_2H$

イミニウム塩　　　　アラニン

問4　下線部①となる理由を反応過程から考察し，40字以内で答えよ。

問5　ストレッカー反応を利用して2種類のアミノ酸を合成し，さらにそれらを縮合することによって下に示す構造のジペプチドEを合成することを計画した。出発原料として適当と思われる2種類のアルデヒドの構造式を書け。

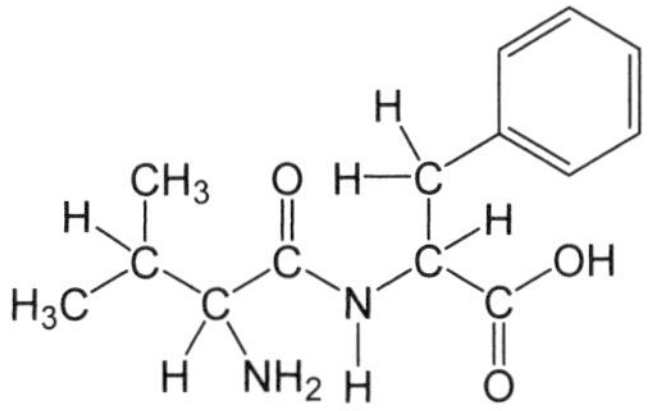

$(CH_3)_2CH{-}CH(NH_2){-}CO{-}NH{-}CH(CH_2C_6H_5){-}COOH$

E

解 答

問1 グルタミン酸：陽極側に移動する。
リシン：陰極側に移動する。

問2 C，D

問3 L-イソロイシンAが，x〔%〕含まれているとすると

$$(+3.9)\times\frac{x}{100}+(-3.9)\times\frac{100-x}{100}=-2.6$$

∴ $x=16.6 \fallingdotseq 17$〔%〕 ……(答)

問4 平面構造のイミニウム塩に，その両面から同じ確率で CN^- が反応するから。(40字以内)

問5 $H_3C-CH(CH_3)-C(=O)-H$　　$C_6H_5-CH_2-C(=O)-H$

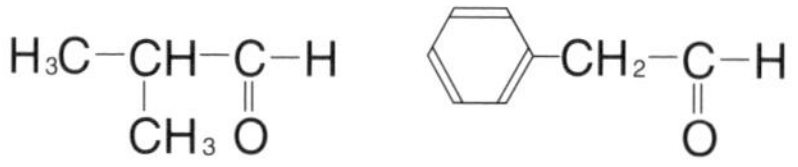

ポイント

ストレッカー反応で $-C(=O)-$ が $-C(COOH)(NH_2)-$ に変化する。

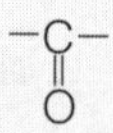

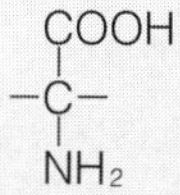

解 説

問1 アミノ酸は，等電点よりも酸性側では陽イオン，塩基性側では陰イオンになる。pH5では，等電点3.2のグルタミン酸は陰イオン，等電点9.7のリシンは陽イオンになっている。

問2 BはAの鏡像異性体である。CやDのようにどちらかの不斉炭素原子の構造が等しく，もう一方の不斉炭素原子の置換基を入れかえたものが，ジアステレオ異性体である。

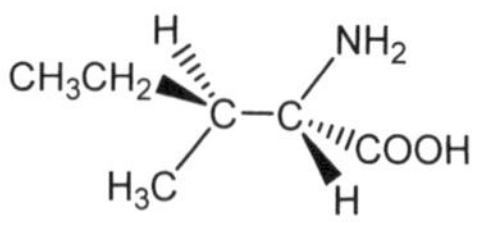

A: CH_3CH_2, H, H_3C / NH_2, COOH, H

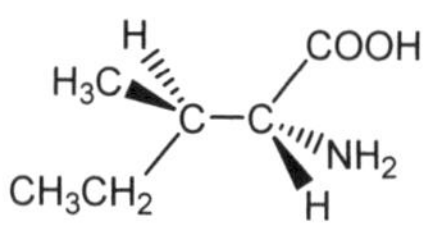

B: H_3C, H, CH_3CH_2 / COOH, NH_2, H

C: H_3C, H, CH_3CH_2 / NH_2, COOH, H

D: CH_3CH_2, H, H_3C / COOH, NH_2, H

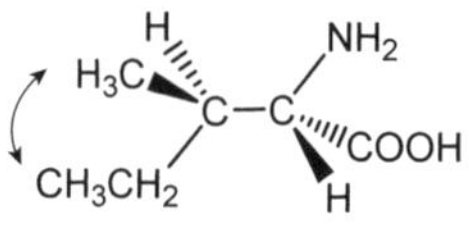

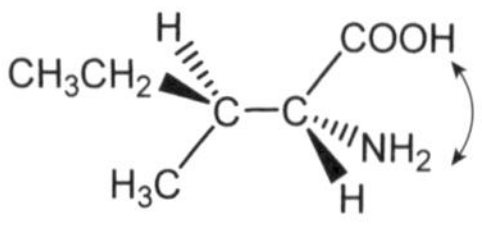

問3　偏光面の回転角度は，鏡像異性体の濃度に比例する。

問4　右図のように平面分子に反応するCN^-は，上からでも下からでも同じであるので，その確率は等しい。生成物は互いに鏡像異性体であり，等量生成する。

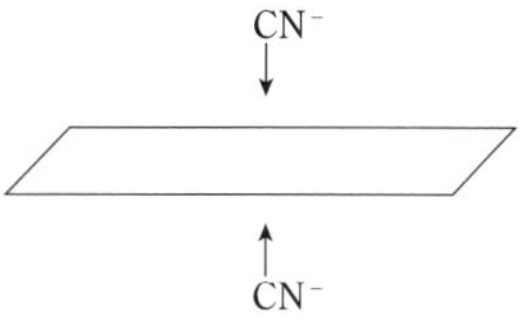

CN^-

CN^-

問5　反応を逆にたどっていく。

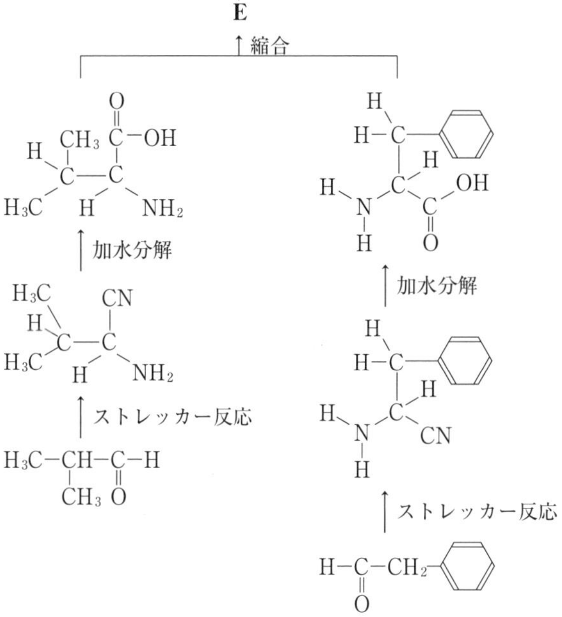

E

↑縮合

$(CH_3)_2CH-CH(NH_2)-COOH$

↑加水分解

$(CH_3)_2CH-CH(NH_2)-CN$

↑ストレッカー反応

$H_3C-CH(CH_3)-CHO$

$C_6H_5-CH_2-CH(NH_2)-COOH$

↑加水分解

$C_6H_5-CH_2-CH(NH_2)-CN$

↑ストレッカー反応

$H-CO-CH_2-C_6H_5$

73 トリペプチドの構造

(2015年度 第4問)

次の文章を読み，問1～問5に答えよ。必要があれば次の数値を用いよ。
原子量 H＝1.0，C＝12.0，N＝14.0，O＝16.0，S＝32.1

分子量が270前後のペプチドAの構造を調べるため，以下の実験を行った。ただし，ペプチドAは，天然のタンパク質を構成するアミノ酸のみからできているものとする。

実験1 ペプチドA 53.0mgを完全燃焼させたところ，水27.0mgと二酸化炭素70.4mgが得られた。

実験2 ペプチドA 53.0mgを完全燃焼させ，得られた窒素酸化物をすべて窒素N_2に変換した。このとき得られた窒素N_2の体積は，標準状態で6.72mLであった。

実験3 ペプチドA 53.0mgを完全燃焼させて分析したところ，硫黄が6.4mg含まれていることがわかった。

実験4 ペプチドAを完全に加水分解したのち，ろ紙を用いたペーパークロマトグラフィーにより分離した。分離後のろ紙に［ あ ］の水溶液を噴霧してドライヤーで温めたところ，赤紫～青紫色の斑点が3つ現れたため，ペプチドAは3種類のアミノ酸からなることがわかった。

実験5 ペプチドAを適切な条件で部分的に加水分解すると，㋐2種類のアミノ酸と㋑2種類のジペプチドが得られた。下線部㋐のアミノ酸のうちの1つは不斉炭素原子をもっていなかった。

実験6 下線部㋑の2種類のジペプチドを，それぞれ水酸化ナトリウム水溶液に溶かして加熱した後，酢酸鉛(Ⅱ)水溶液を加えたところ，いずれも①黒色沈殿が生じた。一方，下線部㋐の2種類のアミノ酸について同様の実験を行ったところ，黒色沈殿は生じなかった。

実験7 ある手法により分析したところ，ペプチドAにはメチル基が存在しないことがわかった。

問1 ペプチドAの分子式を答えよ。

問2 ［ あ ］にあてはまる適切な化合物名を書け。

問3 下線部①の黒色沈殿の化学式を書け。

問4 実験1～実験7の結果から，ペプチドAのアミノ酸の配列順序は何通り考えられるか。

問5 ペプチドAの可能な構造式のうちの1つを示せ。ただし，光学異性体の構造は区別しなくてよい。

解　答

問1　$C_8H_{15}N_3SO_5$　　**問2**　ニンヒドリン

問3　PbS　　**問4**　2通り

問5

```
H2N－CH2－C－NH－CH－C－NH－CH－C－OH
          ‖       |    ‖      |    ‖
          O      CH2   O     CH2   O
                  |           |
                 SH          OH
```

または

```
H2N－CH－C－NH－CH－C－NH－CH2－C－OH
     |   ‖      |   ‖          ‖
    CH2  O     CH2  O          O
     |          |
    OH         SH
```

ポイント

トリペプチドⒶ―Ⓑ―Ⓒを部分的に加水分解すると，生成物は

Ⓐ，Ⓑ―Ⓒ　または　Ⓐ―Ⓑ，Ⓒ

の2パターンとなる。

解　説

問1　ペプチド**A** 53.0mg 中の各元素の質量を求める。

Cの質量は　$70.4\times\dfrac{12.0}{44.0}=19.2$〔mg〕

Hの質量は　$27.0\times\dfrac{2.0}{18.0}=3.0$〔mg〕

Nの質量は　$2\times\dfrac{6.72}{22400}\times14.0\times10^3=8.4$〔mg〕

Oの質量は　$53.0-(19.2+3.0+8.4+6.4)=16.0$〔mg〕

したがって，ペプチド**A**の原子数比は

$$\begin{aligned}C:H:N:S:O&=\frac{19.2}{12.0}:\frac{3.0}{1.0}:\frac{8.4}{14.0}:\frac{6.4}{32.1}:\frac{16.0}{16.0}\\&=1.60:3.00:0.600:0.199:1.00\\&\fallingdotseq 8:15:3:1:5\end{aligned}$$

組成式 $C_8H_{15}N_3SO_5$ の式量は 265.1 である。分子量は 270 前後であるので，分子式も同じ $C_8H_{15}N_3SO_5$ である。

問2　アミノ酸の呈色反応である。

問3　含硫アミノ酸があると，黒色の硫化鉛(Ⅱ)PbS の沈殿を生じる。システイン $HSCH_2CH(NH_2)COOH$ やメチオニン $CH_3SCH_2CH_2CH(NH_2)COOH$ が含硫アミノ酸である。

問4・問5　実験5より，不斉炭素原子をもたないアミノ酸はグリシン

H_2NCH_2COOH である。また，実験7より，ジペプチド中のメチル基をもたない含硫アミノ酸はシステインである。

トリペプチドAは，グリシンとシステインからなるので，残るアミノ酸の分子式は

$$C_8H_{15}N_3SO_5 + 2H_2O - C_2H_5NO_2 - C_3H_7NO_2S = C_3H_7NO_3$$

となり，セリン $HOCH_2CH(NH_2)COOH$ であるとわかる。

トリペプチドAの加水分解で生じる2種類のジペプチドともシステインを含むことから，システインはトリペプチドの中央で結合している。よって，アミノ酸の配列順序は，グリシン―システイン―セリン，セリン―システイン―グリシンの2通りである。

74 糖類の構造と化学平衡および還元性

（2014年度　第4問）

次の文章を読み，問1～問6に答えよ。必要があれば次の数値を用いよ。
原子量 H＝1.0，C＝12.0，O＝16.0

グルコースは，ブドウ糖とも呼ばれる代表的な単糖類である。①純粋な *α*-グルコース(1)を水に溶解すると，異性体である *β*-グルコース(2)と約 36：64 の比率で平衡混合物となる。この水溶液には還元性があり，アンモニア性硝酸銀水溶液を加えて加熱すると，銀鏡が生じる。この際に生成するグルコン酸は，脱水して六員環の環状エステルである②グルコノデルタラクトンへ変化する。グルコノデルタラクトンは食品添加物として使用されており，水溶液中において加水分解によってグルコン酸と平衡状態で存在する。

フルクトースは，果糖とも呼ばれるグルコースの異性体である。水溶液中では六員環構造をもつ *β*-フルクトース(3)を含む複数の構造の平衡混合物として存在し，この水溶液にアンモニア性硝酸銀水溶液を加えた場合［　ア　］。フルクトースの水溶液は，低温において甘さの強い五員環構造をもつ *β*-フルクトースの割合が高くなるため，冷製飲料の甘味成分として高い効果を生む。③グルコースやフルクトースは，酵母菌がもつ酵素群チマーゼによってエタノールと二酸化炭素に分解される。この原理はエタノールや酒類の生産などに用いられる。

グルコースとフルクトースからなる二糖類であるスクロースは，天然に多く存在する。④グルコースとは異なりこのスクロースには還元性がなく，アンモニア性硝酸銀水溶液による銀鏡反応は起こらない。⑤スクロースを酵素インベルターゼを用いてグルコースとフルクトースの混合物に変換したものを転化糖という。これはスクロースよりも甘さが強く，菓子等の食品に広く用いられている。

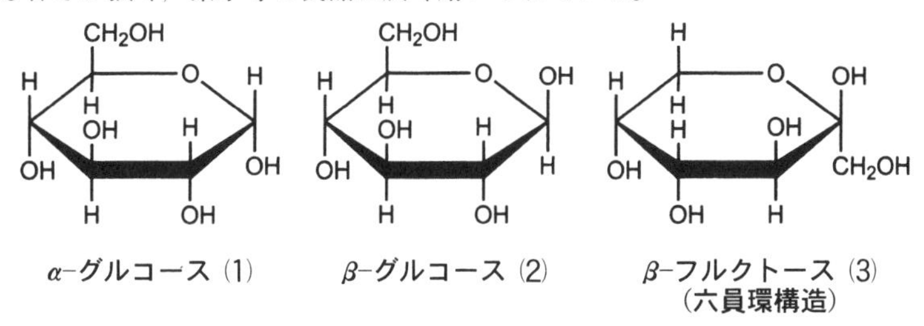

図1　化合物1，2，3のハースの構造式

問1　［　ア　］に予想される結果を書け。

問2　下線部①について，以下の設問に答えよ。

α-グルコース(1)を立体的に描いた構造式を**A**に示す。α-グルコースには，３つのヒドロキシ基と CH_2OH 部分が垂直方向を向いた構造**B**も考えられるが，この構造は，分子の混み合いが大きいために水中では安定に存在しない。

構造式**A**および**B**にならって，β-グルコース(2)のうち，水中でより安定に存在するものを立体的に表現した構造式で書け。また，β-グルコースが水中で α-グルコースより高い比率で存在する理由を70字以内で記せ。

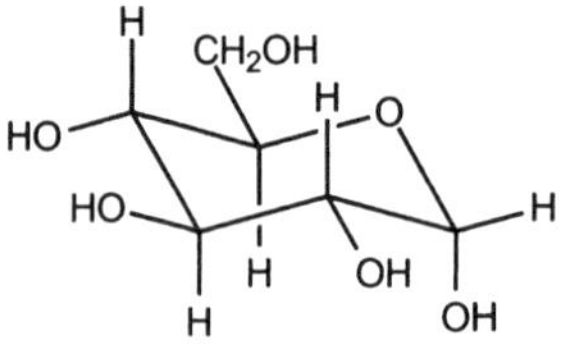

A 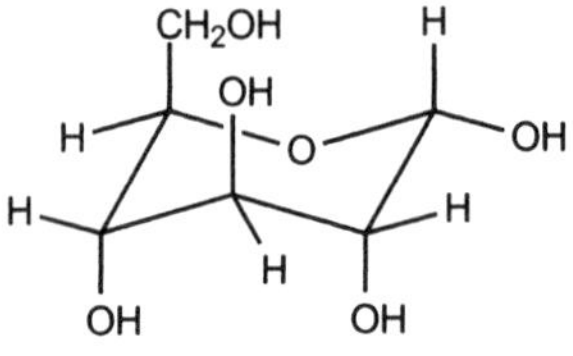　　　　**B**

問３　下線部②について，グルコノデルタラクトンの構造式を，図１のハースの構造式にならって書け。

問４　下線部③について，360 g のフルクトースのアルコール発酵が20％進行する場合，生成するエタノールは何 g か。有効数字２桁で答えよ。また，計算過程を解答欄に示せ。ただし，消費されたフルクトースはすべてエタノールと二酸化炭素に変換されたものとする。

問５　下線部④について，この理由を60字以内で記せ。

問６　下線部⑤について，以下の設問に答えよ。

ここで，単位モル濃度あたりのスクロースの甘さを100とした際の，グルコースおよびフルクトースの甘さをそれぞれ40，90とする。いま，スクロース水溶液をインベルターゼによってグルコースとフルクトースに変換する過程で，混合物の甘さが元のスクロース水溶液より24％上昇した。このとき，変換されたスクロースは何％か。有効数字２桁で答えよ。ただし，混合物の甘さは，各成分の甘さの和として表されるものとする。

解　答

問1　銀鏡を生じる

問2　構造式：

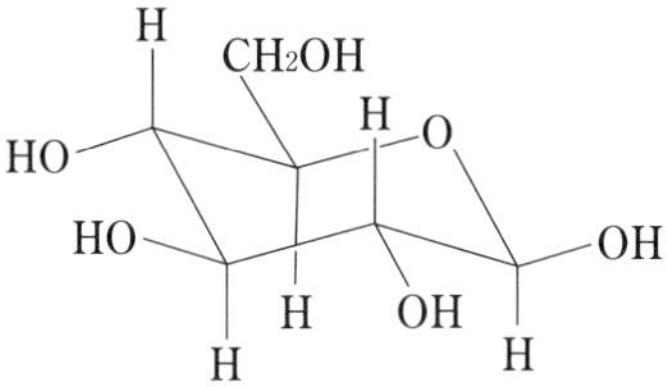

理由：β-グルコースは，4つのヒドロキシ基とCH_2OH部分がいずれも水平方向に向いており，α-グルコースより分子の混み合いが少なく安定であるから。(70字以内)

問3

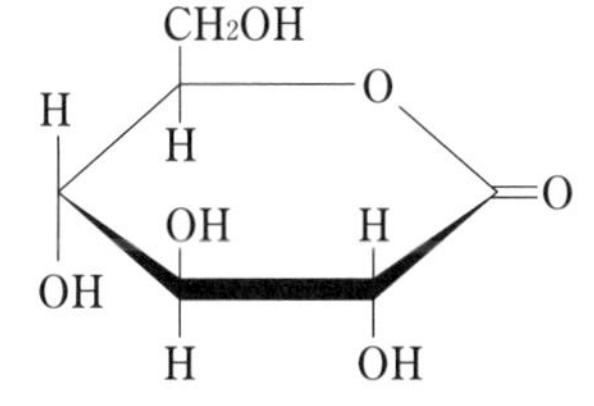

問4　$C_6H_{12}O_6 \longrightarrow 2C_2H_5OH + 2CO_2$より，1 molのフルクトースが100％アルコール発酵すると，2 molのエタノールを生じる。$\dfrac{360}{180}$ molのフルクトースの反応が20％であれば，生成するエタノールの質量は

$$\frac{360}{180} \times \frac{20}{100} \times 2 \times 46.0 = 36.8 \fallingdotseq 37\,[\mathrm{g}]$$　……(答)

問5　スクロースは，グルコースとフルクトースが各々還元性をもつ部分でグリコシド結合をつくり，水溶液中で開環できないため。(60字以内)

問6　80％

ポイント

ハースの構造式と立体配座式（立体的に描いた構造式）の関係をつかむ。

解　説

問1　アルデヒド基をもたないフルクトースの水溶液も銀鏡反応をおこす。右図のように水溶液中で生じた鎖状構造の1位と2位の炭素にできるヒドロキシケトン基$-COCH_2OH$が，アルデヒド基と同様に還

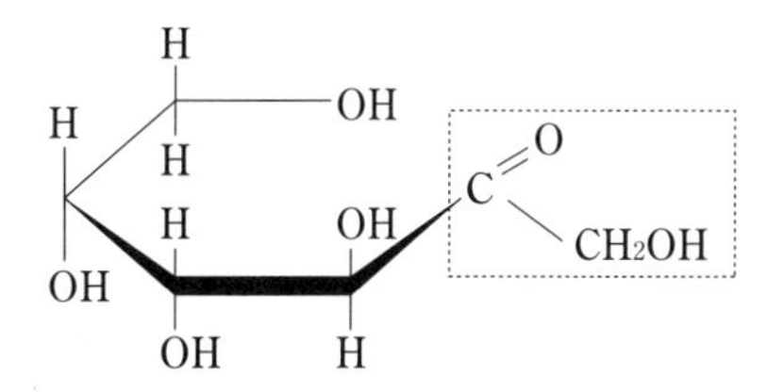

元性を示すためである。

問2 炭素−炭素単結合の回転によって反転し，α-グルコース(1)は下図のような立体構造をとる。構造**A**は舟形を経て構造**B**になる。構造**A**や構造**B**は椅子形と呼ばれる。椅子形に比べ，舟形は2つの頂点にある水素原子の距離が近く，その反発力のため不安定である。これらの異性体は，相互変換可能なので分離できない。構造異性体や立体異性体ではないので，配座異性体という。

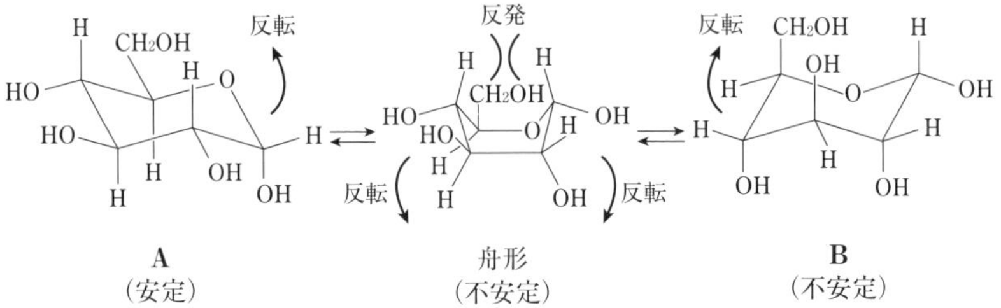

A（安定）　舟形（不安定）　**B**（不安定）

同様に，次図のように，β-グルコース(2)も舟形を経て，構造**C**と構造**D**をとる。構造**C**は，4つのヒドロキシ基と CH_2OH 部分がすべて水平方向を向いているので，安定である。一方，構造**D**はすべてが垂直方向を向いているので不安定である。β-グルコースは，安定な構造**C**をとれるので，α-グルコースより高い比率で存在できる。

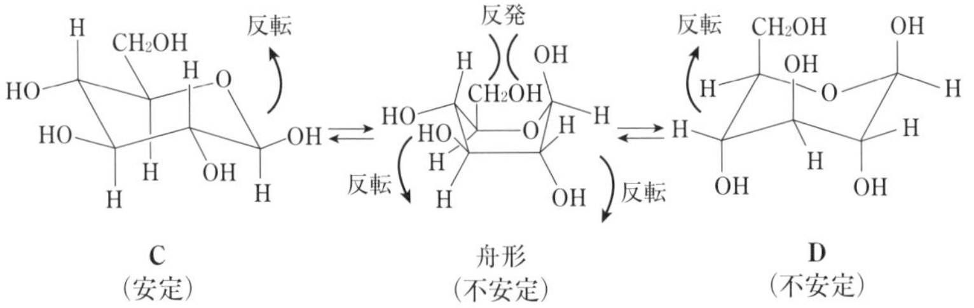

C（安定）　舟形（不安定）　**D**（不安定）

問3 グルコースは，水溶液中で開環しアルデヒドを生じる。水溶液中では，36％のα型，64％のβ型，微量のアルデヒド型の平衡混合物で存在する。銀鏡反応によってこのアルデヒドが酸化され，カルボン酸のグルコン酸が生成し，さらに分子内脱水反応によってエステル化し，環状エステルであるグルコノデルタラクトンに変化する。水溶液中で存在するアルデヒドは微量であるが，銀鏡反応によって消費されると，鎖状構造のα型やβ型は開環してアルデヒドが生成する方向に平衡が移動し，反応が進行する。

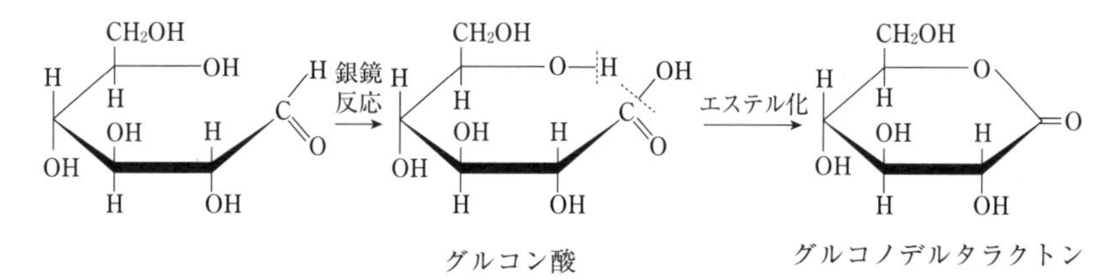

問4　グルコースだけでなく，六単糖の単糖類はアルコール発酵する。

問5　スクロースは次のようにα-グルコースの1位のヒドロキシ基と，β-フルクトースの2位のヒドロキシ基との間でグリコシド結合を形成する。ともに還元性を示すヘミアセタール構造の部分どうしを使って縮合しているので，開環しない。よって，還元性はない。

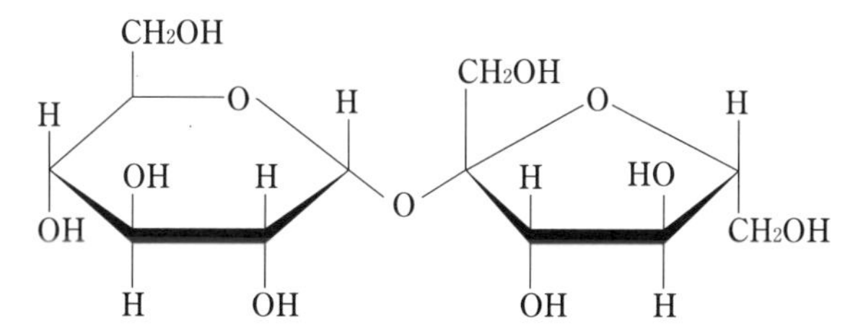

問6　a〔mol/L〕のスクロース水溶液がインベルターゼによって，α%変換されたとする。このときの水溶液中の各糖のモル濃度は，次の通りである。

$$\underset{\text{スクロース}}{C_{12}H_{22}O_{11}} + H_2O \longrightarrow \underset{\text{グルコース}}{C_6H_{12}O_6} + \underset{\text{フルクトース}}{C_6H_{12}O_6}$$

$$\frac{100-\alpha}{100}a \qquad \frac{\alpha}{100}a \qquad \frac{\alpha}{100}a \quad \text{〔mol/L〕}$$

甘さの関係から

$$\frac{\frac{100-\alpha}{100}a\times 100+\frac{\alpha}{100}a\times 40+\frac{\alpha}{100}a\times 90}{a\times 100}=\frac{124}{100} \qquad \therefore \quad \alpha=80\text{〔\%〕}$$

75 テトラペプチドと脂肪酸の構造決定
（2013年度　第4問）

次の文章を読み，問1～問5に答えよ。
ただし，グリシンとアラニンの分子量はそれぞれ75，89とする。
必要があれば次の値を用いよ。原子量 H＝1.0，C＝12，N＝14，O＝16

加水分解によって，アミノ酸以外に糖，リン酸，脂質などの物質も同時に生成するタンパク質を複合タンパク質と呼ぶ。ある生物から単離した複合タンパク質を酵素により部分的に加水分解すると，4個のα-アミノ酸からなる鎖状のペプチド（テトラペプチド）に脂肪酸**C**がアミド結合（−CO−NH−）した分子量500以下の化合物**A**が得られた。この化合物**A**の構造を明らかにするため，以下の実験を行った。

【実験1】 化合物**A**を完全に加水分解してペプチドを構成するアミノ酸を調べると，グリシンとアラニンの2種類のみであった。

【実験2】 化合物**A**を部分的に加水分解すると，二種類の化合物（ジペプチド**B**と直鎖脂肪酸**C**）のみが得られた。また，ジペプチド**B**と直鎖脂肪酸**C**の物質量の比は2：1であった。

【実験3】 ジペプチド**B**を加水分解すると2種類のアミノ酸が得られた。ジペプチド**B**の末端のアミノ基を含むアミノ酸は旋光性を示さなかった。

【実験4】 10.0mgの脂肪酸**C**に白金触媒存在下で水素を加えると，標準状態で2.00mLの水素が反応し，分子量Mの直鎖飽和脂肪酸**D**が得られた。

【実験5】 脂肪酸**C**をメタノールと反応させてエステル化した後にオゾン分解すると，式(1)のように3種類のアルデヒドが得られた。

脂肪酸Cのエステル $\xrightarrow{\text{オゾン分解}}$

$$\boxed{H_3C-(CH_2)_{\boldsymbol{y}}-CHO} + \boxed{OHC-(CH_2)_3-COOCH_3} + \boldsymbol{z} \times \boxed{OHC-CH_2-CHO} \quad (1)$$

オゾン分解は，式(2)のように，C=C二重結合をもつ化合物をオゾンと反応させた後，亜鉛で還元することによって，カルボニル化合物に分解する方法である。

$$R(H)C=C(H)R' \xrightarrow{\text{オゾン分解}} R(H)C=O + O=C(H)R' \quad (2)$$

（R，R′は原子団を表す）

問1　一般に，グリシンとアラニンの2種類のアミノ酸からなる鎖状のテトラペプチドを考えた場合，可能なアミノ酸の結合順序は全部で何通りあるか。ただし光学異性体の区別は問わない。

問2　実験1～3の結果より導かれる化合物**A**のペプチド部分に相当するテトラペプチドの構造式を記し，脂肪酸**C**がアミド結合により結合している窒素原子を丸で囲め。アミノ酸の光学異性体の構造は区別しなくてよい。

問3　実験4の結果から決定される脂肪酸**C**に含まれる二重結合の数を，脂肪酸**D**の分子量Mを用いて記せ。

問4　直鎖飽和脂肪酸の示性式は，一般に$CH_3(CH_2)_nCOOH$と表わせる。脂肪酸**D**の分子量Mを求めよ。

問5　実験5における脂肪酸**C**のエステルのオゾン分解における式(1)をy，zに適切な数字をあてはめて完成させ，脂肪酸**C**の構造式を記せ。なお，二重結合の幾何異性についてはシス体のみを記せ。

解　答

問1　**14通り**

問2　$H_2\text{Ⓝ}-CH_2-\underset{\substack{\|\\ O}}{C}-NH-\underset{\substack{|\\ CH_3}}{CH}-\underset{\substack{\|\\ O}}{C}-NH-CH_2-\underset{\substack{\|\\ O}}{C}-NH-\underset{\substack{|\\ CH_3}}{CH}-\underset{\substack{\|\\ O}}{C}-OH$

問3　$\dfrac{M}{114}$

問4　**228**

問5　$y=4$　$z=1$

構造式：$H_3C-(CH_2)_4-CH=CH-CH_2-CH=CH-(CH_2)_3-\underset{\substack{\|\\ O}}{C}-OH$（二重結合はいずれも H が同じ側のシス形）

ポイント

テトラペプチドには，グリシンとアラニン2個ずつだけでなく，1個と3個の組み合わせもある。

解　説

問1　グリシン，アラニンを Gly，Ala と略記する。以下のとおり，14通りある。

Gly-Gly-Ala-Ala　　Gly-Ala-Gly-Ala　　Gly-Ala-Ala-Gly
Ala-Ala-Gly-Gly　　Ala-Gly-Ala-Gly　　Ala-Gly-Gly-Ala
Gly-Ala-Ala-Ala　　Ala-Gly-Ala-Ala　　Ala-Ala-Gly-Ala
Ala-Ala-Ala-Gly　　Ala-Gly-Gly-Gly　　Gly-Ala-Gly-Gly
Gly-Gly-Ala-Gly　　Gly-Gly-Gly-Ala

問2　実験3で，旋光性を示さないアミノ酸は，不斉炭素原子をもたないグリシンである。2種類のアミノ酸からなるジペプチド**B**は

$$H_2N-CH_2-\underset{\substack{\|\\ O}}{C}-NH-\underset{\substack{|\\ CH_3}}{CH}-\underset{\substack{\|\\ O}}{C}-OH$$

とわかる。

さらに，実験2において，脂肪酸**C**を $R-\underset{\substack{\|\\ O}}{C}-OH$ とすると，**A**の部分的加水分解の反応は次のように表すことができる。

$$R-\underset{\substack{\|\\ O}}{C}-\underset{\substack{|\\ H}}{N}-CH_2-\underset{\substack{\|\\ O}}{C}-NH-\underset{\substack{|\\ CH_3}}{CH}-\underset{\substack{\|\\ O}}{C}-NH-CH_2-\underset{\substack{\|\\ O}}{C}-NH-\underset{\substack{|\\ CH_3}}{CH}-\underset{\substack{\|\\ O}}{C}-OH+2H_2O$$

化合物**A**

$$\xrightarrow{\text{部分的加水分解}} 2H_2N-CH_2-\underset{\substack{\|\\ O}}{C}-NH-\underset{\substack{|\\ CH_3}}{CH}-\underset{\substack{\|\\ O}}{C}-OH+R-\underset{\substack{\|\\ O}}{C}-OH$$

ジペプチド**B**　　脂肪酸**C**

問3　二重結合の数を x とすると，飽和脂肪酸**D**に比べ，脂肪酸**C**のH原子は $2x$ 個少ないので，脂肪酸**C**の分子量は $M-2x$ となる。1 mol の脂肪酸**C**に x〔mol〕の水素が付加するので，次の物質量の関係が成り立つ。

$$1 : x = \frac{10.0\times10^{-3}}{M-2x} : \frac{2.00\times10^{-3}}{22.4} \qquad \therefore \quad x = \frac{M}{114}$$

問4・問5　実験5のオゾン分解の結果をもとに，脂肪酸**C**の構造式を考えると

$$H_3C-(CH_2)_y-\underset{H}{\underset{|}{C}}\!\left[=\underset{H}{\underset{|}{C}}-CH_2-\underset{H}{\underset{|}{C}}\right]_z\!=\underset{H}{\underset{|}{C}}-(CH_2)_3-\underset{O}{\underset{\|}{C}}-OH$$

脂肪酸**C**の中の二重結合の数 x は，$z+1$ に等しいので　　$x=z+1$

問3の結果より

$$x=z+1=\frac{M}{114} \qquad \therefore \quad M=114(z+1)$$

脂肪酸**C**の分子量は，飽和脂肪酸**D**に比べ，H原子が $2(z+1)$ 個少ないので，脂肪酸**C**の分子量は

$$M-2(z+1)=114(z+1)-2(z+1)=112(z+1)$$

化合物**A**は，2個のグリシン，2個のアラニン，1個の脂肪酸**C**から4分子の水が脱水縮合したものである。化合物**A**の分子量は500以下であるから

$$2\times75+2\times89+112(z+1)-4\times18\leqq500 \qquad \therefore \quad z\leqq1.17$$

z は整数であるので　　$z=1$

よって，脂肪酸**D**の分子量は

$$M=114\times(1+1)=228$$

また，脂肪酸**C**の分子量は

$$112(1+1)=224$$

さらに，$z=1$ から，脂肪酸**C**の構造式は

$$H_3C-(CH_2)_y-\underset{H}{\underset{|}{C}}=\underset{H}{\underset{|}{C}}-CH_2-\underset{H}{\underset{|}{C}}=\underset{H}{\underset{|}{C}}-(CH_2)_3-\underset{O}{\underset{\|}{C}}-OH$$

と表され，この分子量を計算すると

$$14y+168=224 \qquad \therefore \quad y=4$$

76 タンパク質の高次構造，酵素反応

(2011年度 第4問)

タンパク質に関する次の文章を読み，問1～問5に答えよ。

生体内において様々な働きをしているタンパク質は，アミノ酸がペプチド結合でつながれてできた高分子化合物であり，その機能は立体構造に大きく依存する。タンパク質の二次構造として知られている［ア］や［イ］では，ペプチド結合の −CO− が別のペプチド結合の −NH− と［ウ］結合を形成することで規則正しい構造をつくっている。このうち［ア］では，ひとつのペプチド結合の −CO− と，そのペプチド結合から4番目のペプチド結合の −NH− との間で［ウ］結合を形成している。タンパク質の立体構造（三次構造）を決定するために重要な役割を果たしているものには，アミノ酸の正の電荷をもつ置換基と他のアミノ酸の負の電荷をもつ置換基の間に働く［エ］結合や，アミノ酸の［オ］性置換基同士が水を避けるようにして集まる［オ］性相互作用などもある。また，2つのシステインの置換基同士の間に形成される［カ］結合もタンパク質の三次構造を決定するために重要な役割を果たしているが，この結合は還元剤を作用させると切断される。

酵素(E)は主にタンパク質から構成されており，生体内で様々な反応の触媒として働く。酵素には触媒としての作用を示す活性部位があり，ここに基質(S)を取り込んで酵素基質複合体(ES)を形成する。ここから反応が進行して生成物(P)を与えて酵素(E)が再生する（式(1)を参照)。酵素基質複合体(ES)の形成においても，［ウ］結合，［エ］結合，［オ］性相互作用などが重要な役割を果たしている。

$$\mathrm{E+S} \underset{k_{-1}}{\overset{k_1}{\rightleftarrows}} \mathrm{ES} \xrightarrow{k_2} \mathrm{E+P} \qquad (1)$$

酵素反応が式(1)に示したような経路で進行する場合，反応速度 V は式(2)で表すことができる。ここで，k_1，k_{-1}，k_2 は式(1)に示した各反応過程の速度定数，$[\mathrm{E}]_\mathrm{T}$ は反応に用いた酵素の濃度，$[\mathrm{S}]$ は基質の濃度である。

$$V=\frac{k_2[\mathrm{E}]_\mathrm{T}[\mathrm{S}]}{K_\mathrm{m}+[\mathrm{S}]} \qquad (2)$$

（ただし，$K_\mathrm{m}=(k_{-1}+k_2)/k_1$）

問1 ［ア］～［オ］に当てはまる語句を答えよ。

問2 ［カ］の結合の名称と構造を次の例にならって記せ。また，これを還元剤と反応させて生じる官能基の名称と構造を記せ。

（【例】名称：エーテル　構造：−O−）

問3　式(2)を基にして，ある基質の酵素反応における基質濃度[S]と反応速度 V の関係を予測し，解答欄のグラフ中に実線で示せ。ただし，[S]の値が K_m の値よりも十分に大きいところ（$[S] \gg K_m$）まで考え，$[S] \gg K_m$ のときの反応速度を V' とする。また，これとは別の基質を用いて同じ反応条件下で反応を行うと，前の基質の反応の場合に比べて，相対的に k_{-1} は大きくなり k_1 は小さくなった。この場合，基質の濃度[S]と反応速度 V の関係はどのように変わると考えられるか，解答欄の同じグラフ中に点線で示せ。ただし，k_2 は変化しないものとする。

〔解答欄〕

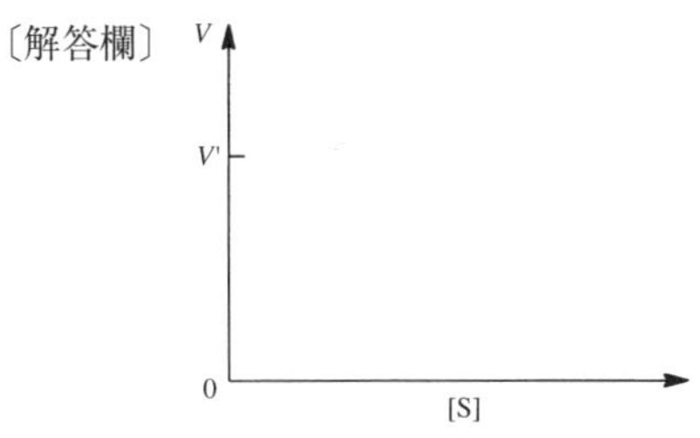

問4　水溶液中で酸AHの電離平衡が成り立っているとし（式(3)），AHの電離定数を K_a，その $-\log$ 値（$-\log K_a$）を pK_a とする。AHと A^- の濃度が等しくなるときの水溶液のpHの値はAHの pK_a の値と等しくなることを証明せよ。

$$AH + H_2O \overset{K_a}{\rightleftarrows} A^- + H_3O^+ \qquad (3)$$

問5　酵素反応の速度は，水溶液のpHによって大きく変化する。例えば，式(3)に示したAHの電離平衡が，ある酵素の活性部位においても成り立っており，この酵素反応において，AHから H^+ が電離して生成した A^- が触媒として働くものとする。この場合，pHと反応速度 V の関係はどのようになると予測されるか，解答欄のグラフ中に示せ。ただし，AHの pK_a の値を6.0，pH10.0における反応速度 V を4.0μmol/(L･min) とする。また，pHの変化に伴う酵素の構造変化やAH以外の酸や塩基の電離度の変化は反応に影響を及ぼさないものとし，pH以外の反応条件は全て同じであるとする。

〔解答欄〕

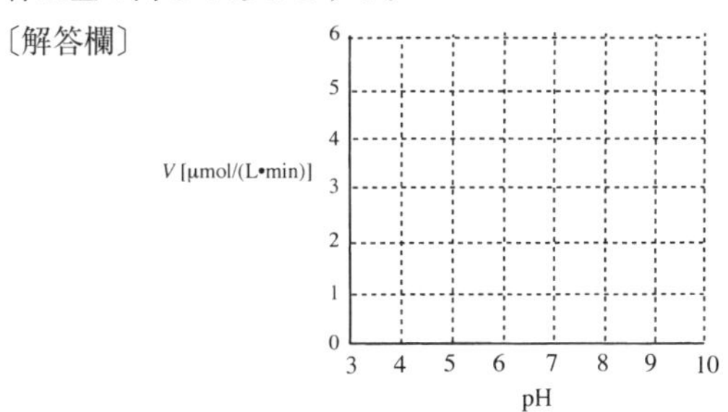

解 答

問1 ア．α-ヘリックス イ．β-シート ウ．水素 エ．イオン オ．疎水

問2 ［カ］の結合の名称：ジスルフィド結合 構造：−S−S−

官能基の名称：メルカプト基 構造：−SH

問3

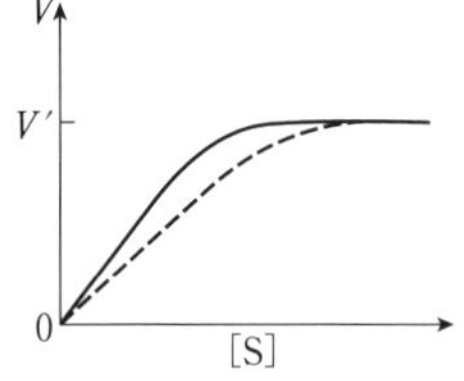

問4 式(3)の電離平衡において，［H_2O］は常に一定と見なし，H_3O^+ を H^+ で表すと，酸の電離定数は $K_a=\dfrac{[A^-][H^+]}{[AH]}$ と表される。

［AH］＝［A^-］のとき，K_a＝［H^+］となり，両辺の逆数の常用対数をとると

$$-\log K_a=-\log[H^+] \quad \therefore \quad pK_a=pH$$

問5

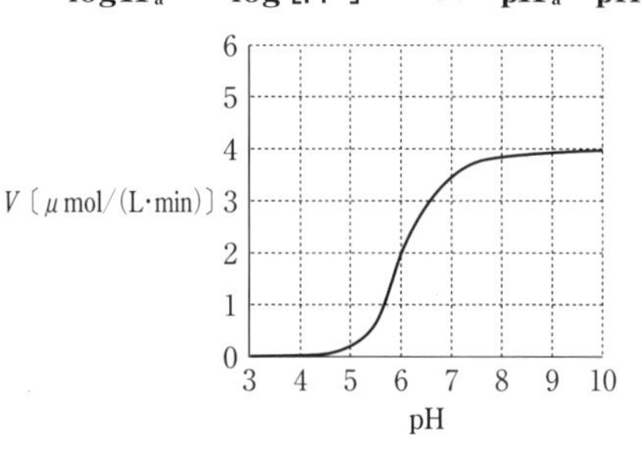

ポイント

pH によって A^- の濃度が変わり，反応速度は A^- の濃度に比例する。

解 説

問1 タンパク質におけるアミノ酸の配列順序が一次構造である。ペプチド結合の −CO− の O と −NH− 結合の H が水素結合を形成することにより，ポリペプチド鎖が立体的な構造をとる。これを二次構造といい，同じポリペプチドの鎖の中で4個目ごとにペプチド結合同士が水素結合してできるらせん構造の α-ヘリックス構造や逆方向に並ぶポリペプチドの鎖が水素結合で引き合った板状構造の β-シート構造がある。さらに実際のタンパク質分子はより複雑な立体構造をつくる。これをタンパク質の三次構造といい，H^+ がカルボキシ基からアミノ基に移り，$-COO^-$ と $-NH_3^+$ によるイオン結合や，体内に多量の水があるため疎水性の置換基が内側

に，親水性の置換基が外側に向く疎水性相互作用，ジスルフィド結合などがはたらいている。

問2　システイン $HS-CH_2-CH(NH_2)-COOH$ のメルカプト基（$-SH$）は酸化され，ジスルフィド結合に変化する。また，ジスルフィド結合を還元するとメルカプト基にもどる。

$$\underset{\text{メルカプト基}}{-SH + HS-} \underset{\text{還元}}{\overset{\text{酸化}}{\rightleftarrows}} \underset{\text{ジスルフィド結合}}{-S-S-} + 2H^+ + 2e^-$$

問3　ある基質の酵素反応における基質濃度［S］と反応速度 V の関係を考える。

(i) $[S]=0$ のとき，$V=\dfrac{k_2[E]_T[S]}{K_m+[S]}=0$ より，グラフは原点を通る。

(ii) ［S］が K_m より十分に小さいとき（$[S] \ll K_m$），式(2)で $K_m+[S] \fallingdotseq K_m$ なので，次のように近似できる。

$$V=\frac{k_2[E]_T[S]}{K_m+[S]} \fallingdotseq \frac{k_2[E]_T}{K_m}[S]$$

k_2，$[E]_T$，K_m は定数なので，V は［S］に比例し，傾き $\dfrac{k_2[E]_T}{K_m}$ の直線になる。

(iii) ［S］が K_m より十分に大きいとき（$[S] \gg K_m$），式(2)で $K_m+[S] \fallingdotseq [S]$ なので，次のように近似できる。

$$V=\frac{k_2[E]_T[S]}{K_m+[S]} \fallingdotseq k_2[E]_T$$

V は［S］によらず一定となり，このときの反応速度 $V'=k_2[E]_T$ は最大速度である。

以上，(i)，(ii)，(iii)を基に，実線でグラフを描く。

次に，別の基質を用いた酵素反応における基質濃度［S］と反応速度 V の関係を考える。このときの式(2)の $K_m=\dfrac{k_{-1}+k_2}{k_1}$ に比べ，相対的に k_{-1} は大きくなり，k_1 は小さくなったので，このときの K_m の値は大きくなる。この値を K_m' とする。

(iv) $[S]=0$ のとき　　$V=\dfrac{k_2[E]_T[S]}{K_m'+[S]}=0$

(v) ［S］が K_m' より十分に小さいとき（$[S] \ll K_m'$），同様の近似ができるので

$$V=\frac{k_2[E]_T[S]}{K_m'+[S]} \fallingdotseq \frac{k_2[E]_T}{K_m'}[S]$$

K_m' は大きくなるが，k_2，$[E]_T$ は変わらないので，直線の傾きは小さくなる。

(vi) ［S］が K_m' より十分に大きいとき（$[S] \gg K_m'$），同様の近似ができるので

$$V=\frac{k_2[E]_T[S]}{K_m'+[S]} \fallingdotseq k_2[E]_T$$

k_2，$[\mathrm{E}]_\mathrm{T}$ は変わらないので，反応速度は最大の $V'=k_2[\mathrm{E}]_\mathrm{T}$ のままである。

以上，(iv)，(v)，(vi)を基に，点線でグラフを描く。

問4 緩衝溶液中の酸と塩の濃度が1：1のとき，溶液のpHを求める方法と同じである。

問5 式(3)の電離平衡の式より $K_\mathrm{a}=\dfrac{[\mathrm{A}^-][\mathrm{H}^+]}{[\mathrm{AH}]}$ ……①

c〔mol/L〕のAH水溶液中で，AHはAHかA$^-$のどちらかで存在するので

$[\mathrm{AH}]+[\mathrm{A}^-]=c$ ……②

①，②より $[\mathrm{A}^-]=\dfrac{K_\mathrm{a}}{[\mathrm{H}^+]+K_\mathrm{a}}c$

また，pK_a の値より K_a を求めると

$\mathrm{p}K_\mathrm{a}=-\log K_\mathrm{a}=6.0 \quad \therefore \quad K_\mathrm{a}=10^{-6.0}$

A$^-$が触媒になり，式(1)のEの役割をA$^-$がはたすことになる。

式(2)で，$[\mathrm{E}]_\mathrm{T}=[\mathrm{A}^-]_\mathrm{T}$ とおくと $V=\dfrac{k_2[\mathrm{A}^-]_\mathrm{T}[\mathrm{S}]}{K_\mathrm{m}'+[\mathrm{S}]}$

pH以外の反応条件は同じであるので

$V=\dfrac{k_2[\mathrm{S}]}{K_\mathrm{m}'+[\mathrm{S}]}[\mathrm{A}^-]_\mathrm{T}=k[\mathrm{A}^-]_\mathrm{T}$

と表せて，反応速度 V は，触媒のA$^-$の濃度に比例する。

pH＝10.0では

$[\mathrm{A}^-]=\dfrac{10^{-6.0}}{10^{-10.0}+10^{-6.0}}c\fallingdotseq c$〔mol/L〕

反応速度 $V=4.0$〔μmol/(L･min)〕

pH＝9.0では

$[\mathrm{A}^-]=\dfrac{10^{-6.0}}{10^{-9.0}+10^{-6.0}}c=0.999c$〔mol/L〕

$V=0.999\times4.0=3.99\fallingdotseq4.0$〔μmol/(L･min)〕

pH＝8.0では

$[\mathrm{A}^-]=\dfrac{10^{-6.0}}{10^{-8.0}+10^{-6.0}}c=0.990c$〔mol/L〕

$V=0.990\times4.0=3.96$〔μmol/(L･min)〕

pH＝7.0では

$[\mathrm{A}^-]=\dfrac{10^{-6.0}}{10^{-7.0}+10^{-6.0}}c=0.909c$〔mol/L〕

$V=0.909\times4.0=3.63\fallingdotseq3.6$〔μmol/(L･min)〕

pH＝6.0では

$$[\mathrm{A}^-]=\frac{10^{-6.0}}{10^{-6.0}+10^{-6.0}}c=0.500c\,[\mathrm{mol/L}]$$

$$V=0.500\times4.0=2.00\fallingdotseq2.0\,[\mu\mathrm{mol/(L\cdot min)}]$$

pH＝5.0では

$$[\mathrm{A}^-]=\frac{10^{-6.0}}{10^{-5.0}+10^{-6.0}}c=0.0909c\,[\mathrm{mol/L}]$$

$$V=0.0909\times4.0=0.363\fallingdotseq0.36\,[\mu\mathrm{mol/(L\cdot min)}]$$

pH＝4.0では

$$[\mathrm{A}^-]=\frac{10^{-6.0}}{10^{-4.0}+10^{-6.0}}c=0.00990c\,[\mathrm{mol/L}]$$

$$V=0.00990\times4.0=0.0396\fallingdotseq0.040\,[\mu\mathrm{mol/(L\cdot min)}]$$

pH＝3.0では

$$[\mathrm{A}^-]=\frac{10^{-6.0}}{10^{-3.0}+10^{-6.0}}c=0.000999c\,[\mathrm{mol/L}]$$

$$V=0.000999\times4.0=0.00399\fallingdotseq0.0040\,[\mu\mathrm{mol/(L\cdot min)}]$$

CHECK　これらの値をすべて求めるのは大変なので，$[\mathrm{A}^-]=\frac{cK_a}{[\mathrm{H}^+]+K_a}$に値を代入してみて，最低 pH3～4 で $V\fallingdotseq0$，pH6 で $V=2.0$，pH8～10 で $V\fallingdotseq4.0$ は押さえておきたい。時間があれば pH5 で $V=0.36$，pH7 で $V=3.6$ を求めれば十分正確なグラフが得られる。

77 アミノ酸の構造と電離平衡

（2010年度　第3問）

次の文章を読み，問1～問4に答えよ。必要があれば次の原子量を用いよ。
H＝1.0，C＝12.0，N＝14.0，O＝16.0

天然に存在し，C，H，N，Oの4元素から構成されるアミノ酸**A**（分子量75）を151mg，アミノ酸**B**（分子量133）を397mg，それぞれ燃焼分解した。得られた気体のうち窒素酸化物は銅により還元しN_2ガスに変換した。アミノ酸**A**からはH_2Oが89mg，CO_2が178mg，N_2が28mg生成した。またアミノ酸**B**からはH_2Oが183mg，CO_2が528mg，N_2が41mg生成した。**A**，**B**両アミノ酸の水溶液（2.00×10^{-2}mol/L）のpHを測ると，それぞれ6.00，2.96であった。

続いて，2.00×10^{-2}mol/Lのアミノ酸**A**の塩酸塩の水溶液（10.0mL），アミノ酸**B**の水溶液（10.0mL），それぞれに2.00×10^{-1}mol/Lの水酸化ナトリウム水溶液を加えた場合，各水溶液のpH変化を表す滴定曲線を下図に示す。①，②での水酸化ナトリウム水溶液の添加量は，それぞれ1.00mLおよび2.00mLである。

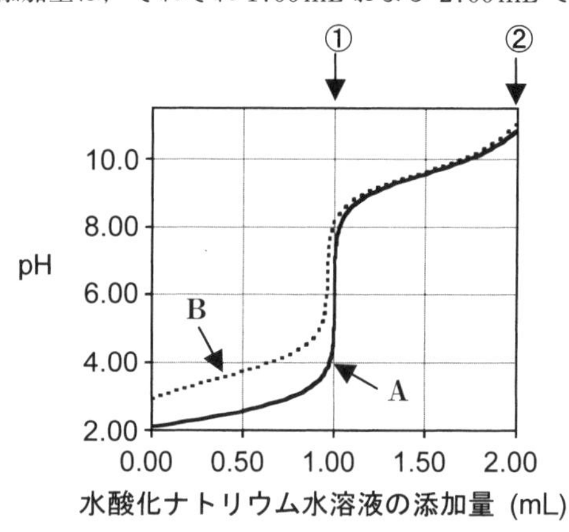

アミノ酸**A**は，水中では3種類のイオン**a**，**b**，**c**として存在する。

$K_{a1}=10^{-2.34}$　　$K_{a2}=10^{-9.60}$

$$\mathbf{a} \underset{+H^+}{\overset{-H^+}{\rightleftarrows}} \mathbf{b} \underset{+H^+}{\overset{-H^+}{\rightleftarrows}} \mathbf{c}$$

アミノ酸**B**は，水中では4種類のイオン**d**，**e**，**f**，**g**として存在する。

$K_{a3}=10^{-1.88}$　　$K_{a4}=10^{-3.65}$　　$K_{a5}=10^{-9.60}$

$$\mathbf{d} \underset{+H^+}{\overset{-H^+}{\rightleftarrows}} \mathbf{e} \underset{+H^+}{\overset{-H^+}{\rightleftarrows}} \mathbf{f} \underset{+H^+}{\overset{-H^+}{\rightleftarrows}} \mathbf{g}$$

K_{a1}, K_{a2}, K_{a3}, K_{a4}, K_{a5} は，それぞれの電離平衡における〔mol/L〕で表した電離定数を示す。

問1　アミノ酸**A**，アミノ酸**B**の構造式を記せ。また，元素分析の結果を用いて構造式を導く過程も示せ。構造式中に不斉炭素がある場合は*を付けよ。ただし，光学異性体は区別しなくて良い。

問2　①および②において，アミノ酸**A**の水溶液では最も多く存在するイオンは，それぞれ**a**，**b**，**c**のうちどれであるかを答え，その構造式を記せ。

問3　①および②において，アミノ酸**B**の水溶液では最も多く存在するイオンは，それぞれ**d**，**e**，**f**，**g**のうちどれであるかを答え，その構造式を記せ。

問4　2.00×10^{-2}mol/L のアミノ酸**A**塩酸塩水溶液 10.0mL に，2.00×10^{-1}mol/L の水酸化ナトリウム水溶液を 7.40×10^{-1}mL 添加した場合，pH は2.94であった。この場合，**a**，**b**，**c**のうち2種類のみのイオンが存在すると仮定して，それらの濃度の比を求めよ。ただし，電離定数の値は，平衡式に記述された数値を用いよ。また，その比を導いた過程も示せ。必要があれば $\log_{10}2=0.30$ の値を用いよ。

解　答

問1　アミノ酸A：アミノ酸A 151 mg に含まれている各原子の質量は

$$C：\frac{178}{44.0}\times 12.0=48.54〔mg〕$$

$$H：\frac{89}{18.0}\times 2.0=9.88〔mg〕$$

$$O：151-(48.54+9.88+28)=64.58〔mg〕$$

したがって，原子数の比は

$$C：H：O：N=\frac{48.54}{12.0}：\frac{9.88}{1.0}：\frac{64.58}{16.0}：\frac{28}{14.0}$$

$$=4.045：9.88：4.036：2.00 \fallingdotseq 2：5：2：1$$

組成式 $C_2H_5O_2N$ の式量は 75.0 であるので，分子式も $C_2H_5O_2N$ であり，グリシンと決まる。

よって，構造式は　$H_2N-CH_2-C(=O)-OH$ ……(答)

アミノ酸B：アミノ酸B 397 mg に含まれている各原子の質量は

$$C：\frac{528}{44.0}\times 12.0=144.0〔mg〕$$

$$H：\frac{183}{18.0}\times 2.0=20.3〔mg〕$$

$$O：397-(144.0+20.3+41)=191.7〔mg〕$$

したがって，原子数の比は

$$C：H：O：N=\frac{144.0}{12.0}：\frac{20.3}{1.0}：\frac{191.7}{16.0}：\frac{41}{14.0}$$

$$=12.0：20.3：11.98：2.928$$

$$=4.09：6.93：4.091：1.000 \fallingdotseq 4：7：4：1$$

組成式 $C_4H_7O_4N$ の式量は 133.0 であるので，分子式も $C_4H_7O_4N$ である。水溶液の pH が 2.96 と小さいので，酸性アミノ酸のアスパラギン酸とわかる。

よって，構造式は　$HO-C(=O)-CH_2-C^*H(NH_2)-C(=O)-OH$ ……(答)

問2　①－b　構造式：$H_3N^+-CH_2-C(=O)-O^-$

②－c　構造式：$H_2N-CH_2-C(=O)-O^-$

問3　①－f　構造式：

$$\mathrm{O^- - \underset{\underset{O}{\|}}{C} - CH_2 - \underset{\underset{NH_3^+}{|}}{CH} - \underset{\underset{O}{\|}}{C} - O^-}$$

②－g　構造式：

$$\mathrm{O^- - \underset{\underset{O}{\|}}{C} - CH_2 - \underset{\underset{NH_2}{|}}{CH} - \underset{\underset{O}{\|}}{C} - O^-}$$

問4　pH2.94で主に存在するのは，a，bのイオンである。

$$\mathbf{a} \rightleftarrows \mathbf{b} + \mathrm{H^+}$$

$$K_{a1} = \frac{[\mathbf{b}][\mathrm{H^+}]}{[\mathbf{a}]} = \frac{[\mathbf{b}] \times 10^{-2.94}}{[\mathbf{a}]} = 10^{-2.34}$$

よって　$\dfrac{[\mathbf{b}]}{[\mathbf{a}]} = 10^{-2.34+2.94} = 10^{0.60} = (10^{0.30})^2 = 4$　……(答)

ポイント

アミノ酸は，陽イオン，双性イオン，陰イオンの間に平衡が成り立っており，各段階で電離定数が求められる。

解　説

問2　アミノ酸**A**のグリシンは，塩酸塩水溶液中では陽イオン**a**になっているが，水酸化ナトリウム水溶液で中和すると，$\mathrm{H^+}$を電離して双性イオン**b**，陰イオン**c**と変化する。

$$\mathrm{H_3N^+ - CH_2 - \underset{\underset{O}{\|}}{C} - OH \underset{+H^+}{\overset{-H^+}{\rightleftarrows}} H_3N^+ - CH_2 - \underset{\underset{O}{\|}}{C} - O^- \underset{+H^+}{\overset{-H^+}{\rightleftarrows}} H_2N - CH_2 - \underset{\underset{O}{\|}}{C} - O^-}$$

a　陽イオン　　**b**　双性イオン　　**c**　陰イオン

このグリシンの等電点を求めると

$$K_{a1} = \frac{[\mathbf{b}][\mathrm{H^+}]}{[\mathbf{a}]} = 10^{-2.34} \quad \cdots\cdots(\mathrm{i})$$

$$K_{a2} = \frac{[\mathbf{c}][\mathrm{H^+}]}{[\mathbf{b}]} = 10^{-9.60} \quad \cdots\cdots(\mathrm{ii})$$

(i)×(ii)より　$K_{a1} \cdot K_{a2} = \dfrac{[\mathbf{c}][\mathrm{H^+}]^2}{[\mathbf{a}]}$

等電点では，$[\mathbf{a}] = [\mathbf{c}]$ である。

$$K_{a1} \cdot K_{a2} = [\mathrm{H^+}]^2 \qquad -\log K_{a1} - \log K_{a2} = -2\log[\mathrm{H^+}]$$

ここで，$\mathrm{pH} = -\log[\mathrm{H^+}]$ に倣うと，$\mathrm{p}K_{a1} = -\log K_{a1} = 2.34$，$\mathrm{p}K_{a2} = -\log K_{a2} = 9.60$ である。

$$\mathrm{pH} = \frac{\mathrm{p}K_{a1} + \mathrm{p}K_{a2}}{2} = \frac{2.34 + 9.60}{2} = 5.97$$

pH5.97付近では，主に**b**双性イオンで存在し，pH2.34では**a**陽イオンと**b**双性イオンがほぼ同数。pH9.60 では **b** 双性イオンと **c** 陰イオンがほぼ同数で存在する。

したがって，①の pH6 では **b** が，②の pH11 では **c** が多く存在する。

問3

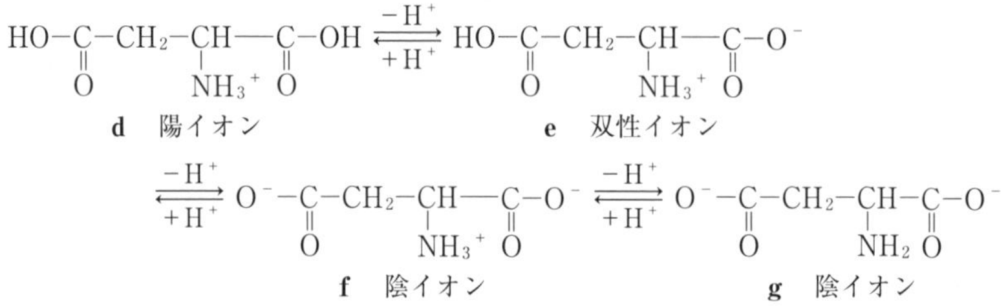

$$\underset{\textbf{d}\ \text{陽イオン}}{\mathrm{HO{-}\underset{\|}{\overset{}{C}}(=O){-}CH_2{-}CH(NH_3^+){-}C(=O){-}OH}} \underset{+H^+}{\overset{-H^+}{\rightleftarrows}} \underset{\textbf{e}\ \text{双性イオン}}{\mathrm{HO{-}C(=O){-}CH_2{-}CH(NH_3^+){-}C(=O){-}O^-}}$$

$$\underset{+H^+}{\overset{-H^+}{\rightleftarrows}} \underset{\textbf{f}\ \text{陰イオン}}{\mathrm{O^-{-}C(=O){-}CH_2{-}CH(NH_3^+){-}C(=O){-}O^-}} \underset{+H^+}{\overset{-H^+}{\rightleftarrows}} \underset{\textbf{g}\ \text{陰イオン}}{\mathrm{O^-{-}C(=O){-}CH_2{-}CH(NH_2){-}C(=O){-}O^-}}$$

問2と同様に考えると，**e** は

$$\mathrm{pH} = \frac{\mathrm{p}K_{\mathrm{a3}} + \mathrm{p}K_{\mathrm{a4}}}{2} = \frac{1.88 + 3.65}{2} = 2.765$$

で主に存在する。

f は

$$\mathrm{pH} = \frac{\mathrm{p}K_{\mathrm{a4}} + \mathrm{p}K_{\mathrm{a5}}}{2} = \frac{3.65 + 9.60}{2} = 6.625$$

で主に存在する。

pH9.60 では，**f** と **g** がほぼ同数で存在する。

したがって，①の pH8 では **f** が，②の pH11.5 では **g** が多く存在する。

78 アミノ酸，塩基対

（2007年度　第4問）

次の文章を読み，以下の問に答えよ。なお，アミノ酸の構造式は双性イオンを表現しないものとする。

α-アミノ酸はタンパク質を構成する分子である。グリシン以外のα-アミノ酸には不斉炭素原子があり，L型とD型という①2つの光学異性体が存在するが，天然のアミノ酸はほとんどがL型である。個々のアミノ酸において②正と負の両電荷がつりあい電気的に中性になるpHを等電点といい，アミノ酸の特性を示す重要な値である。また，タンパク質中に特定のアミノ酸が存在することを示す③呈色反応が知られている。

タンパク質中のアミノ酸の並び方はDNAがもつ情報によって決められている。DNAは④糖，塩基，リン酸から成るヌクレオチドがつながった高分子化合物であり，1本のヌクレオチド鎖の塩基がもう1本の鎖の塩基と⑤水素結合によって塩基対を形成することにより2本鎖として存在する。

問1　下線部①について，分子量が89であるα-アミノ酸の2つの光学異性体の構造式を鏡像の関係がわかるように書け。ただし，一方の構造式は下の記入例（実線のくさび型は紙面の手前，破線のくさび型は紙面の向う側を示す）のように表すこと。

（例）

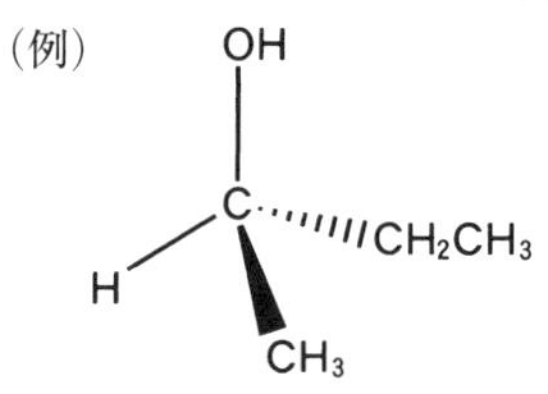

問2　下線部②について，分子式$C_4H_7NO_4$で表される天然のα-アミノ酸の等電点は2.77である。このアミノ酸の構造を立体を表現しない構造式で書け。

問3　下線部③について，ベンゼン環をもつアミノ酸を含むタンパク質は濃硝酸を加えて熱すると何色になるか。

問4　下線部④について，DNA のヌクレオチドは五員環（五角形の環状構造）をもつβ-デオキシリボースを含んでいる。一方，アルデヒド型のデオキシリボースは下図のように表される。五員環をもつβ-デオキシリボースの構造式を下図にならって書け。

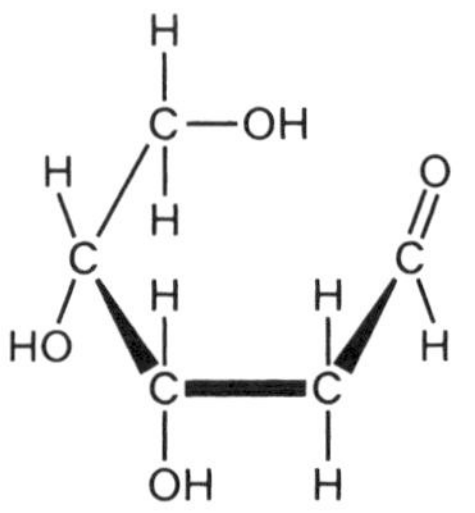

問5　下線部⑤について，DNA 中でシトシンとグアニンは下図のように塩基対を形成する（点線は水素結合，R はデオキシリボース部分を示す）。塩基間の水素結合は，天然の DNA 中には存在しない塩基Ⅰ，Ⅱ，Ⅲ，Ⅳにおいても形成可能である。Ⅰと３本の水素結合による塩基対を形成する塩基はⅡ，Ⅲ，Ⅳのいずれであるかを番号で記し，形成される塩基対を下図のシトシン・グアニン塩基対にならって書け。

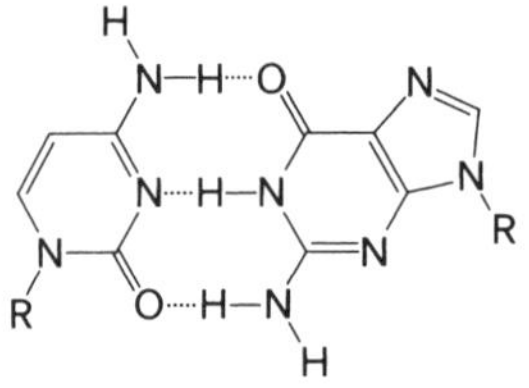

シトシン・グアニン塩基対

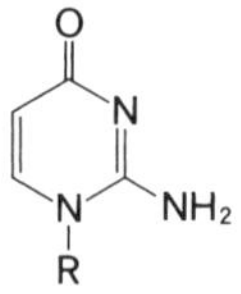

Ⅰ

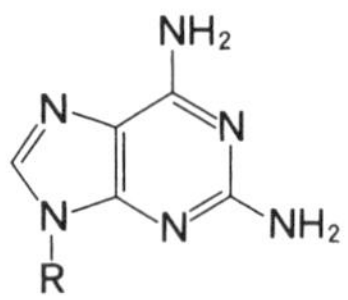

Ⅱ

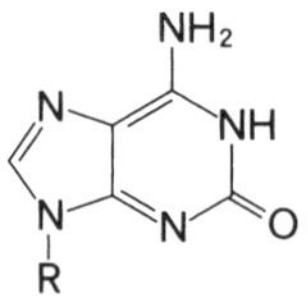

Ⅲ

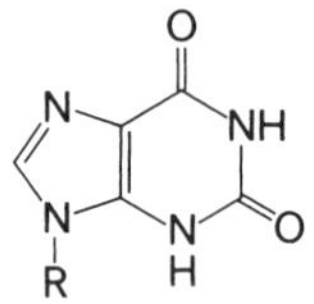

Ⅳ

解　答

問1

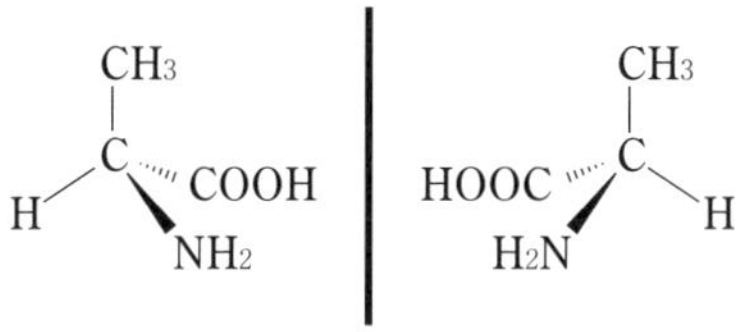

鏡

問2

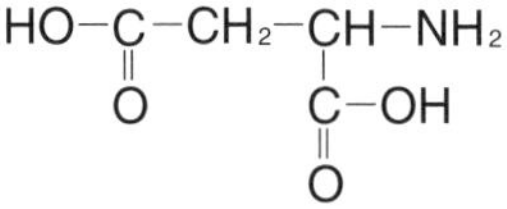

問3　黄色

問4

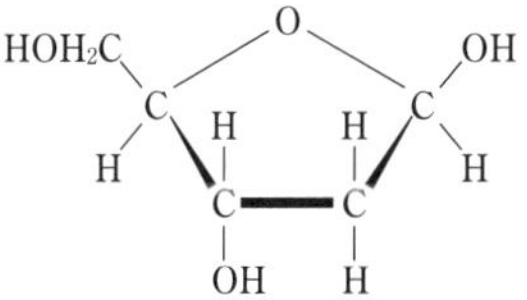

問5　番号：Ⅲ

構造式：

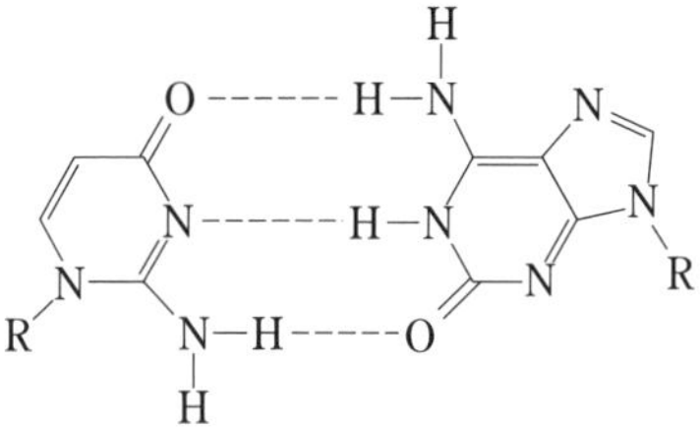

ポイント

等電点の値は，酸性アミノ酸＜中性アミノ酸＜塩基性アミノ酸である。

解　説

問1　α-アミノ酸は，$-\underset{\underset{NH_2}{|}}{CH}-COOH$（式量 74）の構造をもつ。残る式量は，89−74＝15 であるから，残基は $-CH_3$ とわかる。よって，分子量が 89 である α-アミノ酸は，アラニン $CH_3-\overset{\overset{H}{|}}{\underset{\underset{NH_2}{|}}{C}}-COOH$ である。

問2　問題のα-アミノ酸は等電点が2.77と小さいので，酸性アミノ酸と推定できる。α-アミノ酸は，$-CH(NH_2)COOH$の構造をもつので，残りの部分の化学式は

$$C_4H_7NO_4 - C_2H_4NO_2 = C_2H_3O_2$$

である。酸性アミノ酸で側鎖にカルボキシ基があると考えると，側鎖は$-CH_2COOH$となり，このα-アミノ酸は，アスパラギン酸とわかる。

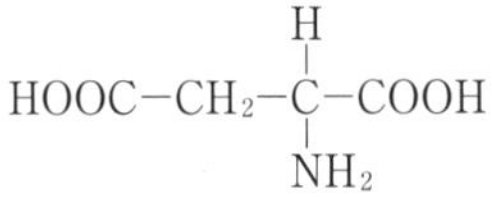

H
|
$HOOC-CH_2-C-COOH$
|
NH_2

問3　キサントプロテイン反応である。濃硝酸によってベンゼン環がニトロ化されて黄色になる。さらにアンモニア水などを加えて塩基性にすると発色が濃くなり，橙黄色になる。

問4　フルクトースの五員環閉環と同様に考えればよい。4位の炭素原子に結合したヒドロキシ基がアルデヒド基の二重結合（$-\overset{\text{O}}{\overset{\|}{\text{C}}}-$）に付加して，ヘミアセタール結合を形成する。

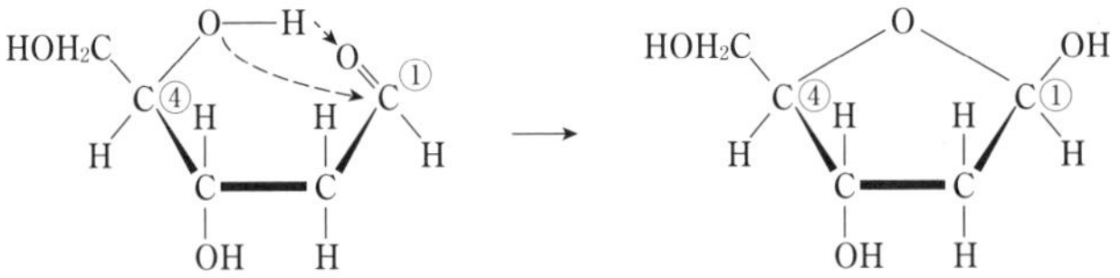

HOH₂C　O—H　O　C④　H　H　C①　H　H　C　C　OH　H　→　HOH₂C　O　OH　C④　H　H　C①　H　H　C　C　OH　H

生じたOH基の向きが，5位のCH_2OH基と同じ方向のものをβ型，反対方向のものをα型という。

問5　水素結合は，電気陰性度の大きい原子(F，O，N)間に，水素原子が次のように介在して生じる結合である。

X-H……Y　(X, YはF，O，N)

水素結合に関与する電気陰性度の大きい原子をX(OかN)として，問題文にあるシトシン・グアニン塩基対にならってⅠと塩基対を形成するには，どのような構造をもつ必要があるかを考える。

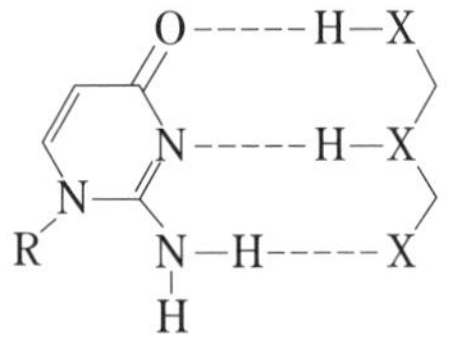

O-----H-X
N-----H-X
R　N　N-H-----X
H
Ⅰ

79 アミノ酸の電離平衡

（2005年度　第2問）

構造式

$$\mathrm{H_2N-\overset{\displaystyle R}{\underset{\displaystyle H}{C}}-\overset{\displaystyle O}{\overset{\|}{C}}-OH}$$

で表されるα-アミノ酸に関する(1)～(4)の文章を読み，問1～問6に答えよ。

(1) グリシン（RはH）は水溶液中で3種類のイオン**A**，**B**，**C**として存在し，互いに平衡状態にある。**A**および**B**の電離定数はそれぞれK_1，K_2である。

$$\underset{\mathbf{A}}{\mathrm{H_3N^+-CH_2-\overset{O}{\overset{\|}{C}}-OH}} \underset{+H^+}{\overset{K_1\ \ -H^+}{\rightleftarrows}} \underset{\mathbf{B}}{\mathrm{H_3N^+-CH_2-\overset{O}{\overset{\|}{C}}-O^-}} \underset{+H^+}{\overset{K_2\ \ -H^+}{\rightleftarrows}} \underset{\mathbf{C}}{\mathrm{H_2N-CH_2-\overset{O}{\overset{\|}{C}}-O^-}}$$

濃度0.10mol/Lのグリシン塩酸塩水溶液10mLに1.0mol/Lの水酸化ナトリウム水溶液を加えていったときの，水酸化ナトリウム水溶液の量とpHの関係を図1に示す。

(2) リシン（Rは$(CH_2)_4NH_2$）は水溶液中で4種類のイオン**D**，**E**，**F**，**G**として存在し，互いに平衡状態にある。**D**，**E**および**F**の電離定数はそれぞれK_3，K_4，K_5である。

$$\mathbf{D} \underset{+H^+}{\overset{K_3\ \ -H^+}{\rightleftarrows}} \mathbf{E} \underset{+H^+}{\overset{K_4\ \ -H^+}{\rightleftarrows}} \mathbf{F} \underset{+H^+}{\overset{K_5\ \ -H^+}{\rightleftarrows}} \mathbf{G}$$

(3) アミノ酸の混合物は電気泳動を利用して分離することができる。たとえば，図2のようにアミノ酸の水溶液を緩衝液で湿らせたろ紙の中央にのせ，ろ紙の両端に電圧をかけると，電荷の違いに応じて化合物が移動する。

(4) グリシンを濃硫酸とともに加熱分解し，過剰の水酸化ナトリウム水溶液を加えると［　ア　］が発生する。この気体を，硝酸亜鉛水溶液に通すと白色ゲル状の［　イ　］が沈殿し，さらに通すと最終的にイオン［　ウ　］を生成して無色の水溶液となる。

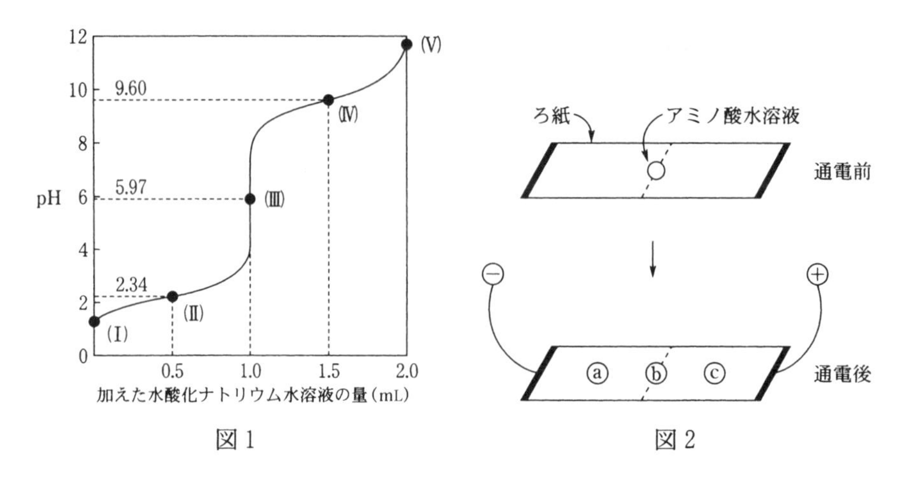

図1　　　図2

問1　図1において，点(Ⅲ)で主に存在するイオンを**A**，**B**，**C**から選べ。また，そのイオンには荷電状態の特色を表す名称が与えられている。その名称を記せ。

問2　グリシンのイオン**A**と**B**のモル濃度〔mol/L〕をそれぞれ［**A**］と［**B**］とし，それらと電離定数K_1を用いてグリシン水溶液のpHを表す式を示せ。また，$-\log K_1$の値をこの式と図1から求めよ。

問3　グリシン塩酸塩水溶液にある割合で水酸化ナトリウム水溶液を加えた溶液は緩衝作用を示す。図1の点(Ⅲ)と(Ⅳ)のうち，どちらが緩衝作用を示すか。また，その点で酸を加えたときに緩衝作用を示す理由を，グリシンの官能基の変化に着目して，45字以内で述べよ。

問4　リシンの4種類のイオン**D**～**G**のうちから，分子全体の電荷が＋1のイオンを選び，その構造式を記せ。

問5　図2のように，グリシンとリシンの混合物の水溶液を，pH6の緩衝液を用いて電気泳動を行った。グリシンとリシンは通電後，それぞれⓐ～ⓒのどの位置に移動すると考えられるか。ⓐ～ⓒの記号で答えよ。ただし，リシンの$-\log K_3$，$-\log K_4$，$-\log K_5$の値はそれぞれ2.18，8.95，10.53である。

問6　文章中の空欄［ア］，［イ］，［ウ］にあてはまる化学式を記せ。

解　答

問1　イオンの記号：**B**　　イオンの名称：双性イオン（両性イオン）

問2　$pH = -\log K_1 + \log \frac{[B]}{[A]}$　　$-\log K_1 = 2.34$

問3　緩衝作用を示す点：(Ⅳ)
緩衝作用を示す理由：**C**のアミノ基が水素イオンと結合し，**B**に変化するため，水素イオン濃度の増加が抑えられる。(45字以内)

問4　イオンの記号：**E**

構造式：

$$\begin{array}{l} NH_3^+ \\ | \\ CH-CH_2-CH_2-CH_2-CH_2-NH_3^+ \\ | \\ COO^- \end{array}$$

問5　グリシン：ⓑ　リシン：ⓐ

問6　ア．NH_3　イ．$Zn(OH)_2$　ウ．$[Zn(NH_3)_4]^{2+}$

ポイント
グリシン塩酸塩は2価の弱酸，リシン塩酸塩は3価の弱酸として働く。

解　説

問1　水酸化ナトリウム水溶液を加える前は，グリシン塩酸塩の電離で陽イオン**A**が生じている。これに水酸化ナトリウム水溶液を加えていくと，陽イオン**A**は2価の弱酸として働き，段階的に中和される。

$$\underset{\text{グリシン塩酸塩}}{ClH_3N-CH_2-\overset{\overset{\displaystyle O}{\|}}{C}-OH} \longrightarrow \underset{\text{陽イオンA}}{H_3N^+-CH_2-\overset{\overset{\displaystyle O}{\|}}{C}-OH} + Cl^-$$

水酸化ナトリウム水溶液を1mL加えたとき，pHが急激に大きくなるのが第1中和点である。この中和点では，$-COOH$が中和される。よって，(Ⅲ)では，双性イオン**B**が主に存在する。

$$\underset{\text{陽イオンA}}{H_3N^+-CH_2-\overset{\overset{\displaystyle O}{\|}}{C}-OH} + OH^- \longrightarrow \underset{\text{双性イオンB}}{H_3N^+-CH_2-\overset{\overset{\displaystyle O}{\|}}{C}-O^-} + H_2O$$

問2　$\mathbf{A} \rightleftarrows \mathbf{B} + H^+$ の電離定数K_1は次のようになる。

$$K_1 = \frac{[\mathbf{B}][H^+]}{[\mathbf{A}]} \qquad [H^+] = K_1 \times \frac{[\mathbf{A}]}{[\mathbf{B}]}$$

$$\therefore \quad pH = -\log[H^+] = -\log K_1 + \log\frac{[\mathbf{B}]}{[\mathbf{A}]}$$

図1で，水酸化ナトリウム水溶液を0.5mL加えたとき，陽イオン**A**が半分中和さ

れているので，[**A**]≒[**B**] である。このとき，pH は2.34である。

したがって　　$-\log K_1 = 2.34$

これより　　$K_1 = 10^{-2.34}$〔mol/L〕

問3　図1の点(Ⅲ)付近では，少量の水酸化ナトリウム水溶液を加えても pH は大きく変化するが，点(Ⅳ)では，pH の変動が少なく，緩衝作用を示す。

問4　リシン塩酸塩水溶液中では，リシンは2価の陽イオン**D**である。水酸化ナトリウム水溶液を加えていくと，3価の弱酸として働き，段階的に中和されていく。

$$H_3N^+-(CH_2)_4-CH(NH_3^+)-COOH \underset{+H^+}{\overset{-H^+}{\rightleftarrows}} H_3N^+-(CH_2)_4-CH(NH_3^+)-COO^-$$

2価の陽イオン**D**　　　　1価の陽イオン**E**

$$\underset{+H^+}{\overset{-H^+}{\rightleftarrows}} H_3N^+-(CH_2)_4-CH(NH_2)-COO^- \underset{+H^+}{\overset{-H^+}{\rightleftarrows}} H_2N-(CH_2)_4-CH(NH_2)-COO^-$$

双性イオン**F**　　　　1価の陰イオン**G**

問5　電気泳動では，陽イオンは陰極（⊖極）に移動し，陰イオンは陽極（⊕極）に移動する。一方，アミノ酸がどちらの極にも移動しない場合，その pH を等電点という。等電点では，アミノ酸は主に電気的に中性の双性イオンで存在する。等電点より pH の小さい溶液中では，アミノ酸は陽イオンになり，pH が大きい溶液中では，アミノ酸は陰イオンになる。

グリシンの等電点は5.97であるが，これは図1において，第1電離の中間点 $-\log K_1$ の値2.34と第2電離の中間点 $-\log K_2$ の値9.60の平均値 $\dfrac{2.34+9.60}{2}=5.97$ と等しい。同様に，リシンの等電点は，第2電離の中間点 $-\log K_4$ の値8.95と第3電離の中間点 $-\log K_5$ の値10.53の平均値 $\dfrac{8.95+10.53}{2}=9.74$ となる。

よって，pH6の緩衝液中では，等電点5.97のグリシンは，双性イオンで存在し，等電点9.74のリシンは，陽イオンになっている。

問6　グリシンに濃硫酸を加えて加熱すると，窒素分は硫酸アンモニウムに変化する。これに水酸化ナトリウム水溶液を加えると，弱塩基の塩に強塩基を加える反応なので，弱塩基のアンモニアが発生する。

$$(NH_4)_2SO_4 + 2NaOH \longrightarrow Na_2SO_4 + 2NH_3 + 2H_2O$$

アンモニアを硝酸亜鉛水溶液に通してできる白色ゲル状の沈殿は水酸化亜鉛(Ⅱ)で，さらにアンモニアを通すと，テトラアンミン亜鉛(Ⅱ)イオンを生成する。

$$Zn(NO_3)_2 + 2NH_3 + 2H_2O \longrightarrow Zn(OH)_2 + 2NH_4NO_3$$

$$Zn(OH)_2 + 4NH_3 \longrightarrow [Zn(NH_3)_4]^{2+} + 2OH^-$$

80 ゴム，共重合体

(2005年度　第4問)

高分子化合物に関する以下の二つの文章を読み，問1～問5に答えよ。必要があれば次の原子量を用いよ。
H＝1.0，C＝12.0，N＝14.0，O＝16.0

(1) ゴムは日常生活に欠かせない代表的な高分子化合物である。天然ゴムはイソプレンが［ア］重合したものであり，分子中に炭素-炭素二重結合をもつ。生ゴム中に数％の**A**を添加して加熱するとポリマー分子どうしが［イ］構造を形成し，生ゴムの弾性が向上する。この操作を［ウ］という。

(2) 高分子化合物は人工的にも合成することができる。種類の異なるモノマーを組み合わせることにより，さまざまな性質をもつポリマーが合成されている。ここでは二種類のビニルモノマー**B**と**C**の共重合を考える。**B**の分子式はC_8H_8であり，**C**の分子式はC_3H_3Nである。**B**と**C**の①共重合体を合成したところ，この共重合体の窒素含量の平均は重量比で3.00％であり，平均分子量は46900であった。なお，モノマー**B**は芳香族化合物である。②**B**から得られるポリマーは代表的な熱可塑性樹脂であり，さまざまな形の容器やがん具などに加工される。また，モノマー**C**から得られるポリマーは毛織物の風合いをもつ合成繊維となる。

問1　空欄［ア］，［イ］，［ウ］にあてはまる語句を記せ。

問2　文章中の**A**～**C**にあてはまる物質名を記せ。また，**B**と**C**については，構造式も示せ。

問3　天然ゴムおよびグッタペルカ（グタペルカ）の構造式を，幾何異性の違いがわかるように示せ。

〔解答欄〕

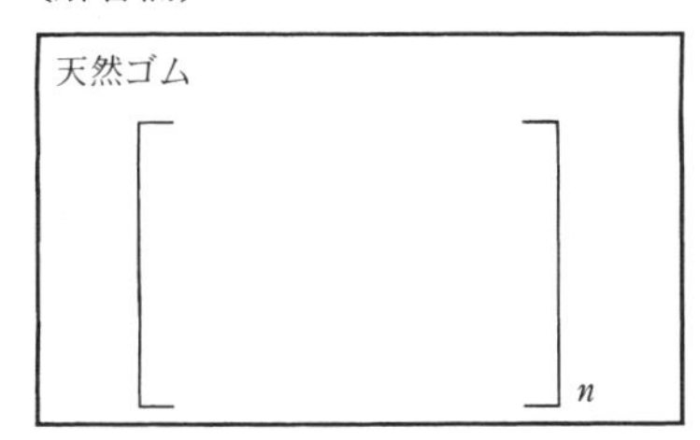

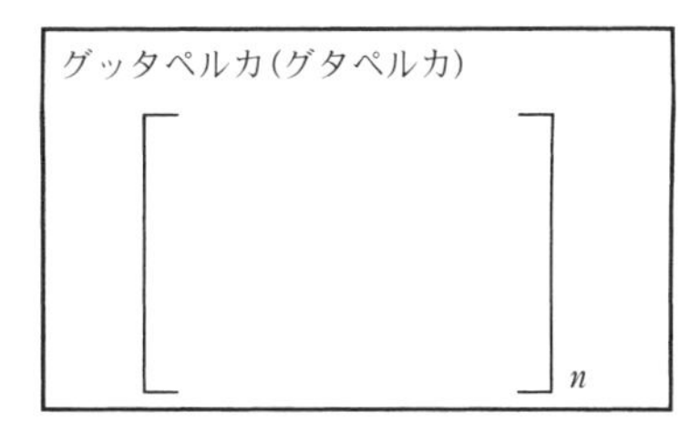

問4　下線部①の共重合体は，一分子あたりモノマー**B**とモノマー**C**が平均してそれぞれ何分子ずつ共重合してできたものか。有効数字3桁で記せ。また，計算過程も示せ。

問5　下線部②に関して，熱可塑性樹脂の特徴的な性質を40字以内で述べよ。

解 答

問1 ア．付加 イ．架橋 ウ．加硫

問2 物質名：A．硫黄 B．スチレン C．アクリロニトリル

構造式：B．$\mathrm{H_2C{=}CH{-}C_6H_5}$（$\mathrm{H}$, H \> $\mathrm{C{=}C}$ \< H, ベンゼン環） C．$\mathrm{H_2C{=}CH{-}C{\equiv}N}$（$\mathrm{H}$, H \> $\mathrm{C{=}C}$ \< H, $\mathrm{C{\equiv}N}$）

問3 天然ゴム：$\left[\mathrm{{-}CH_2{-}C(H){=}C(CH_3){-}CH_2{-}}\right]_n$（$\mathrm{H}$ と $\mathrm{CH_3}$ が同じ側，$\mathrm{CH_2}$ と $\mathrm{CH_2}$ が同じ側）

グッタペルカ：$\left[\mathrm{{-}CH_2{-}C(H){=}C(CH_3){-}CH_2{-}}\right]_n$（$\mathrm{H}$ と $\mathrm{CH_2}$ が同じ側，$\mathrm{CH_2}$ と $\mathrm{CH_3}$ が同じ側）

問4 1分子あたりモノマーBが x 個，モノマーCが y 個共重合したとする。

共重合体の分子量より $104x+53y=46900$ ……①

窒素含量の重量比より $\dfrac{14y}{46900}\times100=3.00$ ……②

①，②の連立方程式を解くと

$x=399.7\fallingdotseq400$，$y=100.5\fallingdotseq101$

よって，Bの分子数は400，Cの分子数は101となる。……(答)

問5 加熱によって軟化し，成形できるようになり，それを冷却すると固化する性質。(40字以内)

解 説

問1 ア．2つ以上の二重結合が1つの単結合を挟んで構成されている結合を共役二重結合という。イソプレン $\mathrm{CH_2{=}CH{-}C(CH_3){=}CH_2}$ のような共役二重結合をもつ単量体を付加重合させると，分子中に二重結合を残した重合体ができる。

問2 B．分子式 $\mathrm{C_8H_8}$ からビニル基 $\mathrm{{-}CH{=}CH_2}$ を除くと，$\mathrm{{-}C_6H_5}$ となり，フェニル基をもつスチレンとわかる。

C．分子式 $\mathrm{C_3H_3N}$ からビニル基 $\mathrm{{-}CH{=}CH_2}$ を除くと，$\mathrm{{-}CN}$ となり，シアノ基をもつアクリロニトリルとわかる。

問3 天然ゴムは，二重結合がシス形になっている。このため，分子が折れ曲がった構造をとるのですき間が多く，天然ゴムは結晶になりにくい。この構造が弾性を示す原因になる。一方，グッタペルカは，トランス形である。分子がまっすぐに伸びた構造をとりやすく，分子間力が作用し，結晶化しやすい。微結晶が発達した樹脂状物質である。

問5 Bのスチレンから得られるポリマーは，ポリスチレンである。直鎖状構造をもつので，熱可塑性をもつ。

81　二糖類のエステル

（2003年度　第4問）

次の文章を読んで，問1～問5に答えよ。必要があれば次の原子量を用いよ。
H＝1.0，C＝12.0，O＝16.0

食物より摂取される多糖類は，生体内で酵素反応を受け単糖類や二糖類へと変換される。ここに二糖類であるマルトース，セロビオース，スクロースのいずれかを部分構造として含むエステルがある。この化合物は炭素，水素，酸素からなり，分子量は500以下であり，42.6mgを完全燃焼させると，74.8mgの二酸化炭素と27.0mgの水が得られた。このエステルを①水酸化ナトリウム水溶液で加水分解して生成するカルボン酸には不斉炭素が含まれていた。また，このエステルを希塩酸でグリコシド結合（糖類の2つのヒドロキシル基から生じるエーテル結合）のみを選択的に切断して得られた化合物の中には，フェーリング試験陰性の化合物が存在していた。

問1　エステルの分子式を示せ。

問2　下線部①で生成するカルボン酸の構造式を示せ。

問3　マルトース，セロビオース，スクロースのうちスクロースはフェーリング試験陰性である。この理由を50字以内で書け。

問4　本文の条件を充たすエステルの理論上可能な構造式3つを示せ。ただし，各二糖類の糖部分の構造式は次の参照図にならい，紙面に向かって右側のグルコース部分は，マルトースではα型，セロビオースではβ型のみの構造を示せ。

問5　このエステルの構造を決定するのに必要な2段階の反応を含む追加実験を考え，70字以内で書け。

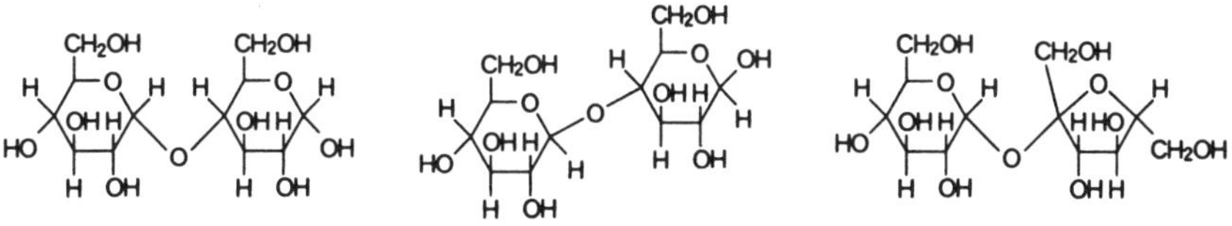

マルトース　　セロビオース　　スクロース

（参照図）

解　答

問1　$C_{17}H_{30}O_{12}$

問2　$CH_3-CH_2-CH(CH_3)-COOH$

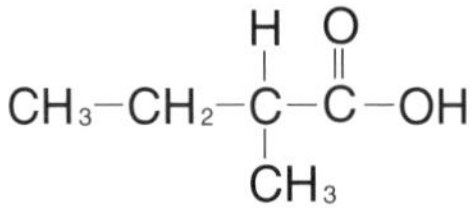

問3　グルコースとフルクトースが開環したときに還元性を示す部分でグリコシド結合しているため。(50字以内)

問4

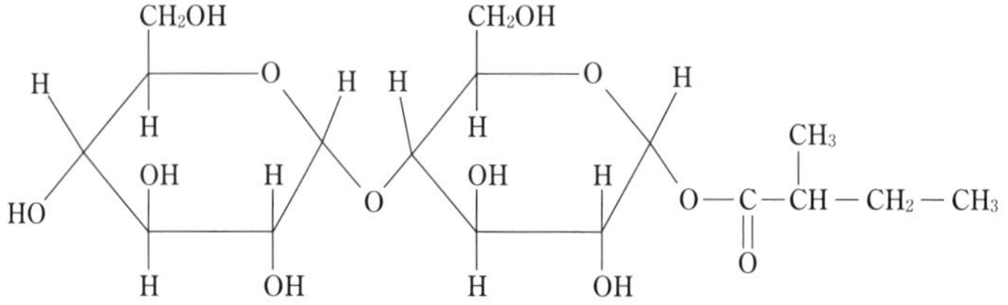

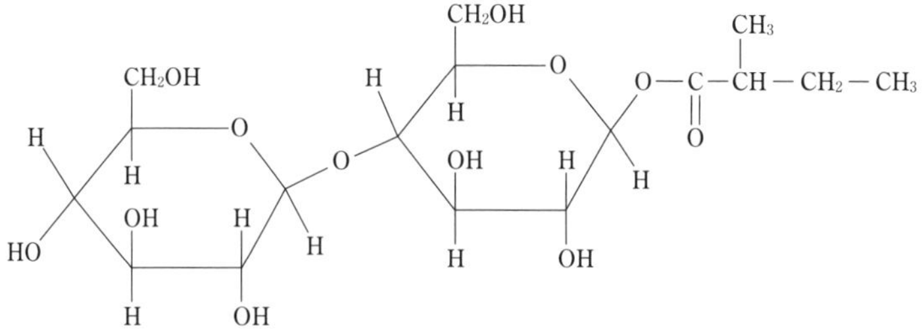

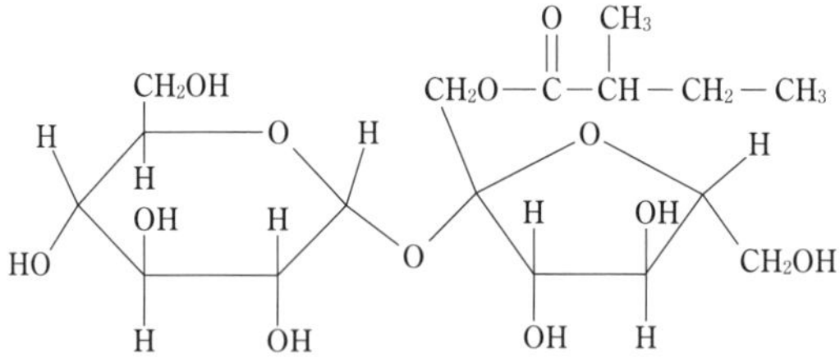

問5　エステルを加水分解し，得られた二糖類の一定量にマルターゼを作用させた後，フェーリング試験で沈殿した酸化銅(Ⅰ)の物質量の違いを調べる。(70字以内)

ポイント

「フェーリング試験陰性の化合物」には次の2つがある。

①開環に必要な−OHがエステル化していて，開環ができないために鎖式構造がとれないもの。

②開環はできてもエステル化のために還元性の鎖状構造がとれないもの。

解　説

問1　エステル42.6mg中の炭素，水素，酸素の質量は，次のようになる。

$$C：74.8\times\frac{12.0}{44.0}=20.4〔mg〕\qquad H：27.0\times\frac{2.0}{18.0}=3.0〔mg〕$$

$$O：42.6-(20.4+3.0)=19.2〔mg〕$$

原子数の比は　$C：H：O=\frac{20.4}{12.0}：\frac{3.0}{1.0}：\frac{19.2}{16.0}=17：30：12$

組成式は$C_{17}H_{30}O_{12}$となり，その式量は426.0である。分子量は500以下であるので，分子式も$C_{17}H_{30}O_{12}$となる。

問2　二糖類の分子式は$C_{12}H_{22}O_{11}$である。カルボン酸の示性式は，エステルの加水分解における原子数の関係から

$$C_{17}H_{30}O_{12}+H_2O-C_{12}H_{22}O_{11}=C_4H_9COOH$$

このカルボン酸は，4つの異なる原子または原子団が結合している不斉炭素原子C^*をもつことから，次の構造と決まる。

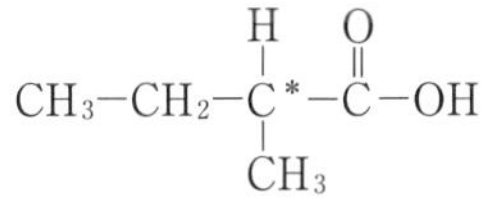

```
                H    O
                |    ||
CH3－CH2－C*－C－OH
                |
               CH3
```

問3　ヘミアセタール構造があると，開環してアルデヒド基を生じ，還元性を示す。また，フルクトースの場合，ヘミケタール構造があり，開環して還元性のある$RCO-CH_2OH$を生じる。

スクロースの場合，次のようにグルコースのヘミアセタール構造とフルクトースのヘミケタール構造の部分からH_2Oがとれてグリコシド結合した二糖類であり，開環できないので還元性を示さない。

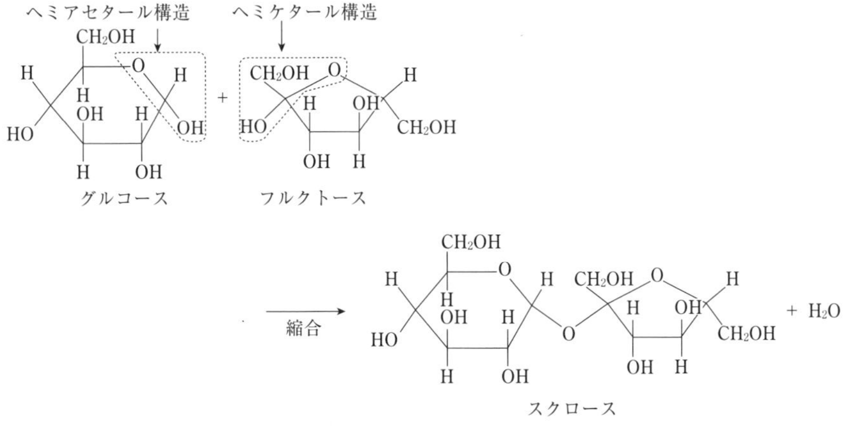

ヘミアセタール構造　ヘミケタール構造

グルコース　＋　フルクトース

縮合 →

スクロース　＋ H_2O

問4 次のエステルのグリコシド結合を切断すると，フェーリング試験陰性すなわち還元性を示さない化合物を生じる。

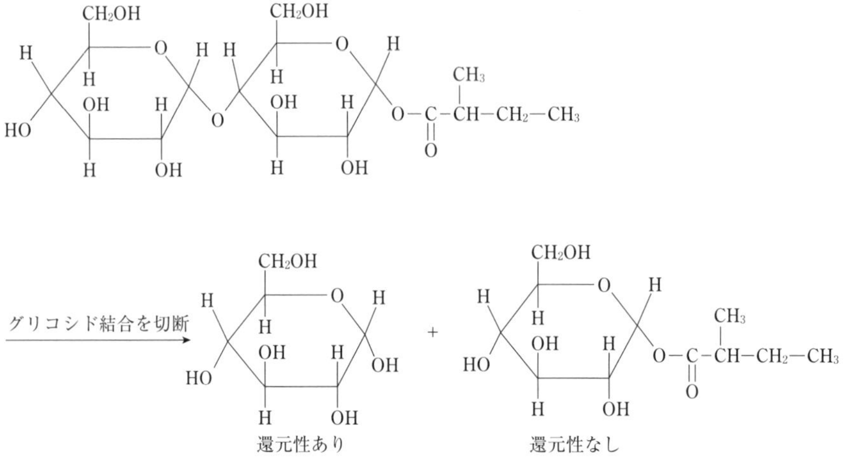

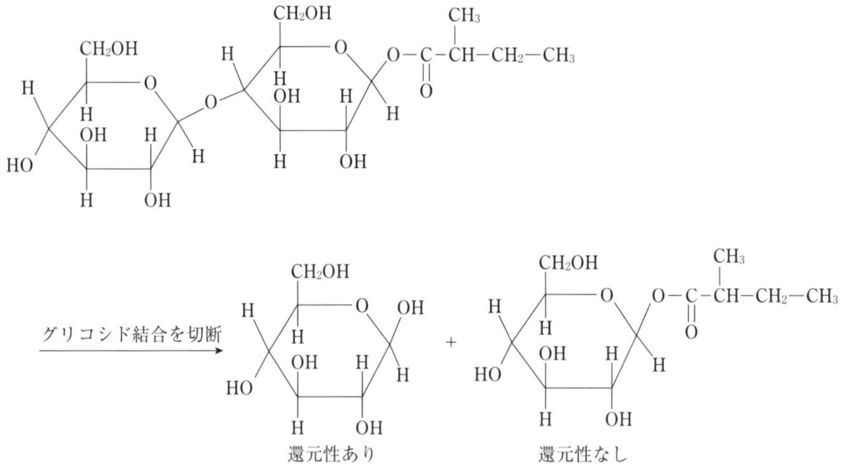

CH₂OH CH₂OH CH₃ O–C–CH–CH₂–CH₃ O

グリコシド結合を切断 →

還元性あり + 還元性なし

グリコシド結合を切断 →

還元性あり + 還元性なし

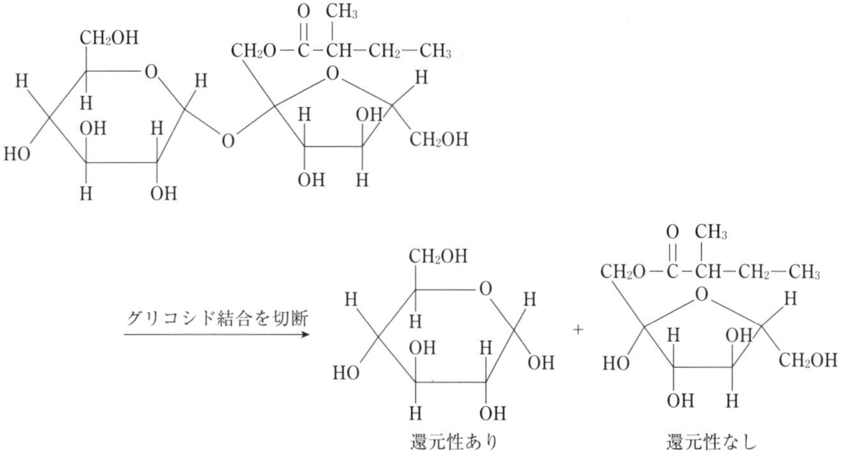

グリコシド結合を切断 ⟶

還元性あり　＋　還元性なし

問5　①　エステルを加水分解して，二糖類（マルトース，セロビオース，スクロース）を取り出す。

②　この二糖類 A〔mol〕にマルターゼを作用させた後，フェーリング溶液を加えて加熱し，得られる酸化銅(Ⅰ)の物質量を求める。

＜マルトース A〔mol〕の場合＞

マルターゼによって加水分解され，$2A$〔mol〕のグルコースを生じる。

$$C_{12}H_{22}O_{11} + H_2O \longrightarrow 2C_6H_{12}O_6$$

フェーリング反応では，次の化学反応式から反応する還元糖の物質量と生成する酸化銅(Ⅰ)の物質量は等しいので，$2A$〔mol〕のグルコースから $2A$〔mol〕の酸化銅(Ⅰ)を生じる。

$$-CHO + 2Cu^{2+} + 5OH^- \longrightarrow -COO^- + Cu_2O + 3H_2O$$

＜セロビオース A〔mol〕の場合＞

酵素は基質特異性があるので，マルターゼでは加水分解されない。よって，A〔mol〕のセロビオースが，フェーリング反応で，A〔mol〕の酸化銅(Ⅰ)を生じる。

＜スクロース A〔mol〕の場合＞

セロビオース同様マルターゼで加水分解されないし，還元性もないので，フェーリング反応では，酸化銅(Ⅰ)の赤色の沈殿を生じない。

以上の結果の違いからエステルの構造を決定できる。

年度別出題リスト

年度		番号	頁
2022年度	〔1〕	36	174
	〔2〕	18	94
	〔3〕	44	204
	〔4〕	67	314
2021年度	〔1〕	19	99
	〔2〕	1	22
	〔3〕	45	209
	〔4〕	68	321
2020年度	〔1〕	20	103
	〔2〕	21	107
	〔3〕	46	215
	〔4〕	69	326
2019年度	〔1〕	2	27
	〔2〕	3	32
	〔3〕	47	221
	〔4〕	70	331
2018年度	〔1〕	4	39
	〔2〕	22	112
	〔3〕	48	227
	〔4〕	49	233
2017年度	〔1〕	5	43
	〔2〕	23	116
	〔3〕	50	238
	〔4〕	71	337
2016年度	〔1〕	6	47
	〔2〕	24	122
	〔3〕	51	244
	〔4〕	72	342
2015年度	〔1〕	25	127
	〔2〕	7	51
	〔3〕	52	249
	〔4〕	73	346
2014年度	〔1〕	8	56
	〔2〕	26	131
	〔3〕	53	254
	〔4〕	74	349
2013年度	〔1〕	37	180
	〔2〕	27	135
	〔3〕	54	257
	〔4〕	75	354
2012年度	〔1〕	9	59
	〔2〕	10	63
	〔3〕	55	262
	〔4〕	56	266
2011年度	〔1〕	11	67
	〔2〕	38	184
	〔3〕	57	269
	〔4〕	76	358
2010年度	〔1〕Ⅰ	39	188
	Ⅱ	28	139
	〔2〕	12	71
	〔3〕	77	364
	〔4〕	58	272
2009年度	〔1〕	13	75
	〔2〕	29	142
	〔3〕	59	276
	〔4〕	60	283
2008年度	〔1〕	30	148
	〔2〕	14	79
	〔3〕	40	190
	〔4〕	61	287
2007年度	〔1〕	15	84
	〔2〕	31	152
	〔3〕	62	292
	〔4〕	78	369
2006年度	〔1〕	32	156
	〔2〕	41	194
	〔3〕	63	296
	〔4〕	64	299
2005年度	〔1〕	33	160
	〔2〕	79	373
	〔3〕	65	303
	〔4〕	80	377
2004年度	〔1〕	16	87
	〔2〕	34	165
	〔3〕	42	196
	〔4〕	66	308
2003年度	〔1〕	43	200
	〔2〕	35	168
	〔3〕	17	91
	〔4〕	81	379